文焕然历史自然地理学研究

历史时期中国森林地理分布与变迁

Geographical Distribution and Changes of Chinese Forests in Historical Periods

文焕然　著
文榕生　选编整理

山东科学技术出版社

图书在版编目（CIP）数据

历史时期中国森林地理分布与变迁 / 文焕然著；文榕生选编整理．—济南：山东科学技术出版社，2019.3
（文焕然历史自然地理学研究）
ISBN 978-7-5331-9778-0

Ⅰ．①历… Ⅱ．①文… ②文… Ⅲ．①森林生态系统 – 地理分布 – 研究 – 中国 Ⅳ．① S718.55

中国版本图书馆 CIP 数据核字 (2019) 第 014494 号

历史时期中国森林地理分布与变迁

LISHI SHIQI ZHONGGUO SENLIN DILI FENBU YU BIANQIAN

责任编辑：张 波
装帧设计：魏 然 王 涛

主管单位：山东出版传媒股份有限公司
出 版 者：山东科学技术出版社
地址：济南市市中区英雄山路 189 号
邮编：250002 电话：（0531）82098088
网址：www.lkj.com.cn
电子邮件：sdkj@sdpress.com.cn
发 行 者：山东科学技术出版社
地址：济南市市中区英雄山路 189 号
邮编：250002 电话：（0531）82098071
印 刷 者：济南新先锋彩印有限公司
地址：济南市工业北路 188–6 号
邮编：250100 电话：（0531）88615699

规格：大 16 开（210mm × 285mm）
印张：16 **字数**：320 千 **印数**：1 ~ 800
版次：2019 年 3 月第 1 版 2019 年 3 月第 1 次印刷
定价：200.00 元
审图号：GS（2018）4186 号

文焕然（1919—1986）

作者简介

1947年，文焕然自浙江大学文学院史地研究所师从谭其骧教授研究生毕业后，即直接聘任为国立海疆学校（在福建晋江，是现福建师范大学前身之一）地理学副教授，曾代理教务主任及校长等职。1950年至1962年，在福建师范学院任副教授（该系当时无正教授），先后担任该校地理系“中国地理”教学组组长和“区域自然地理”教研部主任。1962年调北京，在中国科学院地理研究所首任历史地理学科组组长，最终为中国科学院、国家计划委员会地理研究所研究员。

从1940年代，文焕然即以历史时期中国自然环境变迁为主要研究方向，涉及中国历史时期的气候、土壤、植物、动物、森林、竹林、生态和疫病等多个方面，尤其对中国历史植物地理学和历史动物地理学两分支学科的确立做出了开创性贡献，在气候变迁等研究领域也做出重要贡献，是我国首位长期系统从事历史环境变迁研究者。他还参加了《中国自然地理·历史自然地理》（主要撰稿人之一）与《中华人民共和国国家历史地图集》（负责历史动物地理图组）等编撰工作。

文焕然独著或为主的专著有《秦汉时代黄河中下游气候研究》（商务印书馆，1959，是我国最早正式出版的气候变迁专著之一，国外多家图书馆仍见收藏）、《历史时期中国森林的分布及其变迁》

[《云南林业调查规划》1980年专以“增刊”出版。《中国大百科全书·地理学·历史地理学》(中国大百科全书出版社,1990)唯一明确提到:“中国学者在这一领域也进行了不少研究,如文焕然的《试论七八千年来中国森林的分布及其变迁》。”]、《中国自然地理·历史自然地理》(科学出版社,1982,是“第三章 历史时期的植被变迁”主要作者)、《中国自然保护地图集》(科学出版社,1989,承担《中国珍稀濒危动物分布图》中“中国犀牛历史变迁图”“中国扬子鳄历史变迁图”“中国亚洲象历史变迁图”)、《中国历史时期植物与动物变迁研究》(重庆出版社,1995,2006重印)、《中国历史时期冬半年气候冷暖变迁》(遗稿,科学出版社,1996)、《中华人民共和国国家历史地图集》(第一册已由中国社会科学出版社、中国地图出版社2014年出版;担任动植物图组组长,其工作部分待出版)等。

文焕然在长期的科研工作中能自觉地将自己的科研工作与国家的建设需要结合起来,注重科研与生产结合,重视资料积累。因此,他完成的多项科研成果受到国家有关领导机关的重视与好评。学术专著先后获得“中国科学院科技进步奖”一等奖(1986)、“西南西北地区优秀科技图书奖”一等奖(1996)、“中国科学院自然科学奖”二等奖(1997)、“郭沫若中国历史学奖”二等奖(2002)、“全国城市出版社优秀图书”一等奖(2006)、入选新闻出版总署首届“三个一百”原创图书出版工程(2007)。

文焕然长期抱病坚持工作,奋力拼搏,开拓出新的研究领域,做出重要贡献。其学术水平、治学态度、拼搏精神皆为人们所称颂。

本书正式出版,恰逢文焕然百年诞辰,谨以此告慰他在天之灵。

李文华院士序*

森林是生物圈的重要组成部分，对于人类的生存与发展具有重要作用。随着人口增长与生态环境的退化，人们对森林的演化、分布与变迁越来越重视。目前在科研中，要取得万年以上尺度与百年尺度的变化数据并非十分困难，而千年尺度的变化数据唯有中国可获取。此因研究全新世以来包括森林在内的环境变迁，主要依赖古籍，而中国是唯一不间断保存数千年历史记录的文明古国，故唯有中国可向世界提供绝无仅有的科学数据，供人类共享。

文焕然先生是首位从事历史自然地理研究的著名学者，其研究涉及中国历史时期的气候、土壤、植物、动物、森林、竹林、生态和疫病等多个方面，尤其是历史植物地理学是其确立并做出开创性贡献的两个分支学科之一，其中又涉及森林、竹林与对环境敏感植物种类等多领域。

虽在文先生之前与逝世后皆有一些学者从事此研究，但不少人或浅尝辄止，或局限于较短时期、较小范围，而像他这样的从长时期、全国范围研究的大手笔并不多见。这需要有十分扎实的多学科根底，长期在浩如烟海的古籍中披沙拣金，需要善于运用现代科学原理、手段并将其与传统方法有机结合，并且要忍受经相当长一段时间才可能出成果且初期不被认可等磨难。可以说他的科研成果是经过千辛万苦、千锤百炼产生的，其森林变迁的不少成果在“文革”后喷涌而出，得到吴中伦、吴征镒、谭其骧、侯仁之、关君蔚、史念海等林业、史地界学术大师青睐，至今也难觅出

---

* 李文华是著名生态学家，中国工程院院士、国际欧亚科学院院士。现任中国科学院地理科学与资源研究所研究员、博士生导师，自然与文化遗产研究中心主任；兼任农业部全球 / 中国重要农业文化遗产专家委员会主任，中国人民大学名誉董事、环境学院名誉院长，中国生态学学会顾问，中国农业生态环境保护协会副理事长。曾任联合国教科文组织人与生物圈（MAB）国际协调理事会主席，联合国粮农组织南亚十国小流域治理首席顾问及全球重要农业文化遗产（GIAHS）第一、二届指导委员会主席，国际自然保护联盟（IUCN）理事，国际山地综合开发中心（ICIMOD）理事、轮值副主席，国际科联（ICSU）环境问题委员会委员，东亚生态学会联盟（EAFES）第一届主席等职。

其右者。

文先生师从谭其骧教授（后成为屈指可数的文科院士之一），在谭先生支持下，从1940年代起，他即对历史自然地理研究锲而不舍；中国科学院筹建历史地理学科组时，竺可桢副院长特将在这方面已有一些研究成果的文焕然征调进京，任命为学科组长，展开环境变化研究。

我与文先生时常相互切磋学术，故对他有所了解：其学风严谨，勤奋钻研，锲而不舍，几十年如一日默默无闻地调查、考察，取得了许多重大成果。受限于当时条件，不少成果只能通过油印内部交流，更因动乱等原因，不少成果散落甚至遗失，甚为可惜。

今文先生之子文榕生（研究馆员）精选文先生关于森林变迁的著作（包括曾内部出版的专著及各论内蒙古、青海、宁夏、新疆、两广南部及海南等地森林变迁的文稿，包括未刊稿），汇成主题鲜明的《历史时期中国森林地理分布与变迁》。该作品采用了古今多种研究成果与方法，将翔实的古文献资料与实地考察、调查相结合，得出的结论可靠、可信；既有全国性概述，又有更深入的边远或以前研究薄弱地区的研究，对影响森林变迁的诸因素进行探讨，是自然科学与人文科学融合研究的有益尝试，这更是难能可贵。文榕生先生能继承文先生的学术思想，30年如一日刻苦钻研也做出了突出成绩，此次经他选编、整理，更使文老先生的著作锦上添花。

文焕然先生的科研成果目前依然具有高的学术与重新出版价值。该书对自然与人文多学科、专业人士具有较重要的参考、利用价值。

在文焕然先生百年诞辰纪念日临近之际，为缅怀为历史植物地理学做出巨大贡献的文焕然先生，我十分愿意在此将自己的感想公之于众，既是对文老先生的纪念，也希望这门学科后继有人，不断前进。

李文華

樊宝敏研究员序*

森林是陆地生态系统的主体，具有生态、经济、社会、文化等多重价值。中国作为世界上人口最多的发展中国家，森林资源短缺、森林服务功能不高是当前面临的突出问题，对国民经济和社会发展造成严重制约。因此，研究掌握中国森林资源的历史发展规律，加快建设量多、质优、价值高的森林资源，对于我国生态文明和美丽中国建设具有重大意义。

我国已故著名历史地理学家文焕然（1919—1986）先生，毕生致力于我国森林、气候、野生动植物变迁史研究，撰写出相关著作论文70余篇（种），在学术界受到高度评价，对林业和生态建设产生了积极影响。他的学术专著曾多次获奖，如中国科学院科技进步奖一等奖（1986）、郭沫若中国历史学奖二等奖（2002）等。文老先生的研究成果为我国“三北”防护林体系建设做出了重要贡献。

本人作为一名林业史研究工作者，在师从我国林业史学奠基人张钧成教授时，就常听先师谈论文老先生在治学、为人等方面的感人事迹。此后在研究中，又曾拜读过文焕然先生的多篇研究论文，包括在《云南林业调查规划》1980年增刊上发表的《历史时期中国森林的分布及其变迁（初稿）》，以及1980年代初发表的关于孔雀、竹子历史分布与变迁方面的论文，不仅从中学到许多宝贵的历史知识，而且深为文中所体现的严谨治学、前沿选题、辛勤付出精神所感动。根据我的了解，文老先生应该是我国学术界研究中国森林史、野生动植物史时间最早且取得成就最突出的老一辈学者。他的研究成果为中国森林史学科发展奠定了坚实的基础。

学习文焕然先生撰写的一系列关于我国“三北”地区森林变迁的论文，令我印象

---

* 樊宝敏先生是我国首位林业史博士，现为中国林业科学研究院林业科技信息研究所研究员，中国林学会林业史专业委员会副主任。

最深刻的就是贯穿其中的立足丰富史料的实事求是的研究方法，以及透彻的关于人与自然关系的哲学思考和超前的科学研究结论。

在《历史时期内蒙古的森林变迁》中，文老指出，森林是陆地生态系统的主体，是植被的重要组成部分，它先于人类出现在我们这个星球上。森林的生长、分布状况，对自然环境产生较大的影响。人类是在森林的哺育下出现、成长、壮大、发展起来的。森林是人类的故乡，然而人类在相当长时期都没有意识到：毁灭森林就是断送人类生存的前途。同时认为“人类既可毁灭森林，进而危及自己的生存，也可通过自己的努力，保护和恢复森林，改善自己的生存环境，造福子孙”。

文老的森林史研究融合了科学与哲学。在《历史时期新疆森林的分布及其特点》一文中，文老抓住“水”这个主要矛盾，指出：“在干旱区，森林的分布在很大程度上受水分的制约，而水是这里十分活跃的因素。”强调在今后新疆绿化工作中，要遵循自然规律。“在发展新疆的防护林工作中，不仅要注意乔木，在一些自然条件较差的地方，要先注意灌木，甚至要先重视草被。”“建造防护林体系必须与封山育林、封沙育草相结合。”这些结论对于实际工作无疑是有指导意义的。

文老善于从历史经验教训中汲取智慧。在《宁夏并非自古即童山濯濯》（即本书《历史时期宁夏的森林变迁》一章）中，文老指出：“人工建造宁夏防护林体系，必须同保护和发展大范围的天然植被相结合，才能事半功倍。”主张要重视发挥自然力的作用，“恢复植被……应当注意因地制宜。要把‘三北’防护林的营造，同封山育林，封沙育灌、育草相结合，循序渐进，才能发挥自然力在改造宁夏山川中的巨大作用。”强调造林树种的多样性和生态系统的稳定性，他指出：“人工造林往往树种单纯，林栖动物种类稀少，抵御病虫害能力脆弱。一旦遭受病虫害袭击，人工纯林往往形成大面积损害。我国仅70年代中期以来，每年因病虫害要损失1 000万 m^3 生长积材的严重性应引以为戒。”

在《历史时期青海的森林》中，文老指出：“根据青海地处温带草原、温带荒漠和高寒高原的特点，恢复营造森林；在一些地方，往往要循着恢复草被→灌丛→乔木这样渐进的方法才能奏效。”“要注意营造混交林，而不要营造品种单一的人工纯林，这样既有利于防治病虫害，也有利于吸引各类动物，以保护小环境的生态平衡。”虽然文老不是一位职业林学家，但他所提出的利用自然力、营造混交林、构成森林生态系统的观点却是和专业的林学家的观点不谋而合的，与当代先进的林业发展理论和生态文明理念高度契合。

文榕生先生继承父业，又在许多方面进行拓展和深化研究，实难能可贵。

文焕然先生生前的许多森林变迁方面的论著散见于多种期刊，现在有些期刊已很难找到，还有一些生前未曾发表的珍贵手稿，今一并经文榕生先生整理后，以《历史时期中国森林地理分布与变迁》的题目结集出版、形成专著，这对林业史、生态史研究都具有重要价值。同时建议文榕生先生在现有选文的基础上，再适当增加诸如“三北”森林、竹林甚至珍稀野生动物历史变迁的著作数篇，纳入书中，使内容更加充实，方便读者学习和参考使用。

看到又一部林业史力作即将出版，我甚为高兴。文榕生先生要我写序，以我之资历、学识实难担此重任，但文榕生先生提到此次未能再邀与文老先生熟识的吴中伦、吴征镒、关君蔚、陈俊愉诸位院士或钧成先师等专业大师作序已成永憾，因此钟爱我这位研究林业史的学者，而命我操刀。既然如此，加之文老先生是我景仰的生物史、森林史学术研究先辈，我心中的师长，且文榕生先生是我敬重的学长，岂敢不尽心竭力？遂不揣浅陋，披露自己对两位大师精心力作的学习感受，是为序。

樊宝敏

内容提要

本书是我国首位毕生从事历史自然地理学研究的已故学者——文焕然研究员独自关于历史时期森林地理分布变迁的著作精选。既有内容浓缩的文摘，也有较详尽的专题论文，还有较早发表的专著（包括内部出版的专著），甚至还有一些未刊稿（在本书是第一次公开发表）。其中，《历史时期中国森林的分布及其变迁（初稿）》（《中国大百科全书·地理学·历史地理学》中名为《试论七八千年来中国森林的分布及其变迁》），被誉为唯一的“历史植物地理”代表性著作；历史时期内蒙古、青海、宁夏、新疆、两广南部及海南等地的森林分布与变迁，作者采用考古和现代动植物研究的基本方法，借鉴 ^{14}C 断代法、孢粉分析等多学科的研究成果，尤其是从我国得天独厚的古籍文献中发掘资源宝库，在实地考察、调查的基础上，对影响森林变迁的诸因素进行了探讨。这是自然科学与人文科学融合研究的有益尝试，本本堪称绝无仅有的较详细论述中国森林分布变迁的力作。

本书不仅适合从事林业史、植物、森林、动物、生态、气候、环境、（现代）地理、历史地理等领域研究的专业人士阅读，而且对从事历史、人口、社会、经济等领域研究的师生、学者也有较高的参考价值。

前　言

文榕生

1　对森林的认识

人们在不同时期，对“森林”这一概念的认识、理解不尽一致。在对文焕然先生研究历史时期中国森林地理分布与变迁著作的整理过程中，我认为历史时期文献记载的“森林”主要指乔木、竹类，或以它们占优势的植物群落，或疏或密互相连接成片（或带、列状等）的植被类型。这也基本符合现代科学对“森林”的定义。

森林是地球上最大的陆地生态系统，是全球生物圈中不可缺少的重要一环，它是地球上的基因库、碳贮库、蓄水库和能源库，对维系整个地球的生态平衡起着至关重要的作用。森林远早于人类出现而存在，至少在3亿年前的石炭纪就有大规模的森林存在，煤炭可以作为无可辩驳的实证；就是现生被子植物的乔、灌、草本相继大量出现，遍及地球陆地，形成各种类型的森林，为最优势、最稳定的植物群落，也在1亿年前的晚白垩纪。灵长类动物的出现（最早见于古新世，距今6 500万～5 300万年）、生存与演化，离不开森林。因此，森林也曾是人类诞生的摇篮，更是人类赖以生存和发展的重要资源和环境。

人类对于不同时期森林的认识，就现存的森林，人们可以随时展开调查、研究；万年以上的远古森林，人们通过化石或古植物研究，也并非十分困难。也就是说，人们对于百年尺度，或万年以上尺度的森林状况进行研究，具有较多便利条件。然而，对于千年尺度的森林状况研究，虽有孢粉分析与^{14}C断代等作为辅助手段，但主要还要依靠古文献记载以及考古成果等。尤其是古文献，当今世界，也唯有中国具备从形成体系的殷商甲骨文以来的文字记载，可以延续3 500多年，具有连续无间断的、内容丰富的大量古籍，它们向前延伸，可与古生物、考古研究相衔接，物种、化石标本、文字资料丰富与连续性的优势使得不少外国学者可望而不可即，却使得人们对中国历史时期这一仅存特殊时空范围内的森林地理分布与变迁研究有可能进行。

尤其是研究历史时期森林分布与变迁，中国还有自然条件之优势：幅员辽阔，东西延续近70经度，南北跨50余纬度；存在多种气候，由北向南依次为温带季风气候、温带大陆性气候、高原山地气候、亚热带季风气候、热带季风气候；地质、地形、地貌丰富多彩，尤其是地球“第三极”主要处于中国境内；生态环境的多样性产生多种森林（如针叶林、混交林、阔叶林，又如落叶阔叶林、常绿阔叶林、落叶阔叶与常绿阔叶混交林、季雨林、雨林等多种划分）并繁育着动物多样性，使得研究对象繁多并可以相互印证。一些现代相关学科的研究成果，也为科学推断历史时期的森林状况提供了佐证。

上述这些优势与历史时期中国森林的丰富资料已经静静地等待了数千年，有多少中外学者翻阅、察看，最终却与之失之交臂；也有不少列强尽管将中国的一些古籍掠夺回国，却也因不识其中奥妙而只能将其束之高阁……直到20世纪后半叶，主要是中国历史地理学家与林业史学家才唤醒这些沉睡数千年的关于森林的宝藏，其中文焕然、史念海、张钧成等既较早介入这一领域，又取得较突出成果（例如，文焕然以全国范围及较长时期见长，史念海以地区性突出①，张钧成以断代取胜②）；现今，后继者已不胜枚举，使得研究历史时期中国森林的地理分布与变迁成为独具中国特色的科学研究。此处，不能不提到两部与森林分布变迁相关的大型林学巨著——《中国植被》（科学出版社，1980）与《中国森林》丛书。前者由吴征镒院士主编，获得国家自然科学二等奖。后者是一套分省介绍森林状况的大型丛书，由林业部组织，吴中伦院士领衔，1980年启动，各省、市、自治区都相应成立了各自的“森林”编辑委员会，到全部出齐历时20年（吴老已经作古），获得全国优秀科技图书奖暨国家科技进步奖一等奖、第五届国家图书奖等③。两部巨著的出版皆是空前的，获得奖励也是实至名归。

文焕然对于中国森林的研究起自1940年代，我们所见最早发表的是《北方之竹》。从中我们可以看到，他以历史上中国北方（涉及今北京、河北、山西、内蒙古、山东、河南、陕西、甘肃等地一带）的竹林地理分布与变迁，进而论及自然界的气候、生态环境变迁，人类活动“管理失周”，“迭经大乱，水利失修，又滥加斧斤，军事种植，故难复旧观”，是自然与人文活动的相互影响，造成竹林的几经盛衰的变迁。尽管是最初的学术研究观点，但到1960年代，他又对华北西部经济栽培竹林④进行研究；1970年代，他再对历史时期河南博爱竹林⑤进行研究；1980年代前后，他最后对北京栽培竹林⑥进行研究。我们都不难看到他皆有类似观点，甚至对于森林的分布变迁原因，也有此类看法。文焕然这种观点，在今天看来已是人们的普遍认识，然而在1940年代提出，可以说是超前的。

2　对地理学与历史地理学的认识

由于较长期对历史自然地理学的研究实践，我们认为有必要对长期困扰人们的一些概念重新认识，理顺它们的关系。例如，对地理学与历史地理学等的认识。

地理学存在广义与狭义两种概念：广义的地理学可按时间段的不同，将人们对客观地表状况的认识划分为古地理、历史地理与现代地理这样三大阶段分别，或进行比较研究；人们通常所谓的地理学，则是指狭义的地理学，是对现代地理的默认。谭其骧等大家划定以“人类文明”作为古地理

---

① 例如：史念海，曹尔琴，朱士光．黄土高原森林与草原的变迁．太原：山西人民出版社，1985. 史念海．河山集．（先后由三联书店、人民出版社、陕西师范大学出版社、山西人民出版社等出版）

② 例如：张钧成．中国古代林业史・先秦篇．台北：五南图书出版有限公司．1995. 樊宝敏．中国林业史学科的奠基人：纪念张钧成先生逝世一周年．北京林业大学学报（社会科学版），2003，2（3）.

③ 据蒋有绪“吴中伦主持《中国森林》编著耗时20年，1997年在吴先生去世后才得以出版”［蒋有绪．忆林业生态研究进展之一二憾事．中国林业（1A），2002，23-25］。另据宫连城介绍一些相关情况［宫连城．《中国森林》编辑出版概况．北京林业大学学报，1988（2）］；中国森林（第1卷）.http://baike.baidu.com/link?url=JojX4Nb0UrRR3de1ayRPL4O_wkDRtNSdN2W7hFd_HASCMQSjUgSxilyjoSFJEg8rxY5KMRl0ZGTPZElMLZb9tCvMltpUgTlLMRF5QKhD2q_n3VlA0rskdduHJjs-jES-TeKi-GgYj5GtZ_Y_aRMCWFkyZPl7F4n2wrCT-mTQsn_.

④ 见本书《二千多年来华北西部经济栽培竹林之北界》.

⑤ 见本书《历史时期河南博爱竹林的分布和变化初探》；文焕然，孟祥堂．华北最大的竹林：博爱竹林．植物杂志，1978（1）.

⑥ 见：文焕然．历史上北京竹林的史料．竹类研究，1976（5）. 文焕然，张济和，文榕生．北京栽培的竹林．西北林学院学报，1991，6（2）. 文焕然，张济和．北京栽培竹林初探．张济和，文榕生，整理．1995.// 文焕然，等．中国历史时期植物与动物变迁研究．文榕生，选编整理．重庆：重庆出版社．

与历史地理的分水岭，当代地理亦即“今地理”，并指明不同的基本研究方法[1]。亦即认为，古地理（人类文明之前）、历史地理（人类文明以来—现代）、（现代）地理。在古地理阶段，基本上仅涉及自然地理方面；在历史地理阶段，由于人类文明而出现人类活动影响因素，进而产生人文地理；（现代）地理中不仅在自然地理方面与之前的研究内容不尽相同（如气候研究往往需要通过千年、百年甚至万年以上的变化，才有可能探索其变化规律。故现代地理学中纯粹的现代气候研究仅限于数年、数十年的变化），而且人文地理中的研究内容也有变化（如“聚落地理”仅存在于历史时期）。这还仅限于研究内容的变化。

研究方法的变化也使历史地理学对时间段的划分不尽一致。以往对历史人文地理的研究，主要依据古籍记载①，故多出现史念海指出的“治此学者，往往足不出户，而指点江山，视为当然”[2]者。不以文献记载自缚，通过野外实地考察印证，考古学对时间的前伸与后延等也使得历史人文地理研究超越了甲骨文的界限。历史自然地理研究是古地理与（现代）地理的中间环节，尽管也主要依据古籍记载，但越来越多的古生物实证与新兴的现代科学研究手段及其成果，又使其研究可不断向前伸展，或向后延续。只是强调“人类文明”这一定性，针对的是在此之前，自然环境（包括生物）的变化主要是自然因素（包括它们的自身变化规律）；而在“人类文明”出现并且作用力日益增大之后，自然环境（包括生物）的变化不得不考虑到这一新因素的影响。

以“人类文明”作为历史地理研究之初界限的提法，实际上只是其中之一。因为一般科学界有将文字的出现作为界定文明的重要标志，通常人们把文字出现以后的历史称之为人类文明史；而迄今文字的发明，最早的也不过七八千年②。在人类学和考古学中，文明也可以指人进化脱离了动物与生俱来的野蛮行径，用智慧建立了公平的规则社会。故此，又有一些类似的标志出现。

“全新世”③不仅是最年轻的地质年代，根据传统的地质学观点，全新世一直持续至今，而且对于与历史时期相对应的自然环境研究也具有重要意义。①地质遗迹是指在地球演化的漫长地质历史时期，由于内外动力的地质作用，形成、发展并遗留下来的珍贵的、不可再生的地质自然遗产。这些千姿百态的地貌景观、地层剖面、地质构造、古人类遗址、古生物化石、矿物、岩石、水体和地质灾害遗迹等在全新世已经基本固化，尤其是我国地域辽阔，地理条件复杂，地质构造形式多样，地质遗迹丰富多彩，是世界上种类齐全的少数国家之一，有的在世界上独一无二。这些难得的实物证据，是研究历史自然地理的直接或间接数据。②末次冰期之后，即进入全新世，此阶段的气候温度并不稳定，但没有大的气候波动。③高等陆生植物的面貌在第四纪中期以后已与现代基本一致；由于之前的冰期和间冰期的交替变化，逐渐形成我们今天所见的寒带、温带、亚热带和热带植物群。④哺乳动物在第四纪期间的进化，主要表现在属种而不是大的类别更新上；到全新世，哺乳动物的面貌已和现代基本一致。故全新世的这些特点，对于历史自然地理学研究具有重要意义。

新石器是冰期终结后，人类制作工具的技能有了新的飞跃，采用磨制的新方法来制造石器，呈现多凿有孔眼及环形的石器，种类繁多，有大斧、石刀、石凿等。这时期的陶器已很发达，农业工具也已开始制作，并有了原始的农业与畜牧业。

原始农业（或称农耕经济）的兴起，不同于以往的渔猎、采摘等被动依赖大自然的生产方式，以种植业为主、家畜饲养业为辅是中国古代农业经济的特点之一。随着畜牧业发展，据研究，在世界文明发展史上，农耕民族与游牧民族的对垒与融合，从公元前3 000年开始一直延续到公元15～

① 世传“华夏文明”仅5 000年历史，而“炎黄时代”则在距今4 000多年前中国原始社会后期。

② 学界对此“文字”尚存歧义，甚至认为其只能算作符号。

③ 最初认为全新世(Holocene)开始于1万年前(10 kaBP)，是根据^{14}C测定，后发现^{14}C测年要经过树轮校正，才能更接近实际的年代，校正后的全新世开始日历年为11.5 kaBP。

16世纪止，纷争不断。农牧界线的迁移，成为人工栽培植被与天然植被盛衰的标志，也意味着森林植被的变迁。

一般来说，上述人类文明、全新世、新石器、原始农业等皆可作为古地理与历史地理的分水岭，从具体时间上看，距今约1万年。但是到具体地区则需要具体分析，不能机械地套用。

3 对文焕然研究中国森林的认识

文焕然是最早展开历史时期中国森林分布变迁研究的学者之一，从他40年间的研究历程中，可以看出自成体系，且独具特色。

3.1 研究方法

从事历史地理学研究者，一方面由于沿袭沿革地理研究，另一方面多侧重于历史人文地理学，在初期多主要依靠史籍资料，运用考据的方法进行研治，难免有失之偏颇之处。

文焕然则不然，从其著作中，我们可以看到：他不仅同样重视从我国得天独厚的古籍文献中充分发掘、考证、鉴别、利用十分难得而翔实的相关资料，而且早就迈开双腿，深入实地考察、调查，订正、补充文献中许多讹传与疏漏；还对影响它们变迁的诸因素进行了探讨，是自然科学与人文科学融合研究的有益尝试。

例如，文焕然在内蒙古自治区曾到大青山南麓的古路板林场访问，了解到当地称为“某某板升（一般都已省称为某某板）”是蒙古语，原意为房屋，引申作为村庄、小市镇，即居民点；早期是用阴山的木料建筑房屋。此外，16世纪时，阿勒坦汗①为自己建筑了一个规模宏大的城郭和宫殿，称为“大板升”，整个宫殿有七重，分朝殿和寝殿，所用的梁柱和门窗等各种木料都取材于大青山。由此，反映16世纪时阴山山地林木之多。

又如，文焕然在青海省曾到大通与门源两县交界处的达坂山麓一带历史上曾为森林的地带考察。然而，现今先过峡门山之东，见此山已基本无林，只有草地灌丛；再到松树塘（今宝库林场），道旁山地仍有些天然林分布：从峡门山往北到松树塘的山地为达坂山，如今森林断续分布，许多地方已垦殖到山腰，甚至到达山顶，面貌大变。

在古生物学、考古学不断发展，成果日益显现，现代动植物调查、研究的报道不断传来，^{14}C断代法、孢粉分析诸多新科学研究方法、手段出现的初期，文焕然就敏锐地认识到这些成果、证据的作用，积极搜集，积累资料，成为相互印证的重要证据。

例如，文焕然根据贺兰山林区的高山部分呈现以青海云杉和油松等针叶树种为优势的稳定林分结构，认为这是大自然的直接孑遗，其历史悠久，可以追溯到原始状态的森林一般特征，主要优势树种和基本群落结构一如现今。又根据贺兰山针叶林分中每每可见残留着众多的粗大伐根，伐桩有一人多高，直径1 m以上者，其上原先残枝现多已成櫄、梁之材，伐桩分布广，有的达到分水岭；有些树龄有四五百年者。进而认为：①贺兰山高山部分原始林历史悠久，并非自古以来就是以中、小径材为主的残破林区；②中低山部分林线上升，林相残破，平均立木直径缩小，林木生长率低，应该是过伐林；③低海拔山地的山杨等森林，才是次生的天然林。

又如，文焕然根据宁夏回族自治区南部六地［固原县（现原州区）、西吉县、隆德县、泾源县、

---

① 阿拉坦汗（1507—1582），又作俺答汗，元太祖十七世孙，是著名的政治家、军事家，蒙古右翼土默特万户的首领。阿拉坦汗统治时期，土默川生产发展突飞猛进，经济呈现出一派繁荣景象。随着经济的发展，俺答汗决定模仿失去的大都（元代的都城，即现在的北京）修建新的城市。万历三年（1575），新城建成，被亲切地称作“库库和屯”（即呼和浩特），意为“青色的城”，后来逐渐成为蒙古草原政治、经济、文化的中心。

彭阳县、海原县］相继出土古木，获得以下珍贵信息：①这些古木并非外来木，而是当地历史上生长的林木代表。②经电镜木材结构学鉴定，有云杉属（*Picea* sp.）、冷杉属（*Abies* sp.）、落叶松属（*Larix* sp.；疑为红杉 *L. Potaninii*）、连香树（*Cercidiphyllum japoncum*）、圆柏（*Tuniperus chinensis*）、油松、辽东栎、桦等阔叶树种；古森林是以云杉、落叶松为优势的针叶林，其中云杉贯穿南北高海拔处，北部以圆柏占优势。这对推动发展六盘山区造林、选育树种以及水源涵养林区结合木材生产等森林经营，应当有所启迪。③古木标本经^{14}C 测定为距今8 900年 ± 120年至距今1 300年 ± 135年，反映历史悠久。④古木一标本的67.8 cm断面上有470圈年轮，树干通直、饱满少节，侧枝纤细，生前已濒死，可以推断该树生长处于雨雪丰沛、气候寒冷的环境，且在高度郁闭的林分中，反映当时林海雪原郁郁葱葱的景象。⑤通过对古木发现地域与现今森林分布比较，可以看到历史上确实曾存在过由最南端的大雪山直到西、南华山，主脉东西伸展入黄土区纵深的广大森林至森林草原区；现今的六盘山林区，只不过是古林区剧烈退缩于南隅高山之巅的最后一个孑遗而已。⑥另一古木标本大头直径77 cm，生长370多年，总的看来生长非常缓慢。特别是它入土前的135年才在断面半径上生长了9 cm，既说明古木生前早已进入过熟阶段，又不能不反映入土前的气候异常寒冷，这与中国历史时期冷暖变迁[3]是吻合或基本吻合的。⑦这些古木的两端横断面都保留了一种巨大外力强砸折断的明显痕迹，绝非斧锯所致，可以断定是因为强烈地震形成的山崩地陷才入土的。据查，1785年前后最大的一次较大地震是乾隆年间黑城地震，从古木出土后的腐朽程度看，估计入土不大可能超过200年。当然，地震是植物群落演变的一种强力突变因素，但绝非根本原因，六盘山古代以云杉等为优势的森林植物群落体，为什么在这么短暂的时间内消失，还有待深入研究。

尽管缺乏先例指引，也没有刻意强调，但是我们可以看出，文焕然自觉运用辩证唯物主义与历史唯物主义原理指导自己的研究工作，不断强调要旁征博引（但并非为了哗众取宠），不断强调更多角度的不同证据相互印证，不断强调文献记载与实地考察相互验证，这可能就是他的研究更加令人信服的诀窍。

3.2 研究特点

在长期整理、选编文焕然著作过程中，在继续先父未竟的研究工作中，我更深刻地领悟到他在历史时期中国森林分布变迁研究中具有一些特点，或许值得学术研究人员关注，遂不揣谫陋，贻笑大方。

知难而进

我们可以看到，"三北"防护林体系建设工程东起黑龙江宾县，西至新疆的乌孜别里山口，北抵北部边境，南沿海河、永定河、汾河、渭河、洮河下游、喀喇昆仑山，包括新疆、青海、甘肃、宁夏、内蒙古、陕西、山西、河北、辽宁、吉林、黑龙江、北京、天津等13个省（市、自治区）的559个县（旗、区、市），总面积406.9万 km^2，占我国陆地面积的42.4%。文焕然完成的省级政区的历史时期森林分布变迁有新疆[4]、青海[5]、宁夏[6]、内蒙古[7]、湖南[8]、两广南部与海南[9]等地，不难看出这是些文献记载较少、科研力量较薄弱的，其中有的还几经波折，难度非同一般。关君蔚院士曾特意笔录：

> 七十年代后期，"三北"防护林建设工程在国家正式立项前后，正是我国科教工作者处境万难之时，承林业部指定，我（与）第一作者文焕然老学长接触较多。在工作和生活条件极为困难之时，作者仍能孜孜以求，不仅对"三北"防护林体系建设工程做出了贡献，实使我也突

出地受到教育和感染。文老已仙逝，附记于此①。

然而，我们又看到，关于新疆与湖南的论文在《历史地理》上刊登，关于内蒙古的著作约2.6万字，关于青海的著作约3万字，关于宁夏的著作约4万字，皆超出一般论文的篇幅，甚至可以作为专著。

在研究历史时期森林分布变迁的热潮起来后，文焕然却转而将主要精力投向研究难度更大的历史时期珍稀野生动物分布变迁方面。我认为，此情景大可用毛泽东《卜算子·咏梅》的意境：

风雨送春归，飞雪迎春到。
已是悬崖百丈冰，犹有花枝俏。
俏也不争春，只把春来报。
待到山花烂漫时，她在丛中笑。

厚积薄发

重视资料的积累，是学界对文焕然的评价之一。生前，家中堆积着不少他平时记录、抄写、剪贴的资料、卡片……确实不"美观"，但对他的科研则如鱼得水。他一生中几经劫难，搜集的资料甚至文稿、著作也几经散失，但是劫后余生不久，又见他聚沙成塔，出现堆积的资料。即使如此，文焕然的著作在今天看来，并不算多。当时出版难是一方面，文稿不仅需要几经抄写、改动，往往还要经过层层批准，从油印到打印，最后才能铅印。另一方面，则是他自己惜墨如金，相关资料搜集到一定程度后，还要反复构思、鉴别、比较、分析，排列成年表……撰写成稿，多方征求意见，最后发出。更由于他的研究多是冷门，难登"大雅之堂"。然而，是金子总会发光的，经过时光的考验，文焕然著作的价值被越来越多的人所认识。

迄今检索，论述历史时期全国性的森林分布变迁著作并不多见，而文焕然的《试论七八千年来中国森林的分布及其变迁》[10]、《历史时期中国森林的分布及其变迁（初稿）》[11]等之所以深得学术界青睐②，其中的重要原因便是厚积薄发的结果。目前看来，《历史时期中国森林的分布及其变迁（初稿）》仅5万余字，当时内部发表时则占整期刊物的版面，但我们试看仅内蒙古、青海、宁夏三地森林分布变迁的著作就有10万字左右。看来，主要是版面的限制，制约了文焕然关于历史时期中国森林分布变迁研究成果的正常论述。

可以作为佐证的是，《二千多年来华北西部经济栽培竹林之北界》[12]正式发表时，约2万字，已是一般刊物2～3篇论文的篇幅。当年经过中国科学院地理研究所批准的油印稿《战国以来华北西部经济栽培竹林北界分布初探》超过4万字，显然后者的资料、论证等皆丰富得多。

选择典型案例

文焕然的历史时期中国森林分布变迁著作多涉及较长时间段，或较大地域范围。但实际上，森林的分布状况不尽一致，变迁也并非一致性地呈线性变化，如何应对如此错综复杂的情况？他选择了不同典型案例分别论述，用较少笔墨清晰地说明问题，获得经典著作采纳。

例如，文焕然根据中国森林分布的具体情况，首先，采用由于水分差异造成森林资源由沿海到内陆逐渐减少，主要表现为森林地带—草原地带—荒漠地带的植被呈经度变化的标准，说明各地带皆有森林存在，只是存在多寡差异；其次，大致按纬度从北到南，展现寒温带、温带、暖温带、亚热带、热带森林；最后，就森林的海拔变化这种垂直分布说明，兼顾了森林分布的水平与垂直不同情

① 引自：1996年对《中国历史时期植物与动物变迁研究》评审、推荐意见。

② 此两著作一为文摘，另一为专著，详见本书《关于〈试论七八千年来中国森林的分布及其变迁〉的查证》。另外，以此为主要内容的著作，分别获得国家自然科学二等奖（《中国植被》采用）、中国科学院科技进步一等奖（《中国自然地理·历史自然地理》）及《中国大百科全书·地理学·历史植物地理》等。

况。又根据历史上中国森林的变迁特点，对长白山地、太行山中段、华北平原中南部、豫鄂川陕交界地区、湘江下游、高廉雷琼地区（亦即现两广南部与海南地区）、黄河中下游、塔里木盆地等8个典型地区，论述各自森林的分布变迁。

又如，对处于荒漠地带的新疆维吾尔自治区历史森林，根据当地特点，按照主要处于北疆的中山带（包括天山、阿尔泰山、准噶尔西部山地）与处于南疆的平原区（巴楚等地河岸、和田河沿岸、克里雅河沿岸、民丰等地河岸、车尔臣河沿岸、塔里木河下游沿岸、塔里木河中游沿岸）分述森林的地理分布；又按照新疆塔里木盆地胡杨林的变迁与塔克拉玛干沙漠、塔里木河等的变迁以及人类活动的影响是紧密相连的，天山森林的变化从汉代屯田时即已开始，论述它们的分布变迁。

驾驭名词、术语

名词、术语具有规范、简洁、明确、便于交流等特点，科研工作者更应当掌握与运用。

尽管文焕然的研究涉及自然与人文的多学科，但是我们可以看到他的历史时期森林分布变迁著作中注意准确运用相关名词、术语，以区分、表达不同的含义。

例如，森林的划分实际应用中有多种标准，由于历史时期森林分布变迁更多涉及自然与人类的影响，故文焕然的相关著作中注意使用“原始林”（指天然形成的，未遭到人类破坏的完整生物圈）、“次生林”（是原始森林经过多次不合理采伐和严重破坏以后自然形成的森林）、“人工林”（通过人工措施形成的森林）这三类。一般来说，它们的形成（或存在）过程是原始林→次生林→人工林，生态效果大体也是按照如此顺序逐步降低。采用此类名称，森林的时段或变迁阶段便不言而喻。

又如，文焕然在描述“小兴安岭与长白山地温带林”时，提到：窝集（乌稽）[①] 中的树木不仅高大茂密，而且有不少古木；林下阳光稀少，反映出原始森林的一些特点。林中还有沼泽等植被分布。一般林中出产野人参等多种药材，还有驼鹿、虎、熊、野猪及貂等野生动物活动。反映原始森林中高大茂密的树木阻挡阳光穿透，林下还有灌木、草本、沼泽等交错分布，涵养水源，更有多种野生动物栖息，具有维持生物的多样性、保持生态平衡的作用，形成“完整生物圈”。文焕然在描述“华北平原中南部”森林时，则使用“天然林”“次生林”“天然次生林”等名词。这又是由于其为历史时期中国森林等植被变迁最大、变化最频繁的地区之一，原始森林较早消失，“次生林”与“天然次生林”还是有所区别的，因次生林含有人工次生林与天然次生林。

不满足于一蹴而就

文焕然对一些研究对象并不满足于一蹴而就，而是经过一段时间的征求意见、再思考，或从研究相关问题获得灵感之后，在积累新证据、获得新思路之后，再行研究。这因为他的研究不拾人牙慧，真正需要探索，既不是人云亦云而投机取巧，也不是借口精雕细琢而畏葸不前，更不是信口开河而不负责任；又因为人们对客观事物的认识不会停留在原地，而是不断有新的认识，并经过曲折、提升、前进。

例如，文焕然对于北方竹林的研究就有多次；对森林的研究也有从局部到全局，又由全局到局部的多次。

又如，文焕然敢于根据旁证、相关情况进行大胆而科学推断（如以栖息于森林的野生动物记载、气候环境、土壤类型、生态环境等间接证据判断曾有森林分布）。

不尚空谈

文焕然的研究工作能够与国家迫切需要紧密结合起来，地理研究所古地理历史地理研究室就明确：

---

① 满语，意为茂密的森林。一般指在广袤的密林中有水窝集的地方，即原始森林。

文焕然先生在科研工作中能紧密地与国家的建设需要结合起来，积极承担与国民经济建设密切相关的重要科研课题。因此，他的研究成果不仅具有较高的学术价值，而且对于国民经济建设中的许多重要项目有着指导意义。他完成的多项科研成果受到国家有关领导机关和有关生产业务部门的重视与好评。如《历史时期“三北”防护林地区森林的变迁》受到林业部的好评，有关历史时期珍稀动物变迁的研究则受到国务院环境办公室的重视[13]。

我们可以看到，他的不少关于森林的著作，不限于对森林变迁情况的记述，而且还要认真分析成因，尤其是人类活动的影响，最后，还要针对性地提出一些建议。

4　概图选用

尽管研究历史时期中国森林分布变迁的著作不少，但是能够量化的数据寥寥，尤其是可用图示法展现这一状况的成果有限，故在《历史时期中国森林地理分布与变迁》选为“概图”的仅有5幅，大致为：

《历史时期中国植被概况及植被类型变迁代表地区图》：不仅展示中国历史时期存在的森林、草原、荒漠3个地带范围，以及在其中选择的8个森林分布变迁的典型地区位置，而且利用中国地形作为底图，增加了与森林地理分布相关的一些相对稳定信息。

《中国（现代）森林分布图》：《中国（现代）森林分布图》取自《中国森林资源图集》a：该图依据第七次全国森林资源清查（2004～2008）结果，以“针叶林”“阔叶林”“针阔混交林”“竹林”“国家特别规定的灌木林”5种类型，精确、直观地标出当时中国森林覆盖率20.36%。这虽然是中国森林分布的现状，但它是中国森林经由历史时期不断（并非直线式下降，曾有若干次程度不同的恢复）衰减、缩小到谷底后再度有所恢复的状况（其中原始森林已经屈指可数）。同时，可将其与《历史时期中国植被概况及植被类型变迁代表地区图》对照，反映历史上森林的分布更加广阔（最早是原始森林，其后则是次生林）。

《中、晚更新世古地图》：不同时期的地质状况与当时的地形、地貌以及植物与动物的地理分布等形影相随，具有重要参考价值。此图取自《中国古地理图集》②，体现了以构造为主的思想，涉及的学科主要有古生物学、地层学、沉积学、构造地质学、岩浆岩岩石地质学及第四纪地质学等，这是反映最接近历史时期的地质状况图。该图说表明：

> 中—晚更新世海岸线时有波动，并有较大变化。桂粤沿岸中更新世最大海进可达钦州—江门一线。整个雷州半岛淹没于海水之中。晚更新世时则发生较大海退，海水退到现代海岸附近；浙闽一带中更新世最大海进范围略小于晚更新世，两期均发生在现滨岸地带；江苏滨岸地区此时为海陆交互地带，中更新世海进仅见于上海附近，晚更新世时则明显向陆地扩张，最大海进范围可达溧阳—洪泽湖一带，海泛时可能沿谷地到达微山湖；华北平原沿海地区，中更新世最大海进范围略同于早更新世，而晚更新世海进扩大，最大海进线可达白洋淀一带，但海进是不稳定的，随后又发生海退。总之，晚更新世时华北平原沿海部分发生过两次海进、海退；辽河平原沿海地区自中更新世以来发育海相夹层，曾有过二至三次海进。
>
> 晚更新世晚期，大约距今2.5万年时，气候急剧变冷，整个东部海面大幅度下降，到距今1.8万年时，海面下降到最低位置，大约在现代海面以下150 m左右。在华南沿海形成宽达上

① 贾治邦主编．中国森林资源图集．北京：中国林业出版社，2010

② 中国地质科学院地质研究所，武汉地质学院编制．中国古地理图集．北京：地图出版社，1985.1987年获得国家自然科学二等奖（王鸿祯院士主要学术成就简介 .http://scitech.people.com.cn/GB/25509/55787/197639/12175922.html. 此图因故取消）。

千公里的辽阔滨海平原，其上发育古土壤层、风化壳和泥炭，与此同时很多河流一直延伸到滨海平原的外缘。在距今1万年左右，气候复又转暖，海面回升到海深25～30 m处，接近现代海面。

中—晚更新世，陆表三级阶梯地形更加显著。青藏高原继续迅猛隆起，上升幅度1 000～2 500 m，随着地势的升高，气候逐渐向寒冷、干燥的方向发展。大冰期降临时，气候更为严寒，喜马拉雅山、冈底斯山、喀喇昆仑山、唐古拉山等，在海拔4 000～5 000 m处已是银镶玉砌，冰川广布了。冰期过后，气候又变得温暖湿润，发育湖泊和红色土型古土壤及风化壳。晚更新世时，曾有两次冰期来临，早期冰川分布范围略小于中更新世，晚期冰川分布范围却大为缩小。介于早、晚冰期间则发育湖泊和黄壤型古土壤，但很多湖泊的湖水开始变咸。

早更新世末期至今的天山上升量为700～1 500 m，为强烈活动区。中更新世时发育山麓冰川，前端可达现代中山带。晚更新世晚期，由于气候变干旱，冰川明显退缩。此时，天山内部的断陷盆地也逐渐缩小，博斯腾湖由洪积物代替了湖积物。吐鲁番盆地和哈密盆地继续向西南迁移。天山南、北麓仍发育洪积物。

塔里木盆地由于气候趋于干燥，沙漠面积扩大，河流更显游荡性，克里雅河基本消失于沙漠之中，孔雀河因受隆起影响而与塔里木河分流，并且直接注入罗布泊。罗布泊和柴达木湖此时湖面不断缩小，到晚期湖水变咸。

早更新世末期，阿尔泰山上升幅度可达1 000 m，以中山为主，中更新世开始形成山谷冰川，分布面积较大，晚更新世时冰川厚度变薄，开始萎缩。准噶尔盆地随着阿尔泰山及天山的抬升，盆地边缘形成更为开阔的台地及丘陵。由于气候逐渐干燥，艾比湖和玛纳斯湖开始缩小、咸化。至晚更新世，盆地内的岩漠、沙漠已很发育。

阴山、贺兰山、六盘山和秦岭地区上升量500～1 000 m，均属强烈活动的中山区。大青山及秦岭开始发育冰川。内蒙古平原及黄土平原也上升成为高原，海拔分别为1 000 m及1 300 m。山地、高原的抬升，促使高原内部气候变干，随之发生湖泊逐渐消失和沙漠、风成黄土发育的现象。如内蒙古高原呼和浩特—包头一线及西部临河一带，在中更新世时为沉降中心，堆积湖泊沉积，晚更新世时则向冲洪积沉积过渡，与此同时，内蒙古戈壁和腾格里沙漠等地也开始形成。中更新世时，黄土高原面上的洼地继续接受来自周围山系的风化物质，由流水搬运，沉积黄棕色的粉沙土，即离石黄土，但高原面上的湖泊逐渐消失，泾河、洛河开始形成。晚更新世早期，虽在一些宽谷内堆积了河湖沉积，即萨拉乌苏组，“河套人”就生息在萨拉乌苏组发育的红柳河一带。但至晚更新世晚期，气候急剧恶化，由风力搬运普遍接受了来自北部和西北部沙漠中的粉沙级土粒物质，后经黄土化作用形成马兰黄土。秦岭北侧的关中盆地，在中更新世初，受东西断裂差异性活动影响，南北两侧形成高地，湖泊开始退缩，是一个湖退河进的过程。山麓两侧堆积洪积物，且上部有黄土覆盖。“蓝田人”生息活动于蓝田地区，剑齿虎（*Machairodus*）、大角鹿（*Megaloceros*）、三门马（*Equus sanmeniensis*）等常活动于山前地带。整个气候较为冷湿。

四川盆地与云贵高原海拔变化不大，盆地边缘地带及平原中沿袭洪积沉积，但其范围有所缩减。平原东部为红色土组成的剥蚀堆积丘陵，晚更新世时沱江支流一带是“资阳人”生息的地方。丽江、大理、元谋等断陷盆地沿袭早更新世河湖沉积，但到晚更新世则以湖沼沉积为主，湖泊开始萎缩。

川西—滇西中、高山区继续上升，但由于侵蚀基准面较低、地势落差大，在山体上升的同时受到强烈侵蚀切割，使横断山脉显得格外险峻。在贡嘎山、孔雀山、螺髻山以及玉龙山等高山上，晚更新世冰川极其发育。金沙江宽谷地段沉积褐黄色沙砾冲积层。在保山、潞西、陇川等断陷盆地中继续发育河湖沉积。

大兴安岭、小兴安岭、张广才岭、老爷岭和吕梁山、太行山早更新世以来上升量均不大，均100余米，属微弱活动的中山区。大兴安岭高峰处和长白山天池附近均发育山谷冰川，太行山及北京西山一带，中更新世时亦可能有冰川活动。松嫩平原在中更新世早期变化不大，但后期整个平原开始分异，湖泊也随之分解、退缩，而沼泽化、咸水化。松花江切穿依兰一带低山—丘陵，流入黑龙江。东、西辽河汇合后，向南归入大海。下辽河地区东西边缘仍发育洪积扇，中部为河湖沙砾、泥组合的沉积。海拉尔盆地仍为河湖沉积，但呼伦湖退缩，额尔古纳河溯源侵蚀加强，袭夺了海拉尔河，使之纳入黑龙江水系。三江平原仍沿袭河湖或河湖沉积。山西汾河地堑内河流冲积物代替了湖积物，形成古汾河。运城湖盆随气候变干发育石膏和钙芒硝。晚更新世时由于构造运动影响，古汾河抛弃下游的涑水河道，于侯马处呈直角转弯向西流入黄河。华北平原山前地带继续发育洪冲积泥、沙砾组合的扇形地形。北京附近山前丘陵埋藏溶洞发育，中更新世时期著名的周口店"北京人"生活栖居在这些洞穴内，他们用石头制成各种工具和武器，为了生存常常与中国鬣狗(*Hyaena sinensis*)、肿骨鹿(*Megaloceros pachyosteus*)、虎(*Felis tihris*)、豺(*Cuon*)、狼(*Canis lupus*)等野兽进行搏斗。随着气候变旱，平原上华北古湖群解体，各大河系业已形成，华北平原遂成为广阔的冲积平原。苏北平原其古地理特征类似华北平原。山东仍为稳定的低山—丘陵区。

华中、华东及华南中、低山区构造活动较为稳定，中—晚更新世时略有上升，幅度大约不超过50 m。中更新世时在庐山、天目山有冰川活动，晚更新世时台湾玉山上发育冰川。广大丘陵地区仍覆盖了不厚的洪冲积泥、沙砾和红色土等，使地形起伏变缓。古洞庭湖由于边缘抬升，湖盆缩小，边缘堆积洪冲积物，湖水通过城陵矶峡口泄入长江。黄梅之南的湖泊开始分解、缩小。全新世时，古赣江口断陷淹没形成鄱阳湖。

中—晚更新世时，黄河、长江基本上接近现貌。中更新世时，黄河切穿了积石山和中条山山前的山岭，串通了古若尔盖湖、古共和湖和古银川湖，完成了全河的联结，向东流入平原。中—晚更新世时向东南方向流去，大致穿行于徐州残丘间，然后经苏北平原，注入黄海。直到全新世初期黄河发生大的改道，才沿今黄河的流向向北东归入渤海。同样，长江在中更新世也完成了全河的联结，其上游段古金沙江由于河流袭夺被纳入长江水系后，遂流经四川，至川鄂交接地带长江切割山岭，串联古洞庭湖及黄梅以南的湖泊，而后向东流去，经太湖入海，直至晚更新世晚期，才改道从崇明方向入东海。

中—晚更新世火山活动持续发展，小兴安岭西南侧的五大连池仍然继续有较强的玄武岩岩浆喷发。粤南、台湾及南海诸岛均有火山活动，中更新世海南喷出橄榄玻基玄武岩岩浆，厚度可有200余米，但晚更新世时有所减弱。西藏及云南腾冲、普洱地区仍有玄武岩岩浆喷发。

《历史时期中国冷暖变迁图》：气候变迁是与森林的地理分布与变迁直接相关的重要因素之一。此冷暖变迁图是文焕然一生对历史时期中国冬半年冷暖变迁研究的最终结论：

中国近8 000年来冬半年气候变迁总趋势是阶段性地由暖转冷，其具体气候是冷暖相间，波状起伏变化，但它既非直线式地温度下降，亦非一般波动。变化过程分四个阶段：

(1)距今约8 000年至距今约2 500年(其间延续约5 500年)为温暖时代；

(2)距今约2 500年至距今约940年(其间延续约1 560年)为相对温暖时代；

(3)距今约940年至距今约540年(其间延续约400年)为相对寒冷时代;

(4)距今约540年至现在为寒冷时代[14]。

《历史时期中国人口变化图》:此图展现近2 800年来中国人口变化状况。值得注意的是,中国历史时期的疆域曾有盈缩变化。周朝疆土尚不是十分清晰:北方封国燕,已到达了今辽宁喀左、朝阳一带,西面至今甘肃渭河上游,西北抵汾河流域霍山一带,东面的封国齐鲁到了山东半岛,南至汉水中游,东南抵长江下游和太湖流域,势力所及还可能到达了巴蜀一带[15]。尽管世称"秦始皇统一中国",但是秦朝疆域四至:东至东海,西到陇西,北至长城一带,南达南海。汉朝极盛时,虽曾号称东并朝鲜,南包越南,西逾葱岭,北达阴山,但与现今国土并未尽入其中[16]。此后,长期的战乱纷争,疆域难以固定。直到唐朝,疆域在最盛时期:东至朝鲜半岛,西达中亚咸海,南到越南顺化一带,北包贝加尔湖[17]。元朝的疆域达到鼎盛,已经大大超出现今国土范围,尤其是向北达到北冰洋。明朝的疆域虽大为收缩,但仍大于现今国土,但在北部与西北有瓦剌、鞑靼、亦力把里等存在[18]。就是清朝的疆域,也大于现今国土[19]。故历史时期中国人口变化并非是固定空间范围内的不同时期人口变化(还包括曾有隐匿、估算等情况)统计比较,在相当长时期,只具有大致参考价值。

从人口变化趋势曲线看:

(1)约公元前770年,最初获得的全国有2 000万人口,到公元2年(汉元始二年),已接近6 000万人,经历了772年,达到原来的3倍。

(2)从6 000万人到接近7 000万人,经历了1 185年。期间呈现多次波动,甚至多次低于2 000万人,低谷达到1 616万人(晋太康元年,公元280年)。

(3)直到1753年(清乾隆十八年),才出现超过1亿(10 275万人)局面。期间亦呈现多次波动,在清初(清顺治十二年到康熙十九年)甚至多次低于2 000万人,低谷达到1 403万人(清顺治十二年,1655年)。

(4)到清乾隆三十一年(1766年),仅13年间,全国人口突破2亿(20 810万人)。

(5)此后,人口数量虽然仍有波动,但是总趋势呈一路飙升:1812年(清嘉庆十七年)突破3亿人(36 169万人),1912年(民国元年)突破4亿人(40 580万人),1949年突破5亿人(54 167万人),1959年突破6亿人(67 207万人),1969年突破8亿人(80 671万人),1979年突破9亿人(97 542),1989年突破11亿人(112 704万人),1999年突破12亿人(125 786万人),2009年突破13亿人(133 450万人),到2015年已达到137 462万人。可以看到1969年至1989年是中国人口增长最快时期。

历史时期中国人口长期徘徊在7 000万以下,除了古人平均寿命较短(主要由于营养、疾病及医疗等)之外,主要则是灾荒、瘟疫、战乱等,古籍多有反映①。

人口数量的增减是与森林状况密切相关的。直到清初,尽管中国人口已突破2亿,然而森林遭到破坏后,仍然可以得到恢复。这也反映,在此期间,人口的峰值尚未突破森林的承载底线。到民

① 如(汉)曹操《蒿里行》中有"铠甲生虮虱,万姓以死亡。白骨露于野,千里无鸡鸣。生民百遗一,念之断人肠"之句。

又如《晋书·食货志》记载:"及惠帝之后,政教陵夷,至于永嘉,丧乱弥甚。雍州以东,人多饥乏,更相鬻卖,奔进流移,不可胜数。幽(治今河北涿州市北)、并(治今山西太原市与榆次区间)、司(治今河南洛阳市)、冀(治今河北冀州市)、秦(治今甘肃甘谷县东)、雍(治今陕西西安市)六州大蝗,草木及牛马毛皆尽。又大疾疫,兼以饥馑,百姓又为寇所杀,流尸满野。"涉及今北京、河北、山西、辽宁、河南、陕西、甘肃等多个省级政区。《晋书·刘琨传》记载刘琨上疏陈述他在并州(治今山西太原市与榆次区间)目睹人民流亡的情况:"臣自涉州疆,目睹困乏,流民四散,十不存二,携老扶幼,不绝于路。及其在者,鬻卖妻子,生相捐弃,死亡委危,白骨横野,哀呼之声感伤和气。"

再如战国时期,秦国将领白起(?—公元前257)在长平之战(在今山西省高平市西北)使诈,把赵降卒40万全部坑杀,只留下240个年纪小的士兵回赵国报信。又,《晋书·卷一百七》记载:十六国时期"闵(冉闵,?—352)知胡之不为己用也,班令内外赵人,斩一胡首送凤阳门者,文官进位三等,武职悉拜牙门。一日之中,斩首数万。闵躬率赵人诛诸胡羯,无贵贱男女少长皆斩之,死者二十余万,尸诸城外,悉为野犬豺狼所食。屯据四方者,所在承闵书诛之,于时高鼻多须至有滥死者半。"亦即屠杀当时北方少数民族20余万。

国初年，中国人口突破4亿后且不断进入攀升阶段，使得中国森林每况愈下，甚至跌至谷底。这又说明，在此期间，一方面是人口的峰值已经大大超越森林的承载底线，另一方面是森林在此短时期内，已无法获得恢复的喘息阶段。

值得庆幸的是，自1970年代末以来，中国展开为期70年的大型人工林业生态工程——“三北”防护林体系建设。最近，国家林业局称：中国全面停止天然林商业性采伐共分为三步实施，2015年全面停止内蒙古、吉林等重点国有林区商业性采伐，2016年全面停止非“天保”工程区国有林场天然林商业性采伐，2017年实现全面停止全国天然林商业性采伐[①]。人们理智地采取制止破坏与恢复建设的双管齐下举措下，相信逐步恢复中国森林指日可待。

参考文献

[1] 葛剑雄．创建考古地理学的有益尝试 // 高蒙河．长江下游考古地理．上海：复旦大学出版社，2005

[2] 史念海．史序 // 文焕然，等．中国历史时期植物与动物变迁研究．文榕生选编整理．重庆：重庆出版社，1995

[3] 文焕然，文榕生．中国历史时期冬半年气候冷暖变迁．北京：科学出版社，1996

[4] 文焕然．历史时期新疆森林的分布及其特点．历史地理，1988（第六辑）

[5] 文焕然．历史时期青海的森林．文榕生整理．// 文焕然，等．中国历史时期植物与动物变迁研究．文榕生选编整理．重庆：重庆出版社，1995

[6] 文焕然．历史时期宁夏的森林变迁．文榕生整理．// 文焕然，等．中国历史时期植物与动物变迁研究．文榕生整理．重庆：重庆出版社，2006

[7] 文焕然．历史时期内蒙古的森林变迁．文榕生整理．// 文焕然，等．中国历史时期植物与动物变迁研究．文榕生选编整理．重庆：重庆出版社，1995

[8] 何业恒，文焕然．湘江下游森林的变迁．历史地理，1982（第二辑）

[9] 文焕然．两广南部及海南的森林变迁．文榕生整理．河南大学学报（自然科学版），1992，22（1）

[10] 文焕然．试论七八千年来中国森林的分布及其变迁 // 中国林学会编．“三北”防护林体系建设学术讨论会论文集，1979

[11] 文焕然．历史时期中国森林的分布及其变迁（初稿）．云南林业调查规划，1980（增刊）

[12] 文焕然．两广南部及海南的森林变迁．文榕生整理．历史地理，1993（第十一辑）

[13] 地理研究所古地理历史地理研究室．悼念文焕然先生．地理研究，1987，6（1）

[14] 文焕然，文榕生．中国历史时期冬半年气候冷暖变迁．北京：科学出版社，1996

[15] 谭其骧，主编．中国历史地图集，第一册．原始社会、夏、商、春秋、战国时期．北京：中国地图出版社，1982

[16] 谭其骧，主编．中国历史地图集：第二册．秦、西汉、东汉时期．北京：中国地图出版社，1982

[17] 谭其骧，主编．中国历史地图集：第五册．随、唐、五代十国时期．北京：中国地图出版社，1982

[18] 谭其骧，主编．中国历史地图集：第七册．元、明时期．北京：中国地图出版社，1982

[19] 谭其骧，主编．中国历史地图集：第八册．清时期．北京：中国地图出版社，1982

① 中国国家林业局．中国已全面停止天然林商业性采伐．http：//news.sohu.com/20170316/n483489374.shtml

目录

Contents

* 此为专著。

** 此为初次发表。

概图情况

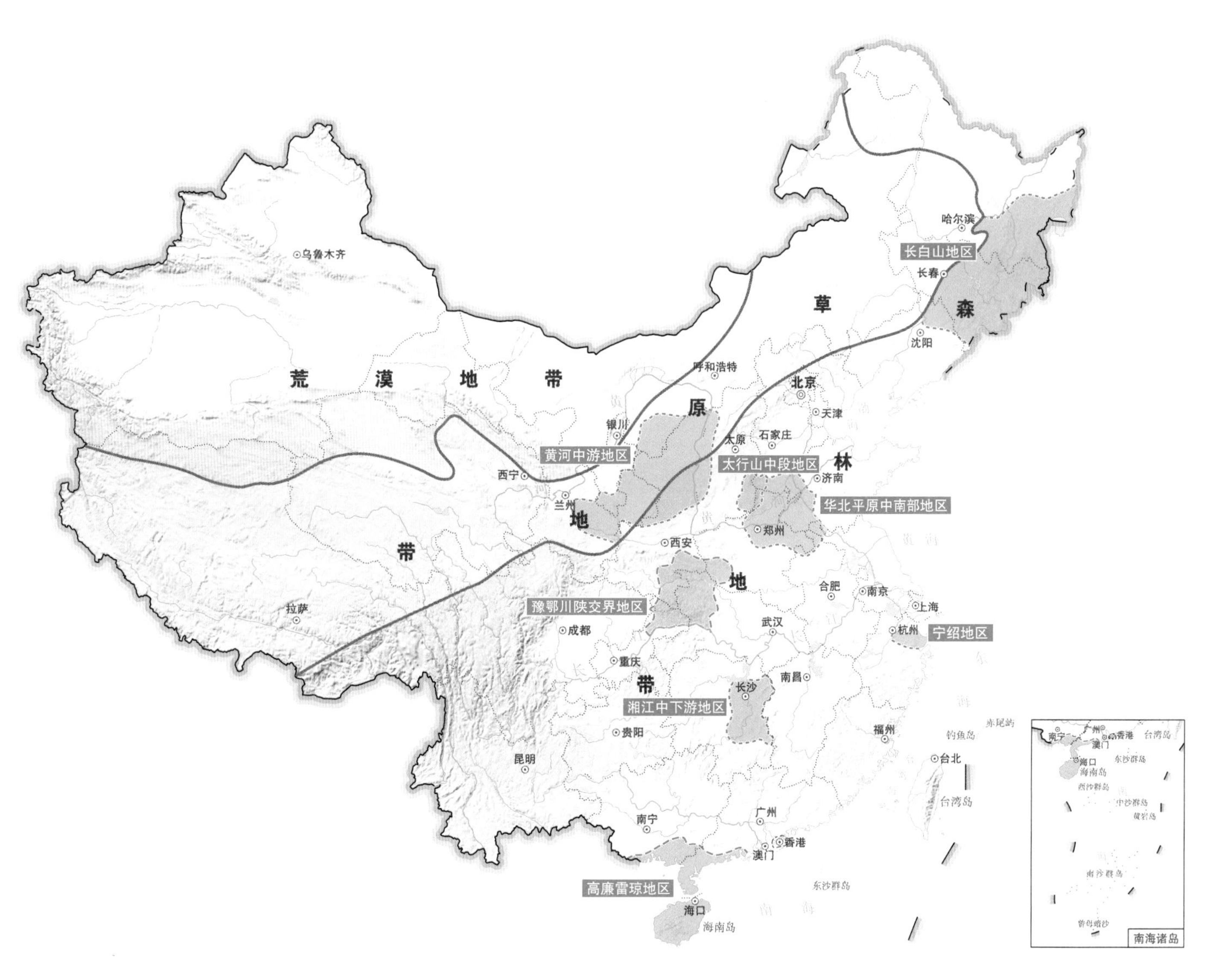

I　历史时期中国植被概况及植被类型变迁代表地区图①

① 引自：文焕然，陈桥驿 .1982. 历史时期的植被变迁 // 谭其骧等主编 . 中国自然地理·历史自然地理 . 北京：科学出版社

乌鲁木齐
银川
西宁
兰州
拉萨
成都
重庆
贵阳
昆明
青海湖
色林错
纳木错
塔里木河
针叶林
阔叶林
针阔混交林
竹林
国家特别规定的灌木林

Ⅲ 中

贾治邦主编．中国森

森林分布图

京：中国林业出版社，2010

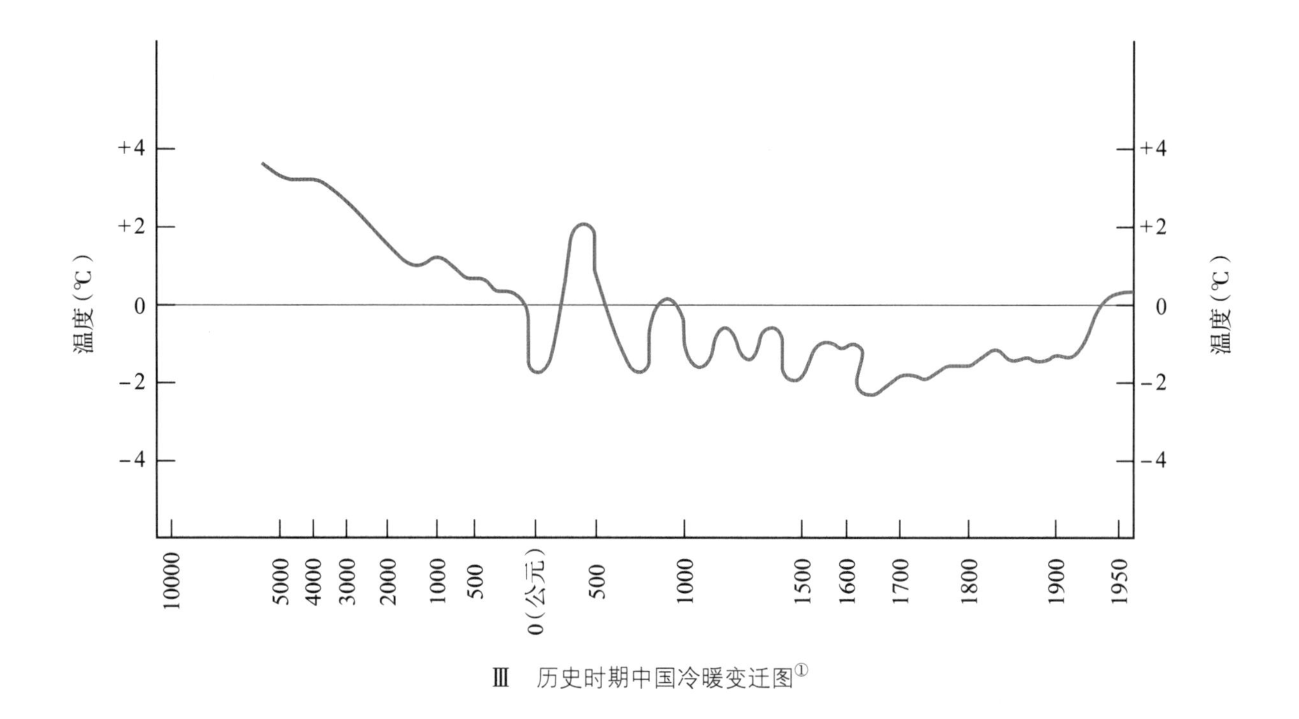

Ⅲ　历史时期中国冷暖变迁图①

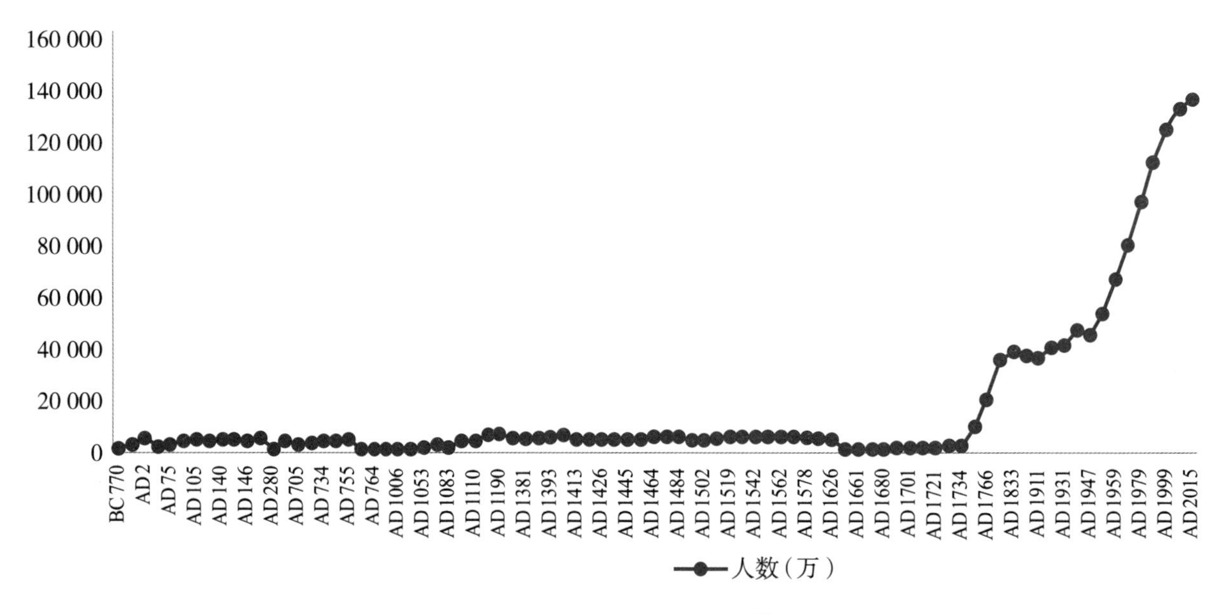

Ⅳ　历史时期中国人口变化图②

---

① 引自：文焕然，文榕生著．1996. 中国历史时期冬半年气候冷暖变迁．北京：科学出版社

② 本图是在原图［文焕然遗著，文榕生整理．1992. 历史时期中国野马、野驴的分布变迁．历史地理（第10辑）］的基础上，增补一段后续资料。

一、北方之竹*

人多以竹类喜高温高湿，为热带植物，暖温带（副热带）之南部亦可种植。现今，我国竹类之分布以秦岭—淮河为最北界线。

而古代，河域有产竹之地，使用竹器颇广，并有较大竹类，遂渭河流域竹类之变迁巨大，其故在气候渐趋干寒。

揆诸实际，殊有未妥。盖竹类之种属颇多，其中大部诚野生于热带或暖温带之南部，唯少数竹类性耐干寒，亦可栽培或野生于暖温带之北部，温度较低，雨量较少之区域，如箭竹 *Sinarundinaria nitida* 属（系由 *Arundinaria* 分出）①、*Sasacoreana nakai*（箬竹 *Indocalamus tessellatus* 属②之一种）、淡竹 *Phyllostachys glauca*③（毛竹 *Phyllostachys pubescens* 属④中之一种）、紫竹 *Phyllostachys nigra*⑤（亦有认为此种系淡竹之变种者），可种于黄河流域。现今，我国纬度高约北纬四十度之北平⑥，尚可栽培竹类；高寒干燥如卓尼⑦，犹有野生竹类；而河域南部之河南洛宁县⑧、博爱县许良镇⑨有大规模之竹田，所产竹类直径有三四寸（十几厘米）者，殆以暖温带南部之竹类，足见现今河域之竹类，不如常人所想象之少。

就古代河域之竹类而论，如淇水流域⑩，鲁之泰山⑪及汶⑫、泗⑬一带，豫之洛阳⑭附近及睢

---

* 原载《东南日报・云涛周刊》1947(9)。乃我们所见先父第一篇正式发表的文章。

① 现认为箭竹（*Fargesia spathacea*）的分类体系为：禾本科（Gramineae），竹亚属，北美箭竹族、筱竹亚族，箭竹属（*Fargesia*）。

② 现认为箬竹（*Indocalamus tessellatus*）的分类体系为：禾本科（Gramineae），竹亚属，北美箭竹族，箬竹属（*Indocalamus*）。

③ 现认为淡竹（*Phyllostachys glauca*）的分类体系为：禾本科（Gramineae），竹亚属，倭竹族、刚竹亚族，刚竹属（*Phyllostachys*）。

④ 现认为毛竹（*Phyllostachys heterocycla*）的分类体系为：禾本科（Gramineae），竹亚属，倭竹族，刚竹属（*Phyllostachys*）。

⑤ 现认为紫竹（*Phyllostachys nigra*）的分类体系为：禾本科（Gramineae），竹亚属，簕竹超族、倭竹族、刚竹亚族，刚竹属（*Phyllostachys*）。

⑥ 今北京市。

⑦ 今甘肃省卓尼县，约34.6° N。

⑧ 约34.4° N。

⑨ 约35.1° N。

⑩ 汉代淇园，在今河南省淇县西北17.5 km，约当35.5° N。

⑪ 约36.2° N。

⑫ 山东省汶上县，约35.7° N。

⑬ 山东省泗水县，约35.6° N。

⑭ 今河南省洛阳市，约34.6° N。

阳[①]，汉阳郡[②]，秦岭（指陕西省境内），渭河平原之长安[③]、杜[④]、鄠[⑤]、盩厔[⑥]一带[⑦]有相当广大之竹园或竹林，皆在河域之南部，或为雨量较丰沛之山地，或系灌溉便利之平川，或属官营竹园，或为民营竹田。况诸地现今之气候，较目下有野生竹类之卓尼为温湿，大多与现今栽培较大竹类之洛宁、博爱许良镇亦相若，甚或犹较温湿，则以现今之气候殆仍可种植较大之竹类。古籍所载泰山与渭河平原南部之"簜"，为大竹；"柳"，作小竹。虽无定论，然按诸气候，则甚可能。

淇河流域以北，古籍所载竹类生长之地，如临淄[⑧]，邺[⑨]，美稷[⑩]于秦或秦汉时代已见诸载籍；太原[⑪]、北平则时代较晚，诸地之竹类既少，且为细竹，出于人工栽培，植于庭园之内或为池畔，或有人工灌溉，为观赏品，与河南南部之竹类，不可同日而语。是古代河域之竹类诚较今为多，然并不如世人所想象之甚。矧（shěn，况且）古代河域竹类之最北地点为北平，与今相同；大规模竹类生长，最北界线亦与今大致相若。彼不见于古籍之博爱许良镇、洛宁竟有栽培之大竹田，见于今日？有野生竹类而气候最干寒之卓尼，亦古史所未载？郦善长[⑫]作《水经注》，有淇园与邺无变竹迹之叹；临淄仅"小小竹木，以时遗生"[⑬]；睢阳之竹，后魏犹存；长安、杜、鄠、盩厔一带之竹林，则以自汉迄明，几代有竹，故历史悠久，及明正统[⑭]以后管理失周，乃归败坏。

是知河域竹类数量之减少，并非气候渐趋干寒之结果，而乃古代河域之天然河湖较今为多，陂池沟渠尤多于今日，水源丰富，灌溉便利，兼以特别保护，故能竹类成林。厥后，河域迭经大乱，水利失修，又滥加斧斤，军事种植，故难复旧观，往昔茂林修竹，多成陈迹也。

---

① 今河南省商丘市，约34.3° N。
② 今甘肃省天水市及其附近，约34.6° N。
③ 今陕西省西安市长安区。
④ 在今西安市东南。
⑤ 今陕西省户县。
⑥ 今陕西省周至县。
⑦ 都在34.1° N左右。
⑧ 今山东省淄博市临淄区以北4 km，约36.8° N。
⑨ 今河北省临漳县以西20 km，约36.3° N。
⑩ 西汉在今内蒙古准格尔旗西北，约39.6° N；东汉末南移至今山西省汾阳县西北，约37.2° N。
⑪ 山西省太原市，约37.8° N。
⑫ 郦道元，字善长，北魏官员、地理学家。
⑬《水经注·淄水》："昔齐懿公游申池，邴歜、阎职二人害公于竹中，今池无复髣髴，然水侧尚有小小竹木，以时遗生也。
⑭ 1436～1449。

二、历史时期河南博爱竹林的分布和变化初探*

1 前言

博爱竹林分布在河南省博爱县西部许良一带，太行山南麓以南、丹沁平原的西北部、丹河干流两岸（西岸属沁阳县①），丹河的干支流及灌渠纵横其间，为灌溉竹林水分的主要来源。

博爱竹林是现今华北最大的竹林，总面积在600 hm^{2}以上。现今这里的竹类有斑竹（*Phyilostachys bambusoides f. lazrima-deae* Keng f. et Wen）、筠竹（*Ph. glauca f. yunzhu* J. L. Lu）、甜竹（*Ph. flexuosa* A. et C. Riviere）以及引种的毛竹［*Ph. heterocycla* var. *pubescens*（Mazel）Ohwi］等，其中以斑竹为最多，面积达600多hm^2，呈不连续片状分布，竹竿高达15 m，胸径约达10 cm，每公顷年产竹量15～25 t，为现今华北产竹量最多地区。竹子生长迅速，产量高，轮伐期短，用途广，能代替钢材、木材和棉花，是深受人们欢迎的经济林种之一。在博爱县竹林生产比较集中的地区，竹业收入占全年总收入的60%以上，可见竹林生产占很重要的地位。

博爱竹林历史悠久，广大竹农长期以来积累了丰富的经营管理经验②，值得总结、学习，并有所发展。现根据历史文献中的竹林资料结合目前竹林资料，对历史时期竹林的分布和变化进行初步整理，供当前发展华北竹林作一些参考。

2 历史上博爱竹林的分布

2.1 历史上博爱竹林分布的概况

博爱竹林大致在初唐（7世纪初期至8世纪中期）以前已存在。初唐时，唐王朝在怀州河内县置司竹监[1,2]（官设管辖竹林机构），大致与今博爱竹林的分布范围相当。按：唐代怀州约辖今河南省焦作、沁阳、博爱、修武、武陟、获嘉等市县；河内县约辖今沁阳、博爱二县及焦作市西部。唐代

---

* 本文首发《河南农学院科技通讯（竹子专辑）》1974年第2期，以“史棣祖”署名；本次发表时对个别内容作了校订，略有删节，并恢复个人署名。

① 现为沁阳市。

② 博爱县林业科学研究所．博爱斑竹生物学特性的初步观察与经营管理．河南省林园学会1963年年会论文选集(二)，1963年11月博爱县林业科学研究所铅印本；孟祥堂．博爱地区经济栽培竹林经营管理初探．1964年博爱县林业科学研究所铅印本。

怀州州治和河内县治都在今沁阳县①治。初唐以后，博爱县长期是河内县的一部分。1911年后，河内县改称沁阳县，博爱县也才由沁阳县设置。

北宋初，曾废河内的司竹监①。大中祥符（1008～1016）时，在河内县又置“竹园”，位于河内县治北的崇教乡，据清初人的意见在今博爱县境②，看来与今博爱竹林的分布地区相当。北宋靖康元年（金天会四年，1126），“河内之北有村曰许良巷。地尽膏腴……筑居于水竹之间，远眺遥岑，增明滴翠”，号称“胜游之所”③。按：当时许良巷，即今博爱县许良，由此可知12世纪初期，博爱竹林即分布在今许良一带。

金代，河内虽未置司竹监[3]，但从当时文人墨客描写博爱竹林，“冬夏有长青之竹”④，“五祖堂”“竹木丛绕”⑤，官僚游宴的“沁园”有“修竹”⑥，看来金代博爱竹林区及其附近还是有一定面积的竹林分布着。

元代初，改怀州为怀孟路，后来又改怀孟路为怀庆路，治所都在河内县，辖境相当今河南修武、武陟以西，黄河以北地区。元代，在河内又置了司竹监[4]。元初中统二年（1261）有人描述，河内县南岳村释迦之院“茂林修竹”⑦。按：元南岳村即今博爱竹林区的西庄。其后，至元三十年（1293）有人记载：

> 覃怀天壤间，号称地之秀者，以北负行山之阳，南临天堑之阴，中则丹水分溉，沁流交润，是致竹苇之青青……宜矣⑧。

元末，至正十七年（1357）又有人记载：

> 怀为卫地，其地多竹。今河内县东万村三王庄（今博爱县三王庄乡）竹尤夥。有翠筠观（今博爱县三王庄乡的赵庄、郭庄之间）者，其观四周皆种竹，色情质美，因以名焉。观之基，太行枕其北，丹、沁二水萦其南……⑨

按：这里所谓“覃怀”及“怀”的竹林，主要都是指博爱竹林而言。可见元代，博爱竹林的分布以太行山以南、丹河流域为主，与今大致相当。站在竹林区以北、太行山南麓的月山寺（在今许良东北），可俯瞰博爱竹林全景，所谓“川连水竹人家近”⑩，就是指此。看来，元代博爱竹林是当时华北大竹林之一⑪。

明代，改怀庆路为府，明清时期，河内县属怀庆府。当时该县竹林仍然重要，竹和笋是该县著

---

①《太平寰宇记·司竹监》：宋初废怀州河内司竹监。《元丰九域志》《舆地广记》《宋史·地理志》均只称陕西凤翔府有“司竹监”或“司竹园”。

②（明）成化《河南总志》卷八《怀庆府·古迹·竹园》：“（竹园）在本府城（河内县治）外，旧崇教乡，宋大中祥符置。”（清）顺治《怀庆府志》卷八《古迹·竹园》，康熙府志卷三，乾隆府志卷四及道光《河内县志》卷一八，基本上同。不过称崇教乡位于河内城北。

③ 金人撰《南怀州河内县北村创修汤王庙记》（清道光《河内县志》卷二一《金石志》引）。按南怀州即唐、五代、北宋时之怀州，金天会六年（1128）加“南”字，金天德三年（1151）去“南”字。

④ 金人（释自觉）撰《怀州明月山大明禅院记》（清道光《河内县志》卷二一《金石志》引），记载了金正隆三年（1158）他到明月山时看到的博爱竹林概况。

⑤ 金（李俊民）撰《新建五祖堂记》（清道光《河内县志·金石志》引），记载明昌六年十二月十二日（1196年1月24日）以前河内县中道村五祖堂竹林分布概况。按中道村在今博爱县境内。

⑥（清）乾隆《怀庆府志》卷四《舆地志·古迹·沁园》：“在府城东北三十里，沁河北岸，金时官僚游宴之地。”说明金代沁园在博爱县境。又清人所绘《河内县古迹图》将沁园绘在博爱县治南，丹河以东，沁河以北。

⑦（清）道光《河内县志·金石志》引（元）释守显《元怀州河内县南岳村尼首座崇明修释迦之院记》。

⑧（清）道光《河内县志·金石志》引（元）普照《明月山大明寺新印大藏经记》。

⑨（清）道光《河内县志·金石志》引（元）《重修翠筠观记》。

⑩《永乐大典》卷一三八二四《寺字·月山寺条》引《元一统志》。

⑪《元典章》卷二二《户部·竹课·腹里竹课依旧汀南亦通行》：至元二十三年（1286）：“据怀、洛、关西等处平川见有竹园约五百余顷……”这里所称“怀”，当以博爱竹林为主。

名土产之一①。清初，博爱之竹曾作为“贡竹”②。明清时期，博爱竹林仍然大致分布在丹河沿岸，而丹河以东的许良村一带尤多③。明代万历时（1573～1619），该村属万北乡，万北乡是当时河内县产竹最多地区④。明代许良村处竹林中，已有“竹坞”之称。该处“地多水竹，最称清幽”，在明代已为河内胜景之一⑤。明清时人吟咏这一带竹林的诗很多，例如：明朝有人从宁郭驿（在今武陟县治西北）赴山西，经过清化镇（今博爱县城关），描述博爱竹林沿河渠分布，所谓“夹溪修竹带青葱”⑥就是指此。清代有人咏诗，提到博爱竹林区为“村村门外水，处处竹为家”⑦。看来，历史上博爱竹林区，沟渠纵横，风光秀丽，宛如“江南”，与今博爱竹林的分布大势相当。因此，博爱、沁阳等地向有“小江南”[5]之称。清代博爱竹林的面积，从当时人的一些诗文记载来看，是相当广大的⑧。

关于历史时期博爱的竹种问题，由于文献记载简略，多不可考。据《竹谱详录》卷三《竹品谱・甜竹条》记载当时河内司竹监的竹林中有“甜竹”，又名“苷竹”，“甜竹生河内，卫辉、孟津⑨皆有之，叶类淡竹，亦繁茂。大者径三四寸，小者中笔管，尤细者可作扫帚。笋味极甘美……”当时博爱竹林区“甜竹”中大的围径“三四寸”，看来就是现今博爱的甜竹。这样，博爱甜竹生长的历史至少有600多年了⑩。

至于现今博爱的斑竹，到清初才有明确的记载。在17世纪60～80年代，有吟咏博爱竹林区的诗句：

万派甘泉注几村，腴田百顷长尤孙（笋）。
养成斑竹如椽大，到处湘帘有泪痕⑪。

从这首诗中提到当时博爱“斑竹”具有“如椽大”和“泪痕”这二特点来看，那竹就是现今的斑竹。

---

①《明一统志》卷二八《怀庆府・土产》，（明）成化《河南总志》卷八《怀庆府・土产》，（清）顺治《怀庆府志》，（清）康熙《怀庆府志》，《嘉庆重修一统志》，（明）万历《河内县志》，（清）康熙《河内县志》，（清）道光《河内县志》等。

②（清）康熙《怀庆府志》卷二《物产》，《嘉庆重修一统志》卷二〇四《河南怀庆府・土产・竹》，（清）道光《河内县志》卷一〇《风土志》。

③（明）成化《河南总志》及明、清的《怀庆府志》和《河内县志》记载博爱竹林分布的史料颇多，并在疆域图中标示了竹林分布的大势。

④（明）万历《河内县志》卷一《地甲（理）志・物产》中提到当时河内县的特产之一为“竹”。本注“出万北乡”。又据（清）道光《河内县志》卷八《疆域志》明代许良属万北乡。

⑤如（明）成化《河南总志》卷八《怀庆府・景致》，提到“许良竹坞”为河内胜景之一。（明）万历《河内县志》卷一《地里（理）志・景致》：“许良竹坞，在县北三十里许良村，地多水竹，最称清幽。”清初人撰《饮许良竹坞得月》诗（康熙《河内县志》卷五引）亦吟咏过许良竹坞的竹林。

⑥（明）王世贞撰《弇州山人四部稿》卷五一《由宁郭抵新（清）化镇即事》诗（北京图书馆特藏组藏万历五年刻本）。按：这首诗是隆庆四年（1570）该文作者从江苏赴山西，路过博爱竹林而作的（同书卷七八《适晋纪行》）。

⑦（清）萧家芝《丹林集》卷六《同窦云明信步丹林道中纳凉僧舍》。

⑧（清）乾隆《怀庆府志》卷二八《艺文志》中清初人（曹尔堪）《覃怀竹枝》诗，提到清初，丹河灌溉的博爱、沁阳竹林区的竹林面积相当大。道光《河内县志》卷二二《文词志》同。

清人撰《丹林集》卷六《月山寺》诗和《同邑侯李丹麓游月山寺》诗，也提到清初博爱竹林区的竹林面积相当大。

又《行水金鉴》卷一三七《运河水》引《河防志》：康熙二十九年（1690）的奏折提到博爱、沁阳一带引丹水种竹溉地，约计一千四百余顷。按其中一部分当为博爱竹林。

⑨《竹谱详录》这条所提到的河内、孟津是元代的县，卫辉是路，元中统元年（1260）升卫州置卫辉路，辖境约相当今河南新乡、汲县、获嘉、辉县等市县及延津县北部。至元元年（1264）以后并辖今淇县地。至于元孟津县治约在今河南孟津县治东。看来《竹谱详录》所指“甜竹”（包括“大者”“小者”“尤细者”在内）的分布约在当时豫北南部及其邻近的孟津一带。

⑩按《竹谱详录》的作者自序于元大德三年（1299），别人序于延祐六年（1319），看来成书年代约为1319年。

⑪（清）乾隆《怀庆府志・艺文志》清初人（曹尔堪）撰《覃怀竹枝》诗（道光《河内县志・文词志》同）。

按该诗作者顺治九至十二年（1652～1655）到过北京，约于顺治十二年以后南归浙江嘉善（见雍正《嘉善县志》卷八，嘉庆《嘉善县志》卷一三）。康熙三年（1664）到过河内等县（见康熙年间人辑《清百名家诗》卷十九《甲辰谷雨日游怀州张和雅甫尚村居》诗，按甲辰是康熙三年），又曾参加过修康熙十六年（1677）《嘉善县志》的一些工作（见康熙十六年《嘉善县志》），约逝于康熙二十一至二十三年（1682～1684）（见清人撰康熙二十三年《续修嘉善县志序》、雍正《嘉善县志》卷二一《艺文志》）。看来《覃怀竹枝》诗约作于康熙三年（1664）前后到康熙二十三年（1684）以前，也就是在17世纪60～80年代作的。

这样的话，斑竹在博爱生长的历史至少有300年左右了。斑竹是博爱竹种中产量最高、质量最好、面积最大的竹种，并经过17世纪末以来300年左右的寒冷冬季及大旱等自然灾害的"考验"[①]，宜于在华北自然条件相类似的地区发展。

2.2 历史上博爱竹林分布地区的大势比较稳定

为什么博爱竹林能长期存在，并发展成为华北最大的竹林呢？这是历史时期长期以来，博爱竹农利用自然、改造自然，特别是兴修水利、辛勤栽培和护养的结果。

一般地说，植物的生态因子，最重要的是水和温度，竹类也是一样。博爱夏季炎热，不减于秦岭、淮河以南，6，7，8这3个月平均气温分别为26.1℃，27.8℃，26.1℃，都在26℃以上[②]。暖季的热量对于竹林生长是十分充足的。冬季较冷，但由于北面有太行山对北来冷空气的屏障作用，因而博爱冬季气温较其以东河南境内没有山地阻挡冷空气的同纬度地区稍高，风力也较小，博爱1月平均气温为-0.6℃，全年极端最低气温为-17.9℃（出现于1969年1月31日）。有的年代，低温造成部分幼竹地上部分冻死。就20世纪说，30年代（约1937年或1938年）博爱竹林地上部分曾有过冻死现象。至于历史上博爱特大寒冷年代，如明弘治六年（1493）冬"雪深丈余"[③]，看来气温更低，不过文献上缺乏该年博爱竹林冻死和竹竿被压断等情况的记载。总的来说，博爱的热量条件是充足的，基本上能满足竹林生长的需要。

博爱的年平均降水量为593.8 mm，夏季降水最多，平均降水量为314.6 mm，约占年平均降水量的52.9%；冬季最少，平均降水量为24.3 mm，约占年平均的4.1%。和秦岭—淮河以南天然竹林区的降水量相比较，博爱的降水量是较少的。加以逐年逐月的变化较大，特别是竹林在5~6月需水较多，但降水量不多，气温增高快，相对湿度小，蒸发旺盛，蒸发量远大于降水量，以致更感水分不足，因此博爱竹林必须灌溉。如果干旱严重，可导致竹林开花败园，如近10多年来就发生过。历史上，博爱大旱发生过多次[④]，不过文献上缺乏博爱竹林开花败园的记载。可以这样说，水分是影响博爱竹林的首要生态因子，没有丰富而比较稳定的水源和良好的灌溉条件，就很难有大面积的竹林长期存在。

水利是博爱竹林的命脉。灌溉博爱竹林的主要水源来自丹河，丹河在历史上叫丹水，又叫大丹河，是沁河的支流，属黄河水系。丹河的干支流分布在博爱、沁阳二县[⑤]境内。该河干流在山路坪（沁阳县[⑤]），年平均径流量为3.385亿 m^3[⑥]；7~8月是多水月份，这两个月的平均径流量约占全年平均径流量的30%，5~6月是竹子急需水分时期，但这两月平均径流量约占全年平均径流量的12.7%：加以逐年逐月的径流量和流量的变化又大，霖潦则形成洪水，少雨或不雨则干旱成灾，均不利于竹林和农业生产。

历史上，博爱人为了控制丹河水量的变化，引水灌溉竹林和农田，就在丹河出山口外建些堰渠来分水灌溉。明代，筑堰九道，称为九道堰（在许良西北），并开凿了一系列大小灌渠[6][⑦]（其中部

① （清）乾隆《怀庆府志》卷三二《杂记·物异》，（清）道光《河内县志》卷一一《祥异志》。

② 据河南省气象局《河南气候资料·累年值部分》（1972），有关博爱县气温和降水的资料都来自博爱县气象站（北纬35° 11′，东经113° 3′，高度129 m），记录年代是1956~1970年，整年年数为15年。本文博爱等地气温和降水等资料主要据此。

③ 本文博爱等地气温和降水等资料主要据此。

④ （清）乾隆《怀庆府志》卷三二《杂记·物异》，（清）道光《河内县志》卷一一《祥异志》，（清）康熙《河内县志》卷一《星野·附灾祥》。

⑤ 但沁阳现为市。

⑥ 本文所用现代水文资料都是根据山路坪水文站计算的，记录年代为1956~1970年，整年年数为15年。

⑦ （清）康熙《河内县志》卷二《水利·丹河水利》，（清）康熙《怀庆府志》卷三《河渠·丹河今水利》，（清）乾隆《怀庆府志》卷二九《艺文志》（清人撰）《上大中丞取丹水书》。

分利用丹河的天然支流），形成了丹河灌溉网。据文献记载，博爱、沁阳一带人兴修丹河水利始于唐广德二年（公元764）以前①，后来多次兴修。从广德二年到清代以前，规模较大的兴修丹河水利有2次：第一次约在广德二年至大历二年（公元764～787），曾"浚决古沟，引丹水以溉田，田之圩莱，遂为沃野"②。第二次约在明隆庆三年（1569），先是由于"其渠堰湮废，水脉阏（淤）塞者，且过半"，而使生产受到严重影响。经兴修水利，"其旧丹、沁支河之可葺理者，悉为之启其塞，畅其流焉"[7]。这2次兴修水利虽都未明确指出灌溉竹林，但前述元至元三十年（1293）河内有人记载：

覃怀天壤间，号称地之秀者，以北负行山之阳，南临天堑之阴，中则丹水分溉，沁流交润，是致竹苇之青青，桑麻之郁郁；稻麦之肥饶，果蓏之甘美也，宜矣③。

明确指出引丹、沁二河灌溉博爱、沁阳等地的竹林和农田。

又《明一统志》卷三十八《怀庆府·山川·丹河条》提到：天顺二至五年（1458～1461）以前，"近（丹）河多竹木，田园皆引此水灌溉，为利最溥。"

还有明代人记载嘉靖（1522～1566）时，万北乡（包括今许良一带）等地，"地傍有水渠、果木、竹园、药物肥茂可观"④。

又明末人称："志云……（丹水）出至丹河口，南流三十里入沁河。岸傍多竹木田圃，皆引水以灌溉。"⑤

这些更明确指出当时博爱竹林引丹河灌渠的水进行灌溉。可见历史上博爱竹林一向是靠引丹河水灌溉，才得以长期存在，分布比较稳定，并逐渐发展成为华北最大竹林的。博爱竹林是人工灌溉竹林，与秦岭—淮河以南不需人工灌溉的天然竹林是大不相同的。

明万历时《均粮移稿》曾分析过当时河内县竹园、果木、药物的分布与灌溉及土壤的关系：

河内八十三里，惟万北、利下一带，地傍有水渠，果木、竹园、药物肥茂可观，然此特十之一耳。其余若清下、宽干诸乡，一望寥廓。有砂者，咸者，瘠者，山石磊磊，顷不抵亩者④。

按前面提到过当时万北乡，约指今博爱县许良一带，这是当时河内县的主要竹林区，与今博爱竹林区的分布大势相似。当时利下乡，约指今沁阳县⑥西北部紫陵和今博爱县西南部一带。当时万北、利下二乡的水渠还多，灌溉尚便利；看来，土壤条件也还好，即非"砂者，咸者，瘠者，山石磊磊，顷不抵亩者"，一般应该是古籍所称"沃野"⑦，或"沃壤"⑧之类，因此"果木、竹园、药物肥茂可观"。

至于当时清下乡，约相当今焦作市西部等地；当时宽平乡，大致相当今沁阳县⑥治以南部分地区；此外，还有当时河内县的一些其他地区，地旁一般缺乏水渠，加以有的是沙土，有的是盐碱土，有的土壤贫瘠，有的"山石磊磊，顷不抵亩"，因而不利于竹林、果木、药物的生长。这说明当时河

① （北魏）郦道元《水经·清水注》记载沁水支流丹水（即大丹河）分出的长明沟，即大致相当于后来的小丹河。《水经注》虽未明指它是人工开凿的灌渠，不过从《水经注》记载的体例，可以看出它是人工灌渠，加以它又流经大致初唐以来的博爱竹林区，因此，我们推断它是引以灌溉竹林。当然，小丹河初与白沟相通，后来通卫济漕，被作其他用途。

② （清）康熙《河内县志》卷四《碑记》引（唐）独孤及《故怀州刺史太子少傅杨公"遗爱"碑》。

③ （清）道光《河内县志·金石志》引（元）普照《明月山大明寺新印大藏经记》。

④ （明）万历《河内县志》卷四《艺文》引（明人撰）《均粮移稿》。

⑤ （明）曹学佺《明一统名胜志·河南·怀庆府·河内县》。

⑥ 现为沁阳市。

⑦ 唐人撰《故怀州刺史太子少傅杨公"遗爱"碑》提到广德二年至大历二年，博爱、沁阳一带人曾"浚决古沟，引丹水以溉田，田之圩莱，遂为沃野"。这里所称博爱、沁阳一带丹水灌溉地区成为"沃野"，看来，其中包括当时的博爱竹林区，也就是大致包括当时河内县司竹监的竹林区。

⑧ （清）康熙《河内县志》卷五《诗》载清初人撰《饮许良竹坞得月》诗称："山阳区沃壤，满地青琅玕。雅与淇园近……萧疏宜傍水，深翠欲生寒……"这里提到清初，许良一带竹林区的土壤为"沃壤"。

内县竹林之所主要集中分布在万北乡一带，是与灌溉及土壤有关的。

不过必须指出，对于竹类的分布，土壤因素并非关键性因子。现今河南其他平原地区，如中牟县等中性偏碱的沙质壤土，亦生长有竹子，近年修武县毛竹亦能引种成活。

历史时期，博爱竹林分布地区的大势之所以比较稳定，固在于许良一带热量条件基本上宜于竹林的发展，坐落在丹沁平原的北部，平地相当宽广；又接近丹河的出山口，便于兴修堰渠，利于灌溉；加以土层比较深厚，排水较为良好，又近于中性土质，因此有利于竹林的生长和发展。更在于历史时期长期以来，博爱竹林得到竹农辛勤培育，特别是多次兴修水利，认真护养，长期积累了一整套经营管理经验，尤其是灌溉措施和合理采伐，等等①，并培育了一些较毛竹等南方竹类更耐寒、耐旱、耐轻度盐碱的斑竹等竹类，才逐渐发展成为华北最大的竹林。

3 博爱竹林的变化

历史上，博爱竹林的分布大势是比较稳定的，但是它的总面积和总产量也发生过多次较大的变化。例如，元初（约13世纪下半期），博爱竹林的面积一度缩小十之六七到八九，产竹量也大减[8]；20世纪30～40年代，竹林面积又曾大为缩小，产竹量也曾大幅度下降。此外，大约唐广德二年至大历二年（公元764～767）以前一段时期②，北宋末金初（12世纪初期）③，明隆庆三年（1569）以前一段时期[7]及明末④，清初（17世纪中期及末期）⑤，这里的竹林变化都较大。

这些时期，博爱竹林变化较大的原因：

（1）就目前所知，唐广德二年至大历二年以前一段时期，以及明隆庆三年以前的一段时期，主要是水利失修，导致竹林严重缺水造成的。

（2）统治者垄断水源，限制灌溉，因而使得竹林生产受到严重破坏。如清初，清王朝为了南粮北调，用引丹济卫的办法来解决漕运问题，苛刻地限制博爱一带田地的灌溉用水；康熙二十九年（1690）干旱严重时，为了漕运，禁止用水灌田，使农业绝收⑥，竹林生产也受很大影响。

（3）历史上，战事也影响竹林的生产。如12世绍初，宋金两军在河内地区作战时，博爱的农业生产受到破坏，竹林也相应受到影响⑦；又如抗日战争时期，日寇将博爱大片竹林破坏或烧毁。

---

① 博爱县林业科学研究所.博爱斑竹生物学特性的初步观察与经营管理.河南省林园学会1963年年会论文选集(二),1963年11月博爱县林业科学研究所铅印本。孟祥堂.博爱地区经济栽培竹林经营管理初探.1964年博爱县林业科学研究所铅印本。

② （清）康熙《河内县志》卷四《碑记》引（唐）独孤及《故怀州刺史太子少傅杨公“遗爱”碑》。

③ 金人撰《南怀州河内县北村创修汤王庙记》提到12世纪初期，宋金两军在河内地区作战时，博爱许良一带“蝗蝻■生”，“田野之■，尽成荆棘”。看来，当时许良一带农业生产遭受严重破坏，竹林也可能受到一定的影响。

④ 明末崇祯十一至十三年（1638～1640）连年干旱或特大旱，十四年（1641）蝗，可能曾经旱。十一年“旱，六月蝗”。（清）乾隆《怀庆府志》卷三二《杂记·物异》引（旧志），道光《河内县志》卷一一《祥异志》。

“十二年旱，沁水竭，蝗蔽天”（清乾隆《怀庆府志》引《旧志》，道光《河内县志》）。“从十二年七月到十三年八月始雨”（道光《河内县志》），“五谷种不人土”（乾隆《怀庆府志》，道光《柯内县志》）。

⑤ （清）康熙《河内县志》卷二《水利·丹河水利》提到康熙二十九年（1690）四月，博爱、沁阳一带一些地方官书信中谈及“东作方殷，稍愆节溉，沃壤变为荒瘠”；“谷黍茭草二麦非得水，无以发越根苗，结实籽粒”。可见当时博爱、沁阳一带农业减产是严重的。

又乾隆《怀庆府志》卷二九《艺文志》清人撰《上大中丞取丹水书》称博爱、沁阳一带，”膏腴之地化为刍牧之场”，“无饮之苦甚于无食”，也反映了一些农业减产和干旱的情况。虽未指明具体年代，但从该文作者曾参加修康熙三十四年（1695）《怀庆府志》（乾隆《怀庆府志》卷二一）来看，他这文所指也许是康熙二十九年。

⑥ （清）康熙《河内县志》卷二《水利·丹河水利》提到康熙二十九年四月，清王朝为了漕运，于小丹河口下“横河筑坝，加草加土，民田涓滴，不沾水泽”。一些官员书信中也提到，“东作方殷，稍愆节溉，沃壤变为荒瘠”；“谷黍茭草二麦非得水，无以发越根苗，结实籽粒”。可见当时博爱、沁阳一带田地无水可灌，农业生产受影响是严重的。

⑦ 金人撰《南怀州河内县北村创修汤王庙记》提到12世纪初期，宋金两军在河内地区作战时，博爱许良一带“蝗蝻■生”，“田野之■，尽成荆棘”。看来，当时许良一带农业生产遭受严重破坏，竹林也可能受到一定的影响。

(4)历史时期，人为的乱砍滥伐，破坏竹林亦屡见不鲜。如元初博爱竹林面积大减，主要是由于官僚对竹林“竭园伐取”，以致“竹日益耗”[9]。

(5)历史时期，博爱竹林的变化与自然灾害也有一定关系，在自然灾害中，以干旱的影响比较显著。

如元初中统初到至元二十九年(1292)的33年中，博爱有3年旱(中统初，至元十七年和二十二年)，4年蝗(至元三年、八年、二十六年及二十九年)[10,11]。

明末崇祯十一至十三年(1638～1640)，博爱连年干旱或特大旱(崇祯十二年七月至十三年八月始雨，十二年与十三年“沁水竭”，十二年秋无收，十三年“五谷种不入土”，春又无收，十四年蝗)，可见当时干旱的严重。

12世纪初期，博爱蝗灾严重(前文提过)，看来也可能发生过干旱。

清初从顺治元年(1644)到康熙二十九年(1690)的47年中，博爱有7年旱(顺治二年和十七年，康熙二十二、二十三年、二十七年、二十八年、二十九年)，其中康熙二十二年至二十三年，二十七年至二十九年两次连年干旱，二十二年、二十三年、二十八年都是大旱，二十九年“春夏大旱”，“沁水竭”，旱情更重①。

这些干旱年代，博爱竹林相应受到影响，也会减少面积和产量。

此外，历史时期比较寒冷的冬季，伴随着强大或比较强大寒潮而发生的冰、雪、霜冻、低温等灾害性天气，对竹类的生长也有所不利②。

必须指出，历史上博爱竹林虽然遭受过多次大旱、特大旱、特大寒等自然灾害侵袭，但是博爱竹林不仅没有被彻底毁灭，反而茁壮成长，发展成为华北最大的竹林。这首先是由于广大竹农的精心培护、管理，同时也反映出博爱的“斑竹”“甜竹”等竹种具有不同程度的耐寒、耐旱、耐轻度盐碱、适应性强的优点。

(6)不同的生产关系，也对博爱的竹林有不同的影响。到20世纪40年代末，博爱的竹林已残败不堪，当时各业俱废，竹林也受到严重的破坏。50年代以来，党和政府对发展博爱竹林生产十分重视，加以因地制宜，发挥本地产竹优势，竹林生产得到迅速的恢复和发展，产量不断提高，展现出一派欣欣向荣的大好形势。

博爱的竹器业也有了飞跃的发展，不仅品种大为增多，编造的技巧也有很大的提高，为发展农业提供了大量资金，发挥了以副促农的作用。

4 结束语

综观上述历史时期博爱竹林的分布和变化，可以初步得出如下三点看法：

(1)博爱竹林历史悠久。据文献推测，至少已有1 000多年历史，初唐时就大致是唐王朝直接管辖的华北大竹林之一，称为“司竹监”。不过据文物记载，到北宋靖康元年(金天会四年，1126)许良巷(今许良)一带才有竹林分布。此后逐渐发展成为华北最大的竹林。

(2)历史时期，博爱竹林分布地区的大势是比较稳定的。之所以比较稳定，并逐渐发展成为华北最大竹林，固然在于这里的热量等自然条件基本上宜于竹林的生长和发展，更在于博爱人民长期以来利用自然、改造自然，特别是兴修水利，辛勤栽培、认真护养、培育良种等的努力。但是，历

① (清)乾隆《怀庆府志》卷三二《杂记·物异》，(清)道光《河内县志》卷一一《祥异志》。

② 不过历史文献中尚缺乏有害天气、干旱、蝗虫等对竹林生产影响情况的具体记载。

史上博爱竹林的面积和产量也发生过多次较大的变化，变化的原因是由于人为的破坏。此外，水利灌溉、干旱天气等也有不同程度的影响。

(3)博爱竹农的生产实践证明，斑竹在博爱栽种的历史至少有300年时间，它是博爱竹种中的优良品种，可在自然条件与博爱竹林区相类似的华北其他地区试种并推广。

参考文献

[1]（唐）张九龄，等．唐六典・司竹监．台北：文海出版社，1968

[2]（宋）乐史．太平寰宇记・关西道・风翔府・司竹监．上海：商务印书馆，1936

[3]（元）脱脱，等．金史．卷五七，百官志．上海：中华书局，1936

[4]（明）宋濂，等．元史．卷九四，食货志．上海：中华书局，1936

[5]（宋）周密．癸辛杂识．别集．上，汴梁杂事．上海：商务印书馆，1922

[6]（清）张鹏翮．河防志．卷二，考订・小丹河．台北：文海出版社，1969

[7]（明）陈子龙，等．明经世文编．卷三七三，（明）张四维．怀庆府修造河内县河渠记．北京：中华书局，1959

[8]（元）胡祇通．紫山大全集．卷二三，杂著・民间疾苦状：河南官书局，1923

[9]（元）姚燧．牧庵集．卷二四，少中大夫孙公神道碑．上海：商务印书馆，1936

[10]（明）宋濂，等．元史・世祖记．上海：中华书局，1936

[11]（明）宋濂，等．元史・五行志．上海：中华书局，1936

三、二千多年来华北西部经济栽培竹林之北界*

1　前言

我国竹类分布的北部地区在西北①和华北②，多为人工栽培。以经济栽培竹林（以下简称经济林）而论，在华北的分布以西部为主，历史悠久，面积也较大。

历史时期竹类分布北界的变迁，不仅直接关系到南竹北移、北方竹林栽培与生产，而且可作为气候变迁研究的重要证据之一，对于研究人类与环境问题也有一定的参考价值。

笔者1947年曾在中国地理学会年会上提出竹类变迁问题[1]，又经多年的深入研究，对华北西部经济林北界变迁有了进一步认识。

2　现代竹林分布北界概况

现代华北西部经济林分布北界，大致西起甘肃东南部渭河上游的天水一带，中经六盘山南麓、千河上游、渭河平原南部、中条山南段、太行山东南麓，东迄河北西南部漳河沿岸的涉县一带。其中主要有甘肃的天水，宁夏的隆德、泾源，陕西的陇县、眉县、周至、户县、蓝田、华县，山西的永济、芮城、平陆、垣曲，河南的沁阳、博爱、辉县，河北的涉县等地，经济林在一些沟谷、山麓、平原等背风向阳、水源乍富处散布。范围约西自东经105.7°，东至东经113.6°；北起北纬36.5°，南达北纬34.1°（图3.1和表3.1）。经济林面积大者千亩以上，小者也有数十亩或数亩，呈不连续的斑点状分布。其中以河南博爱许良镇一带为最，总面积在万亩以上，是现今华北最大的经济林。

组成上述地区经济林的竹种一般为刚竹属（*Phyllostachys* Sieb. et Zucc.），种类10余种。以刚竹（*Ph. sulphurea* cv. Viridis.③）、斑竹（*Ph. bambusoides* f.lacrima-deae Keng f. et Wen）④、甜竹

---

* 原稿为《战国以来华北西部经济栽培竹林北界分布初探》（中国科学院地理研究所1963年油印，共67页）。后由文榕生正式发表时，因篇幅所限，不得不做删节、改写，首发于《历史地理》1993年第11辑，上海人民出版社。

① 例如，位于祁连山北麓的张掖、武威，位于青藏高原的西宁、卓尼等地，都有竹类生长的记载。

② 本文所谓“华北”是自然地理意义上的，即指长城以南、秦岭—淮河以北、黄河中下游一带地区。

③ 据今分类系统为：竹亚科Bambusoideae，簕竹超族Bambusatae，倭竹族Shibataeeae，刚竹亚族Subtrib. Phyllostachydinae，刚竹属*Phyllostachys*，刚竹组Sect. *Phyllostachys*，金竹*Phyllostachys sulphurea*。

④ 据今，斑竹使用拉丁学名为：*Phyllostachys bambussoides*

(*Ph. flexuosa* A. et C.Riviere)、筠竹(*Ph. glauca* f.yunzhu J. L.Lu)、淡竹(*Ph. glauca* McClure)、毛竹[*Ph. heterocycla* var. *pubescens*(Mazel)Ohwi]等为主。

栽培竹林的北界则高于经济林。据调查,山西太原南郊的晋祠(约北纬37.6°)和交城玄中寺(约北纬37.8°)等地有小片观赏竹林。纬度更高的华北北部,如北京地区有多处栽培悠久、至今仍存的竹林。诸如故宫、中山公园、劳动人民文化宫、北海公园、中南海、恭王府、美术馆、紫竹院、动物园、亚运村、北京大学、清华大学、颐和园、圆明园等低平地区,卧佛寺、樱桃沟花园、香山公园、玉泉山等谷地低坡处,潭柘寺、香界寺、上方寺等浅山地带,都是显著的例子。这些竹的品种不少,但多为竿低径细的小片竹林或竹丛,少数较粗高的亦难成亩,主要作为点缀以供观赏。可见观赏竹林的规模难与经济林匹敌。

表3.1　　历史时期华北西部经济栽培竹林分布图所示地点一览

地区	遗存地点	历史分布地点	现存地点
北京		北京城区(东城、西城、崇文、宣武)、怀柔区	
河北		涉县、磁县、永年县	涉县
山西		阳城县、襄汾县、运城(今运城市盐湖区)、永济(今永济市)、芮城县、平陆县、垣曲县、交城县、析城山、霍山	永济(今永济市)、芮城县、平陆县、垣曲县、析城山、霍山
内蒙古		准格尔旗	
河南	辉县市	孟津县、孟县(今孟州市)、沁阳市、修武县、博爱县、辉县市、淇县、安阳市、林县(今林州市)、济源市	沁阳市、修武县、博爱县、辉县市
陕西		临潼县(今西安市临潼区)、蓝田县、周至县、户县、渭南市(今渭南市临渭区)、华阴县(今华阴市)、华县、潼关县、凤翔县、眉县、陇县、南郑县、洋县、勉县、佳县	蓝田县、周至县、户县、眉县、陇县
甘肃		会宁县、武威市(今武威市凉州区)、张掖市(今张掖市甘州区)、华亭县、庄浪县、静宁县、成县、文县、卓尼县	静宁县
青海		西宁市	
宁夏		西吉县、隆德县、泾源县、海原县、六盘山	泾源县、六盘山

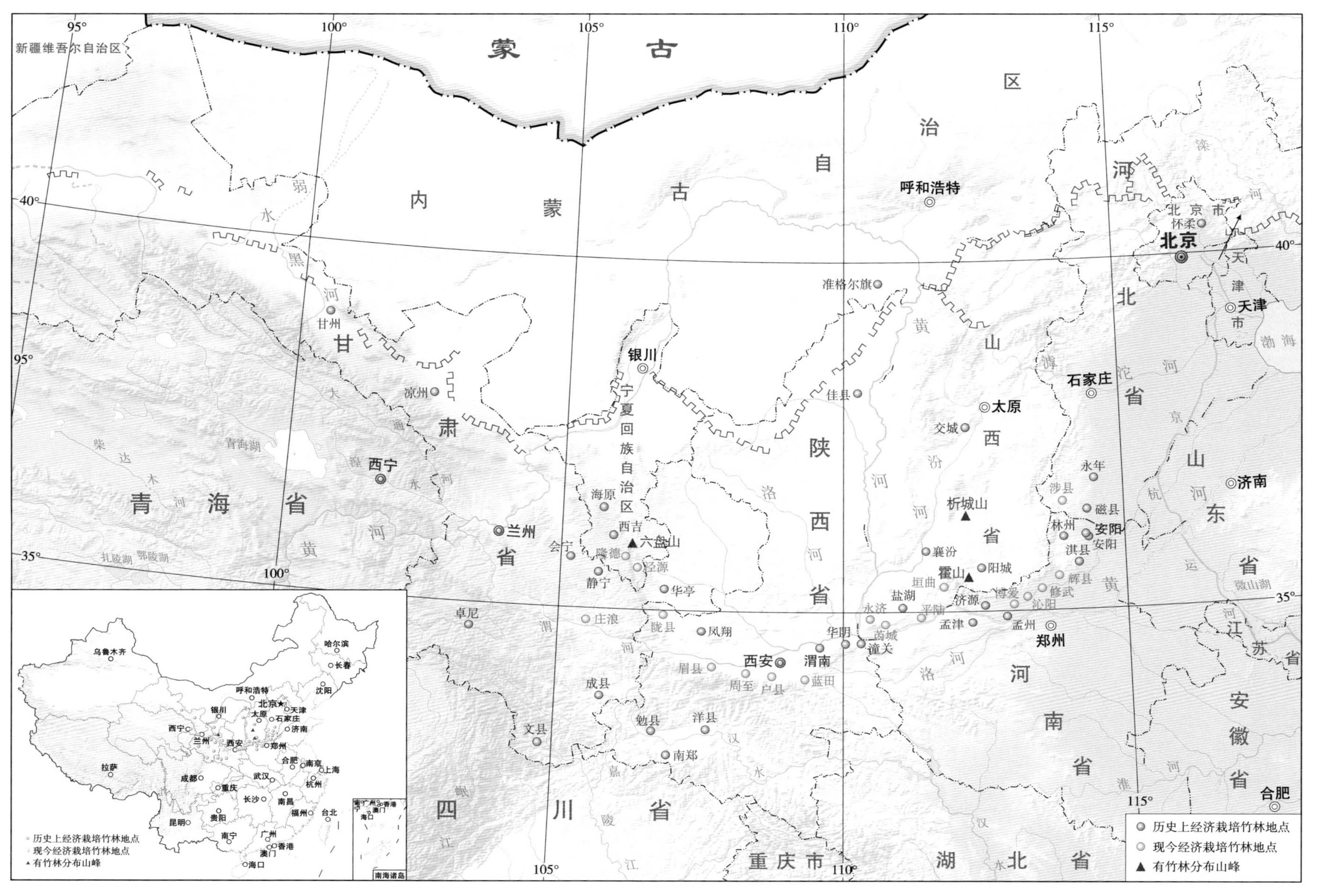

图 3.1 历史时期华北西部经济栽培竹林分布图

3 北魏末年前的经济林北界

据文献记载①及近年的考古、古生物、^{14}C断代法、孢粉分析等研究表明，2 000多年前气候较今暖湿，湖泊众多[2~4]，有利于竹类在北方生长。华北西部及毗邻地区的竹类分布广，生长良好。

战国以前，华北西部多竹在古文献中就有所反映，然而直至战国以后，才渐显示出经济栽培的性质。从经济林分布情况看，约可分为西部、中部、东部3个较集中地区。

3.1 西部——洛泾渭流域

《诗·秦风·小戎》中“竹闭绲縢”，反映渭河与千河上游，今天水、陇县一带有竹生长。到西、东周之交，有以竹制弓的记载②。

《山海经·五藏山经·西次二经》提到2 000多年前，高山（今六盘山）“多竹”。直到如今，泾源、隆德一带的六盘山区仍有相当面积的松花竹分布③，可作扫帚、鞭杆。表明渭河上游支流与泾河上游一带2 000多年来一直有竹。

《史记·货殖列传》记述了战国至汉初，陇东、陕北的渭、泾、北洛河上游及其迤西一带[5]“饶材、竹、榖（构或楮）、纑、旄”等林牧业特产。表明这一带有竹类生长，且数量不少，可属经济林。

清代文献记载了陇东的靖远、兰州、会宁、静宁、庄浪、华亭，宁南的海原、西吉、隆德、泾源，以及陕北的佳县等地有竹。

《后汉书·西羌传》等记载，东汉时，天水一带羌民暴动，以竹竿为武器，反映当地竹林资源较丰富。再从所用竹径较粗、纤维强度颇大看，似属刚竹类。

渭河下游，从西安半坡发掘出距今6 000年左右的竹鼠、獐、貉等兽骨及鱼钩、鱼骨[6]，表明当时这一带水丰多鱼，森林、竹林繁茂，野生动物出没其中。古文献还记载了今西安、户县一带有不少野生犀牛[2~4]。《穆天子传》记载有这一带战国前的竹林。

《汉书》称：汉代渭河平原盩厔（在今周至县东）、鄠（在今户县北1 km）、杜（在今西安东南）、长安（在今西安西北）“竹箭之饶”，而盩厔与鄠县的竹竿尤为著名。《史记·货殖列传》更称“渭川千亩竹……此其人皆与千户侯等”④。《汉书·地理志》道“鄠、杜竹林”可与“南山（指秦岭）檀、柘”相媲美。汉代文赋，诸如《史记》中司马相如称宜春宫（在今西安市南）“览竹林之榛榛”；《汉书》中扬雄曰：“望平乐（馆名，在当时上林苑中，约今西安市西），径竹林”；《后汉书》中班固道：“商、洛缘其隈，鄠、杜滨其足，源泉灌注，坡地交属。竹林、果园、芳草、甘木”；《文选》有张衡《西京赋》吟“编町成篁”；等等，描绘了当时这一带的竹林。

周至与户县一带产竹量多质优，成为当时官营竹园之一，汉代起设官管理，称司竹长丞[7,8]。西汉末年，义军领袖霍鸿曾以该园为根据地⑤，说明其面积相当大。

《长安志》载“《晋地道记》：司竹都尉治郡县，其园周百里，以供国用”，可见至西晋，竹园仍完好。东晋偏安江左，华北处于混乱状态，竹官废置[7,8]，竹林仍在，但又一度沦为战场⑥。《魏

① 诸如《禹贡》《周礼·争职方》《吕氏春秋·有始览·有始》《淮南子·地形训》《尔雅·释地》《水经·河水注》《元和郡县图志》《嵌辅丛书本》等。

② “竹闭绲縢”的时代，据《诗小序》称“美襄公也”。秦襄公时代在公元前777 ~前766年，当时是西周与东周之间。

③ 南京林产工学院熊文愈1978年9月提供资料。

④ 据《元和郡县图志·关内道·京兆府·盩厔县·司竹园》：“司竹园在县东十五里，《史记》曰：渭川千亩竹。”《长安志·县·盩厔·司竹监》亦主张此说。可见《史记》所称在今陕西周至与户县一带。

⑤《汉书·翟方进传》《水经·渭水注》等都有记载。

⑥《晋书·苻健载记》《魏书·苻健传》称：东晋永和六年（公元350），杜洪据长安，苻健引兵至长安，杜洪奔司竹，健入而都之。

书》等称，北魏才恢复了“司竹都尉”[7,8]。

2.2 中部——太岳、中条山与汾河流域及以北地区

《山海经·五藏山经·中次一经》指出中条、太岳山地（霍山在内）的一些山中，2 000多年前多木，多竹。

虽然文献直接记述本时期这些地区竹类分布的不多，但我们可以从其他方面印证。首先，从中条山东麓的山西芮城（北纬34.6°）匼河发掘出中更新世早期的野生亚洲象及德氏水牛、肿骨鹿、扁角鹿等化石[9]，汾河下游岸边的山西襄汾丁村（北纬36°多）的古动物群化石中发现有晚更新世早期的野生亚洲象化石[10]，太行山西北桑干河畔的河北阳原（北纬40.1°）丁家堡水库和化稍营公社大渡口村分别发现3 000年前的野生亚洲象、赤鹿、厚美带蚌、巴氏丽蚌、黄蚬等化石[11]来看，亚洲象的栖息离不开冬暖、水源充分及大量食物等，而前两点也是竹类生长的重要条件，况且厚美带蚌、巴氏丽蚌、黄蚬等目前仅在江南才有，野生亚洲象更限于滇西南以南少数地区[3,4]。其次，春秋时，董安于修建晋阳城（在今山西太原南，约北纬37.7°）时，宫殿的围墙内藏苇箔、竹子、木板，外砌砖石，所贮大批竹材后果然发挥重大作用，根据当时社会情况综合考虑，这些竹子的来源当不会太远。再次，《后汉书·郭伋传》载：“始至行部，到西河美稷，有童儿数百，各骑竹马，于道次迎拜。”美稷，在今内蒙古准格尔旗（北纬39.6°）西北，长城以北，当时能够产竹，今却不能生长。

综上所述，并参考邻近地区情况，我们认为当时至少在汾河下游及太岳山南部以南地区应有相当面积的经济林。

2.3 东部——卫漳流域

这一带的经济林主要集中于冀西南，豫北的卫河（包括支流淇河）、漳河一带，以淇水流域为著。

从殷墟（河南安阳西北，北纬36°）发掘出的3 000多年前的古生物化石看，不仅有同西安半坡相似的种类（竹鼠、獐、貉等），而且还有同河北阳原相同的（貉、亚洲象等），并有圣水牛、犀牛、马来貘等[12,13]，表明当时这一带有相当面积的森林、竹林，不少河湖沼泽。甲骨文中的卜辞：“王用竹，若。”（《乙》六三五〇）“叀竹先用。”（《后》下二一·二）“贞，其用竹……羌，叀酒彤用。”（《存》二·三六六）说明了竹子在日常生活中的使用，可见有经济林。

明代以前，河南林县（今林州市）有竹林分布①。

淇域之竹，《诗·国风·卫风·淇澳》称“瞻彼淇澳，绿竹猗猗……绿竹青青……绿竹如箦”，可见生长茂密。再从同书《竹竿》称“籊籊竹竿，以钓于淇”看，竹径较细，似属淡竹类。

辉县（今辉县市）发掘的战国晚期墓葬内发现有竹编遗存[14]，可为这一带有竹的旁证。

淇域当时著名的官营竹园——淇园（在今河南淇县西北17.5 km）汉代始见记载，规模大，面积广，为当时华北重要的经济林区之一。竹材主要供治河和制箭用。

如《史记·河渠书》《汉书·沟洫志》载，汉元封二年（公元前109）堵塞黄河瓠子（在今河南濮阳西南）决口时，因“是时，东郡（当时瓠子属东郡）烧草，以故薪柴少，而下淇园之竹以为楗”。汉河平元年（公元前28）又堵东郡决河，“以竹落长四丈，大九围，盛以小石，两船夹载而下之。三十六日，河堤成”，可见用竹之多。以致东汉安帝时（公元107～125），再治河用材却未提到竹，

① 据（清）乾隆《林县志》卷三、民国二十一年（1932）《林县志》卷十四等。

似当时产竹剧减。

又如《淮南子》称淇域之竹宜制箭。《东观汉记》更指明东汉初寇恂伐淇园竹，治矢（箭）百余万。

从淇域之竹用作“健”“落”“矢”来看，可以断定其品种有刚竹、淡竹、华西箭竹［*Fargesia nitida*（Mitford）Keng f. ex Yi］等。

至“（曹）魏、晋，河内（今河南沁阳市）、淇园竹，各置司守之官”[7,8]，从事管理。（晋）左思《魏都赋》称“南瞻淇澳，则绿竹纯茂”，并以产笋著名。

东晋战乱，竹官废置[7,8]，北魏才得以恢复。北魏初期，淇园尚存①，然郦道元（公元466或472？~527）撰《水经·淇水注》却称：“今通望淇川，无复此物（指竹林）。”

此外，河南辉县（今辉县市）、山阳县（今河南辉县西南）、山西阳城县等地亦有竹类记载。《三国志·魏志》称：苏门山（在辉县市）一隐者“有竹实数斛”，竹实乃竹类果实，并不多见，说明苏门山一带有相当面积的竹林，似有经济林。苏门山西南的山阳县也有竹林分布②。沁水流经晋豫之交的太行山谷地③与今阳城县析城山（太行山一部分）④也有野生细竹林分布。

从竹类的自然分布、种类变化、生态环境、营养积累等综合分析，我们认为细竿或矮生竹是竹类为适应较恶劣环境长期演变而成的。如果以这类竹分布为主，似可表明该地区为竹类分布的边缘地区。据文献记载及多方面的研究表明，北魏末期以前，华北西部经济林的分布纬度以中部为高，西部次之，东部最低。

4　东西魏至金代的经济林北界

此阶段华北西部经济林分布的最北地区约有泾渭上游及北洛河、渭河平原西北部、渭河平原南部、中条山一带，以及太行山东南麓五个地区。

4.1　泾渭上游及北洛河

五代以前，陕西西部及渭水上游一带经济林面积更广。史称唐天复四年（公元904），陇（今陕西陇县）、凤（治所在今陕西凤县）、洋（治所在今陕西洋县）、梁（治所在今陕西南郑县）等州广大地区旱甚，忽山中竹无巨细皆放花结子，饥民采之舂米而食，珍如粳糯……数州之民，皆挈累入山，就食之，至于溪山之内，民人如市⑤。所称不无夸大，然反映竹林颇多，则不容置疑。

渭水上游的秦州（治所在今甘肃天水市）一带，杜甫于唐乾元二年（公元759）在该地作的诗中有五首提到当地之竹，更有《石龛》《铁堂峡》《秦州杂诗》等三首明确描述当时秦州山地及秦州东2.5 km的铁堂峡、东南25 km的东柯谷等地多竹，是供制箭、簳等用的经济林，还记述了他自秦州赴同谷县（今甘肃成县）途中所见的竹林[15]。

---

① 据《魏书·李平传》：“车驾将幸邺，平上表谏曰：‘……将讲武淇阳，大司邺魏，驰骕骤于绿竹之区，骋騄骥于漳，滏之壤。”“淇阳”“绿竹之区”当指淇域竹林。再据《魏书·世宗纪》巡幸一事在北魏景明三年（公元502）九月，可见在此之前，淇园仍在。

② 《水经·清水注》：“义径七贤祠东，左右篁列植，冬夏不变贞萋。”

《永乐大典》：“白鹿山，东南一十五里有嵇公故居，以居时有遗竹焉。”

《太平御览·竹部》引《述征记》：“仙（山）阳县城东北二十里有中教大夫嵇康宅，今悉为田墟，而父老犹种竹木。”

这些反映魏晋至北魏，山阳的七贤祠及嵇康故居有竹林，但尚难肯定为经济林。

③ 《水经·泌（？沁）水注》称：沁水流经晋豫交界的太行山谷地，“又南五十余里，沿上下，步径裁通，小竹细笋，被于山诸，蒙笼拔密，奇为翳荟也。”可见北魏有野生细竹林。

④ 《水经·泌（？沁）水注》称析城山：“山甚高峻，上平坦，山有二泉，东浊西清，左右不生草木，数十步外多细竹。”似为野生细竹林。

⑤ （清）雍正《陕西通志·祥异》引《玉堂闲话》：“自陇而西，迨于褒梁之境，数千里内，亢阳。”按，陇指陇州，褒指褒城（今分归勉县和汉中市），梁指梁州，“西”为“南”之讹。数州大致指陇、风、梁、洋等州。

本区其他长期有竹地点，本文按时代涉及，此处不赘述。

4.2 渭河平原西北部

本区的凤翔，在唐宋时代就有竹林记载，苏东坡的《李氏园》[16]即作了描述。南宋初，凤翔号称："平川尽处，修竹流水，弥望无穷。"① 反映平原、山麓竹林颇多，有经济林分布。

4.3 渭河平原南部

周至、户县一带为本阶段华北经济林重要地区，其主要部分称司竹园②。除西魏情况不详，北周末设官外，历代均设官治理③。《元和郡县图志》称该园"周回百里"，苏轼称"官竹园十数里不绝"[16]，面积之大与《晋地道记》所称晋代的相当。

唐代司竹园产竹及副产品供宫廷、百司之帘、笼、筐、篋、食用笋[7,8]，以及每年修架蒲州（今山西永济县④治）黄河百丈浮桥[17]等用材。据《孝肃包公奏议》称，北宋司竹园一次供澶州（治今河南濮阳⑤）、河中府（治今山西永济⑥）治河与修架浮桥用竹就达150万竿以上。此外，还要供作他用。该园面积之大、产竹之多可以想见。金代明文规定园中产竹供河防用为主；皇族官府使用之余，副产品等还出售，《金史》称该园仅"余边刀笋皮卖钱三千贯"，而"苇（非竹类，卖）钱二千贯"。

据《旧唐书》《新唐书》《张天祺先生行状》⑦《金史》等称，司竹监人员多达数十百人许，亦可反映该竹园之大。

隋唐时，该园还成义军根据地，或兵家必争之地⑧，反映该园大竹多，其幽深，致"近官竹园往往有虎"，路经需有人护送[16]，与其逼近长安不无关系。

此外，周至杏林庄"竹园村巷鹿成群"⑨，帝京（长安）"竹树萧萧"⑩，沣上"万木丛云出香阁，西连碧涧竹林园"⑪，户县草堂"寺在竹之心，其竹盖将十顷"⑫（"将十顷"约近千亩），金代草堂一带仍"竹梢缺处补青山"[18]，可见至金代，周至、户县等地仍有其他经济林。

再有，西安⑬、蓝田⑭、临潼⑮、华阴⑯等地都有竹林分布的记载。

---

① （宋）郑刚中《西征道里记》（丛书集成本）载他于绍兴乙未年到这一带的游记。不过干支有错误，具体年代难定。

② 《唐六典·司农寺·司竹监》称司竹监之一，"今在京兆、鄠、盩厔"。《太平寰宇记·关西道·凤翔府·司竹监》："今皇（宋）朝唯有盩厔、鄠一监，属凤翔。"

③ 详见《隋书》《唐六典》《旧唐书》《新唐书》《太平寰宇记》《元丰九域志》《舆地广记》《宋史》《金史》等。

④ 现为永济市。

⑤ 现为濮阳市华龙区。

⑥ 现为永济市。

⑦ （清）乾隆《凤翔县志》引。

⑧ 见《旧唐书》《新唐书》《资治通鉴》《册府元龟》等。

⑨ （唐）卢纶《卢户部诗集·早春归盩厔屋旧居（即杏林庄）》（清康熙席启寓琴川书屋刻唐人百家诗本）。《全唐诗》，乾隆《盩厔县志·古迹·杏林庄》引此诗，"村巷"都作"相接"。这样反映竹多之意更明显。

⑩ 《全唐诗·扈从鄠杜间奉呈刑部尚书舅崔黄门马常侍》诗。乾隆《鄠县新志》引此诗，题称《扈从鄠杜诗》，内容基本相同，"萧萧"作"丛丛"。（唐）苏颋《扈从鄠杜间奉呈刑部尚书舅崔黄门马常侍》："翠辇红旗出帝京，长杨鄠杜昔知名。云山一一看皆美，竹树萧萧画不成。羽骑将过持袂拂，香车欲度卷帘行。汉家曾草巡游赋，何似今来应圣明。"

⑪ （唐）韦应物《韦刺史诗集（又名《韦江州集》）·寓居沣上精舍寄于（？予）张二舍人》（四部丛刊本）。（清）乾隆《鄠县新志》同。但《全唐诗》中题目多"诗七首"，又"于"作"予"较妥。

⑫ 《二程全书·明道文集·游鄠山》诗，咏《草堂》一首注语，宋嘉祐五年（1060）作。

⑬ （唐）白居易《白氏长庆集》中《朝回游城南》《池上篇并序》，《全唐诗》中楼烦《东郊纳凉忆左威卫李录事收昆季太原参军之首并序》等。

⑭ （唐）王维《辋川集》中《竹里馆》，《全唐诗》中储光羲《夏日寻蓝田唐丞登高宴集》等。

⑮ 《全唐诗》中王建《原上新居》与《县承厅即事》等。

⑯ 《北齐书·杨愔传》等。

4.4 中条山一带

本区经济林分布于蒲州（今治山西永济县①，曾称河中府）、虞乡（今运城②）、芮城等地，以蒲州较重要。

《太平寰宇记》的蒲州土产中有竹扇，表明当地有经济林。蒲州境内中条山上栖岩寺，北宋有“千竿竹”，金代亦有诗提及该寺竹③。虞乡与芮城间的王官谷为中条山名胜之一，水源充足，成为当时产竹区之一，宋代有“绿玉峡中喷白云，溉田浇竹满平川”之句④。金代《积仁侯昭佑庙记》道：该地“东接土官，山峦花竹，数里不断。”⑤

这些，皆表明中条山一带当时确有经济林，但水济黄河浮桥用竹仍需仰周至、户县司竹园，又说明中条山区产竹数量及竹林质量等不及司竹园。

平陆西北的大通岭也为中条山一部分，唐代建有竹林寺，相传该寺有竹成林⑥。

本区经济林北界较上一阶段呈南移趋势较显著。

4.5 太行山东南麓

本区经济林分布重点较上阶段有很大变化，主要表现在由淇域的淇园转至怀州河内县（今河南沁阳县⑦）。

虽有个别文献提到淇域“竹树夹流水”[19]；“山阳大郡，河内名区。桑竹荫淇水之西，井田杂邙山之北”⑧；“野竹交淇水”⑨，但只能反映淇域仍有竹，却远非昔日之盛。

沁阳之竹在北魏前虽缺文献可考，然其纬度较低（北纬35°），在黄河、沁河、丹河组成的河网低平地区，适宜竹类生长，且唐代设置司竹监，与陕西的并重[7,8]，取代了当年淇园，为新兴的重要经济林区。唐代称“桑竹荫淇水之西”⑩，似指此。但竹官曾一度被废。除官营竹园外，当地还有些私竹林，（唐）元稹《西归绝句十二首》[20]中有描述：

今朝四渡丹河水，心寄丹河无限愁。
若到庄前竹园下，殷勤为绕故山流。

沁阳东北的博爱，在唐、宋、金时代与沁阳同治，有经济林记载[21]。

沁阳以西，太行山南麓的济源也有经济林，宋代称“竹不减洪水”，“县郭遥相望，修篁百亩余”[22]，“竹树萧森百亩宫”及描绘济源多处竹林⑪。金代，济源仍“竹杪参差不尽山”，龙潭“一径通幽竹深处”[18]。可见竹林之盛。

辉县苏门早有竹，宋代邵雍吟苏门山麓安乐窝“潇潇微雨竹间霁”⑫。城西万泉，“金时，道流杨太元建太清宫于中央，树以竹木”⑫，这一带为现今经济林之一。

---

① 现为永济市。
② 现为盐湖区。
③ （清）乾隆《蒲州府志·艺文》引（宋）黄震《游栖岩寺》和（金）张瓒《栖岩寺》诗。
④ （清）乾隆《蒲州府志·艺文》引（宋人撰）《王官瀑布》。
⑤ （清）光绪《虞乡县志·艺文》。该庙在运城（今盐湖区）东南4 km吴阎村凤翅山，为中条山一部分。
⑥ （清）乾隆《平陆县志》卷一—《古迹·竹林寺》和卷二《山川·大通岭》都有记载。
⑦ 现为沁阳市。
⑧ （唐）宋之问《为皇甫怀州让官表》（《全唐文》八三五）。（清）康熙、乾隆《怀庆府志》同。
⑨ （宋）司马光《送云卿知卫州》。
⑩ 详见（明）成化《河南总志·怀庆府志》，（清）顺治、康熙、乾隆《怀庆府志》及光绪《河南县志》等。
⑪ 详见（清）顺治《怀庆府志·古迹·窦氏园》，（清）乾隆《济源县志》中（宋）王公儒《题济渎》、黄庭坚《题草堂》、文彦博《月泉》、陈尧咨《赠贺兰真人》、钱昆《宿延庆院》、王岩叟《延庆寺》，以及《续济源县志》中（宋）富弼《题龙潭》等的诗句。
⑫ （清）康熙《辉县志》。

综观上述，可见本阶段经济林北界有所南移，秦晋一带中部为著，太行山东南麓一带次之。经济林面积大小不一，不连续分布。周至、户县一带司竹园仍完好，沁阳为新兴官竹园，淇园在北魏末已衰败，淇域仍有残竹。从竹径细、出笋晚[①]，竹材主要供编制日用竹具及制作箭、箻，治河、修桥等用项看，似仍为淡竹、刚竹、箭竹等类型。

5 元代至今的经济林北界

本阶段经济林可考的主要有泾渭上游及北洛河、渭河平原南部、中条山一带，以及太行山东南麓四处。渭河平原西北部似有经济林分布。

5.1 泾渭上游及北洛河

本区这一阶段有竹林分布的记载多见于明清文献。

清道光《兰州府志》称道光十二年（1832）兰州仍有竹生长。

《图书集成·方舆汇编·职方典》载：

（屈吴山，）在（靖远）卫（今甘肃靖远）东七十里，茂林修竹……界会（指会宁县，今亦县）、静（指静宁州，今改县）。

静宁，庄浪（今县）西（？东）暨华亭（今县），有火焰山、宝盖山、麻庵山、大小十八盘山、湫头山、笄头山、龙家峡、美高山，北抵六盘山，南北二百里，东西七十里，皆小陇山也，竹树林薮。

乾隆《清一统志·陕西·平凉府》载：

（美高山，）在华亭县西北，与隆德县接界，亦曰高山。《山海经》：泾水出高山。《府志》：笄头西北曰高山，即《山海经》所称也。亦名老山，又名美高山，产松竹草。

可见陇东、宁南六盘山一带2 000多年来一直产竹，至今仍有竹林分布。

北洛河上游的陕北佳县箭括坞，明弘治十七年（1504）到清嘉庆十五年（1810）间以“多产竹箭”闻名[②]，实际产竹应更早。为何如今干旱少林的佳县百多年前却有箭竹林长期分布？综合分析，离该地不远的桃李坞引清泉浇灌[③]是重要因素，箭括坞当同样有充足的灌溉水使竹生长良好。

5.2 渭河平原南部

周至、户县一带官竹园，元置司竹监，明称司竹大使。后来“竹渐耗，正统（1436～1449）中，募民种植，层秦藩，后废”[④]。康熙、乾隆《盩厔县志》均未提设竹官，“然皆民间自为种植，无复有专司其事者矣”[⑤]，但要纳官税，并保持到20世纪40年代末[⑥]。官竹园规模大，经济林生长良好，内有竹鼯活动[⑤]。后竹园衰败，明末清初仍无起色，到乾隆五十年（1785）才“从篁密筿，绿水蕎涧，不减当时”[⑤]。

---

① （宋）赞宁《竹谱·鄠社（杜）竹笋》中释《汉书》载秦地“鄠杜竹林”语说：“鄠杜多竹而劲小，西夏结干笋，岂不是乎？”同书《渭川笋》称：“《史记》所指渭川千亩竹，笋晚，四月方盛。”

②《明一统名胜志·延安府·佳州》：“桃园子、箭括坞，俱在（佳）州西三十里，以其地多产桃树及竹箭也。”（明）弘治十七年（1504）《延安府志·佳州》提到箭括坞“多竹”。从地名有“箭”，似产“竹箭”而得名，当地产竹应早于此。（清）嘉庆十五年（1801）《佳州志》：“竹箭坞：在（佳）州西箭坞埏，多产竹箭，今废。”可见至此竹箭坞之竹渐无。

③ （清）嘉庆《佳州志·古迹》：“桃李坞：西下州城，逾佳芦川，一岭秀出，下多桃李，林间有亭，亭前有池，引西山清泉，由木槽而达于亭池，曲折回旋，约数十丈，潺潺可爱。”

④《元史·世祖纪》，（清）嘉庆《重修一统志》、乾隆《盩厔县志》、《读史方舆纪要》。

⑤ （清）乾隆《盩厔县志》。

⑥ 民国《重修盩厔县志》。

周至的其他竹林，如县东30 km 建于元代的�溪亭，康熙年间“茂林修竹”；县东斑竹园之竹，“其大如椽，其密如箦”[①]，生长良好。

户县草堂寺一带，宋为千亩竹，明正德十五年（1520）却“根株尽矣”[②]。明末称“近时草堂绝无（竹林），而他所尚有之也”，并提到该县物产中木类有竹，蔬类有笋，又称有“纸、竹，可以负鬻”，云云[③]。乾隆时，户县竹类有“木竹、紫竹、墨竹、斑竹、诗竹”，也称“蔬有竹笋”[②]。清末撰《鄠县（户县）乡土志》称竹类“常产”有木竹、墨竹、斑竹，“特产”有紫竹，并产竹笋。竹制品有竹帘、竹篮、竹笠、竹筛、扫帚等。

可见周至、户县一带经济林尚多，竹种有紫竹、刚竹、淡竹等多类。

华州（治所在今陕西华县）明代至1949年前经济林亦多。明隆庆《华州志》称州内“唐村地瘠民贫，率习为竹器之艺，已数百家”，所需竹材必不少。本地明代多竹庭园亦多[④]，栽竹较普遍。清代称竹为当地木本植物中较多的一种，又刘氏园“多竹，竹岁入可数十千”[⑤]。《华州乡土志》载当地产竹，有竹荫（竹笋）、竹制品；华州输出之晶“独竹制器物为大宗”，又称“蔬若笋、藕、山药，东输至华阴，西输至西安、三原止矣”。可见经济林多且重要。当地竹林主要分布在城南、秦岭北麓诸峪口一带[⑥]，反映竹林分布与水源关系密切。

此外，在渭南[⑦]、眉县[⑧]、蓝田[⑨]、临潼[⑩]、潼关（在平原南部）[⑪]、凤翔（在平原北部）[⑫]等地也有竹林分布的记载。

5.3 中条山一带

本区经济林以永济为主，运城、平陆等地也有分布。

永济之竹径细，出笋晚，可食[⑬]，似属淡竹类。永济“山上清泉下山渠，村村竹树自扶疏”，栖岩寺一带明代“竹声清杂水声寒”，清代“栖岩寺底竹千亩”，万固寺一带元代“万竹争映带”，清代“陡觉炎威失，深山六月寒。直排峰万笋，况有竹千竿”，栖岩寺到万固寺间亦有竹林[⑭]。永济东南6 km 玉簪山纯阳宫一带也有竹分布[⑮]。可见永济多竹，这与地势高耸、夏凉、阴湿等有密切关系。其竹出售[⑭]，当为经济林。

---

① （清）康熙《陕西通志・古迹・西安府・盩厔》。

② （清）乾隆《鄠县新志》。

③ （明）万历《鄠县志》。

④《明一统志・舆图备考》《方舆胜览》等列举华州多竹庭园有：址园、郭徽君宗昌园、刘氏园、区园、溪园、淇园、漪园、令鼎山房、湄园、隐玉园、新兴园等。

⑤ （清）康熙《续华州志》。

⑥《续华州志》称：明代多竹庭园分布在城南为主，并道：“今考近渭川无竹，独胜于南郊诸园。”《华州乡土志》：“傍山（秦岭）东西峪口多竹园，总计之有二千亩。”又道：“太平河，州东郊，其源出太平峪五眼泉，北流经城内，其地竹园甚多。”

⑦《明一统志・西安府》、（清）光绪《新续渭南县志》等。

⑧ （清）乾隆《凤翔府志》、宣统《眉县志》等。

⑨《明一统志・西安府》、（清）光绪《重修辋川志》、胡元煐《续游辋川记》等。

⑩ （清）乾隆《临潼县志》等。

⑪ （清）康熙《潼关厅志》等。

⑫ （清）康熙《凤翔府志》、雍正《凤翔县志》等。

⑬ （明）嘉靖《蒲州志》称当地木中有竹。（清）乾隆《蒲州府志》有周景柱《咏（永济）竹》诗序称：“蒲中产竹，既小于江南，其萌倍细，供馔正似萩芽耳。茁亦其晚。乡园［指浙江遂安（今淳安县）］首夏，即多成竹矣。”同书（物产・竹笋）：“山西无竹，而蒲独有竹，地稍近西南，冬候微和，故莳得长焉。然竹无大者，渭滨千亩，多迹殊逊。惟风雨枝叶潇洒数丛，欣见此君，复乃抽萌，亦甚细，但胜萩芽耳。以晋中仅有，故记之。”

⑭ （清）光绪《永济县志》。

⑮ （清）乾隆《蒲州府志》，（清）光绪《永济县志》。

运城境内中条山的王官谷一带元人吟："望入王官饶水竹，路经虞坂乍耕桑。"① 明代亦多竹，清代号称："修篁茂密，溪水暗流，拨竿寻径，宛然陶公结庐处。"② 经济林之盛可见一斑。

平陆境内中条山的竹林寺一带，乾隆《平陆县志》称明代还"风逗竹声晴作雨"，清时却"旧闻古寺竹成林，入晚霜鲸落远音"，似乾隆时竹已少。

5.4 太行山东南麓

本阶段，经济林分布在河南的济源、孟县（今孟州市）、沁阳、博爱、修武、辉县、安阳与河北的涉县、永年、磁县等地，以沁阳最为重要。

沁阳的经济林，元初即很重视，设竹官，并一度将所产竹列为政府专卖物之一，后才弛禁，停税③。明代非官营，当地之竹曾列为怀庆府首要土产，清化镇（今博爱县治）的笋亦列为怀庆府重要土产④。当时竹林主要分布于城北的万北、利下二乡一带⑤，县城、清化镇、许良村（当时属万北乡，今博爱许良镇）三地之间及其附近地带，沿溪渠分布，明李梦阳"夹溪修竹带青葱"即指此。其中以许良竹坞的竹林为著[21]。清代亦无竹官，然竹为沁阳木属之一，清初将其竹列为主要贡物之一，康熙年间才裁免。当时经济林以清化镇和竹坞一带为主⑥，帝王、文人墨客都有描绘。并称"腴田百顷"，"养成斑竹如椽大，到处湘帘有泪痕"⑦，"民间引水种竹、溉地，约计一千四百余顷"[23]，其中相当部分为经济林，有甜竹、斑竹等。还具体记载了城西北20 km的悬谷山、悬谷寺，城东北15 km的九峰寺，城东北20 km的月山宝光寺等地之竹林⑥。

济源的经济林登高可见，乾隆《济源县志》道："回头城郭日初临，翳眼松篁林乍茂。"该书及顺治、乾隆《怀庆府志》，嘉庆《续济源县志》等还记载了竹园沟、龙泉寺、龙潭延庆寺、金炉山等处之竹分布。

孟县（今孟州市）在元代为孟州治所，乾隆《孟县志》记载了元代即已著名的竹园村竹园，明代孟州"花竹鲜妍"，康熙、乾隆《怀庆府志》都引明代尚企贤称孟州"梅蹬花竹，比屋皆然"。反映当时孟县（今孟州市）有经济林。

辉县在元初亦要交竹税。《明一统志·卫辉府》，成化《河南总志·卫辉府》，康熙《卫辉府志》，康熙、乾隆《辉县志》等的物产、土产中都提到竹。当地竹林大致以城西太行山东坡或东麓为主，点状分布。历史较久的苏门山与七贤祠（竹林寺）一带竹林仍在⑧，苏门山与七贤祠间的北、中、南湖寺⑨，万泉⑩等处富水源与竹林，平地水泉充足的卓水泉附近之�溪轩⑪等地都有相当面积的竹林。

淇县之竹，虽在北魏已衰败，但（元）刘执中道："淇水之旁，至今为美竹。"（明）刘基《淇园》、徐文溥《谒武公祠》等诗句中描绘了当时淇域之竹，并称："今耿家湾武公祠下亦有竹，人传以为古

---

① （清）乾隆《蒲州府志》，（清）光绪《永济县志》。

② （清）乾隆《虞乡县志》。

③《元史·世祖纪》："至元三年（1266），申严河南竹禁，立拱卫司。"当时河南包括沁阳一带在内。至元二十二年（1285）才弛怀孟路（指沁阳一带）竹货之禁。但竹税颇重，完泽等称："怀孟竹课，岁办千九十三锭，尚书省分赋于民，人实苦之，宜停其税。"至元二十九年（1292）才停税。

④《明一统志·怀庆府·土产》、（明）成化《河南总府·怀庆府·土产》等。

⑤ （明）万历《河内县志·艺文·均粮移稿》。

⑥ （清）顺治、康熙、乾隆《怀庆府志》，《嘉庆重修一统志》，（清）光绪《河内县志》。

⑦ （清）乾隆《怀庆府志》。

⑧《明一统志》，（清）顺治《怀庆府志》、康熙（辉县志）、王介庭《游百泉日记》等。

⑨ （清）康熙、乾隆《辉县志》，李梦阳《李空同集》。

⑩ （清）康熙《辉县志》。

⑪ （清）康熙《卫辉府志》，康熙、乾隆《辉县志》，许衡《鲁斋遗书》等。

淇澳地，非是。”[①]（明）毛晋《毛诗草木鸟兽虫鱼疏广要》对郦（道元）、刘（执中）在不同时代记述淇域之竹林迥异，认为：“岂淇园之竹，在后魏无复遗种，而至宋（？元）更滋茂乎？”可见淇域之竹后又有所恢复，以元代为盛。

此外，修武县北25 km的百家岩，在明嘉靖二十四年（1545）“竹树阴合，弗见天日”[②]。安阳马蹄泉至珍珠泉一带，光绪二十三年（1897）仍“两阜夹水，竹树覆之”[24]。可见这些地方有一定面积竹林。

河北的永年“摇空修竹万竿稠，月照丛阴掩画楼”[③]；涉县漳河两岸有栽培苦竹[*Pleioblasius amarus*[④]（Keng）Keng f.]的习惯[⑤]，其经济林至少有几十年历史；磁县的遂初园“广修三十亩有奇，竹数千竿，花木称是”[18]，绿野亭“万竿翠竹”，州署拜祥轩曾“种花莳竹”[⑥]。这一带虽种竹面积不一定大，但却是经济林分布最北地带。

（元）李衎《竹谱详录》记述：

> 甜竹生河内；卫辉、孟津皆有之。叶类淡竹，亦繁密。大者径三四寸，小者中笔管，尤细者可作扫帚。笋味极甘美。以司竹监禁制，故人罕得而食。又名苷竹。

可见元代今孟津、沁阳、博爱、修武、辉县、淇县一带都有竹分布。

本阶段经济林变化较大的有三处：一为元代，淇县之竹一度有所恢复，明清时又缩小；二为21世纪初，涉县成为经济林分布最北地区；三为周至、户县一带与沁阳、博爱一带为重要经济林区，且前者明末清初变化较大，产竹量一度减少，后者却比较稳定。

6　影响经济林分布变迁的因素

2 000多年来，华北西部经济林并非一成不变，探究影响它们分布变迁的主要因素约有以下几点：

（1）竹类自身。据研究，作为热带、亚热带植物的竹类生长对温度和水分的要求甚于其他条件。分布于我国北部的竹类一般竿较矮、径较细，这是它们为适应北方冬季气温较低、较干旱，生长期较短的环境，长期变异的结果。它们对外部环境有一定的适应程度，当环境之恶劣超过一定限度时，竹类难以生长，分布就要受到影响；同时，竹类生长亦有一定的盛衰期，外部环境的优劣只能起延缓或推进作用。

（2）自然灾害。对近8 000年来气候变迁的研究表明，气候变化的趋势是阶段式地转冷，具体气候是冷暖相间，有如波状起伏变化，既非直线式的下降，亦非一般的波动[3]，这对并不耐寒的竹类生长有很大影响。具体在本区，如渭河平原一带，汉天凤二年（公元15）、唐贞元十二年（公元796）、唐元和八年（公元813）、清道光三十年（1850）等年代，冬雪深数尺至一二丈，竹、柏或死或枯[⑦]；洛阳一带汉延熹八年（公元165），汉永康元年（公元167）前，冬大寒，并有连续大寒，“杀鸟兽，害鱼鳖”，城旁松、竹“伤枯”或“皆为伤绝”[⑧]；辉县清道光十一年（1831）大雪，“平地深三尺

① （清）顺治《淇县志》。
② （清）乾隆《怀庆府志》。
③ （清）乾隆《永年县志》。
④ 现“苦竹”的拉丁学名有作：*Pleioblas tusamarus*
⑤ 邯郸专署1969年1月8日复中国科学院地理研究所函中称。
⑥ （清）康熙《磁州志》。
⑦ 《汉书》、《汉记》（《东观汉记》）、《旧唐书》、《文献通考》、白居易《村居苦寒诗》、民国二十三年（1934）《续修陕西省通志稿》等。
⑧ 《后汉书》《资治通鉴》《初学记》等。

许”,“竹木冻死无算”①。又如,《资治通鉴·后晋记》道:五代晋齐王天福八年(公元943年)华北“蝗大起,东自海堧,西距陇坻,南逾江淮,北抵幽蓟,原野、山谷,城郭、庐舍皆满,竹木叶俱尽。”再如,前述唐天复四年(公元904)大旱,陇,凤、洋、梁等州山中竹无巨细,皆“放花结子”。可见冻、雪、旱、蝗等恶劣气候及虫灾对竹类生长很不利,甚至造成毁灭性打击。

(3)生态环境。直到战国后期,黄河中下游地区天然植被并无较大变化,森林和草原完好,湖沼支流多,水量丰富,水土流失轻微①。因此,汉代长城外的西河美稷等地有竹生长。后来,黄土高原上的生态环境发生了巨大变化,干旱、少林,水土流失严重,竹类分布逐渐南移并日渐稀少。可见,生态环境的变化对竹类生长的影响并非无足轻重。

(4)人类活动。经济林不同于天然植被,它依靠人工选择适当地域,从选种、栽植、浇灌、施肥,到合理采伐、更新等各个环节,精心栽种、培护,以弥补自然生态环境的某些缺欠。社会的动乱,无法抗御的自然灾害等,往往使人类自顾不暇,甚至采取破坏性行为,都损害、危及经济林的生长。历史上,人类的战争、生产、生活都需要大量的竹木材料,农牧界线的多次推移,破坏了天然植被,造成土地瘠薄、裸露,水土流失,肥力下降,气候干旱,温差增大,生态环境恶化,黄河中下游是典型一例[2]。十八九世纪以来我国人口急剧增长[25],需要更多的土地生产粮食以果腹;在生产力低下时,必然要挤占竹林地。前述周至、户县一带竹园多次成为战场,辉县卓水泉,“兵乱以来,荒秽不治,鞠为樵牧之场”②,管理失调,水利失修,致竹林严重缺水,对竹林“竭园伐取”,使“竹日益耗”,直至灭绝[21]。可见人类活动对经济林有更大的影响。

7 结论

综上所述,我们对于历史上华北西部经济栽培竹林的研究可以得出以下几点看法:

(1)历史上,华北西部经济栽培竹林的分布呈面积大小不一、不连续的斑点状。一般分布在避风向阳、冬温较高、热量较多、水源充足、灌溉便利的地区。其品种与今所栽植的无根本性变化。

(2)历史上,经济栽培竹林的分布北界有所南移:汉代以前,其最北地区似在北纬40°左右的西河美稷(今内蒙古准格尔旗西北);现今,似在北纬36.5°的河北涉县以南。其变迁幅度之所以小于同时期一些热带、亚热带代表性动植物,主要是它含有人工栽培之因素。

(3)较为重要的经济栽培竹林地区,先是周至、户县一带的司竹园和淇水流域的淇园,后为周至、户县一带和沁阳一带的司竹,今在博爱一带。并非一脉相承,而是有所变化。

(4)经济栽培竹林的南移与变迁并非直线式地变化,而是呈现一定的阶段性和反复;变迁幅度也不一致,以西、中、东三部分来看不是平行南移,尤以中部的秦晋高原一带最为显著。

(5)影响经济栽培竹林分布变迁的主要因素有竹类本身、自然灾害、生态环境、人类活动等方面。

---

① (清)道光修、光绪补订《辉县志》。

② (清)康熙《辉县志》,(元)王盘《筠溪轩记》。

参考文献

[1] 文焕然.黄河流域竹类之变迁.地理学报,1947,14(3–4)
[2] 文焕然.历史时期中国森林的分布及其变迁(初稿).云南林业调查规划,1980(增刊)
[3] 文焕然,徐俊传.距今约8 000~2 500年前长江、黄河中下游气候冷暖变迁初探.地理集刊,1987,第18号//古地理与历史地理.北京:科学出版社
[4] 文焕然遗稿,文榕生整理.再探历史时期的中国野象分布.思想战线,1990(5)
[5] 谭其骧.何以黄河在东汉以后会出现一个安流的局面.学术月刊,1962(1)
[6] 李有恒,韩德芬.陕西西安半坡新石器时代遗址中的兽骨骼.古脊椎动物与古人类,1959,1(4)
[7] (唐)张九龄,等.唐六典·司农寺·司竹监.台北:文海出版社,1968
[8] (宋)乐史.太平寰宇记·关西道·凤翔府·司竹监.上海:中华书局,1936
[9] 贾兰坡,王建.山西旧石器的研究现状及其展望.文物,1962(4–5)
[10] 裴文中.山西襄汾县丁村旧石器时代遗址发掘报告//中国科学院古脊椎动物与古人类研究所甲种专刊.北京:科学出版社,1958
[11] 贾兰坡,卫奇.桑干河阳原县丁家堡水库全新世中的动物化石.古脊椎动物与古人类,1980,18(4)
[12] 德日进,杨钟健.安阳殷墟之哺乳动物群//中国古生物志.丙种.第12号.第1册.北平:实业部地质调查所,1936
[13] 杨钟健,刘东生.安阳殷墟之哺乳动物群补遗.中国考古学报,1949(4):145~153
[14] 中国科学院考古研究所.辉县发掘报告//考古学专利.甲种,中国田野考古报告.第1号.北京:科学出版社,1959
[15] (唐)杜甫.分门集注杜工部诗(四部丛刊本).上海:商务印书馆,1929
[16] (宋)苏轼.集注分类东坡先生诗(四部丛刊本).上海:商务印书馆,1929
[17] (唐)张说.蒲津桥赞//张说之文集(四部丛刊本).卷13,赞.上海:商务印书馆,1929
[18] (金)赵秉文.闲闲老人滏水文集(四部丛刊本).上海:商务印书馆,1929
[19] (唐)高适.自淇涉黄河途中作十三首//(清)曹寅等.全唐诗.卷212.北京:中华书局,1960
[20] (唐)元徵之.西归绝句十二首//元氏长庆集(四部丛刊本).上海:商务印书馆,1929
[21] 史棣祖.历史时期河南博爱竹林的分布和变迁初探.河南农学院科技通讯,1974,(竹子专辑)(12)
[22] (宋)司马光.温国文正司马公文集(四部丛刊本).上海:商务印书馆,1929
[23] (清)傅泽洪.运河水//行水金鉴.台北:文海出版社,1969
[24] 王介庭.游安阳珍珠泉记.地学杂志,1922,13(6–7)
[25] 文焕然.历史时期中国野马、野驴的地理变迁.历史地理,1992,第10辑.上海:上海人民出版社

四、历史时期中国森林的分布及其变迁*

1 引言

森林是国家的重要资源，林业是国民经济的重要组成部分之一。新中国成立以来，我们的植树造林曾经取得很大的成绩，森林覆盖率由解放初期的8%提高到12.7%。但是，由于人为的干扰、破坏，我国林业生产几经反复。这是造成我国自然灾害频繁、农业生产低而不稳的一个根本原因。为了改变这种状况，适应“四个现代化”的需要，我们要大力植树造林，加速绿化祖国，尤其要抓好“三北”防护林的建设，为扩大森林覆盖面积、彻底改变我国自然面貌、为“四个现代化”的早日实现做出应有的贡献。

但是，目前植树造林护林工作中存在的最大障碍，是人们对中国古代是个多林国家、我国古代森林的分布情况和效益，认识不足。过去，我们对这些方面的研究也不够。因此，我们认为加强中国森林历史的研究和宣传，刻不容缓。为此，我们从历史植被的角度出发，在整理分析中国古籍记载的基础上，结合地理、植物、动物、古生物、孢粉、水文、考古、文物、甲骨文等方面的资料，辅以调查访问，试图探索历史时期中国天然森林的分布及其变迁，为当前农业区划、林业规划和营林生产的安排，提供一些依据。

2 历史时期中国天然森林的分布概况

近代，中国是个少林国家，虽然新中国成立后森林有不少恢复，覆盖率已提高到12.7%，但这仍然大大低于世界各国森林覆盖率22%的平均水平；而且，我国现有森林主要分布在东北和西南（包括西藏自治区南部）等江河上游和边疆地区，并不利于工业布局和保障农业生产的要求。

中国古代是个多林国家，当时森林的分布较现在均衡，森林覆盖率远较今高，森林资源也远较今丰富，农牧业生产条件显然也远较今优越。回顾以往，值得我们今后在农业生产布局上，重视森林覆被的问题。

第四纪最末一次冰期以后，约在7 000年前（裴李岗和磁山文化）[1]，中国天然植被的分布，从东南向西北，大致是森林、草原及荒漠三个地带，这三个地带都有天然森林分布，其中以森林地带

---

* 本学术专著原整本作为“内部资料”刊登在1980年7月出版的《云南林业调查规划》1980年增刊（总第16期）；原题名为《历史时期中国森林的分布及其变迁（初稿）》，因后来未再见撰写有此类专著，此次删除“（初稿）”。此次发表，进行修订，并按专著与全书统一格式进行编排。

原注：本文承湖南师范学院地理系何业恒同志（后为湖南师范大学地理系教授）热情帮助，谨此致谢。

为主。

2.1　古代森林地带的天然森林分布简貌

本地带位于我国的东半部，天然植被以森林为主。这里的天然森林，从北到南包括如下五个区：

2.1.1　大兴安岭北段的寒温带林

大兴安岭北段的寒温带林是西伯利亚大森林在我国境内的延续。

古代，本区的大部分为森林所覆盖。根据6至8世纪古籍的记载，本区气候寒湿而多积雪，拥有多量的鹿、貂等野生动物①，反映当时天然植被具有寒温带森林的某些特征。直到18世纪，这里仍然“松柞蓊郁”②，“林薮深密”，“河水甘美”，“山内有虎、豹、熊、狼、野猪、鹿、狍、堪达汉(驼鹿)等兽”③。甚至19世纪的文献记载，本区的大部分仍然“丛林密菁，中陷淤泥(沼泽)”，大兴安岭西坡“蓊郁尤甚”，“(落叶)松、柞蔽天，午不见日，风景绝佳”④。说明直到晚近，本区的天然植被仍以落叶松(又称异气松、意气松)⑤为主，并有落叶阔叶的柞(蒙古栎)。此外，历史文献还提到樟子松、桦、榆等⑥，一直具有寒温带林的特征。值得注意的是，现在本区仍拥有全国面积最大的天然森林，木材蓄积量也居全国首位[2,3]。

2.1.2　小兴安岭和长白山地的温带林

本区位于大兴安岭北段的寒温带林以南，包括小兴安岭、长白山地和三江平原。

根据吉林敦化全新世(距今约10 000多年以来)沼泽孢粉的分析，全新世早期(距今约7 500~10 000多年)，这一带以松属、桦属树种为主，是一种针、阔混交林。全新世中期(距今约2 500~7 500年)，由于气候转暖，松属和阔叶树种(栎、椴、榆或桦等属)占优势。全新世晚期(距今约2 500年)以来，气候转冷凉，松属(还有一些冷杉属、云杉属等)占优势，阔叶树减少[4]。古籍记载，如《后汉书·挹娄传》、《三国志·魏志·挹娄传》所提到的“处山林之间”“出好貂”“貂鼠”，《新唐书·黑水靺鞨传》所记载的“土多貂鼠”等，也都反映出多森林植被的某些特点。

清代的文献称本区的密林为“窝集”⑦，现代则称之为“树海”或“林海”。其中有名可考的达数十处，较大的达数十里以上。如吉林(今吉林省吉林市)到宁古塔(今黑龙江省宁安市)途中的大乌稽(窝集)长六十里，小乌稽长四十里。据(清)吴振臣《宁古塔纪略》，康熙二十年(1681)，他与父母从宁古塔经船厂(今吉林省吉林市)返北京，经过大、小乌稽时的见闻：

> 进大乌稽，古名黑松林，树木参天，槎砑突兀……绵绵延延……不知纪极；车马从中穿过，且六十里。初入乌稽，若有门焉；皆大树数抱，环列两旁，洞洞然不见天日；唯秋冬树叶脱落，则稍明……其中多峻岭巉岩，石径高低难行。其上乌声咿哑不绝；鼯鼪狸鼠之类，旋绕左右，略不畏人。微风震撼，则如波涛汹涌，飕飕飒飒，不可名状……是夕宿于岭下，帐房临涧，涧水淙淙然，音颇极幽阒……兵丁取大树皮二、三片，阔丈余，放地上，即如圈篷船，尽可坐卧……迨夜半，怪声忽起，如山崩地裂，乃千年来古树，忽焉摧折也……穿过小乌稽，经过三十里，情景亦相似。

① 《魏书·失韦传》，《旧唐书·室韦传》，《新唐书·室韦传》，《太平寰宇记》卷一九九。
② (清)方式济《龙沙纪略》。
③ (清)图理深《导域录》。
④ (清)徐宗亮《黑龙江述略》一。
⑤ (清)清圣祖撰，(清)盛昱录《康熙几暇格物编》。
⑥ 徐曦《东三省纪略》卷五，(清)徐宗亮撰《黑龙江述略》卷一，民国二十一年(1932)《黑龙江志稿》卷二二等。
⑦ (清)杨宾《柳边纪略》等。

又如康熙二十八至二十九年(1689～1690),(清)杨宾游历东北,在他的著作《柳边纪略》一书中,对上述两个窝集有进一步的描述,并详述了林中沼泽的一些特点。(清)冯一鹏《塞外杂识》则提到康熙、雍正年间的一些情况。此外,(清)方式济《龙沙纪略》、(清)西清《黑龙江外记》等书也提到小兴安岭或长白山地之窝集的一些情况。

综合清代有关文献记载来看,窝集中的树木不仅高大茂密,而且有不少古木;林下阳光稀少,反映出原始森林的一些特点。林中还有沼泽等植被分布。一般林中出产野人参等多种药材;还有驼鹿、虎、熊、野猪及貂等野生动物活动①。

古籍所载本区的树种有松、桦、栎、柞、椴、榆等②,林下灌木有榛③等,附生植物有蕨类④等;草本植物有人参⑤、黄精④等,反映这一带为温带森林。直到现在,本区还存在相当面积的天然森林[5]。

此外,古代黑龙江、松花江、乌苏里江汇流一带的三江平原,沼泽广布,多沼泽植被⑥。在沼泽以外,还有茂密的森林。

2.1.3　华北的暖温带林

本区位于小兴安岭和长白山地的温带林以南,范围甚广,包括辽东山地丘陵、辽河下游平原、冀北山地、黄土高原东南部、豫中和豫西山地丘陵、华北平原、渭河平原以及山东山地丘陵等。

关于辽东和山东山地丘陵古代天然森林生长良好的情况,在第四纪古地理学、考古学及历史地理学上不乏佐证。近年对辽宁南部全新世沉积物的孢粉分析,证明这一带在全新世中期,以栎属等阔叶树为主,松属花粉自下而上增加。到了全新世晚期,成为针叶、落叶阔叶混交林,森林范围缩小,蕨类和草本植物面积扩大,占据了广大的平原、河谷、海滩等地[6]。旅大市(今大连市)双陀子遗址出土木炭及房屋的碳化木柱的^{14}C测定,也印证了全新世中期(3 000～4 000年前)的森林状况[7]。目前辽南地区以松(赤松、油松)—栎(槲栎、辽东栎、麻栎)林为代表的植被,正是晚全新世以来植被情况的反映。《诗经·鲁颂·閟宫》记载有"徂徕之松,新甫之柏"。《禹贡》提到青州(约指泰山以东今山东境内)"蕨贡"有"松","其篚檿丝"。檿,古称山桑,即柞,又名栎。说明2 000多年前,山东山地丘陵的植被,也是以松—栎林为代表的暖温带林,与辽东山地丘陵的植被基本上是一致的。也说明我国柞蚕丝的起源很早,至今,辽东和山东山地丘陵仍是我国柞蚕丝最主要的产地。

又据北京市平原泥炭沼泽的孢粉分析[8],证明全新世这里的天然植被,兼有森林、草原及湿生和沼泽等植被。就中全新世而言,森林植物以栎属和松属居多⑦,并混有榆、椴、桦、槭、柿、鹅耳枥、朴、胡桃、榛等属的乔、灌木,与现在北京一带山地的天然植被基本相似。

从裴李岗、磁山、大汶口、龙山等新石器时代文化遗址中出土的木炭或木结构房屋等[1,9],以及作为当时主要狩猎对象——鹿的存在[10],反映新石器时代早、中、晚期,华北东部,特别是华北平原的一些地方有森林、草原分布。

---

① (清)吴振臣《宁古塔纪略》,(清)杨宾《柳边纪略》,(清)高士奇《扈从东巡目录》,(清)方式济《龙沙纪略》,(清)西清《黑龙江外记》,(清)萨英额吉夫《吉林外记》卷七,《嘉庆重修一统志》卷六七、六八,(清)何秋涛《朔方备乘》卷二一《艮维窝集考》等。

② 黄维汉《渤海国记》卷中,(清)高士奇《扈从东巡目录》卷下,(清)方式济《龙沙纪略·山川》,(清)萨英额吉夫《吉林外记》卷七等。

③ (清)吴振臣《宁古塔纪略》,《嘉庆重修一统志》卷七〇《吉林·土产》等。

④ (清)吴振臣《宁古塔纪略》,(清)萨英额吉夫《吉林外记》卷七等。

⑤ 黄维汉《渤海国记》卷中《物产》,(清)吴振臣《宁古塔纪略》等。

⑥ (宋)徐梦莘等《三朝北盟会编·靖康中帙七三·诸录杂记》引赵子砥《燕云录》。

⑦ 平原泥炭沼泽孢粉中松属多,可能有的与从附近山地河流带来或风吹来等有关。

又从安阳殷墟古生物发掘的动物遗骨看，说明距今3 000～4 000年前，殷墟一带有大量的四不像鹿（麋鹿）、野生水牛，不少的竹鼠，数量不等的狸、熊、獾、虎、豹、黑鼠、兔、獐，以及亚洲象、犀、貘（马来貘）等热带动物分布[11，12]。殷墟出土的甲骨文，也证实了上述野生动物一般是存在的。反映当时殷墟一带，有森林，有草原，有湖泊，有沼泽存在，正如《孟子·滕文公上》所说的“草木畅茂，禽兽繁殖”。竹鼠是喜暖动物，以食竹根和竹茎为主，还反映当时殷墟附近有相当面积的竹林存在。有热带动物亚洲象、犀、貘的存在，说明当时的气候，较今远为暖湿。这里动物的成分较之上述寒温带和温带林区，都要复杂得多。

《禹贡》描述华北平原中部兖州的植被为“蕨草惟繇，蕨木惟条”，华北平原南部徐州的植被为“草木渐苞”，都说明历史时期本区植被发育是良好的。

此外，历史时期华北平原湖沼众多①，辽河下游平原的湖沼也不少②，因而水生植被和沼泽植被分布较广。不论在沿海或内地，盐生植被也都有所分布[13，14]。

关于燕山山地，根据北票和朝阳出土文物的^{14}C测定证明③，2 000～3 000多年前，这里有天然树木分布。《战国策·燕策》《史记·货殖列传》及《汉书·地理志下》等记载：燕有“鱼、盐、枣、栗之饶”；（北魏）贾思勰《齐民要术·种栗第三十八》也提到燕山等地饶榛子[15]；辽金时，在燕山山地的部分地区采伐过林木；元代都山（在宽城满族自治县和青龙满族自治县）号称“林木畅茂”；明代文献提到嘉靖二十年（1541）以前，燕山“重冈复岭，蹊径狭小，林木茂密”④。清代方志提到本区不少山地有森林分布，有几个地方发现有猕猴类成群活动⑤。上述这些，都反映古代燕山山地天然森林分布颇广。现今，当地还有些森林分布[3]，有猕猴栖息，可以为证。

北京西北的军都山及永定河上游山地，据《水经·湿余水注》记载：北魏时，居庸关一带“林鄣邃险，路才容轨，晓禽暮兽，寒鸣相和”。还有穿过山地的永定河，即《水经注》所引《魏土地记》的清泉河，说明历史时期永定河上游山地及军都山一带森林等天然植被覆盖颇广。山西北部应县的佛宫寺释迦塔，是一座宏伟壮观的木塔，它建于辽代清宁二年（1056），如今仍然耸立在恒山以北的桑干河畔，它是用附近森林的大量木料建成的[16]，因此，它是我国古代永定河上游有广大天然森林分布的有力见证。还有元代《运筏图》[17]，据考证，可能是描绘卢沟桥以上大量木材运输的情况，因而，可能反映当时永定河上游林木之多。（明）马文升《为禁伐边山林木以资保障事疏》记载了成化年间（1465～1487）以前，

> 复自偏头、雁门、紫荆，历居庸、潮河川、喜峰口，直至山海关一带，延袤数千余里，山势高险，林木茂密，人马不通⑥。

这说明直到15世纪下半叶以前，恒山、五台山、军都山、燕山等山地广大地区皆“林木茂密”，有不少森林分布。以北京一带的西山而论，张鸣凤《西迁注》提到：“西山……磅礴数千里，林麓苍黝，溪涧镶错其中，物产甚饶……”说明到明代，仍然有不少林木。

太行山及其以东的一些山地丘陵，古代也为森林所被覆。《诗经·商颂·殷武》称：“陟彼景

---

① 如《禹贡》《周礼·职方》《吕氏春秋·有始览·有始》《淮南子·地形训》《尔雅·释地》等提到一些较大的湖沼；又如（北魏）郦道元《水经·河水注》及（唐）李吉甫《元和郡县图志》卷六至卷一一、卷一五至卷一八等；（清）王灏辑《畿辅丛书》提到的湖沼更多。

② 如《新唐书》卷二二〇《太宗记》贞观十九年；（宋）司马光《资治通鉴》卷一九八；《唐记》贞观十九年等。

③ 例如，北票丰下遗址出土木炭及朝阳六家子出土木椁残片的^{14}C测定，见《放射性碳素测定年代报告（四）》。

④ 《明经世文编》卷三五七，庞尚鹏《庞中丞摘稿，酌陈备边末议以广屯种疏》。

⑤ 如《古今图书集成·方舆汇编·职方典》卷一一、五六及六三等；（清）乾隆《遵化州志》卷四及一九、二〇等；光绪《遵化通志》卷一三、一五等；光绪《永平府志》卷二〇、二一、二三及二五等；顺治原刊、康熙续补《卢龙县志》卷一一等；光绪《密云县志·山川及物产》等。

⑥ 《明经世文编》卷六三、马文升《马端肃公奏疏》。

山，松柏丸丸。”所指就是今安阳西部山区一带。3世纪初，在邺（在今河北省临漳县西南邺镇、三台村迤东一带）建宫室，于上党（治所在壶关，今山西省长治市北）“取大材”①。直至4世纪初，滹沱河洪水曾将上游的许多大木冲漂到中下游②。

郦道元在其名著《水经·寇水注》中记载：4世纪下半叶［前秦建元（365～384）中］，

唐水汛涨，高岸崩颓，［安喜县（约今河北省定县东南）］城角之下，有大积木交横如梁柱焉。后燕之初，此木尚在，未知所从。余（郦道元）考记稽疑，盖地当初山水奔荡，漂沦巨筏，阜积于斯，沙息壤加，渐以成地。

这些都说明古代太行山一带森林植被的丰富。这里还有华北历史上较大的竹林，例如淇水流域的竹林，在《诗经·国风·卫风·淇奥》中就有记载。

根据陕县庙底沟、洛阳王湾、偃师县二里头等遗址出土木炭的^{14}C测定③，说明古代豫中、豫西一带的山地丘陵，也有不少的森林分布。

关于历史时期黄土高原东南部的天然植被，《诗经》中有不少记载：例如《大雅·文王之什·旱麓》记载了北山（今岐山）林木茂密；《大雅·荡之什·韩奕》提到了梁山（今陕西省韩城市、黄龙县一带）有森林和熊、罴等森林动物，还有沼泽等植物；《秦风·小戎》描述“西戎”“在其板屋”，说明古代渭河上游以西一带也有森林分布；《唐风·山有枢》则记载了古代汾河下游，山（山地）有枢、栲、漆等树木，隰（低地）有榆、杻、栗等树木。

《山海经·五藏山经》（2 000多年前）中的《中次一经》指出今中条山地及霍山山地的一些山中有的多木、多竹，有的有木。《中次五经》也记载了中条山地的一些山中有的多木。这些也反映了2 000多年前，黄土高原东南部既有森林，也有竹林。

《孟子·梁惠王章句上》（20 000多年前）提到黄土高原东南部部分地区，“斧斤以时入山林，材木不可胜用也”。说明当时这一带林木不少。现在黄龙山还有些森林[3]，也可为证。

在西安半坡新石器时代的遗物中，有数量颇多的榛子、栗子、朴树子，还有不少的竹鼠、獐、貉等骨骼以及鱼钩和多种鱼骨[18]。说明距今5 000～6 000年前，浐河不仅常年有水，而且多鱼，沿河一带还有不少森林和竹林分布，与现今的情况大不一样。

2.1.4 华中与西南的亚热带林

在华北的暖温带林以南，包括广义的秦岭、大巴山、四川盆地、贵州高原、江南山地丘陵、浙闽山地丘陵、南岭山地、两广山地丘陵北部、长江中下游平原（以上概括为华中）以及云南高原的北部、中部和青藏高原东南部（以上概括为西南）等地，是我国历史时期天然森林植被中面积最大的一区。

● 长江中下游平原

据江西南昌洗药湖泥炭的孢粉分析[19]，反映距今8 000多年前，洗药湖附近孢粉组合中，是以常绿阔叶（栲属为主，并有冬青属、杨梅属等）—常绿针叶（松、杉等属）为主，并杂有少数落叶阔叶（枫香、柳、乌桕等属）的混交林区。

从安徽安庆市怀宁打捞长江水下古木的古土样④的孢粉分析，反映距今5 000多年前，古树所处

① 《三国志》卷一五《魏志·梁习传》。

② 《晋书》卷六《元帝纪》，卷一九《五行志下》，卷一〇五《石勒载纪下》；（元）纳新《河朔访古记》卷中等。

③ 根据陕县庙底沟、洛阳王湾、偃师县二里头等遗址出土木炭的^{14}C测定，见《放射性碳素测定年代报告（三）》、《放射性碳素测定年代报告（四）》（载《考古》1974年第5期）。

④ 中国科学院地理研究所地貌室孢粉实验室1975年提供资料。

的长江平原是一片茂盛的亚热带落叶阔叶与常绿阔叶混交林，还有水生、沼泽等植被存在；附近山地丘陵，则有由松属组成的森林分布。平原森林中的乔木以落羽杉、栎、枫香、桦、冬青、榆、柳等属为多，还有杉科、柏、枫杨、桤木、漆、栲、乌桕、油桐等属。灌木较少，只有蔷薇科、大戟属等。蕨类植物以水龙骨属最多，里白属次之。此外，还有海金沙、凤尾蕨等属。上述植物，反映南北过渡类型的特点，如一方面有热带、亚热带植物，落叶乔木的油桐属、乌桕属，常绿乔木或灌木的冬青、枫香、枫杨等属，喜湿热的海金沙、凤尾蕨、里白等属；另一方面，又有温带的落叶阔叶树种桦属、柳属等。

此外，从新石器时代浙江良渚文化遗址出土的竹、木、芦苇等[20, 21]①以及在良渚、吴兴钱山漾、余姚河姆渡、京山屈家岭等许多地方出土的稻谷、稻壳、菱等[22~26]加以研究，都足以说明长江中下游平原地区历史时期森林、竹林、水生植被及沼泽植被的广泛分布。这与《禹贡》扬州"蕨草惟夭，蕨木惟乔"的记载大体符合。

● 秦岭山地

据近年对河南省淅川县下王岗遗址中，从仰韶文化层到西周文化层的动物群的分析[27]，说明3 000~5 000年前，这一带有茂盛的森林和野生竹林，并有稀树草地、灌丛和水生植物分布。《诗经》记载秦岭山地多松树、竹类，还有桑、杞、栲、榆等树类②。战国和秦汉时代的文献，更记下了这里的不少亚热带树种，如豫章、楠、棕等。此外，也有檀、柘、穀（构或楮）、柞、松等③。19世纪初，秦岭南坡还存在着大面积的"老林"④，现在秦岭还有些天然林分布⑤，可以证明。

关于桐柏山，据（汉）桓宽《盐铁论》卷一《通有第三》记载："（今）隋唐之材，不可胜用。"说明公元前1世纪上半叶，桐柏山的森林植被广布，资源丰富。《荆州图经》提到桐柏山"云峰秀峙，林惟椅柏"，仍然森林茂密。明末清初，王夫之《噩梦》称："土广人稀之地，如六安、英霍，接汝、黄之境，及南漳以西，白河以南，夔府以东，北接淅川、内乡之界，有所谓'禁山'者。"反映17世纪，秦岭东端、巫山、荆山、武当山、桐柏山、大别山、霍山等山地都曾经被列为"禁山"，有相当广大的森林等植被分布；另一方面，又说明封建统治阶级为了自身的利益，也有自然保护区的划分。

● 江南山地丘陵

《史记·货殖列传》记述"江南卑湿……多竹木"，"江南出枏（楠）、梓、姜、桂"。

《汉书·地理志下》描述：

> 楚有江汉、川泽、山林之饶；江南地广，或火耕水耨。民食鱼稻，以渔猎、山伐为业，果、蓏、蠃、蛤，食物常足。

又从（宋）洪迈《容斋随笔·三笔》称：

> 丁谓为玉清昭应修宫使，所用潭[治所在长沙（今市）]、衡[治所在衡阳（今市）]、道[治所在弘道（今道县）]、永[治所在零陵（今县）]、鼎[治所在武陵（今常德市）]之梌、枏（楠）、槠，永澧[治所在澧阳（今澧县）]之槻、樟、潭之杉……

说明当时楠、槠、樟等树在内的亚热带森林分布是很广的。

再如明代文献记载永乐四年（1406年）建北京宫殿，明王朝在湖广、江西、浙江等省大量砍伐

---

① 《放射性碳素测定年代报告（二）》，《放射性碳素测定年代报告（三）》，《放射性碳素测定年代报告（四）》等。
② 《小雅·鸿雁之什·斯干》，《小雅·南有嘉鱼之什·南山有台》等。
③ 《山海经·五藏山经·西次一经》，《汉书·东方朔传》，《史记·河渠书》，（汉）马融《长笛赋》，《全后汉文》卷八一。
④ （清）严如煜《三省山内杂识》（19世纪初），（清）严如煜《三省边防备览·老林说》（19世纪初）。
⑤ 《中国植被区划（初稿）》60~64页，林业部调查规划局1979年3月提供资料。

树木。从当时湖湘“以十万众入山阑道路”等来看①，足见宋、明王朝破坏森林的严重，也可说明古代江南山地丘陵等地区天然亚热带林分布之广、森林资源之多。

● 浙闽山地丘陵

历史时期浙闽山地丘陵的自然植被发育良好，拥有广大的亚热带森林。在余姚河姆渡遗址，根据出土叶片已鉴定的部分树种中，计有壳斗科的赤皮稠、栎、苦槠，桑科的天仙果，樟科的细叶香桂、山鸡椒、江浙钓樟，虎耳草科的溲疏比较种。从上述种属的成分看，在现今浙江省仍然分布很广，都是属于亚热带常绿落叶林的组成部分。

又根据孢粉分析，表明河姆渡一带在6 000～7 000年前，生长着茂密的亚热带常绿落叶阔叶林，主要建群树种有蕈树、枫香、栎、栲、青岗、山毛榉等；林下地被层发育，蕨类植物繁盛，有石松、卷柏、水龙骨、瓶尔小草，树上缠绕着海金沙和柳叶海金沙。这两种海金沙现只分布于我国广东、台湾二省，泰国、印度、缅甸等国及马来群岛[26]，这种情况与上述怀宁古木的古土样相类似。我们认为，一方面说明数千年来人类活动的影响，同时也反映了当时气候较现在温暖湿润。

春秋越部族时代，今浙东会稽山地和四明山地是一片茂密的森林，称为“南林”②。“南林”拥有豫章、棕榈、檀、柘以及松、栝、桧等许多树种③，并有丰富的林下植物和众多的竹林。“南林”范围甚大，很可能和当时浙江中部以及闽、赣等地的森林连成一片[28]。

至于福建，在西汉武帝时，就记载这个地区，“深林丛竹”，“林中多蝮虫猛兽”④。直到北宋后期，仍然被称为“闽越山林险阻，连亘数千里”⑤，可见这里的天然森林比较完好。明代闽、赣两省交界地区仍然多天然林⑥。据我们调查访问，直到新中国成立初期，这里还有一些天然林和竹林分布，可以为证。

● 南岭山地和两广山地丘陵北部

这一地带，古代同样是森林茂密，天然植被发育良好。唐代文献中记载“湘江永州路，水碧山萃兀”⑦。可见直到9世纪，山林仍比较完好。此外，(唐)韩愈《送区册序》中还提及这一带有“篁竹”“荒茅”⑧等，反映这个地区森林、竹林兼有草地的植被简貌。19世纪初，永州一带瑶族等少数民族分布地区还有不少天然林分布⑨。

直到现在，湖南省宜章县与广东省乳源县间的莽山，还有小面积的天然林残存⑩，也是明证。此类森林一经破坏，成为稀树干草原，即不易恢复为森林了。

● 四川盆地和贵州高原

《史记·货殖列传》称“巴蜀亦沃野”，地饶“竹木之器”。《汉书·地理志下》：“土地肥美，有

① 《明实录·太宗实录》卷五七《永乐四年闰七月壬戌》；《明实录·宣宗实录》卷一一九《宣德元年七月壬子》；《明史》卷六《成祖本纪·永乐四年闰七月壬戌》，《明史》卷九《宣宗本纪·宣德元年七月壬子》，《明史》卷一五〇《师逵传》《古朴传》；《国榷》卷一四《永乐四年闰七月壬戌》，《国榷》卷一九《宣德元年七月壬子》等。

② (汉)赵晔《吴越春秋》卷九。

③ 《越绝书》卷八，(南朝宋)孔令符《会稽记》(鲁迅《会稽郡故书杂集》)，(南朝宋)谢灵运《山居赋》(《全宋文》卷三〇)，(唐)李德裕《平泉草木记》(《说郛》卷七〇)。

④ 《汉书·严助传》。

⑤ 《宋史》卷一三六《食货志下五》。

⑥ (明)李鸿《封禁考略说》。

⑦ (唐)李谅《湘中纪行》(道光《永州府志》卷一八上《金石略》)。

⑧ 《朱文公校昌黎先生文集》卷二一。

⑨ (清)道光《永州府志》卷五《风俗考·生计》。

⑩ 林业部调查规划局1979年3月提供资料。

江水沃野，山林竹木疏食果实之饶。”还有其他汉晋文献，不仅描述本地区森林的茂密，而且还记载了当地的不少亚热带树种，如竹林“夹江缘山”，十分普遍①，明清文献也反映四川盆地边缘有不少天然林分布②。直到现在，四川盆地边缘还有一些天然森林残存着[29]，如鄂西的神农架尚保存有大面积的天然常绿阔叶林③。

在贵州高原，古代也有亚热带树种分布，这可从梵净山的孢粉分析得到证明④。历史文献记载明清时期该山天然森林不少，并有猿猴类等野生动物⑤。直到现在，该山山腰以上仍保存着一些天然常绿阔叶林。

● 云南高原北部和中部

这一带古代也是亚热带森林区，可从滇池的孢粉分析得到证实。全新世早期，昆明一带由于气候较现今为凉爽，因而天然植被以栎属、松属为主，还有一定数量的铁杉、桦木、水冬瓜。到全新世中期，气候转趋暖热，因此栲属发育，成为森林植被的主要成分，栎属、铁杉、云杉极少。到全新世晚期，气候又趋凉爽，因而栲属大减，松、栎二属急增，形成与目前滇中植被相类似的松栎混交林⑥。

以历史文献而论，（晋）常璩《华阳国志》卷四《南中志》提到滇池一带“原田多长松，皋有鹦鹉、孔雀，盐池田渔之饶”，可印证古代高原东部的天然植被为亚热带森林。《华阳国志》还记载云南高原西部的永昌郡（治所在不韦，今保山市⑦东北）有大竹、梧桐木及孔雀、犀、象、貊兽（大猫熊）等动物，也反映古代天然植被以亚热带森林为主。

● 青藏高原东南部

唐代碑刻清楚指出“沱黎界上，山林参天，岚雾晦日者也⑧”，天然森林植被茂密，可见一斑。又明王朝在四川砍伐大木，多来自本地区的东部⑨，亦可反映古代森林的茂盛情况。

此外，本地区还有竹林，如18世纪初，雅州（今四川省雅安市）的物产有竹类多种⑩，即可为证。18世纪初以前，洛巴（今西藏自治区墨脱县等地）人曾经向波密王贡献藤、竹筒等物⑪。

现在藏南的东喜马拉雅南翼山地尚保存着我国现今面积最大、最完整、储积量最多的亚热带常绿阔叶林，这里藤类很多，有的长达200～300 m。另外，还有不少竹林⑫。更可反映本地区历史时期天然森林植被的情况。

2.1.5 华南、滇南与藏南的热带林

本区包括福建省福州以南，台湾、两广山地丘陵的中部和南部、海南岛、南海诸岛（以上概括

---

① （汉）扬雄《蜀都赋》（《全后汉文》卷五一），（晋）左思《蜀都赋》（《全晋文》卷七四）。

② 如明永乐四年（1406）建北京宫殿时，在四川等省大量砍伐树木（《明实录・太宗实录》卷五七《永乐四年闰七月壬戌》；《明史》卷六《成祖本纪・永乐四年闰七月壬戌》，《明史》卷一五三《宋礼传》等）；（清）严如熤《三省山内杂识》和《三省边防备览・老林说》提到19世纪初，巴山“老林”分布颇广等。

③ 中国科学院自然资源综合考察委员会韩裕丰先生1979年3月提供资料。

④ 中国科学院植物研究所古植被研究室徐仁[文榕生注：1980年当选为中国科学院学部委员（院士）]、孔昭宸（后为研究员）1975年提供资料。

⑤《古今图书集成・方舆汇编・职方典》一五三二《石阡府部・艺文考》记载明嘉靖中，铜仁山地（梵净山的一部分）的动植物情况；（清）张澍《续黔书》卷八。

⑥ 孙湘君（中国科学院植物研究所古植被研究室）.1963. 从昆明滇池全新世孢粉分析来看一万年以来植被的发展（未刊稿）。

⑦ 现为保山市隆阳区。

⑧ 唐代古木碑（《明一统名胜志・四川名胜志》卷三〇）。

⑨《明经世文编》卷三九〇徐元太《徐司马督抚平羌奏议，请蠲疲民粮赋疏》，《明经世文编》卷四一五吕坤《吕新吾先生文集・忧危疏》。

⑩《古今图书集成・方舆汇编・职方典》卷六三八《雅州物产考》引州县志合载。我们按：当时雅州辖荥经、名山、芦山三县。

⑪ 中国社会科学院民族研究所藏族组李坚尚先生亲自调查，1977年1月提供资料。

⑫ 中国科学院自然资源综合考察委员会韩裕丰先生亲自调查，1979年3月提供资料。

为华南)、云南高原南部(滇南)以及藏南东喜马拉雅南翼山地海拔900～1 000 m以下地区(藏南)等地。本区大多地处低纬度,又濒临热带海洋,自古称为“常燠”①“无雪霜”②或少霜雪,因此,古代植被茂密,以热带森林为主。

两广山地丘陵和云南高原南部,历史时期的热带林面积非常广大。广州一带出土的水松不少[30],反映数千年前这一带水松林广布。据近年广州秦汉造船工场遗址的木材鉴定,说明秦始皇统一岭南时期(公元前3世纪中叶),广州一带有格木、樟(香樟)、蕈(阿丁枫)及杉等巨大乔木构成的森林[31]。由于开发较晚,人口密度一般较小,两广大部分地方到宋代仍然“山林翳密”③,广西山区直到18世纪有的森林犹称“树海”④。

滇南当然更是山高林密,在明代记载中,还称“榛莽蔽翳”“草木畅茂”“山多巨材”⑤,都反映出这里的热带森林开发较迟这一事实。

在本区热带海洋中的台湾、海南岛及南海诸岛植被,历史时期也以茂密的热带林为主。以台湾为例,早在三国时代,文献上就记载这里的“大材”和“大竹”⑥。(元)汪大渊《岛夷志略》也描述这里“林木合抱”。事实上,本区较高山地由于气候、土壤等的垂直差异,还有亚热带、暖温带,甚至温带等森林分布。目前,阿里山存在的号称“神木”,树龄高达3 000～5 000年[32]。那么,古代台湾森林的多样性和茂密程度,就可以想见了。

由于历史时期本区的气候是全国最湿热的一区,因而植物种类繁多复杂。以树种论,除上述的水松外,古籍记载的还有桄榔、槟榔、椰子、荔枝、龙眼、榕、桂、紫荆、麒麟竭、八角茴香、沉香、降真香⑦等。其中水松等是我国特有种。从用途来说,紫荆是名贵的木材,椰子、荔枝、龙眼等是著名的果树,桂、八角茴香、沉香、降真香等是驰名中外的香料,麒麟竭是珍贵的药材。当然,上述列举的只是这些植物用途的一部分,它们往往兼有多种用途。

本区藤本植物也很多,藤州(今广西藤县)以藤本植物多而得名⑧,古代岭南以制造藤品而著名[33]⑨,这都说明本区藤本植物的重要性。由于有些藤本植物“缘树木”⑩,纠缠树上,比较长大,更增加了热带林林相的阴密⑪。

古代本区热带林中树木也比较高大⑫,加以树干上有很多藤本物,附寄生植物⑬,甚至还有乔木寄生在乔木上⑭,使得热带林相更为复杂阴暗,植物资源更为丰富多彩。

---

① (宋)周去非《岭外代答》卷四。

② (三国吴)沈莹《临海水土志》(《太平御览》卷七八〇)。

③ 《宋史·地理志》。

④ (清)赵翼《檐曝杂记》卷三。

⑤ 《明实录·太祖实录》卷一七九,(明)朱孟震《西南夷风土记》等。

⑥ (三国吴)沈莹《临海水土志》(《太平御览》卷七八〇)。

⑦ (唐)刘恂《岭表录异》卷中《桄榔》条;徐衷(约东晋到南北朝宋初人,5世纪)《南方草物状》(石声汉辑校本,西北农学院油印);《吴录》(《太平御览》卷九七一);《广州记》(《太平御览》卷九七三);(晋)稽含《南方草木状》卷中;《山海经·五藏山经·南次一经》;《岭外代答》卷六《药用门·舟楫附·拖》;《古今图书集成·方舆汇编·职方典》卷一五〇六《元江府部物产考》引《通志》;(宋)范成大《桂海虞衡志·志果》;(宋)寇宗奭《本草衍义》卷一三等。

⑧ (宋)周去非《岭外代答》卷八。

⑨ (清)屈大均《广东新语》卷二七《草语·藤》条。

⑩ 《南方草物状》提到筒子藤、野聚藤“缘树木”。

⑪ (唐宋之间)《宋之问集·发端州,初入西江》诗;(元)陈孚《过昆仑关》诗(《元诗选》二集丙种《交州藁》)。

⑫ (宋)周去非《岭外代答》卷六;(清)赵翼《檐曝杂记》卷三等。

⑬ 《山海经·五藏山经·南次二经》提到“寓木”;(明)魏浚《岭南琐记》卷上;(清)张心泰《粤游小记》对当时本区的“寓木”作了些说明。

⑭ (宋)周去非《岭外代答》卷八《花木门·榕》条。

古代，本区天然植被以热带林为主外，还有不少热带竹林①。不仅竹子的种类较多②，而且有些竹竿还比较高大③。

历史时期本区沿海还有热带红树林覆盖④，南海诸岛有热带海岛灌木林分布[34]。此外，本区还有不少沼泽植被⑤以及一些草地⑥等植被分布。

直到现在，我国海南岛、台湾、滇南以及西藏南部东喜马拉雅南翼山地海拔900～1 000 m以下地区，还有不少天然热带林分布[3]⑦。

综上所述，可知历史时期，我国森林地带的天然森林，不仅分布面积广大，而且植物种类繁多，生长发育良好，林相茂密。古代森林地带中，从北到南，植物种类由少到多，林相越来越茂密，森林资源也越来越丰富。华南、滇南、藏南的热带林是全国植物种类最多、最为茂密的森林植被，因而也是古代全国森林资源最丰富多彩的部分。

2.2 古代草原地带的天然森林

中国古代的草原地带，位于森林地带西北。历史时期，该地带虽以天然草原为主，但与森林地带的毗邻地区以及它的内部的一些山地，也有天然森林草原或森林分布。

2.2.1 北部温带草原区的天然森林

北部的温带草原，包括大兴安岭的南段、呼伦贝尔高原、东北平原、内蒙古高原以及黄土高原的西北部。这里古代的天然植被以草原为主，但在本区的东南边缘毗邻森林地带的地区，以及本区内部的一些山地，其天然植被除草原外，也有森林。

● 东北平原的森林草原

历史时期，东北平原的天然植被以森林草原为主。

以平原西部的科尔沁为例，近代科尔沁逐渐成为沙漠化地区之一，西拉木伦河、西辽河平原等地有沙丘植被分布。但是古代却不是这样。远的不说，就以17世纪上半叶而论，清太宗皇太极（在位于1626～1643）曾经在从科尔沁左翼前旗到张家口一带设置不少的牧场，清代文献称为“长林丰草，讹寝成宜……凡马、驼、牛、羊孳息者岁以千万计”⑧。就反映当时从东北平原西部，经大兴安岭南段，到张家口一带的内蒙古高原的植被，以森林草原为主。

据沙漠工作者实地考察，现在这里沙丘与河床、水泡子、甸子地交错分布，在个别垄岗丘陵上还有松、榆、栎、槭等零星乔木，这些遗痕正反映科尔沁沙区曾经是河湖交错、森林草原的风光⑨。

从现在的气候条件来说，科尔沁一带年降水量为300～500 mm，是我国现在西北内陆自然条件最优越的沙区，也说明这一带是森林草原属实。

● 大兴安岭南段的森林草原

古代大兴安岭南段的天然植被也以森林草原为主，除上文所引清代文献提到的“长林丰草”外，

① （唐）段公路《北户录》卷二提到：唐代，罗浮山中，“巨竹万千竿，连亘山谷”。

② （三国吴）万震《南州异物志》（《竹谱》引）；《竹语》；（宋）范成大《桂海虞衡志・志草》等。

③ （唐）段公路《北户录》卷二。

④ 中山大学生物系张宏达教授1978年提供资料。

⑤ 如《春州记》（《舆地纪胜》卷九八《南路广东・南恩州》引）；《元一统志》提到江西等处行中书省广州路东莞的情况（《永乐大典》卷一一九〇七《广字》引《元一统志・风俗形胜》）等。

⑥ 如17世纪末，台湾西部平原有的地方“宿草没肩”（《禅海纪游》）。

⑦ 中国科学院自然资源综合考察委员会韩裕丰先生1979年3月提供资料。

⑧ 《清朝文献通考》卷二九一《舆地考》二三。

⑨ 中国科学院沙漠研究所朱震达教授1978年提供资料。

(清)江灏《随銮纪恩》一文[①]记载更较翔实。康熙四十二年(1703),江灏随康熙北巡,八月二十八日(1703年10月8日)到兴安岭狩猎。他在《随銮纪恩》中详记了当时目击的植被情况;

> 灏等从豹尾逾岭北行,西风大作,寒甚于冬。十里过一涧,乃沿岭脊而东,白草连云,空旷无山,天与地接,草生积水,人马时时行草译中,不复知为峻岭之巅。落叶松万株成林,望之仅如一线。游骑蚁行,寸人豆马,不足拟之。天风凛冽,吹马欲倒,盈耳皆海涛声。穷日东行,道里不知几许。日将晡,乃折而南,渐见山尖林木在深林中。下马步行,穿径崎岖。久之,乃抵岭足。沿岭树多无名,果如樱桃,蒙古所谓葛布里赖罕是也。下岭后,山沟深邃,寒风不到,渐觉阳和。幔域在伊逊必拉色勒必拉,译云源头,盖伊逊之发源处也。

这对大兴安岭南段山地森林草原中的落叶松林、草原、沼泽等植被以及地貌、气候等条件进行了较生动的描述。下文还提到这天狩猎获得不少巨鹿,还有一只石熊,也反映出这里天然森林草原中动物资源的概貌。据现代自然地理工作者和地植物工作者的实地考察,证实汪灏所述情况[②]。

● 冀北山地西段的天然植被

冀北山地西段是内蒙古高原中张北高原部分的南面边缘。历史时期这里的天然植被,据(元)周伯奇《扈从北行前记》,至正十二年(1352)他跟元惠宗妥欢贴睦尔赴上都[故址在今内蒙古自治区正蓝旗东约20 km闪电河(即滦河)北岸],从今张家口以东地区穿过本山地的车坊到沙岭之间,沿途150 km多,"皆深林复谷郁坞僻处"过沙岭,"北皆刍牧之地,无树木,偏地地椒、野茴香、葱韭,芳香袭人。草多异花五色,有名金莲花者,似荷而黄"。说明14世纪中叶,沙岭以南有森林,以北为草原,这些植被生长都良好,覆盖较密。

明代著作《译语》一书记载了当时守边大臣叙述嘉靖二十二、二十三年(1543 ~ 1544)耳闻目击有关本山地及山地以北一带的植被情况,颇为详细:

"惟进塞则多山川林木及荒城废寺,如沿河十八郫者,其兵墟尚历历可数。极北则平地如掌,黄沙白草,弥望无垠,求一卷石勺水无有也,渴则掘井而饮。"我国北方少数民族小王子常居于此,"各曰可可的里速,华言大沙窊也"。

大沙窊西南的一些地方,"予嘉靖癸卯(二十二年)夏,奉命分守口北道时,与元戎提兵出塞,亲见园林之盛,蓊郁葱茜,枝叶交荫……中多禽兽"。每秋,少数民族必来射猎。

似乎大沙窊南的一些地方,"山深林密""不便大举"[自注:"虏(指我国北方少数民族)谓悉众而来为大举"]。

"大沙窊之南(按:似指东南)"一些地方,"重峦叠嶂","苍松古柏环绕于外者不知几十百里","予嘉靖甲辰(二十三年)春",到此。

这进一步反映了古代冀北山地西段不少地方有森林分布,这里不仅森林分布相当广,而且林相茂密;同时也指出了山地森林以北有草原、荒漠存在。

民国二十四年(1935)《张北县志》卷一《地理志 · 山脉》也记载了该县东南的一些山地有零星的、小片的林木山柴或药草。也可说明古代本山地有森林草原分布过是无疑的。

● 黄土高原西北部的森林草原

据《史记 · 货殖列传》叙述战国至汉初,陇东、陕北一带,"饶材、竹、榖(构或楮)、纑、旄"

① 《小方壶斋舆地丛钞》第一帙。

② 北京师范大学地理系主任周廷儒教授[文榕生注:1981年当选为中国科学院学部委员(院士)]1976年提供资料;内蒙古大学生物系刘钟龄先生1976年提供资料。

等林牧业特产，说明2 000多年前，这一带的天然植被为森林草原。又从《山海经·五藏山经·西次四经》也记载2 000多年前，白于山（在今陕北）“上多松柏，下多栎、檀”。此后，一些朝代的封建统治阶级曾大量砍伐本地区内一些山地的林木，如北周（557～581）时，“京，洛材木，尽出西河（约指今山西离石、中阳、石楼、汾阳、介休、灵石等地）”[①]。唐开元（713～741）年间“近山（指长安附近）无巨木，求之岚（约指今山西岢岚）、胜（州名，辖境约相当今内蒙古准格尔旗一带）间”[②]；宋真宗（968～1022）时，大兴土木，修建道宫，“岚、万（州名，辖境约相当今离石一带）、汾阳（辖境约相当今山西省万荣县西北）之柏”[③]也是砍伐对象之一。11世纪50年代，“三司岁取河东木植数万，上供。岩谷深险，趋河远，民力艰苦”[④]；13世纪时，吕梁、芦芽山的林木被大量砍伐，编制成许多木筏顺黄河、汾水两河输出，所谓“万筏下河汾”[⑤]。都说明历史时期，本地区山地有不少天然森林覆盖。

再从《山海经·五藏山经·西次二经》提到：2 000多年前，高山（今六盘山）“多竹”；直到如今，泾源、隆德一带六盘山区仍有相当面积的松花竹分布[⑥]，这些竹是做扫帚用的，可以为证。还有《东观汉记·郭伋传》记载；东汉初年，并州牧郭伋到西河美稷（治所在今内蒙古自治区准格尔旗西北），“有童数百，各骑竹马，道次迎拜于道”，反映当时美稷有竹子生长。今准格尔旗西北一带虽然没有竹类分布，但从唐代胜州有不少巨木被唐王朝砍伐运到长安，今东胜、包头间树林召有一座沙山叫响沙山，山麓有响沙寺。树林召到响沙寺之间有一片榆树林，树龄据估计为400～600年，树下还有榆树的更新苗[⑦]。足见东汉初，美稷产像松花竹这样的竹子（也许是径较松花竹为大些的竹子），唐胜州有一定面积的天然森林，是毋庸置疑的。

就以明清时期来说，本地区有森林分布的地方仍然不少，并且还有一些地方有竹林分布，由于篇幅关系，这里只举本地区西北边缘为例：

例如，兰州在清雍正以前，城东南六十里岔山，“山水清丽，竹木蓊郁，且宜耕牧”[⑧]，说明当时不仅有森林覆盖，还有竹林分布。到道光十二年（1832），兰州仍有点竹子生长[⑨]。

又如，海原、西吉、隆德、会宁、静宁、庄浪、泾源、华亭等州县，据《古今图书集成·方舆汇编·职方典》卷五五七《陕西·巩昌府部山川考》引府县志台载：屈吴山：

> 在（靖远）卫（今甘肃靖远县）东七十里，茂林修竹，多獐、鹿、狐、兔，居人猎取，界会（指会宁县，今甘肃省会宁县）、静（指静宁州，今甘肃省静宁县）间。

《古今图书集成·方舆汇编·职方典》卷五五一《陕西·平凉府部疆域考·庄浪县》：

> 按：静宁、庄浪（今县）西（东）暨华亭（今县），有火焰山、宝盖山、麻菴山、大小十八盘山、湫头山、笄头山、龙家峡、美高山，北抵六盘山，南北二百里，东西七十里，皆小陇山也。竹树林薮，猛兽窟窠。

乾隆八年《清一统志》卷一一〇《陕西·平凉府·山川》：美高山：

---

① 《周书·王罴传》。
② 《新唐书·裴延龄传》。
③ （宋）洪迈《容斋随笔·三笔》卷一一《宫室土木》条。
④ （宋）韩琦《忠献韩魏公家传》卷四。
⑤ （金）赵秉文《滏水文集》卷六《芦芽山》。
⑥ 南京林产工业学院林学系主任熊文愈教授1978年9月提供资料。
⑦ 北京林学院水土保持系主任关君蔚教授（文榕生注：1995年当选为中国工程院院士）1976年提供资料。
⑧ 《古今图书集成·方舆汇编·职方典》卷五六七《临洮府部山川考》引《兰州志》。
⑨ （清）道光《兰州府志》卷五《田赋志·物产》。

在华亭县西北，与隆德县接界，亦日高山。《山海经》：泾水出高山。

《府志》：笄头西北日高山，即《山海经》所称也。亦名老山，又名美高山，产松、竹、药草。

综上所述，可知18世纪时，海原、西吉、隆德、泾源（今属宁夏）、会宁、静宁、庄浪、华亭（今属甘肃）等州县不仅森林茂密，而且有竹林分布，森林资源丰富。

再如，合水县（今属甘肃省）一带，18世纪中叶，号称“诸木丛攒，群兽隐伏”，说明当时这一带林木茂密，野生动物颇多。正由于林木茂密，植被较广，位于台水县东七十里的凤川，“其水清澈，多鸥、鹭”，为当时该县胜景之一①。

值得注意的是陕北的佳县（葭县）西三十里的箭括坞，在明弘治十七年（1504）到清嘉庆十五年（1810）以“多产竹箭”而得名②。这里所称“竹箭”应该是箭竹之类。为什么如今干旱少林的佳县，在100多年前却有箭竹林分布，并且存在达300年之久呢？我们反复综合分析，发现当时佳县城西三十里还有“桃园”“桃园子”，其地“多产桃树”“地多桃树”③，尤其是清嘉庆时，桃李坞用木槽引西山清泉灌溉④，看来当时箭括坞之所以“多产竹箭”，决定因素也是水源充足，灌溉便利。

还有清代文献记载巩昌府（治所在陇西县）、平凉府（治所在平凉市）、庆阳府（治所在安化县，今庆阳市）等地有野生猿猴类分布⑤，这也反映17世纪，甚至到18世纪，在上述地方，有一定面积的森林分布。

● 阴山山地的森林草原

古代阴山山地的天然植被，据古籍记载，在秦汉之际（公元前3世纪末），阴山就是“东西千余里，草木茂盛，多禽兽”⑥的地方。北魏始光年（427），北魏“乃遣就阴山伐木，大造工具”⑦，“再谋伐夏”⑧。说明5世纪初，本地区有不少林木分布着。到康熙三十八年（1699），本地区还是山西木材的供给地⑨。可见到17世纪末，阴山还有相当数量的树木存在着。据光绪三十四年《土默特旗志》卷八《食货》：“其植松、柏间生，桑、椿尤少，榆、柳、桦、杨，水隈山曲稍暖处丛焉，而杨柳之繁如腹部。”看来本地区树种有榆、柳、桦、杨、松、柏等。同书又提到“其兽：狼、獾、狐、虎、豹、鹿及黄羊、青羊”，可见到20世纪本地区的生物还反映一些森林草原的特色。

2.2.2　青藏高原与帕米尔地区草甸和草原中的天然森林

古代青藏高原中部和南部，包括羌塘高原的中部和南部、通天河源、黄河源及帕米尔等地区的天然植被主要是草甸和草原。

和上述我国的温带草原一样，在本区和森林或荒漠地带毗邻的地区以及区内的一些山地中，也

---

① （清）乾隆《合水县志》卷一。

② 历史文献明确记载佳县产竹箭，始于《明一统名胜志》卷一一《延安府·佳州》：“桃园子、箭括坞，俱在（佳）州西三十里，以其地多产桃树及竹箭也。”但（明）弘治十七年《延安府志》卷八《佳州》早已提到“箭口坞：在城西三十里”。同书又提到“桃园：在城西三十里”。可见最迟弘治十七年，箭括坞已多竹箭，桃园已多桃树了。又据（清）嘉庆十五年《佳州志》卷上《古迹》：“竹箭坞：在（佳）州西箭坞埏，多产竹箭，今废。”可见到嘉庆十五年，竹箭坞已无竹箭了。

③ （明）弘治《延安府志》卷八《佳州》，《明一统名胜志》卷一一《延安府·佳州》，（清）乾隆八年《清一统志》卷一五六《佳州·山川》等。

④ （清）嘉庆《佳州志》卷上《古迹》：“桃李坞：西下州城，逾佳芦川，一岭秀出，下多桃李，林间有亭.亭前有池，引西山清泉，由木槽而达于亭池，曲折回旋，约数十丈，潺潺可爱。”

⑤《古今图书集成·方舆汇编·职方典》卷六五三《巩昌府部物产考》引府县志合载，《古今图书集成·方舆汇编·职方典》卷五五四《平凉府部物产考》引府县志合载，《古今图书集成·方舆汇编·职方典》卷五七一《庆阳府部山川考》引《庆阳府志》等。

⑥《汉书》卷九四《匈奴传》下。

⑦《魏书》卷四上《世祖太武帝本纪》。

⑧《资治通鉴》卷一二〇。

⑨《清实录·圣祖实录》卷一九三《康熙三十八年工部覆议山西巡抚倭伦疏言及得旨中语》。

有森林草原或森林存在。例如，近来对青海省乐都县一带原始社会晚期氏族墓地发掘的结果，证明这里约在4 000年以前有松、柏、桦等树木生长[①]。

本区北缘积石山一带的东北，在元代是“草木畅茂”[②]。直到18世纪上半期，西宁府（约包括今青海省东北部贵德附近以下黄河流域的大部分地区，日月山以东湟水流域及大通河下游等地）一带的植物中，乔木有“柳（自注：尖叶、鸡爪二种。尖叶木坚细，可为器）、白杨、青杨、檀、榆、楸、桦、柏……松（自注：二种）、柽（自注：可为矢）”，草本植物有“沙葱、野韭、大黄、麻黄、羌活、红花、大蓟、小蓟、荆芥、茨蒺、柴胡、升麻、甘草、秦艽”等不少种。此外，还有竹类、蕨类等[③]。当时西宁县（今市）西八里的翠山，“苍翠可爱，秋时上有红叶”，“多旄牛、羚、麝”。西宁县（今市）东南一百七十里的顺林山，“产松、桦木”。大通卫（今县）北松树塘，“青松茂草”。大通卫治西北的柏树峡，“遍生柏木，与松树塘之松，堪与匹焉”[④]。看来，当时西宁府一带的基本植被类型以落叶阔叶林、针叶林为主，还有草甸、草原及竹林等，也与目前情况相类似。

本区南缘的济咙（今西藏自治区吉隆县）直到清代的记载中仍多松、柏等树，多雕、鹗等野生动物[⑤]。说明森林草原或森林也是本区的过渡性植被。值得注意的是，吉隆县现在尚保存着一定面积的森林，其中长叶云杉、长松是我国目前仅有的分布区[⑥]。

2.3　古代荒漠地带的天然森林

荒漠地带主要位于我国西部内陆，包括内蒙古自治区西部、宁夏回族自治区的一部分、甘肃省的河西走廊、青海省柴达木盆地、新疆维吾尔自治区、西藏自治区的羌塘高原北部及帕米尔地区（在新疆维吾尔自治区西南部）等地。在这些地区，由于历史时期气候干燥，因而荒漠分布很广，植被稀少。但是，历史时期在一些较低平地区中的水源充足之处，以及冷湿的较高山山地，都有天然森林分布。

2.3.1　较低平地区的天然森林

古代，虽然本地带较低平地区，如盆地底部、河谷平原、走廊低地等，一般由于气候干燥，水源又缺乏，因而天然植被以荒漠型为主；但是在河边、湖畔或地下水较为丰富的地方（如洪积扇前缘地下水溢出带），却依然存在着范围不等的天然森林分布，这些林木郁郁葱葱，与荒漠中呈现植被稀少的凄凉状况，成为两个显著不同的自然景象。

据《汉书・西域传上》记载，在2 000多年前，塔里木盆地中的楼兰（今新疆维吾尔自治区罗布泊以西、库鲁克库姆东部，后改称鄯善），虽然“地沙卤，少田”，主要为荒漠地区，但是“多葭、苇、柽柳、梧桐、白草”，可见有不少胡桐林等天然植被分布。这与当时北河（中下游一部分相当今塔里木河）注入蒲昌海（今罗布泊）一带[⑦]，水源较今充足是分不开的。胡桐，即今之胡杨，是杨属植物之一种，为我国西北沙漠地区土生土长的优良树种之一[35]。由于胡杨的各部富于碳酸钠盐，在林内常见树干伤口积聚大量苏打，被称为“胡桐泪”或“胡桐律”[⑧]，这就是现今所称的“胡杨碱”。

---

① 中国社会科学院考古研究所青海队王杰先生1978年提供资料。

② （元）潘昂霄《河源记》。

③ （清）乾隆《西宁府志》卷八《地理志・物产》。

④ （清）乾隆《西宁府志》卷四《地理志・山川》。

⑤ （清）和宁《西藏赋》（《西藏图考》卷八）。

⑥ 中国科学院自然资源综合考察委员会韩裕丰先生1979年3月提供资料。

⑦ （北魏）郦道元《水经・河水注》。

⑧ （唐）李勣，苏敬等《新修本草》卷五《胡桐泪》条。

它不但是当地发面用碱的重要来源，而且也是做肥皂的重要原料之一；唐代《新修本草》，还把它列为药物之一。

（清）傅恒等《西域同文志》卷六《天山南路·水名》提到：19世纪，博斯腾淖尔（今博斯腾湖）："博斯腾，回语，树木围合之谓；淖尔之旁，树木围合，故名"。可见当时博斯腾淖尔之滨，由于水源充足，不仅有林木分布，而且有可"围合"之树，反映是年代久远的天然林。

（清）徐松《西域水道记》卷一中记载：19世纪初，"玉河（今叶尔羌河）两岸皆胡桐夹道数百里，无虑亿万计"。

（清）萧雄《西疆杂述诗》卷四"自注"提到19世纪末，新疆

> 多者莫如胡桐，南路盐池东之胡桐窝，暨南八城之哈喇沙尔、玛拉巴什，北路如安集海、托多克一带皆一色成林，长百十里。
>
> 南八城水多，或胡桐遍野而成深林，或芦苇丛生而隐大林，动至数十里之广。
>
> 哈喇沙尔之孔雀河，河口泛留数十里，胡桐杂树，古干成林，有阴沉数千年者。若取其深压者用之，其材必良。

谢彬《新疆游记》更详述了20世纪初，他游历新疆许多河边、湖畔等地所目击的林木情况[36]。

上述材料，充分反映历史时期新疆荒漠中天然林分布比较普遍，其中又以胡桐林最广。有的胡桐林长达数百里，多到以亿万计，林木茂密，成为"深林"，充分反映这里的胡桐林有不少是天然林。当然，谢彬所记载的林木，有些是人工林，但是其中有的或多或少反映了过去天然林的一些情况。

就河西走廊来说，如（清）冯一鹏《塞外杂识》记述：18世纪上半叶，张掖，"池塘宽广，树木繁茂，地下清泉，所在涌出"。

（清）祁韵士《万里行程记》描述19世纪初，他经过河西走廊，

> 路出抚彝（今甘肃临泽），晓日初升，渠流四达，洒道尽沥，清爽可喜。顷见稻畦弥望，秧针秀苗，不类边城。款段徐行，水田润泽，林树苍茫，瓜蓏之属，亦皆肥盛。河西风景，无逾此邑。

同书又提到：

> 自临水启行，田畴渐广，草树葱茂。距肃州益近，林木尤多，水亦沦涟清漪，环绕道旁。

上述史料记载的虽多是人工林，但从这些绿洲水边人工林的生长茂密来看，也反映这一带历史时期曾经有不少天然林的存在。

如上所述，可知我国历史时期，在荒漠地带内，例如荒漠的河边、湖畔及地下水丰富的地方，确实有不少的天然林分布着。它们主要分布在一些山麓荒漠边缘的绿洲一带，有的天然林还深入到荒漠的内部，其树种中则以胡桐林为主。胡桐林的乔木树种以胡桐为主，灰杨次之[35]。胡桐林不仅在塔里木盆地散布范围很广，而且在准噶尔盆地和河西走廊等地的荒漠中也有分布，其中以环绕塔里木盆地周边的塔里木、叶尔羌、喀什噶尔、阿克苏、和田、克里雅、尼雅等河流的两岸，特别是塔里木河的中游及叶尔羌、喀什噶尔、阿克苏、和阗等河的汇流处分布的胡桐林最多①。这是我国荒漠地带农、林、牧业的精华地区之一。

---

①《汉书·西域传上》，《水经·河水注》，《新修本草》，《新唐书·地理志·伊州贡物》，（明）李时珍《本草纲目》卷三四，《重修政和经史证类备用本草》卷一三，（清）徐松《西域水道记》，（清）嘉庆《三州辑略》卷九《物产门》，（清）祁韵士《万里行程记》，（清）陶保廉《辛卯侍行记》卷五、卷六，（清）萧雄《西疆杂述诗》卷四自注，（清）光绪《巴楚州乡土物产志·物产》，《新疆图志》卷二八《实业·林》，谢彬《新疆游记》等。

2.3.2 较高山地的天然森林

历史时期荒漠地带的较高山地，有更为广大的天然森林分布着，也和荒漠景观迥然不同。

● 祁连山地及河西走廊的其他山地

祁连山地在河西走廊和柴达木荒漠之间，古籍如《西河旧事》称古代，

> 祁连山在张掖、酒泉二都界上，东西二百余里，南北百余里，有松柏五木，美水草，冬温夏凉，宜牧畜养①。

《元和郡县图志》卷四〇《甘州·张掖县》提到古代祁连山“多材木箭竿”。直到(清)陶保廉《辛卯侍行记》卷四仍称，祁连山“山木阴森”，大的树木“逾合抱”。这些都说明古代祁连山有天然山地针叶林的分布。

祁连山北面的焉支山(约在今龙首山与祁连山之间)，据古代文献《凉州记》，该山“东西百余里，南北二十里。有松柏五木，其水草茂美，宜畜牧，与祁连同”。乾隆八年《清一统志》卷一六四《凉州府·山川》：“焉支山；在永昌西，西接甘州府(治在张掖县)山丹县界。”同书引《行都司志》：“青松山在永昌卫西八十里，名大黄山、焉支山，盖一山而连跨数处。”同书又引《西陲今略》说：“山在高古城北一里，袤八十里，广二十里。山产大黄，又产松木，故以为名。”这些反映焉支山在千百年前，天然山地针叶林的分布情况，与当时的祁连山颇相类似。

此外，历史时期河西走廊山地有天然林覆盖的还不少，现仅以清凉州府为例。据乾隆八年《清一统志》卷一六四《凉州府·山川》：记载；

> 柏林山：在古浪县东七十五里，上多柏。
>
> 黑松林山：在古浪县东四十五里，上多松。
>
> 松山：在武威县东三百十里，上多古松。
>
> 青山：在武威县东二百五十里，上多松柏，冬夏常青。

此外，还有乌鞘岭以东的“大松山：在平番县(今甘肃省永登县)东北一带一百三十里，接兰州界，山多大松”。

这些都是天然的山地针叶林，它们只是历史时期河西走廊山地天然林的一部分，可见当时这一带山地天然森林分布的广泛了。

● 天山山地

天山是一个巨大的山系，横亘新疆中部，将新疆分为南北两部，即天山北路(约相当今北疆一带)与天山南路(约相当今南疆一带)。天山北路有古尔班通古特沙漠，天山南路有塔克拉玛干沙漠。这两个沙漠地区，气候干旱，天然植被以荒漠为主，但天山山地随着海拔高度的不同，气候逐渐转为冷湿，山顶则终年积雪，植被也表现出明显的垂直分带。早在《汉书·西域传上》，就记载2 000多年前，我国西北的乌孙，“山多松樠”，可见当时乌孙境内的天山等处，就有不少的针叶林。近年发掘的昭苏夏塔地区墓葬填土的木炭，经^{14}C测定，也是2 000多年前的东西[37]，可以互相印证。

就天山北坡来说，13世纪初，耶律楚材经过天山西段时，有“阴山(天山北坡)千里横东西，秋声浩浩鸣秋流”“万顷松风落松子，郁郁苍苍映流水”②的诗句，生动地描绘出当时天山北坡有一条东西很长的天然的山地针叶林带的分布。到19世纪末，(清)萧雄《西疆杂述诗》卷四《草木》自注中进一步指出：

---

①《史记·匈奴列传·索隐》引。

②(金末元初)耶律楚材《湛然居士集》卷二《过阴山和人韵》。

天山以岭脊分，南面寸木不生，北面山顶则遍生松树。余从巴里坤，沿山之阴，西抵伊犁。三千余里，所见皆是，大者围二、三丈，高数十丈不等。其叶如针，其皮如鳞，无殊南产。(按：作者是湖南益阳市人)惟干有不同，直上千霄，毫无微曲，与五溪之杉，无以辨。

这不仅说明直到19世纪末，天山北坡针叶林带是一条连绵不断的、很长的林带，还描述针叶树的一些形态和生态特征，特别是所称“直上千霄，毫无微曲”，充分反映当时针叶林的茂密情况，从而有力地证明它是古老的天然林；而且明确地指出当时针叶林带只限于天山北坡，直到现在仍然如此[3]。

此外，清代文献还有不少关于天山北坡各地森林的记载。例如，清朝人叙述天山北坡东段巴里坤松树塘一带的森林时，有的称：“南山（巴里坤哈萨克自治县南的天山北坡）松百里，阴翳车师（今新疆维吾尔自治区吉木萨尔南）东。参天拔地如虬龙，合抱岂止数十圈。”① 有的说：“巴里坤南山老松高数十寻，大可百围，盖数千载未见斧斤物也。其皮厚者尺许。”② 有的吟咏：“千松飞松同一松，千霄直上无回容。”③ 这些对天山北坡针叶林高大等的描述虽不无夸大，但说明这些针叶林是天然林，树木高大古老，却是毋庸置疑的。

天山北坡中段，《西域图志》卷二一《山·天山正干·天山》记载：18世纪，

阿拉癸鄂拉在托克喇鄂拉西南二十里，迪化州(今乌鲁木齐市)南，入东谷口西行一百三十里，山深林密。

（清）萧雄《西疆杂述诗》卷四自注，19世纪80年代，他游博克达山，至峰顶，“见（松树）稠密处，单骑不能入，枯倒腐积甚多，不知几朝代矣”。可见北坡针叶林的茂密、古老。

关于历史时期天山南坡，据《山海经·五藏山经·北次一经》：敦薨之山，“其上多棕、枏，其下多茈草，敦薨之水出焉，实惟河源”。按：“河源”之河指黄河（古人误认塔里木河是黄河之源）；泑泽即罗布泊；“敦薨之水”，指开都河，流入博斯腾湖，复从湖中流出，下游称孔雀河，注入罗布泊；“敦薨之山”，指天山南坡中段。这说明距今2 000多年前，天山南坡中段有森林分布，其下则有草原分布。

《西河旧事》提到汉代龟兹（今新疆库车）一带的白山（今天山支脉的铜厂山）山中“有好木铁”④。清光绪末年，库车北面的山上仍有“松柏”。联系南北朝时“（龟兹）多孔雀，群飞山谷间，人取而食之，孳乳如鸡鹜。其王家恒有千余只云”，可知古代天山南坡西段偏西地区也有些天然森林分布。还有，（清）杨应琚《火州灵山记》提到18世纪，

火州安乐城(今新疆吐鲁番)西北百里外，有灵山在焉……入山步行数十里，双崖门立……尚有古松数株，垂枝伸爪……山中草木丛茂，皆从石隙中生，多不知名。

此“灵山”即博格多山的南坡，从杨应琚所描述的植被情况来看，“草木丛生”，反映有些灌木丛和草原；“古松数株”，似乎是天然针叶林的遗迹，可见古代天山南坡有些天然森林分布，但其与北坡的森林带是大不相同的。这正是天山南北坡气候大不相同的结果。

另外，天山南坡东段，据唐代古碑记载：贞观十四年（640）唐王朝军队曾经大量砍伐伊吾（今新疆维吾尔自治区以哈密为中心及周围的地区）北时罗漫山（天山南坡的一部分）与北坡松树塘相

① （清）沈青崖《南山松树歌》（嘉庆《三州辑略》卷八《艺文门下》引）。
② 《西陲纪略》（嘉庆《三州辑略》卷七《艺文门上》引）。
③ （清）洪亮吉《松树塘万松歌》（1800）（《洪北江诗文集·更生斋诗卷一·万里荷戈集》）。
④ 《太平御览》卷五〇引。

对应①。

天山山地是一个相当宽广的山带，由三四条东西走向的并行山脉与纵谷组合而成，山间有许多大大小小的盆地和宽谷、良田和草原，特别是天山西段的山地，谷地、盆地交错，更为复杂。这些山地也有森林分布，如伊犁河谷以北的果子沟一带，就是明显的例子。近几百年来，关于这一带森林记载的材料，可算连篇累牍，不胜枚举。例如有的记载这一带，“峰峦峭拔，松桦阴森，高逾百尺，自颠及麓，何啻万株”②。

有的描写从北面入山南行，“忽见林木蔚然，起叠嶂间，山半泉涌，细草如针，心甚异之。前行翘首，则满谷云树森森，不可指数，引人人入胜”。“已而，峰回路转，愈入愈奇，木既挺秀，具千霄蔽日之势，草木蓊郁，有苍藤翠藓之奇，满山顶趾，绣错罕隙，如入万花谷中，美不胜收也”③。这些都生动地反映天山果子沟一带，天然的山地针叶林茂密，风光壮丽，与荒漠的自然景观截然不同。

（清）徐松《西域水道记》卷四记载了19世纪初，伊犁河谷以南天山西段有关林木的情况。如他隔岸眺望格登山，此山“葱郁”，“怪桦萌茁”。华诺辉军台附近的华诺辉谷，“怪石对峙，杉松苍翠”。又如，阿圭雅斯源头，“林箐阻深”。伊犁河支流哈什河（今喀什河）南岸，“石罅松林，重掩苍翌，闲花野曼，杂缀青红”。他还提到清代在济尔噶朗河设置船厂，“每岁伐南山（伊犁河干流以南天山山地的北坡）木，修造粮艘”。综合这些史料来看，可见当时伊犁河谷以南的天山西段，也有山地天然针叶林覆盖，林木也是茂密的。

● 阿尔泰山山地

据《长春真人西游记》卷上，13世纪初，金山（今阿尔泰山），“松桧参天，花草弥谷”。《新疆图志》卷四《山脉》叙述20世纪初，阿尔台山（今阿尔泰山），“连峰沓嶂，盛夏积雪不消。其树多松、桧，其药多野参，兽多貂、狐、猞猁、獐、鹿之属”。这些反映了历史时期阿尔泰山具有天然的山地针叶林的某些特征。直到现在，这里仍是我国荒漠地带山地的重要天然林之一[3, 38]。

此外，新疆北部中苏交界诸山，据（元）刘郁《西使记》，13世纪中叶，常德从蒙古高原，穿过准噶尔盆地，渐西有城叫业满（今新疆额敏县），西南行过孛罗城（今新疆博乐市），“山多柏不能株，骆石而长”。说明今中苏交界诸山在13世纪中叶，有些天然的山地针叶林分布。

又中国古籍记载明代以前，贺兰山地有“林莽”④分布。据现代林业工作者实地考察，此山还有树木残迹，可为佐证⑤。

综上所述，可知古代天山山地、阿尔泰山地、祁连山地及叶尔羌河两岸等地有不少天然森林分布，它们的面积一般虽较古代森林地带的天然林为小，但是它们处在木料、燃料、饲料缺乏的草原地带和荒漠地带中，是非常宝贵的森林资源。而且，它们对于涵养水源、调剂气候、防风固沙等都有很大的作用，意义显然更为重大。特别是祁连山等山地森林，由于森林的存在，还可稳定积雪，使它们在温暖季节逐渐消融，下注低平地区，为山麓绿洲农林牧业的发展及绿化荒漠创造极为有利的条件。我们应该培育和保护这些水源林，使它们能更好地为四个现代化服务。

---

① （唐）左屯卫将军姜行本勒石碑文（嘉庆《三州辑略》卷七《艺文门上》）。

② 《长春真人西游记》卷上记载13世纪初的情况。

③ （清）祁韵士《万里行程记》。

④ 《明一统志》卷三七《陕西·宁夏卫·山川》，《明经世文编》卷二二八，王邦瑞《王襄毅公文集·西夏图略序》。

⑤ 北京林学院水土保持系主任关君蔚教授（文榕生注：1995年当选为中国工程院院士）1979年3月提供资料。

3 历史时期中国森林分布变化

中国古代天然森林分布的简貌已如上述。在历史发展过程中，各地区由于自然条件的变迁，特别是由于人类活动的影响，森林分布也随着不断发展和变化。当然这种发展和变化的原因在各地区不尽相同，因此，各地森林分布的变迁过程也互有差异，但总的趋势都是栽培植被（一般包括人工林）的不断扩展和天然林特别是原始林的逐渐缩减。我们试从全国选择历史资料比较完整、变迁有一定代表性的七个地区，将森林分布的变化过程及原因等，进行一些初步的探讨。

3.1 长白山地地区

本地区位于小兴安岭和长白山地温带林的南部，东以苏联（今俄罗斯）和朝鲜国界线为界，北与三江平原接界，西经哈尔滨稍东、长春、四平、沈阳，转东延至集安稍南附近国界线而止。本地区以较高的山地（海拔1 000 ~ 2 000 m）为主，还有一些低山、丘陵及河谷、盆地等。

上文已经提到，本地区历史时期的天然植被以森林为主，也有沼泽等植被分布。根据吉林省敦化县（现为市）全新世孢粉的分析[4]，这里在早全新世，森林中的树种以松、桦二属为主；中全新世，气候转暖，落叶阔叶树种（如栎、椴、桦等属）显著增加；晚全新世，气候转凉，松属又占优势。这是本地区早期森林植被变迁的概况。但本地区古代森林变化的主要过程，却是人类活动的结果。

根据黑龙江省宁安县（现为市）莺歌岭遗址出土桦皮树及东宁县大城子、永吉县（属吉林省）杨屯南遗址出土木炭的^{14}C测定[39, 40]，证明本地区在2 000 ~ 3 000年以前，已经开始直接对森林有所利用。又据宁安县（现为市）东康遗址出土的碳化粟、黍和大量原始农具[41]，说明本区在1 600 ~ 1 700年以前，就已经进行垦殖，天然森林等植被开始受到一些破坏。又在宁安县（现为市）大牡丹屯遗址发现较多的被烧焦的豆类植物，或者是粮食，据研究为铜器时代的东西[42]，也表明长白山地的原始农业，在距今3 000年前左右就已经开始了。

从历史文献来看，本地区的早期居民是肃慎人，曾用楛木作矢，献给周武王①，也说明当时先民们对天然森林已经开始直接利用。到了汉代，记载表明挹娄人善种五谷和养猪，并能制作麻布和陶鬲②，原始农业的兴起，表明人们对于天然森林等植被的改变已经有进一步发展。到了唐代，肃慎后裔建立了粟末靺鞨为主的渤海政权，农业日益发展，如当时“卢城（今吉林省安图县明月镇）之稻”为渤海政权的著名物产之一③，并且还采伐木材④。此时，对本地区天然森林等植被的砍伐和农田的垦殖的力度必有较大的增加。后来，渤海政权为辽所灭，居民流散，农业式微，许多农田又为次生的天然植被，包括森林所覆盖。以后，辽、金、元、明诸代在这个地区的农业仍有一定程度的发展。

公元十七八世纪，清政府为了保护所谓“祖宗肇迹兴王之所”“龙兴重地”和独占其在东北经济上的特权利益——如围场和产人参、貂皮、珍珠等贵重物品，禁止人们到长白山地及东北其他一些地区采参、捉貂、捕珠、垦耕等；到康熙二十年（1681），基本完成“柳条边”⑤。19世纪初，此类

---

① 左丘明《国语·鲁语下》。

② 《后汉书·挹娄传》。

③ 《新唐书·渤海传》。

④ 黄维翰《渤海国记》卷中。

⑤ 是用土堆成的宽、高各三尺的土堤，堤上每隔五尺插柳条三株，柳条粗四寸，高六尺，埋入土内二尺，外剩四尺；各柳条之间再用绳联结，称之为“插柳结绳”，就像中原地区的竹篱笆；再在土堤的外侧，挖掘口宽八尺、底宽五尺、深八尺的边壕；总长度为1 300余公里，其实是封禁界线。从山海关至凤凰城，该段柳条边（称老边）共设十六个边门；在威远堡边门偏西由南向北段称为新边，共设四个边门；各边门都设有防御衙门，派驻文武官员，下辖披甲（全副武装的）兵30 ~ 40名，掌管边门开关稽查出入人等事项。

禁止扩大到整个“东三省地方”[43]。但是这种封禁政策实际上未起作用，仍然有大量的汉人逃荒、逃难进入东北，开发了“禁区”；特别是到19世纪初期，此类行为急剧增加①。于是本地区的天然植被被砍伐、损毁，农田与栽培植被除在原已开发的宁古塔、吉林乌拉等地继续向四周发展外，还在黑龙江、牡丹江、绥芬河、穆棱河上游、乌苏里江、浑同江等地开辟森林成为农田[44]。

本区由于开拓较晚，因此早期天然植被的变化，特别是森林的破坏是相当轻微的。但是19世纪末，沙俄自从靠不平等条约侵占我国外兴安岭以南、黑龙江以北等广大地区后，不仅掠夺了富饶的森林等资源，而且还将沿黑龙江的百十万军民用材、柴烧和轮船动力燃料全部从中国境内滥伐，搞光了黑龙江南岸十几里范围内的森林②。20世纪初，沙俄又借修筑中东路之名，任意滥砍铁路沿线我国广大森林，作为修路用材、机车动力燃料、几万名修路工人与铁路职工烧柴之用[45]，俄、日等国的伐木商也乘机涌入，对铁路两侧的森林资源进行残酷的掠夺。这样，在20世纪初的20多年中，从满洲里到绥芬河的中东路两侧近百里范围内的天然林被砍伐殆尽③。

后来，沙俄依仗帝国主义势力，在本地区及东北的许多其他地区大规模地乱砍滥伐森林，并大肆掠夺这些地区森林动物皮张等资源④。日寇初在我国东北南部广大地区大规模地掠夺森林资源，后来扩大到本地区及东北其他地区，“九一八”事变后，他们更侵占我国东北广大地区，到处肆意大规模地乱砍滥伐，并大肆掠夺这些地区的森林动物资源[45,46]。当时，抗联根据地所在的三江平原，日寇为了镇压中国人民的抗日斗争，把各城镇周围和交通线两侧的森林全部搞光④。沙俄与日寇皆采取了一种极不合理的掠夺式采伐方式，如拔大毛、采大留小、采好留坏、只管采伐、不管更新等，使森林遭到极为严重的破坏⑤。他们还在掠夺我国煤、金等矿产资源的同时，掠夺、破坏矿区一带的森林资源[45]。

19世纪末以后，随着本地区的封建、官僚等统治阶级乱砍滥伐森林的破坏活动加剧，在本地区的垦殖范围也不断增大。这样，人为活动打破了森林系统的生态平衡，使得本地区及东北其他许多地区的“窝集”（指吉林、黑龙江一带的原始森林）遭受严重的破坏，变成残破林相，甚至童山濯濯。不仅招致森林资源大为减少，而且更严重的是本地区的旱、涝、风沙、霜冻等自然灾害和水土流失日益严重，进一步严重地影响了本地区的农业生产和人民生活⑥，与历史上本地区原来森林等天然植被广布时，到处林木茂密，鹿、貂成群，风光壮丽，自然灾害较少等情况形成鲜明的对照。

3.2 太行山中段地区

本地区位于华北暖温带林的南部，海拔1 000 m左右的太行山南北纵贯本地区中央，包括山西东南部的黎城、潞城、平顺、壶关、陵川各县，河北西南部的武安、涉县、永年、磁县以及邯郸市的西部，河南北部的林县（现为市）、安阳、淇县及鹤壁市的西部、汲县的西北部以及辉县的北、中二部等地。

历史时期，太行山地区森林广大，在上文中已经论及。以林县为例，在北宋文献中，这里有的地方还是“茂林乔松”⑦，“木阴浓似盖”⑧。树种有槲、栗、楸、椒、榆、椴、桐、杨、槐、银杏、

① 《十朝东华录》嘉庆八年二月。

② 魏声和《吉林地志》附《鸡林旧闻录》（1913）第4～5页，林业部森林经管局调查规划处1979年3月提供调查资料。

③ 林业部森林经管局调查规划处1979年3月提供调查资料。

④ 《清季外文史料》，《东三省政略》，《东三省纪略》，《沙俄侵占中国东北史资料》，《清代黑龙江流域的经济发展》第51～52页等。

⑤ 农林部林业局1975年提供资料。

⑥ 农林部林业局1975年提供资料，林业部森林经管局调查规划处1979年3月提供调查资料。

⑦ （宋）柳开《游天平山记》（嘉靖《彰德府志》卷二）。

⑧ （宋）佚名《游天门山留题碣·过桃林》（民国二十一年《林县志》卷一四《金石上》）。

漆、松、柏桧等，并且还有耐阴的芫花等灌木，耐阴的黄精、天麻等草本植物，狗脊、卷柏等蕨类植物以及耐阴的威灵仙、木通等藤本植物①。元明时，太行山地中有的山多松或柏②；明万历以前，林县城内古银杏树干很粗大③；明代以前，林县还有竹林分布④。这些都说明古代林县有不少温带落叶阔叶林、针叶林，还有一些竹林和亚热带漆树等植物分布。

这个地区是古代汉族的重要活动中心之一，农业生产发展甚早。距今约7 000年前，武安县（现为市）磁山的磁山文化遗址，发现许多窖穴，有些窖穴中有很厚的粮食朽灰，说明古时已有种植谷物的原始农业。发现的动物骨骼有猪、狗、羊、鹿和牛等，前三者大约是家畜，鹿是野生动物，说明当时人们不仅狩猎鹿等野生动物[47]，而且还有原始牧业出现。可见本地区因土地垦殖而改变天然森林等植被的历史可追溯到7 000年前。我国历史上许多都城，如商代的殷（今河南省安阳市殷墟）和沬（今河南省淇县），战国时代赵国的邯郸（今河北省邯郸市），魏晋南北朝时的邺（在今河南省安阳市北郊至河北省邯郸临漳县西一带）等，都在本地区境内或附近。这些都城的营建，都取材于本地区⑤。直到五代和北宋，仅林县一地就曾设立两个伐木机构，每个机构有600人之多。大量砍伐，供给当时太行山以东、黄河以北用材⑥。消耗大量燃料的冶铁、陶瓷等手工业，汉代以来，就在本地区内外发展。《汉书・地理志》记载隆虑（在今林县）、武安等地都有“铁官”；今鹤壁市也有汉冶铁遗址[48]；陶瓷工业在本地区的许多地方都有发展，仅磁县界段营一地，近来就发现古瓷窑四处[49]。这些，也是使本地区森林遭到破坏的原因。所以北宋沈括在《梦溪笔谈》卷二四中就曾指出，“渐至太行”“松山太半”“童矣”。

总之，这个地区森林等植被变迁的总趋势，是天然森林等植被的不断缩减和栽培植被的不断增加，但是，这中间也出现过停滞和反复的时期。以林县为例，从14世纪起就出现过这种情况⑦，特别是17世纪，因为明末清初的战乱和灾荒，以致民流地荒⑧。清初，从林县城到太行山麓已经荒芜到“荒菜没胫”⑨的程度。太行山地中的蚁尖寨，原来是“多良田美水（木），周围七八十里”的地方，至此，则已成为“蓁莽”⑩。因此，在这一时期，本地区必然有不少栽培植被变迁成为草地、灌木丛，甚至次生林。

清初以后，情况开始转变。由于农业生产有所发展，人口增加，垦殖扩大，特别是由于甘薯等适宜于在山区种植的粮食作物的引入，太行山区的天然森林等植被破坏益甚。不仅导致森林资源缺乏，“外山濯濯，屋材腾贵”，“杨亦罕见”，“薪樵不易”；而且更严重的是造成水土流失，出现了土壤瘠薄，缺乏保水的能力，因而“山多水少，居民苦汲”；同时由于大量肥土被冲刷流入河中，以致形成“土薄石厚，凿井无泉；致远汲深，人畜疲极”“暍既为灾，秽亦生疾”⑪的困难情况。

---

① （元）刘祁《游林虑西山记》；（金元之际）元好问撰，张德辉类次，（清）施国祁研补《元遗山诗集笺注》卷三（《游黄华山》题目下施笺注引）；（唐）高适《宋中遇林虑，扬十七山人因而有别》（《高常侍诗集》卷三）；（元）许有壬《圭塘小稿・别集》卷二；（明）嘉靖《彰德府志》卷二；万历《林县志》卷三等。

② （元）许有壬《圭塘小稿・别集》卷二，（明）嘉靖《彰德府志》卷二等。

③ （明）万历《林县志》卷三。

④ （清）乾隆《林县志》卷三，民国二十一年《林县志》卷一四等。

⑤ 《诗经・商颂・殷武》，（晋）陆翙《邺中记》，《三国志・魏志・梁习传》等。

⑥ （明）万历《彰德府志》卷二，民国二十一年《林县志》卷一四《金石上》等。

⑦ 《明史・太祖本纪》洪武二十一年（1388）八月癸丑：“徒泽潞民无业者垦河南北田。”民国二十一年《林县志》卷一四《大事表》指出：明洪武、永乐时从山西移民到林县，还有军屯。可见14世纪，林县人口曾经大减，土地曾经大量荒芜，变成草地、灌木丛等植被。

⑧ （清）康熙《林县志》卷四《田赋叙》（顺治十七年，1660）。

⑨ （清）康熙《林县志》卷一二《艺文》，（清）王玉麟《初入黄华用正韵二十六字》（1659）。

⑩ （清）康熙《林县志》卷一〇，（清）王玉麟《隆虑山游记》（1660）。

⑪ （清）乾隆《林县志》。

从19世纪中叶至新中国成立前夕，由于反动统治阶级的压榨更甚，土地利用更不合理，以致“山石尽辟为田，犹不敷耕种”①。至此，除个别局部地区（石板岩一带）②外，林县大部分地区森林砍伐殆尽，天然植被破坏无遗。这个历史时期曾经森林茂密的山区，最后变成了“光岭秃山头”③。五代、北宋时，河北地区的用材供给地，变成了用材、燃料、饲料等俱极缺乏的地区。更严重的是水土流失不断加剧的结果，使这里“十年九旱，水贵如油”③。不仅灌溉缺水，而且许多村庄连人畜吃水都很困难，人们经常翻山越岭，远道取水，招致农业生产困难重重，粮食产量低下，好年景每亩才收百十来斤。新中国成立前，广大穷苦农民不仅时常要逃粮荒，而且逃水荒。当时流传着一首民谣：“光岭秃山头，水缺贵如油，豪门逼租债，穷人日夜愁。”③这是林县人民对旧社会的血泪控诉和写照。

3.3 华北平原中南部地区

本地区指永年、临清一线以南，临清、济宁、徐州一线以西，徐州、亳县、许昌一线以北，许昌、郑州、安阳、永年一线以东的地区，涉及冀、鲁、皖、苏、豫5个省的交界地区，是历史时期中国森林等植被变迁最大、变化最频繁的地区之一。

上文提到本地区历史时期的天然植被有森林，有草原，还有水生植被、沼泽植被和盐生植被等。由于这一带是我国最早开发的地区之一，所以天然森林等植被的改变为时甚早。据近年在河南新郑裴李岗发掘的新石器时代文化遗存[50]，较武安磁山文化更早，称为裴李岗文化[1]；至于仰韶大汶口等文化遗址更多，这些说明距今约5 000～8 000年前，本区不少地方已经开始砍伐天然森林，垦辟天然草原，出现栽培植被。当然这种垦殖是局部的和缓慢的，因而直到西周和春秋之间，本地区的人口密度仍然较小[51]，天然森林等植被依然相当完好。例如当时城邦国郑的迁到新郑（今县），是“斩之蓬蒿藜藿而共之”的③；而宋（今河南商丘）、郑两城邦国之间也还有“隙地”④存在。足见当时垦殖范围还不是很大的。到了春秋后期，由于铁器使用的推广，垦殖才加速发展，这一带先后建立6个邑，“隙地”便大大减少[9, 51]。

战国时代，本地区成为全国人口比较多的地区[52, 53]。生产力的发展，加速了森林和草原的开拓，因而出现“宋无长木”的情况。到公元前2世纪末，紧邻本地区的山东山地丘陵西麓，已经“颇有桑麻之业，无林泽之饶”；并且已经“地小人众”⑤。而且本地境内的东郡（治所在濮阳，今河南省濮阳县西南），开始发生缺乏薪柴的现象⑥，说明森林砍伐，草原开垦，天然植被已经大量地为栽培植被所代替了。

如上所述，可见本地区的垦殖和天然森林等植被的变化发生甚早。但是这种变迁，在东汉末年到南北朝之间，又处于一个停滞和反复时期。因为从那时起，我国发生较长时期的战乱和分裂，本区适当这种变乱和分裂的要冲。东汉末年，本地区在豪强的争夺下，已经处于分裂状态，加上旱蝗等自然灾害严重[54]，以致人口大减⑦，不少农田曾经荒芜，变成次生的草地和灌木丛。本地区以西的洛阳（今洛阳市），东汉时为我国的大都会，人口比较稠密，附近栽培植被分布较广。但经过东汉

① 民国二十一年《林县志》卷一七。
② 1974年作者在林县调查访问的资料。
③《左传》昭公十六年。
④《左传》哀公十二年。
⑤《史记·货殖列传》。
⑥《史记·河渠书》，《汉书·沟洫志》。
⑦《三国志·魏志·武帝纪》。

末的战乱，变成“数百里无烟火”①。30年之后，洛阳附近还是“树木成林”②。到了西晋末年，又接连发生永嘉之乱和十六国混战的长期战乱，引起我国历史上第一次大规模的人口南迁，使本地区人口一再锐减[55]，大片农田荒芜，转变成为次生的草地和灌木丛。本地区西部和北部的不少农田，这个时期曾成为牧地③。

从隋唐直到清初，本区的战乱和灾荒虽然不如前一段时期的频繁和长久，但无疑仍是国内战乱较多的地区之一，其中宋代的靖康之乱，引起我国人口的第二次大规模南迁。在历次战乱的间隙中恢复的农田，又一次大荒芜。例如元太宗六年（1234）中原州郡户数较金泰和七年十二月（1207年12月21日至1208年1月18日）几乎减少了十分之九④。延续到元初，还有不少农田成为牧地⑤。一直到清初以后，垦殖恢复，次生的天然植被（可能有些次生林）又开始大片变为栽培植被，农业有所发展[56]。

从18世纪以后到20世纪中叶新中国成立前夕，本地区遭受反动统治阶级的残酷统治，多次战乱，加以旱、涝、碱、蝗等自然灾害的严重，使得本地区人口多次减少，广大农田多次荒废，多次成为次生的草地和灌木丛。但在广大劳动人民的辛勤劳动下，本地区的农田并没有永久荒芜，永远成为次生的草地和灌木丛（可能有些次生林），而是屡次荒芜，屡次再垦辟，甚至有所发展[56~58]⑥。

值得注意的是，由于本地区历史上受人类活动的干扰破坏最大，因而天然森林和天然草原早已破坏殆尽，但天然的次生林却也曾经出现过。例如17世纪，范县即“因地荒不耕，榆钱落地，岁久皆成大树”，称为“榆园”。到清顺治十二年（1655），“黄河决荆隆口（今河南封丘县境）水灌榆园，树尽榴”⑦。

综上所述，可知本地区是我国历史时期森林和草原植被变迁最大、变化最为频繁的地区。这与本地区是我国历史上文化摇篮的一部分，并且地当华北交通和军事的要冲，因而受人类活动的干扰破坏最严重，是密切相关的。

3.4 豫鄂川陕交界地区

豫鄂川陕四省交界地区，包括镇平、均县、保康、兴山、秭归一线以西，秭归、巫山、奉节、云阳、万县一线以北，万县、开县，城口、岚皋、安康、镇安、商县一线以东，商县、丹凤、商南、西峡、内乡、镇平一线以南。

古代，本地区是一片亚热带森林。近来对河南省淅川县下王岗遗址中从仰韶文化到西周文化层的动物群的分析[59]，说明数千年前，这一带有茂盛的森林和野生竹林，并有稀树草地、灌木丛和水生植被等。公元2世纪以来，张衡在《南都赋》中描述了本地区的木本植物有栟榈（棕榈）、漆、檀、杻、橿、松、柏等，树种繁多，天然森林等植被发育良好。

本地区的天然森林植被，在历史时期中较长久地保持稳定，直到元代才发生较大的变迁，是我国各地古代天然森林植被变迁较晚的地区之一。虽然本地区在仰韶文化期间已有水稻的栽培[59]，

① 《三国志·吴志·孙坚传》注引《江表传》。

② 《三国志·魏志·王昶传》。

③ 《晋书·石季龙载记上》，《魏书·宇文福传》。

④ 《元史》卷五八《地理志一》，《金史》卷四六《食货志》。

⑤ 例如《元史·察罕传》。

⑥ 笔者曾统计河南封丘县从清初到新中国成立，涝为76次，旱为92次，亦可反映本地旱涝的频繁。

⑦ （清）乾隆《曹州府志》。

而春秋时代的绞、庸、麇等城邦国[①]，也都建立在本地区境内，说明本地区的农业开始甚早，但古代的这些在河谷或盆地中进行的小规模农业生产，看来并不影响大面积的森林植被变迁。所以在唐代，今四川省云阳县还是“两边山木合”[②]。而宋代的大宁监（今四川省巫溪县）也仍然“举头但对青山色”[③]。说明天然森林等植被并未大量破坏。由于地处僻壤，户口寥落，例如宋代的房州是“邑舍稀疏殆落三家市”[④]。这也就是天然森林植被能长期保持完整的重要原因。

本区天然森林植被变迁的加速和扩大，始于元末明初。当时，由于社会扰攘，大批没有生计的农民，从外地涌入本地区，进行垦殖[⑤]，开始加速了本地区天然森林的变化。到了明中叶，进入郧阳山区的流民即达200万人以上[⑥]。天启三年（1623），徐霞客经过此山区，目击有的地方“山坞之中，居庐相望，沿流稻畦，高下鳞次”[⑦]。天然森林等植被已被梯田密集的栽培植被所替代。

但不久，这种情况又有所改变。由于明王朝镇压农民起义和蝗灾等的发生[⑧]，还有清初的战乱，本区人口又一度剧减[⑨]。田园大片荒芜，次生的草地和灌木丛又代替了栽培植被。本地区到清中叶，仍是“南山（秦岭）老林”和“巴山老林”的一部分[⑩]。一直到清中叶以后，外地农民才又大量移入，加上玉米、甘薯等作物此时已在本地区推广[⑦]，因而垦殖面积迅速扩大，甚至发展到“蚕丛峻岭，老林邃谷，无土不垦”[⑪]的程度。到了19世纪，除少数地区如神农架、镇坪、淅川等处尚有较多的森林和竹林外[⑫]，荒山秃岭也已经到处出现了。

3.5 湘江下游地区

本地区指湖南的茶陵、衡南等县一线以北的湘江中下游地区。除包括上述两县外，还有韶山区（今为市）、长沙、湘潭、株洲及衡阳等市及县，湘阴、汨罗、平江、浏阳、醴陵、衡山、衡东等县。本地区坐落在华中西南亚热带林区及长江流域的中部，具有海拔1 000 m左右的山地（如罗霄山脉、南岳衡山等），还有丘陵、盆地、平原及湖沼等。

古代，本地区的天然植被以亚热带森林为多。上文提到战国至汉初，江南多柟（楠）、梓、姜、桂等植物；还有宋代在湖南不少地区砍伐柟、槠、樟、杉等树木；又根据对长沙一带发掘的楚、汉墓葬中木制的棺椁、竹、木器及木炭[39, 60, 61]，还有对马王堆三号汉墓出土的铁口木臿和竹筐的鉴定[62]，可以证明这一带历史时期分布着楠、桂、梓、柏、化香、槠、樟、杉等亚热带的树种和毛竹。

衡山是本地区名山，综合从宋到明清的文献记载，这里的乔木有楠木、樟、黄杨木、桂、檀香、槠、栗、山胡椒、棕榈、枫、梧桐、梓、山柘木、柞、漆、乌桕、厚朴、杜仲、山楂、盐肤木、山核桃、

---

① 《左传》桓公十一年、桓公十二年、文公十六年等。
② （唐）杜甫撰，（清）仇兆鳌注《杜少陵集评注》卷一四。
③ 《舆地纪胜》卷一八〇《夔州路 · 大宁监》。
④ 《方舆胜览》卷三三《湖北路 · 房州》。
⑤ 《明史 · 邓愈传》，（明）高岱《鸿猷录》卷一一《开设郧阳》。
⑥ 明代人撰《报“拟”疏》，《“抚流民”疏》（《明经世文编》卷四六）。
⑦ 《徐霞客游记 · 游太和山日记》。
⑧ 明末人撰《停征修城积谷疏》（《明大马卢公奏疏》卷一），明末人撰《守郧纪略》。
⑨ 中国科学院地理研究所钮仲勋副研究员1979年提供资料。
⑩ （清）严如熤《三省边防备览》。
⑪ （清）严如熤《三省山内风土杂识》，（清）张之洞《致上海盛京堂电》（《张夕襄公电稿》卷二八）。
⑫ （清）魏源《湖广水利论》（《古微堂外集》卷六）。

榱、油桐、杉、松、柏、桧、榧①等，灌木有茶、山茶、映山红等②，蕨类植物有狗脊、卷柏、海金沙③等，草本植物有黄精④等，藤本植物有大风藤、紫金藤③等。说明历史时期，衡山的乔木繁多，灌木、蕨类、草本、藤本等植物也不少。此外，竹子也很多，有南竹（毛竹）、方竹等多种，其中南竹的竹竿比较高大，较为重要⑤。野生动物有猿猴类、熊类、竹鼬、白鹇等，其中猿猴类的数量不少⑥。可见古代南岳衡山的天然植被以亚热带常绿阔叶林为主，还有常绿阔叶与落叶阔叶混交林、针叶林及竹林等，反映出亚热带林区天然植被的某些特色，天然森林植被覆盖茂密，天然森林资源也较上述东北和华北一些山地丰富多彩。

和上述华北平原一些地区相比，历史时期本地区天然森林等植被的变化比较缓慢。当然，有关本地区采伐和耕作的记载也可远溯到战国—秦汉时代。从出土文物看，在2 000多年前，本地区有出土的竹、木制的工具，出土的木炭、梅子及木棺椁等⑦。历史文献方面如前述《史记·货殖列传》记载战国—秦汉时代，“江南出枏（楠）、梓、姜、桂”等木材，还有“犀”“齿”“革”“蠃蛤”、鱼类等动物资源，江南人们“饭稻羹鱼”。《汉书·地理志下》所载，汉代楚地居民“以渔猎山伐为业”。这类泛指大地区的记载，当然也包括本地区在内，但影响所及还较轻微。

西晋末永嘉之乱（4世纪初），北人也有迁入本地区的[55]，垦殖采伐当然有所增加。唐代潭州（治今湖南省长沙市）和衡州（治今湖南省衡阳市）的贡赋有“葛布”“丝布”“大麻、苎、丝”⑧等，也说明这两个州沿湘江干流的平原地区当时桑麻不少的情况。

至于山地丘陵，（唐）陆羽《茶经》卷下引《图经》：“茶陵者，所谓陵谷生茶茗焉。”宋代潭州土贡有“茶末一百斤”⑨。说明唐宋之间，山区已有不少茶园。上面提过的北宋王朝在潭、衡二州砍伐林木⑩，表明当时本地区山地丘陵一带的天然森林面积也在缩小。另外，唐代还有栽培竹林的记载⑪，可知当时竹林的分布也是有变化的。

值得注意的是，尽管平原和山地丘陵的天然森林和竹林都发生了变迁，但是尚未使本地区的森林等植被的面貌整个改观。在唐人诗文中吟咏林木繁茂者连篇累牍⑫。当时，湘江的沙洲中，还有猿猴类活动⑬。正由于唐代以前，本地区天然森林等植被广布，森林等在保持水土方面发挥了巨大作用，因此，晋代湘江下游，水“至清”，“虽深五六丈”，但下见底石，“五色鲜明”，“白沙如霜雪”⑭。反映当时本地区山清水秀的景色。

本地区天然森林等植被较大规模的变迁，始于靖康之乱以后。宋范成大于12世纪末，道经湘

① （宋）陈田夫《南岳总胜集》（1163）卷中，弘治《衡山县志》卷二《土产》，（明末清初）王夫之《莲峰志》卷三《物产》和《南岳赋》、饶秦《衡山赋》；（清）康熙《衡岳志》卷二《物产》，（清）乾隆《南岳志》；（清）道光《衡山县志》卷二《物产志》等。

② （明末清初）王夫之《莲峰志》卷三《物产》和《南岳赋》，（清）道光《衡山县志》卷二《物产志》等。

③ （宋）陈田夫《南岳总胜集》卷中等。

④ （宋）陈田夫《南岳总胜集》卷中，《南岳赋》，（清）道光《衡山县志》卷二《物产志》等。

⑤ （清）魏源《湖广水利论》（《古微堂外集》卷六）。

⑥ （宋）陈田夫《南岳总胜集》卷中，（明末清初）王夫之《莲峰志》等。

⑦ 大部分详上述附注。关于梅子，指马王堆一号墓葬随葬品梅子的核壳，据^{14}C测定年代为2 000多年前的东西[《放射性碳素测定年代（三）》]。

⑧ 《元和郡县图志》卷二九。

⑨ 《元丰九域志》卷六。

⑩ （宋）洪迈《容斋随笔·三笔》。

⑪ （唐）韩愈从山阳令迁江陵掾曹，过衡阳，有《合江亭》诗（《朱文公校昌黎先生文集》卷二）。按：合江亭，在今衡阳石鼓山。

⑫ 如（唐）张九龄《唐丞相曲江先生文集》卷四《初八湘中有喜》诗；（唐）杜甫著，（清）仇兆鳌注《杜少陵集详注》卷二二《宿花石戍》诗等。

⑬ （唐）杜甫著，（清）仇兆鳌注《杜少陵集详注》卷二二《次晚州》诗。

⑭ 《水经·湘水注》引罗含《湘中记》，《艺文类聚》卷八引《湘中记》，《太平御览》卷六五引《湘中记》等。

江中下游，目击沿岸丘陵，已经“荒凉相属”[①]，和唐代大不相同了。因为北人大量南迁，促使本地区户口增加，生产发展。以醴陵县（今市）为例，到13世纪末，户口激增到四万以上[②]，因而砍伐森林植被和农田栽培植被必然加速扩大。此后各地因战乱和灾荒等原因，植被变迁有过若干次反复，但总的趋势是天然森林植被日益缩小，农田等栽培植被却迅速扩大。以过去森林茂密的攸县为例，到19世纪初期，残存的森林已不到该县山地面积的十分之二三，其余多为茶、桐、玉米所代替[③]。

19世纪初以后，不仅本地区许多地方已经“牛山濯濯”，出现木料和燃料都缺乏的现象[④]，而且由于水土流失日趋严重[⑤]，湘江干支流的含沙量逐渐增加。蒸水的支流武水等被泥沙淤塞，航运能力全失[63]。洞庭湖之所以逐渐淤塞，面积日益缩小，也和湘江输入的泥沙逐渐增多有关。还有本地区的旱涝等自然灾害，也日益频繁。这与本地区天然森林等植被的破坏紧密相连。

从19世纪到新中国成立前夕，本地区天然森林等植被迅速变化的原因，除过度的垦殖以及引种玉米、甘著等作物外[⑤]，还由于战争的直接破坏。例如清王朝为了镇压太平天国革命，曾经焚烧今衡阳、衡南等地的广大森林，使之长期不能恢复；抗日战争期间，对本地区森林也有严重的破坏[63]。

3.6 高廉雷琼地区

本地区指东兴、钦州、灵山、浦北、博白、陆川（以上属广西）、高州（属广东）等市、县的北境一线以南，包括雷州半岛、海南岛（海南省）及南海诸岛等地区，大致相当清代高、廉、雷、琼四府辖境。

古代，本地区的天然植被以热带林为主。由于本地区开发较晚，天然植被曾经保持长期的稳定。《汉书·地理志》记载今海南岛居民的武器中有“木弓弩、竹矢”，并且提及种稻桑麻。此外，在沿海的合浦、徐闻、儋耳（今儋州市）、珠崖（今琼山市东南）等地，2 000多年前也曾有过农田出现[⑥]。但是由于地处僻远，人口稀少，早期的这类采伐和垦殖活动，对天然植被的影响甚微。历魏、晋、南北朝、隋、唐以至北宋，尽管有些时期有的地方郡县有增设，户口渐见增加[⑦]，但唐宋时代本地区仍然是密林广布，胜景不少[⑧]，“瘴气”分布也广[⑨]，猿猴类、鹿类、虎、象、孔雀、鹦鹉、蛇类等野生动物不仅数量多，而且分布广[⑩]，可见当时本地区森林等天然植被仍无显著变化。

1050年左右以后，特别是1450年左右以来，本地区温度变化的总趋势是温度较古代更低些。冬半年曾经出现过不少冰、雪、霜冻等寒冷现象，1110～1111年、1506～1507年、1655～1656年、1892～1893年的冬半年就曾经出现过“特大寒”，此外，其他年代有更多的“大寒”“寒冷”及“较寒”。它们出现时，本地区有的地方或一些地方发生过“草木枯”，“树木皆枯”，“树木枯死过半”，“榔、椰萎败”，“榔、椰、树木多伤”，“槟榔尽枯”，“草木、槟榔多枯”，“竹木多陨折”，“陨草”，

---

① （宋）范成大《骖鸾录》。

② （清）乾隆《醴陵县志》卷五。

③ （清）同治《攸县志》卷五四。

④ （清）嘉庆《善化县志》卷二三。

⑤ （清）康熙《长沙府志》卷六，（清）嘉庆《善化县志》卷二三。

⑥ 《汉书·地理志》，《汉书·贾捐之传》。

⑦ （宋）苏轼《伏波将军庙碑》：“自汉末至五代，中原避乱之人，多家于此（主指海南岛一带）。”[（宋）吕祖谦《宋文鉴》卷七七《碑文》]。

⑧ 如《舆地纪胜》卷一一七《广南西路·高州·景物下》，《舆地纪胜》卷一二四《广南西路·琼州·景物下》；《岭外代答》卷六《器用门·舟楫附·拖》；《太平寰宇记》卷一六九《岭南道·儋州·土产》；《本草衍义》卷一三；《琼管志》（转引自《舆地纪胜》卷一二七《广南西路·吉阳军·风俗形胜》）等。

⑨ 如《岭外代答》卷四，《舆地纪胜》卷一一七《广南西路·高州·风俗形胜》引《图经》等。

⑩ 《北户录》，《宋史·李昌龄传》，《桂海虞衡志·志禽·鹦鹉》，《岭外代答》卷九等。

“禾赤”，“杀晚禾”，“杀薯”，“伤杂粮”以及危害人类和兽、畜、鱼、鸟等[①]。

例如，约1100～1111年冬，本地区的“特大寒”，据《岭外代答》卷四《风土门·雪雹》：“杜子美诗：‘五岭皆炎热，宜人独桂林。梅花万里外，雪片一冬深。’盖桂林尝有雪，稍南则无之。他州士人皆莫知雪为何形。钦之父老云：‘数十年前，冬常有雪，岁乃大灾。’盖南方地气常燠，草木柔脆，一或有雪，则万木僵死。明岁士膏不兴，春不发生，正为灾雪，非瑞雪也。”

又如，1506～1507年冬，本地区“特大寒”，据正德《琼台志》卷四一《纪异·祥瑞附》：“正德丙寅（元年）冬，万州雨雪。”同书引（明）王世亨（万州举人）歌：

撒盐飞絮随风度，纷纷著树应无数。
严威寒透黑貂裘，霎时白遍东山路。
老人终日看不足，尽道天家雨珠玉。
世间忽见为祥瑞，斯言非诞还非俗。
粤中自古元无雪，万州更在天南绝。
岩花开发四时春，葛衫穿过三冬月。
昨夜家家人索衣，槟榔落尽山头枝。
小儿向火围炉坐，百年此事真稀奇。
沧海茫茫何恨界，双眸一望无遮碍。
风冽天寒水更寒，死鱼人拾市中卖。
优渥沾足闻之经，遗蝗入地麦苗生。
疾历不降无夭扎（折），来朝犹得藏春冰。
地气自北天下治，挥毫我为将来记。
作成一本长篇歌，他年留与观风使。

又如，1526～1527年冬，本地区“寒冷”，据道光《廉州府志》卷二一《事记》：明嘉靖五年十二月，廉州府，“大雨雪”。自注：“池水冰，树木皆折，民多冻死。”康熙《合浦县志》基本上相同，惟作“树木皆枯”，稍异；1947年《钦县志》基本上相同，惟作“草木皆枯”，稍异。

又如，1636～1637年冬，本地区“大寒”，据光绪《临高县志》：明崇祯九年“冬二月望日，雨雪三日夜，树木尽枯。”

又如，1655～1656年冬，本地区“特大寒”，据康熙《乐会县志》卷一《地理志·形胜》：“近丙申（顺治十三年）正月，寒霜大作，岁荒民饥，遇冻多死，兽禽鱼鸟多殒殁，椰榔凋落，草木枯萎。”

又如，1684～1685年冬，本地区“大寒”，据《萧志》：康熙二十三年，“冬十一月，琼山雨雪、卉木陨落，椰、榔枯死过半。”（光绪补刊《琼州府志》卷四二《杂志·事记》引）。

又如，1689～1690年冬，本地区“寒冷”，据光绪《临高县志》：康熙二十九年，广东临高县，“冬十二月，霜，萎榔，椰殆尽。”

又如，1737～1738年冬，本地区“大寒”，据道光《万州志》卷七《前事略》：乾隆二年，“冬，万州天陨霜，椰、榔俱萎。”

又如，1815～1816年冬，本地区“大寒”，据光绪《定安县志》：嘉庆二十年，“冬，寒雨连旬，陨霜杀秧，草、木、槟榔多枯。”光绪《澄迈县志》：嘉庆二十年，“冬十一月，天降大雪，椰、榔树木多伤。”道光《万州志》卷七：嘉庆二十年，“冬，旱，严寒，树木枯死其半。”

① 文焕然，高耀亭，徐俊传 .1978. 近六七千年来中国气候冷暖变迁初探（油印稿）。

又如，1892～1893年冬，本地区“特大寒”，据民国十二年《陆川县志》：光绪十八年十一月二十七日，“大雪，厚二尺余，竹木多陨折，鳞介亦冻死。”民国三年《钦县志》：光绪十八年十一月二十八日，“大雪，平地若敷棉花，檐瓦如挂玻璃，寒气刺骨，牛羊冻死无数，为空前未有之奇。”民国三十一年《合浦县志》：光绪十八年“冬十一月二十九日，大雪垂檐如玻璃，水面结冰厚寸许。”许瑞棠《珠官脞录》卷四：“合浦地入热带，虽际隆冬少大雪。前清壬辰冬，雪深盈尺，飞紫（絮）飘玉。鱼鸟多冻死。人争敲叶拾雪，贮于瓦瓶，越夏吸之，殊清湛。”宣统《琼山县志》卷二八：光绪十八年，“十一月，大雨霜，寒风凛冽，前所未有。贫者冻死，溪鱼多死浮水面，箣竹尽枯，（琼山市）屯昌（今屯昌县）一带更寒甚。”

如上所述，可知12世纪以来，本地区寒冷现象对人类和动植物的影响是严重的，尤其是1450年左右以来，本地区的寒冷天气出现频繁，更为严重，因而使得椰子、荔枝等植物分布的北界逐渐南移。例如，广西荔枝分布的北界，12世末在桂林北，（宋）范成大《桂海虞衡志·志果》中提到“荔枝：自湖南界入桂林，才百余里便有之”；到17世纪，（明）徐宏祖《徐霞客西游记》第三册中却指出：只有桂林才有荔枝分布[①]；18世纪初，桂林尚有荔枝[②]，但到18世纪末，桂林便没有了[③]；如今，广西荔枝大片栽培的北界，却在桂林以南的浔江谷地一带，如苍梧、藤县、桂平等地[④]。

又如，广西椰子和槟榔的分布：唐、宋时，据古籍记载，不仅郁林州的椰子树和槟榔树生长良好，能结果实[⑤]，而且晚唐到北宋初，南流县（今广西玉林市）“土人多种（椰子树）”[⑥]；到元初（约13世纪），据《圣朝混一方舆胜览》卷下《湖广等处行中书省·郁林州·风土》，郁林州产“槟榔木、椰子木”。《元一统志》：郁林州南流县的土产，不仅仍然有椰子、槟榔，生长良好，并能结果实；而且指出椰子，“今（元初）广西南郡皆有之，惟州为最”[⑦]。可见元初，广西一带椰子树以郁林州为最多，其他州也有。当时椰子分布的北界，应该在郁林州以北。但是，现在广西椰子、槟榔分布的北界却在玉林以南的东兴县（今市）[⑧]。这些都与几百年来两广一带（包括本地区在内）冬半年寒冷现象的影响，有一定的关系。

必须指出，由于本地区为热带气候，冬半年虽然出现寒冷的天气，夏半年的气温都较高，何况寒冷天气一般是短暂的，但暖热天气仍然是主要的。因此，这一带植物自然更新能力一般是很强的，仅部分对生存条件要求较高的植物所受影响才较大。此外，椰子、槟榔、荔枝等果树的种植与否，还与人们的经济活动等有关。因此，我们认为近几百年来本地区气候变迁对森林等植被的分布虽有一定的影响，但不是主要的因素。

靖康之乱以后，本地区人口有所增加，天然森林等植被有所缩小，栽培植被也有所发展[⑨]。但是无论如何，本地区天然森林等植被的变迁，比之华北、华中同时期的变迁，就显得较慢和规模较小。17世纪，由于战乱等原因，雷州人口曾经大减[⑩]，使半岛的西部沿海逐渐成为“丛菁”，“树林

① 北京图书馆藏抄本。
② （清）雍正《广西通志·物产》。
③ （清）嘉庆五年《广西通志》卷八九《舆地略·物产·桂林府》。
④ 广西植物研究所苏宗明先生、广西科委农业地理组莫大同先生1978年提供资料。
⑤《太平寰宇记》卷一六五《岭南道·郁林州·南流县》，《舆地纪胜》卷一二一《广南西路·郁林州·景物下》。
⑥《太平寰宇记》卷一六五《岭南道·郁林州·南流县》。
⑦《永乐大典》卷二三三九《梧字·梧州府·土产·郁林州》引《元一统志》。
⑧ 广西植物研究所苏宗明先生提供资料。
⑨（宋）蔡绦《铁围山丛谈》。
⑩（清）康熙《徐闻县志》卷二，（清）康熙《雷州府志》卷一〇，（清）嘉庆《雷州府志》卷一〇等。（清）

深翳”，“绵延数百里”①。至18世纪初，琼、廉等州还有许多森林和竹林，并有不少猿猴类、鹿类、虎、鹦鹉、蛇类等活动，钦州、灵山一带还有孔雀分布，灵山还间有野象出没②。这些都反映当时本地区森林等天然植被仍然相当茂密。

本地天然森林等植被变迁的加速和扩大，始于18世纪中叶以后③。从19世纪以至新中国成立前夕，变迁更加剧烈而迅速④。除海南岛中部山地、十万大山以及徐闻东部等地的部分地方尚有较密的森林外，森林等天然植被已经大面积地为栽培植被所代替，不少地方逐渐变成荒坡、秃岭、草原及灌丛等，雷州半岛和海南岛西部等沿海地方出现的沙荒也不少[3,64~67]。这样，本地区的林木和野生动物资源大为减少，猿猴类大减，孔雀少见，野象灭绝⑤。不少地方缺乏木料、饲料、燃料，更严重的是导致水土流失不断加剧，旱涝、风沙、寒害等自然灾害频繁，严重地影响了本地区的农业生产和人民生活⑥。如雷州半岛，新中国成立前早已变成树木罕见，风、沙、旱、瘠、潮五灾害频繁的沙原[68]。这些与历史上早期本地区天然密林广布，到处郁郁葱葱，风景如画，野生生物非常丰富多彩，成了显著对照。这些都是长期不合理的土地利用及忽视大自然规律的人类活动的必然后果，也是人类活动打破本地区森林生态系统平衡的显著例证。

3.7 黄河中下游地区

本地区包括山西西北部、陕西北部、甘肃东部、毛乌素沙区、东胜一带及宁夏南部山区，也就是谭其骧在《何以黄河在东汉以后会出现一个长期安流的局面：从历史上论证黄河中游的土地合理利用是消弭下游水害的决定因素》[69]一文中所指黄河中游的范围。历史时期本地区的天然植被，大部分是温带草原区的森林草原，但东南部有部分暖温带森林。本地区在古代是我国农牧民族的接触地带，农牧界线历来屡有推移；在地理上，则是黄河下游洪水量和泥沙的主要来源地，而黄河的灾患，各代颇有差异，这两者之间存在着密切的关系。

虽然本地区发现的不少仰韶文化遗址，可以说明垦殖开始甚早，但直到战国后期，天然植被并无较大变化，森林和草原仍然完好[21,70,71]。当时农牧界线大致为泾河、黄土高原南缘山地、吕梁山及云中山，这一线以北、以西以牧为主，也就是以原始的草原及森林为主；这一线以南、以东却以农为主，也就是农田植被分布较广[69]。因此，战国时代以前黄河中游水土流失轻微，黄河下游的决堤也比较少[69]。当然，这还与当时黄河下游天然的森林和草原分布较广，湖沼支流较多，也有一定的关系。秦以后多次向本区移民屯垦，农牧界线一再北移，曾一度北移到阴山以北，潮格旗（今乌拉特后旗）北部的朝鲁库伦[72]，西达乌兰布和沙漠一带[73]，使本地区在汉武帝时（约公元前2世纪下半叶至前1世纪初），成为一片称为“新秦中”[69]的发达农业区。草原和森林大片地为栽培植被所取代，因而使本地区由原来轻微的地质侵蚀变为强烈的土壤侵蚀，造成了这一时期黄河下游的频繁水患。

东汉永和五年（140）以后，由于移民屯垦的停止和北方游牧民族的相继内迁，农牧界线向南推

① （清）康熙《雷州府志》卷一，（清）嘉庆《雷州府志》卷一八。

② 《古今图书集成·方舆汇编·职方典》卷一三七三至一三七四《琼州府部山川考》，卷一三八一至一三八二《陈州府部物产考》，卷一三六一至一三六二《廉州府部山川考》，卷一三六四《廉州府部物产考》，卷一三六七《雷州府部山川考》，卷一三七一《雷州府部物产考》，卷一三五五《高州府部山川考》，卷一三五八《高州府部物产考》等。

③ （清）乾隆《廉州府志》卷五。

④ （清）嘉庆《雷州府志》卷二。

⑤ （清）嘉庆《雷州府志》卷二，（清）道光《廉州府志》卷二，民国三年《灵山县志》。

⑥ 农林部林业局1977年提供资料。

移。到了东汉末年（3世纪初前后），农牧界线大体恢复到战国后期情况，并且长期间很少变动[69]。于是，次生的草原和灌木丛又大片地取代了栽培植被，它们不仅使得本地区的土壤侵蚀减少，而且在一定程度上减低了洪水量，成为黄河在这一时期安流的重要原因。

北魏（386～534）以后，由于游牧民族逐渐农业化，在定襄郡的盛乐（今内蒙古自治区和林格尔县土城子）附近和后套地区都曾进行过垦殖[69]。到了唐代，农牧界线又迅速北移到河套以北，与秦汉相类似，不过安史之乱前，唐王朝在这一带设置了许多牧监、牧场，因而当时黄河下游出现了一定的决溢，并未改道，河患的严重程度远不及西汉时期[69]。

安史之乱后，编户曾经大减，到了开成（836～840）、会昌（841～846）时代，不仅编户又大增，更从逃户推算，实际户数不会比天宝年间（742～756）少，并且安史之乱后，加强垦辟“荒闲陂泽山原”，因而耕地不断发展。原来的牧监、牧场又极大部分成为耕地。乱前以农牧为主的农牧兼营，变为几乎是单纯的农业区。当时发展的耕地主要是原来的牧场和弃地，包括坡地、丘陵地和山地。垦辟这些地区，怎能不加剧黄河中游地区的水土流失和黄河下游地区河道的淤塞及决溢迁徙等自然灾害[69]。

唐代以后，历五代、宋、金以至元、明，本地区的农牧界线一直推移于今陕北与内蒙古之间。清康熙以后，农田植被又逐渐发展到阴山以北，西至萨拉齐（萨拉齐镇位于内蒙古包头市南部，是土默特右旗旗委、旗人民政府驻地）一带[74、75]①。此后，后套平原的农田植被又逐渐推广[75]②。这样从唐代以后，特别是清康熙以后到新中国成立前夕，由于本地区耕地尽“可能”无休止地继续扩展，森林和草原的面积相应地继续缩小。到新中国成立前夕，除了午岭、黄龙山、乔山、崂山、六盘山、陇山及吕梁山等地残存一些次生林外，植被很少③，因而使得位于今内蒙古鄂尔多斯高原南部和陕北毗邻一带的毛乌素地区不断沙漠化，成为我国风沙危害严重地区之一，并且使得陇东、宁南、陕北、晋西北等地区成为中国水土流失极端严重地区之一，毁林开荒，广种薄收，加剧了水土流失，土壤越种越瘠薄，产量越来越低，这样越垦越穷，越穷越垦。以致到处千沟万壑，光山秃岭。农业生产平时收成就低，由于裸露地面缺乏涵养水源的能力，一遇天旱，又顿即成灾。就这样，本地区人民的日子越过越穷，下游河床越填越高，洪水越来越集中，决堤之祸越闹越凶。

必须指出，上文论及除历代统治阶级大兴土木，破坏了本地区许多森林外，历代战乱对本地区森林的破坏也不少，如1937～1945年，日寇侵占芦芽山时，也曾经肆意破坏此山森林[76]。1947年胡宗南率兵进攻革命圣地延安时，曾经破坏陕北的林木，等等。

总之，唐代以后到新中国成立前夕，本地区的森林面积，总的来说是逐渐缩小，但是其间也有反复。如明清初（17世纪）本地区不少地方由于战乱，人口大减，农田大面积荒芜，一度成为草地、灌木丛，有的童山竟变成森林。如本地区北部的兴县（今属山西省），在明“嘉靖以前，山林茂密，虽有澍雨积霖，犹多渗滞，而河不为青肆。今辟垦旷，诸峦麓俱童山不毛，没夏秋降水峻激，无少停蓄，故其势愈益怒涌汩急，致堤岸善崩”；明末清初，因为长期战乱，人口逃亡，田地荒芜，被破坏的森林又逐渐恢复；到雍正时，居然是“林莽衍占”，其中岢岚、怀仁都“林麓居十分之六”④，可以为证。

---

① 《明史》卷三二七《鞑靼传》，（清）乾隆四十九年《清一统志》卷一二四，北京大学地理系王北辰先生1975年提供资料。

② 民国二十年《临河县志》卷中。

③ 林业部调查规划局1980年1月提供资料。

④ （清）雍正《兴县志》卷九《户口》，卷一〇《田赋》，卷一七《艺文》。

3.8 塔里木盆地地区

塔里木盆地天然森林植被的变迁，以塔克拉玛干沙漠的森林植被变迁比较显著，塔克拉玛干沙漠的森林变迁又可以胡桐林的变迁为代表。根据历史文献结合近年来国内兄弟单位所提供的地面考察、航空考察、航空照片判读及考古等方面的资料，结合分析，我们认为历史时期塔克拉玛干沙漠胡桐林的变迁，可从下述两方面反映一些情况：

3.8.1 荒漠内水源丰富处胡桐林的分布变迁

上文提及的楼兰（后改称鄯善），据《汉书·西域传上》，当时地处北河下游（相当今塔里木河下游的一部分），注入蒲昌海的附近一带，由于水源较充足，荒漠中有不少胡桐等天然植被分布。当时，“（鄯善）王治扜泥城”，“户千五百七十，口万四千一百，胜兵二千九百十二人”。后来由于北河等迁徙，距离楼兰（鄯善）越来越远，因而胡桐林等的水分条件越来越差，以致枯死。到20世纪30年代，楼兰废墟周围已全部变成荒漠，没有人烟，根本没有胡杨了[77]。

又如，西汉精绝（今新疆维吾尔自治区民丰县北150 km的尼雅遗址），据《汉书·西域传上》：“王治精绝城”，“户四百八十，口三千三百六十，胜兵五百人。”① 唐代，还有精绝②。唐玄奘《大唐西域记》称：

> 媲摩川（今克里雅河）东入沙碛，行二百里至尼壤（即尼雅）。周三、四里，在泽中。泽地热湿，难以履涉，芦草荒茂，无复途径。唯趣城路，仅得通行。故往来者，莫不由此城焉。

反映当时尼壤（即尼雅遗址）为沼泽，植物生长繁茂，难以通行。但现代尼雅古城所处的尼雅河下游三角洲西部，河流已干涸，沿岸胡桐也已枯死。城址周围全为沙丘，许多房屋遗址也全为流沙所掩埋。

如上所述，本地区一些古城遗址及古代胡桐林位于荒漠中河边的绿洲，以后由于自然及人为原因形成水系变迁，河流改道或水量减少等，因而影响绿洲的发展，导致城市迁移或废弃和胡桐林的枯死。

上述历史时期胡桐林枯死现象，在深入塔克拉玛干荒漠及荒漠边缘一些河流沿岸所分布的古城废墟一带是屡见不鲜的，尤其是在塔克拉玛干荒漠南部一带，从西而东，今叶城、皮山、墨玉、和田、洛浦、策勒、于田、民丰、安迪尔（今属民丰县）、且末、瓦石峡（今属若羌县）、米兰（今属若羌县）等地的荒漠中，都有古城废墟和胡桐林枯死的遗迹存在③，可见这一带天然胡桐林的变迁是很大的。

此外，塔克拉玛干荒漠北部沙雅以南的塔里木河中游一带，也有上述类似现象。这里是古代塔里木河冲积平原（从今塔里木河到南边的古河道，宽约40 km许）从南而北，在荒漠中有许多是东西互相平行的古河道，沿岸都有胡桐、红柳分布，但其生长情况，北部较佳，沿河胡桐、红柳密集，有如绿色走廊；越向南生长越差，分布也较稀疏，且大都已枯死，说明河流自南向北迁移，由于水分条件变化而形成南北自然景象的差异。北部的胡杨休阻挡了风沙侵入内地，保障了河水的流行，起了天然防沙林的作用。目前从沙从沙丘覆盖的古代冲积平原的古河道沿岸发现唐代器物[78]，说明这一带荒漠是唐代以后的产物，这里胡桐林大致也是唐代以后枯死的。

① 《后汉书·西域传》。
② 《新唐书·西域传上》。
③ 中国科学院兰州沙漠研究所朱震达研究员1976年提供资料。

3.8.2 荒漠南边胡桐林的分布变迁

据《汉书·西域传上》《后汉书·西域传》及《隋书·裴矩传》引《西域图记》等古籍的记载，从西汉到隋、唐，经过天山南路通西域的交通要道：一条是从楼兰（鄯善）沿天山南麓西行，称为北道（两汉）或中道（隋、唐）；另一条经塔克拉玛干荒漠南部，沿昆仑山、阿尔金山的北麓，称为南道。据上述文献记载，其中南道，除经过白龙堆一带为荒漠外，其余并未涉及荒漠，看来当时大道沿线尚无大面积的沙丘植被覆盖，距离荒漠的南缘尚有一定距离。1917年，谢彬等从叶城到若羌，沿途见到许多戈壁、流沙、沙梁、沙窝，有不少破城子、废墟断续分布，并有许多胡桐林或胡桐树也断续分布着。大致水分条件较好的地方胡桐生长较好，茂密成林；反之，水分条件较差处，胡桐枯死①。这就是由于塔克拉玛干荒漠在常年占优势的风力作用下，沙丘逐渐南移，从而使得大道沿线，历史上本来没有沙丘的地区出现沙丘，影响这些地方胡桐林的生长，甚至使之趋于枯死。

综上所述，可知历史时期塔克拉玛干荒漠内胡桐林的变迁是大的，并且是复杂的，但其中变迁较大的地带集中在荒漠的南北边缘。为什么会这样呢？过去有人认为这是本地区气候逐渐变干的结果。我们认为历史时期本地区的气候是有变迁的，不过本地区古代许多胡桐林的死亡，与本地区水系的自然演变、河流的自然改道、河流上游的灌溉用水使得下游水量减少，以及本地区常年占优势的风力作用下，使得沙丘逐渐南移等的关系更为密切。

胡桐是我国西北荒漠地区的优良的乡土树种之一，它不仅在森林资源上是宝贵的，在防风固沙、调节气候等方面的作用更为巨大。但是长期以来，由于自然因素，特别是近代滥垦、滥牧、滥樵等人为活动的影响，使得胡桐林的面积不断缩小②，导致本地区不仅木料、燃料、饲料、肥料等都更为缺乏，更严重的是人类活动打破了胡杨林系统的生态平衡，使得本地区的干旱、风沙等自然灾害益趋严重，严重地影响了本地区的农、牧业的发展和人民的生活。因此，努力培育并合理开发、利用胡桐林，刻不容缓！

4 结束语

综上所述，我们对历史时期中国森林分布的变迁，有如下几点看法：

（1）中国森林分布的变迁是巨大的：我国古代的天然森林不仅覆盖着东半部森林地带的大部分地区，而且西半部的草原和荒漠地带内的不少山地，同样有许多天然森林分布；就是在荒漠地带内较低平地区，也有不少天然森林存在。可见历史时期我国的天然森林覆盖面积远较现今广大，林木、竹子、野生动物等森林资源当然也远较现今丰富，当时我国的确是个多林国家。但在新中国成立前，我国绝大部分的天然森林早已急剧地为农田等栽培植被、多种多样的次生林、草地、荒山、荒草坡，甚至光山秃岭等所代替，天然林仅只剩下一小部分。新中国成立前夕，我国森林覆盖率只有8%，森林资源也远较古代为少，当时，我国变成了少林国家。历史时期中国森林分布变迁的巨大，可以想见。

（2）森林分布变迁和“人与生物圈”的变迁关系密切：中国森林分布变迁所以巨大，和中国“人与生物圈”的变迁，也就是与中国自然环境及人类活动的变化是紧密相连的。当然，历史时期中国森林分布的变迁与中国自然条件，特别是与气候条件也有一定的关系，例如，塔里木盆地森林的变化，主要受塔里木水系的变迁和常见盛行风引起塔克拉玛干南缘沙丘移动的影响；两广地区椰子等

① 谢彬《新疆游记》。

② 农林部林业局1979年提供资料。

分布的变迁，主要受公元1050年左右以后，特别是1450年左右以来多次“特大寒潮”的影响，都是明显的例子。历代统治阶级的大兴土木，军事行动的影响，帝国主义的掠夺，乱砍滥伐，人为的森林火灾等，都破坏了许多森林，尤其以毁林开荒为最严重。

（3）中国森林面积日益缩小的后果十分严重：历史时期中国森林面积日益缩小的后果是十分严重的。它不仅使得中国大部分地区森林资源从丰富变成缺乏，甚至木料、燃料、饲料、肥料俱缺，更严重的是，人类肆无忌惮的活动打破了大部分地区森林生态系统的平衡，使得我国广大地区水土流失或风沙危害日趋严重（或二者兼备），旱涝等自然灾害日益加剧，因而严重地影响了农牧业生产和人民生活。

恩格斯在《自然辩证法》一书中曾经形象地描写过森林破坏给农业、畜牧业和环境保护带来的后果：

美索不达米亚、希腊、小亚细亚以及其他各地的居民，为了想得到耕地，把森林都砍完了。但是，他们梦想不到，这些地方今天竟因此成为荒芜不毛之地。因为他们使这些地方失去了森林，也失去了积聚和贮存水分的中心。阿尔卑斯山的意大利人，在山南坡砍光了在北坡被十分细心地保护的松林，他们没有预料到，这样一来，他们把他们的区域里的高山畜牧业的基础给摧毁了；他们更没有预料到，他们这样做，竟使山泉在一年中的大部时间内枯竭了，而在雨季又使更加凶猛的洪水倾泻到平原上。

当西班牙的种植场主在古巴焚烧山坡上的森林，认为木灰作为能获得最高利润的咖啡树的肥料足够用一个世代时，他们怎么会关心到，以后热带的大雨会冲掉毫无掩护的沃土而只留下赤裸裸的岩石呢？[79]

恩格斯所举的例证，在中国各地森林分布变迁过程中，也是屡见不鲜的。除上文所举七个地区的例子外，在中国古籍中也有些类似记载。例如，南宋嘉定年间，魏岘提到浙江四明山区森林的效益和森林破坏的后果：

四明水陆之胜，万山深秀。昔日巨木高森，沿溪平地，竹木蔚然茂密，虽遇暴雨湍激，沙土为木根盘固，流下不多，所淤亦少，闾淘良易。

近年以来，木植价穹，斧斤相寻，靡山不童，而平地竹木，亦为之一空。大水之时，即无林木少抑奔流之势，又无包缆以固土沙之口（基）。①

又如（清）梅曾亮（伯言）在《书棚民事》一文中提到他在安徽宣城征求当地人关于开荒垦坡的意见，进一步讨论了森林的效益和森林破坏的结果：

皆言：“未开之山，土坚石固，草树茂密，叶积数年可二三寸。每天雨从树至叶土石，历石隙，滴沥成泉，其下水也缓；又水下，丽土不随其下。水缓，故低田受之不为灾；而半月不雨，高田犹受其浸溉。今以斧斤童其山，而以锄犁疏其土，一雨未毕而沙石随下，奔流注壑；涧中皆填圩，不可贮水，毕至洼田乃之。及洼田竭，而山田之水无继者。是为开不毛之土，而病有谷之田，利无税之镛，而瘠有税之户也。”

这两条史料，描述了我国森林地带的一些情况。

又如（清）陶保廉《辛卯侍行记》（1891）卷四提到：

甘州少雨，特祁连积雪以润田畴。盖山木阴森，雪不骤化，夏口渐融，流入弱水，引为五十二渠，利至溥也。去年（光绪十六年，即1890年）设立电线，某大员代办杆木，遣兵砍伐，

① 北京林学院水土保持系主任关君蔚教授（文榕生注：1995年当选为中国工程院院士）1979年3月提供资料。

摧残太甚，无以荫雪，稍暖遽消，即虞泛滥。入夏乏雨，又虞旱叹。怨咨之声，彻于四境。
这记载了清末我国荒漠地带内山地森林的作用及森林被破坏后带来的危害。

这些都是我们必须认真总结的经验教训，为今后合理开发利用和培育防护林所必须引以为戒的。

(4)森林分布变迁的总趋势：中国历史时期森林分布变迁的总趋势是天然森林的面积和森林覆盖率都是越采越小，但是森林覆盖率并不是直线式地减少，而是有反复的。就全国广大地区来说，例如明末清初(17世纪)，华北、华中、华南一带，由于人口大减，大片田地荒芜，变成草地、灌木丛，甚至长成森沭。上文提及的黄河中游的兴县，华北平原的榆园及雷州半岛的西海岸可为佐证。就局部地区来说，如东汉末，洛阳一带农田荒芜后也有成林的。这些充分地说明，我国一般的天然森林破坏后，只要坚持封山育林，不论南方、北方，经过一定时期，都可逐渐成为次生林。

(5)森林受人类活动影响的多样性：中国各地的森林受人类活动的影响是不一致的：例如，华北的森林受人类活动的影响较早、较久、较大，因而天然森林早已破坏殆尽，早已为农田、多种多样的次生林等所代替。东北和西南与华北相比，受人类活动的影响较晚且较小，因而这些地区迄今尚保存较多的天然森林。

(6)植树造林的成绩值得肯定：新中国成立以来，我国植树造林的成绩是很大的，全国森林覆盖率从新中国成立初期的8%提高到12.7%。就高廉雷琼地区的雷州半岛而论，新中国成立前天然热带林等植被遭受严重破坏，早已变成林木罕见，风、沙、旱、瘠、潮五灾害频繁的沙原。新中国成立后，这里人民大力植树造林，把这里建成以桉树为主的用材基地。现在这里森林覆盖率已达到36%，显著改善了这里的自然条件。森林在防风、调节气候及保持水土等方面都起了明显的作用。这里造林后比造林前，粮食产量增加1.9倍。过去以薯类为主，现在以水稻为主。真是“森林镇碧海，林网护农田，到处林茂粮丰，旧貌换新颜”[68]。像雷州半岛这样的造林先进典型，在我国是不少的。

(7)破坏森林的教训值得记取：破坏森林是世界不少国家发展过程中经历过的道路。有些国家在付出巨大代价、受到惨痛教训之后，已经逐渐转向恢复和发展森林，我国的情况也是这样。现在，我国已经制定并公布了《中华人民共和国森林法(试行)》，恢复和加强了各级林业领导与科研机构，着手制定林业规划，开展“三北”防护林建设。我国是个多山的国家，大多数山地都适于造林，经过若干年的艰苦努力，就会出现青山绿水、林茂粮丰的喜人景象。

参考文献

[1] 安志敏．裴李岗、磁山和仰韶：试论中原新石器文化的渊源及发展．考古，1979(4)：335～346

[2] 张玉良．大兴安岭山脉的植物群落 // 植物生态学与地植物学生态丛刊．第1号．北京：科学出版社，1955

[3] 中国科学院植物研究所．中国植被区划(初稿)．北京：科学出版社，1960，7～13，13～23

[4] 周昆叔，等．吉林省敦化地区沼泽的调查及其花粉分析．地质科学，1977(2)

[5] 钱家驹．长白山西侧中部森林植物调查报告 // 植物生态学与地植学资料丛刊．第10号．北京：科学出版社，1957

[6] 中国科学院贵阳地化所抱粉组、^{14}C组．辽宁省南部万年来自然环境的演变．中国科学，1977(6)

[7] 佚名．放射性碳素测定年代报告(二)．考古，1972(5)：56～58
[8] 周昆叔，等．北京市附近四个埋葬泥炭沼的调查及其孢粉分析．中国第四纪研究，1965，4(1)
[9] 郭沫若主编，．中国史稿(初编)．第一册．北京：人民出版社，1976，75，86，312～313
[10] 中国科学院考古研究所．黄河流域新石器时代早期文化的新发现 // 新中国的考古收获．北京：文物出版社，1963，16
[11] 德日进，杨钟健．安阳殷墟之哺乳动物群．中国古生物志．丙种第12号，1936(1)
[12] 杨钟健，刘东生．安阳殷墟之哺乳动物群补遗．中国考古学报，1949(4)：145～153
[13] 文焕然，林景亮．周秦两汉时代华北平原与渭河平原盐碱土的分布及利用改良．土壤学报，1964，12(1)
[14] 文焕然，汪安球．北魏以来河北省南部盐碱土的分布和改良利用初探．土壤学报，1964，12(3)
[15] (元)勃兰肟等撰，赵万里校辑．元一统志．卷二，大宁路・山川．北京：中华书局，1966
[16] 张畅耕，等．从应县木塔看大同当地的历史地震．山西地震，1977(2)
[17] 罗哲文．元代“运筏图”考．文物，1960(10)
[18] 中国科学院考古研究所，陕西省西安半坡博物馆．西安半坡．北京：文物出版社，1963，267～268
[19] 王开发．南昌洗药湖泥炭的孢粉分析．植物学报，1974，16(1)
[20] 郭沫若主编．中国史稿(初稿)．第一册．北京：人民出版社，1976，75，97，105
[21] 中国科学院考古研究所编．新中国的考古收获．北京：文物出版社，1962，7，32
[22] 夏鼐．长江流域考古问题．考古，1960(2)
[23] 浙江省文物管理委员会．吴兴钱山漾遗址第一、二发掘报告．考古学报，1960(2)
[24] 丁颖．汉江平原新石器时代红烧土中的稻谷考古．考古学报，1959(4)
[25] 佚名．河姆渡遗址第一期发掘工作座谈会纪要．文物，1976(8)
[26] 浙江省博物馆自然组．河姆渡遗址动植物遗存的鉴定研究．考古学报，1978(1)
[27] 贾兰坡，张振标．河南淅川县下王岗遗址中的动物群．文物，1977(6)
[28] 陈桥驿．古代绍兴地区天然森林的破坏及其对农业的影响．地理学报，1965，31(2)
[29] 中国科学院成都生物研究所．在四川建立自然保护区刻不容缓．光明日报，1979-01-27
[30] 徐祥浩，黎敏萍．水松的生态及地理分布．华南师范学院学报(自然科学版)，1959(3)
[31] 广东农林学院林学系木材学小组．广州秦汉造船工场遗址的木材鉴定．考古，1977(4)
[32] 吴壮达．台湾地理．台北：商务印书馆，1959，114～118
[33] 张家驹．两宋经济重心的南移．武汉：湖北人民出版社，1957
[34] 广东植物研究所西沙群岛植物调查队．西沙群岛植物考察记．植物学杂志，1975(4)
[35] 秦仁昌．关于胡杨林与灰杨林的一些问题 // 中国科学院新疆综合考察队．新疆维吾尔自治区的自然条件．北京：科学出版社，1959
[36] 谢彬．新疆游记．上海：中华书局，1932
[37] 佚名．放射性碳素测定年代报告(一)．考古，1972(1)：52～56
[38] 秦仁昌．阿尔泰山的植物资源．地理学资料，1975(1)
[39] 佚名．放射性碳素测定年代报告(三)．考古，1974(5)：333～338
[40] 佚名．放射性碳素测定年代报告(四)．考古，1977(3)：200～204
[41] 朱国忱，张泰湘．东康原始社会遗址发掘报告．考古，1975(3)：158～168
[42] 黑龙江省博物馆．黑龙江宁安大牡丹屯发掘报告．考古，1961(10)
[43] 纪实．柳条边的历史和苏修的谬论．历史研究，1979(3)
[44] 吴传钧，等．东北经济地理(辽宁・吉林・黑龙江)．北京：科学出版社，1959
[45] 徐兆奎．清代黑龙江流域的经济发展．北京：商务印书馆，1959，50～51
[46] 徐曦．东三省纪略．上海：商务印书馆，1915

[47] 严文明 . 黄河流域新石器时代早期文化的新发现 . 考古, 1979(1) : 45 ~ 50

[48] 杨宝顺 . 河南鹤壁市汉代冶铁遗址 . 考古, 1963(10) : 550 ~ 552

[49] 佚名 . 磁县界段营发掘简报 . 考古, 1974(6) : 356 ~ 363

[50] 佚名 . 河南新郑裴李岗新石器时代遗址 . 考古, 1978(2) : 73 ~ 79

[51] 童书业 . 春秋史 . 上海: 开明书店, 1946, 82 ~ 83

[52] 劳榦 . 两汉户籍与地理之关系 . 中央研究院历史语言研究所集刊, 1935, 5(2)

[53] 劳榦 . 两汉郡国面积之估计及人口数增减之推测 . 中央研究院历史语言研究所集刊, 1935, 5(2)

[54] 文焕然 . 秦汉时代黄河中下游气候研究 . 北京: 商务印书馆, 1959

[55] 谭其骧 . 晋永嘉丧乱后之民族迁徙 . 燕京学报, 1934(15)

[56] 山东大学历史系 . 山东地方史讲授提纲 . 济南: 山东人民出版社, 1960, 40 ~ 41

[57] 沈怡 . 黄河年表 . 军事委员会资料委员会, 1936

[58] 文焕然, 汪安球 . 北魏以来河北省南部盐碱土的分布和利用改良初探 . 土壤学报, 1964(3) : 346 ~ 357

[59] 贾兰坡, 张振标 . 河南淅川县下王岗遗址中的动物群 . 文物, 1977(6) : 41 ~ 49

[60] 中国科学院考古研究所 . 长沙发掘报告 . 北京: 科学出版社(《中国田野考古报告集 · 考古学专刊》一种 . 第二号), 1957, 5 ~ 8, 54, 70, 120 ~ 125, 130 ~ 131, 139 ~ 160

[61] 湖南省博物馆, 中国科学院考古研究所 . 长沙马王堆一号汉墓 . 上集 . 北京: 文物出版社, 1973, 7

[62] 文保 . 马王堆三号汉墓出土的铁口木臿 . 文物, 1974(11)

[63] 湖南林学院 . 湖南林业 . 北京: 高等教育出版社, 1959, 200, 203

[64] 张宏达, 等 . 雷州半岛的植被 . 北京: 科学出版社, 1957

[65] 唐永銮 . 雷州半岛的景观及其演化 . 上海: 新知识出版社, 1957

[66] 唐永銮 . 海南岛的景观 . 上海: 新知识出版社, 1958

[67] 广东省植物研究所 . 广东植被 . 北京: 科学出版社, 1976, 41 ~ 105, 299 ~ 307

[68] ?. 森林镇碧海, 林同护农田: 雷州林业局坚持科学造林, 迅速改变雷州半岛沙原面貌 . 光明日报, 1978-12-30

[69] 谭其骧 . 何以黄河在东汉以后会出现一个长期安流的局面: 从历史上论证黄河中游的土地合理利用是消弭下游水害的决定因素 . 学术月刊, 1962(2)

[70] 侯仁之, 袁樾方 . 风沙威胁不可怕"榆林三迁"是谣传: 从考古发现论证陕北榆林城的起源和地区开发 . 文物, 1976(2) : 66 ~ 72

[71] 史念海 . 论泾渭清浊的变迁 . 陕西师范大学学报哲学社会科学版, 1977(1) : 111 ~ 126

[72] 盖山林, 丁学芸 . 内蒙古自治区文物考古工作的重大成果 . 文物, 1977(5) : 1 ~ 6

[73] 侯仁之, 等 . 乌兰布和沙漠北部的汉代垦区 // 中国治沙队编 . 治沙研究(第七号). 北京: 科学出版社, 1965

[74] 李逸友 . 呼和浩特市万部华严经塔的金元明各代题记 . 内蒙古大学学报(人文), 1977(3) : 55 ~ 64

[75] 赵松乔, 等 . 内蒙古自治区农牧业生产配置问题的初步研究 . 北京: 科学出版社, 1958

[76] 钮钟勋 . 历史时期山西西部的农牧开发 . 地理集刊, 1964(第 7 号)

[77] 陈宗器 . 罗布淖尔与罗布荒原 . 地理学报, 1936, 3(1)

[78] 黄文弼 . 塔里木盆地考古记 . 北京: 科学出版社, 1958, 41 ~ 43

[79] 恩格斯著, 中共中央马克思恩格斯列宁斯大林著作编译局译 . 自然辩证法 . 北京: 人民出版社, 1971, 158 ~ 159, 161

五、试论近七八千年来中国森林的分布及其变迁*

本文在整理大量古籍的基础上，结合地理、植物、动物、孢粉、考古和调查访问等方面的资料，探讨近七八千年来中国天然森林的分布及其变迁。目的在于论述我国古代是个多林的国家、古代森林的分布情况和效益，从而增强营林和护林的信心与决心，并为当前农业区划、林业规划和营林生产的安排提供依据。全文主要分为两大部分。

第一部分，从历史植被的角度，叙述裴李岗文化、磁山文化期以来，我国天然森林分布的概况。全国从东南向西北，大体分为森林、草原和荒漠三个地带。这三个地带都有天然森林的分布。在森林地带中，从北到南，又可分为大兴安岭北段的寒温带林，小兴安岭和长白山地的温带林，华北的暖温带林，华中、西南的亚热带林，华南、滇南、藏南的热带林五个区。这种情况，反映历史时期我国森林地带，从北到南，树种由少到多，林相越来越复杂，森林资源越来越丰富的特点。

第二部分，以长白山地、太行山中段、华北平原中南部、湘江下游、高廉雷琼、黄河中游、塔里木盆地七个地区为代表，探讨近七八千年来我国森林分布的变化。由于各地区自然条件的不同，人为因素的差别，因而各地区森林分布的变迁也就多种多样。例如长白山地区由于开发较迟，早期森林植被分布的变化是比较轻微的；自19世纪沙皇侵入后，接着又在日本帝国主义的统治下，使区内许多“窝集（树海，或原始森林）”遭到严重的破坏。又如太行山中段地区，是我国农业发展最早的地区之一，近七八千年来，栽培植物和次生林经过了多次的更替。再如高廉雷琼地区森林的变迁，除社会因素外，受公元1050年左右特别是1450年左右以来多次“特大寒”的影响是很大的。

七八千年来，我国由多林的国家变为少林的国家。我国古代森林覆盖率远较今广，当时多天然森林，森林的分布是比较均衡的。造成古今巨大的变迁，与我国“人与生物圈”的变化，也就是与中国自然环境及人类活动的变迁是紧密相连的，其中尤以毁林开荒、“刀耕火种”对森林的破坏最为严重。值得注意的是，这种变迁不是直线式地减少，而是经过多次反复的。每当人口大减、封山育林之时，森林即可逐渐恢复和发展，现今世界不少国家的经验也证实了这点，这为我国林业前途提供了很好的启示。

---

* 原文发表于：中国林学会编 .1980.（1979年）三北防护林体系建设学术讨论会论文集

六、中国古代的森林*

近代，中国是一个少林的国家。虽然新中国成立后森林有所恢复，覆盖率已提高到12.7%，但仍然大大低于20%的世界平均水平，并且中国现有森林主要分布在东北、华南和西南（包括藏南）等江河上游和边陲地区。因而不仅许多地区木料、燃料、饲料、肥料俱缺，更造成广大地区水土流失，风沙严重，生产大受影响，对人类生存也构成威胁。

中国古代是个多林的国家，森林约占全国总面积的50%。当时，森林的分布较今均衡，森林资源也远较今丰富，在涵养水源、保持水土、调节气候、维持生态平衡、保护和美化环境等方面的作用皆较今为大，因而不少地区农牧业生产的自然条件也较今优越。思往观今，森林的覆被问题仍是值得重视的。

在第四纪最末一次冰期以后到距今约8 000年前，中国自然植被的水平分布已和现在相似，即从东南向西北大致可分为森林、草原、荒漠三大区；东南半壁的森林大区又可从北到南分为由寒温带到热带的5个林区，青藏高原虽仍在继续隆起，但属于高寒草甸、灌丛和高寒荒漠的景色也已基本上稳定形成。此后，中国的自然植被就和现在基本相同，分为8个区了。

历史时期，这8个区都有天然森林分布，其中以5个森林区为主。由于历史时期各植被的环境条件和人类活动的历史过程不同，因而各区历史上的森林变迁也存在很大差异。

1 森林大区

森林大区位于中国东部近海地带，气候湿润，宜于林木生长。

1.1 大兴安岭北部的寒温带林区

本区是西伯利亚大森林在中国境内的延续，分布着松、桦、柞等针阔叶林，是中国现在最大的林区，古代森林的面积更广。

公元6世纪的古籍记载，大兴安岭的大白山东麓嘎仙洞（鲜卑石室）发现公元443年拓跋焘祝文石刻等证实：公元前16～17世纪（相当中原的夏末商初），拓跋鲜卑的远祖即在大鲜卑山（今大兴安岭北段）一带聚居，当时，以桦木等组成的原始森林遮天蔽日。6～8世纪文献提到，在今大兴安岭北段和嫩江县以北一带，有失韦（或作室韦），气候寒湿且多积雪，拥有大量的鹿、貂等森林动物。这些反映了数千年来寒温带林及其环境的一些特征。直到18世纪，这里还保持“林薮深密”。到

*1986年先父病重住院时，我曾了解到某“百科全书”编委会催问向父亲所约《中国古代森林》文稿，但我们至今没有看到与此相关的样书与稿酬等。在遗物中，我们找到撰写该文稿的资料与原计划撰写各部分的字数等，遂重新整理。

19世纪，大部分地区仍是“丛林密箐”，“中陷淤泥（沼泽）”。由于本区气候寒冷，古代人烟稀少，居民向以游猎畜牧为主，兼营农业而已。

19世纪末后，沙俄与日寇的大肆劫掠，致使本区南段成为森林草原或草原。

1.2 小兴安岭与长白山地的温带林区

吉林省敦化市孢粉分析表明，从全新世早期（距今7 500～10 000多年）以来，这里即有森林和沼泽植被分布，森林以松属为主；中全新世，因气候转暖，阔叶树种如栎、椴、桦等显著增加；到晚全新世，气候转凉，松属又转占优势。

在2 000～3 000年前到1 600～1 700年前，今宁安（现为市）等地居民已种植粟、黍。从汉（挹娄）到唐（粟末靺鞨为主建立渤海政权），农田垦殖虽有所增加，但随着渤海政权为辽所灭，不少农田复变为林莽。历辽、金、元、明，这里的女真族长期处于“无市井城郭，逐水草为居，以射猎为业”的落后状态，故对森林的影响不大。清初，本区“窝集”（树海）可考的尚达数十处。清王朝以这里是发祥之地，予以封禁，使得森林面积曾经扩大。

但从康熙时起，大量流民相继“下关东”。到19世纪初，流入人口越来越多，森林渐为栽培植被所替代。此后，沙俄和日寇接踵入侵，又使森林遭受严重破坏。

新中国成立后，红松更新问题虽列入林业经营管理议事日程，使这里的红松针阔混交林有可能在科学管理下长期发展下去，但现状还是破坏多而营建少，更新赶不上，森林面积还在缩小中。

1.3 华北的暖温带林区

本区古代森林广布，平原亦有点缀，此外还有草原、湿生、沼泽、盐生等植被。北京等地的孢粉分析表明，全新世中期，这里林木以栎、松属居多，并有榆、椴、桦、槭、柿、鹅耳枥、朴、胡桃、榛等属乔、灌木。《诗经》提到，山有枢、栲、漆等树，隰（低地）有榆、杻、栗等木。渭河平原新石器时代孢粉分析、仰韶的考古及古籍都可印证。

河南密县莪沟北岗及裴李岗、磁山、仰韶、大汶口、龙山等新石器遗址出土的木炭和木结构房屋等，以及作为当时主要狩猎对象——鹿的存在，都说明本地当时森林、草原的存在。安阳殷墟发掘出大量的麋鹿、野生水牛、竹鼠、象、犀、貘（马来貘）等动物遗骨以及甲骨文的记载，表明3 000～4 000年前，殷墟一带存在森林、草原、沼泽景观。竹鼠可反映当时有相当面积竹林，热带的象、貘等动物存在，说明当时华北气候较今为暖，这里动植物的成分较寒温带与温带林区都要复杂得多。

辽南全新世孢粉、木炭、炭化房柱，结合目前以松、栎为代表的森林，表明辽东山地丘陵历来是森林地区。新中国成立初营造的一条从辽东湾到大兴安岭南麓的防护林，许多地段如今已蔚然成林。沿海营造的数千千米的海防林，宛如一道绿色屏障。山东山地丘陵的暖温带林，也为2 000～3 000年来的《诗经》《禹贡》等古籍、方志所证实。

历史上，黄土高原森林广布，《诗经》提到北山（今岐山）林木茂密；《山海经》记载今陕北、陇东的山地，中条、霍山、吕梁等山的自然植被为多树种的混交林，还有竹林。晋西北的河曲、保德、五寨、岢岚、兴县的许多山地，300～400年前还是古木参天，林荫蔽日；如今的关帝、芦芽、管涔等山，依然青翠。燕山一带，2 000多年来森林密布；从晋北经太行山北部沿燕山到山海关一带，直到15世纪，还是“林木茂密，人马不通”。

本区自古以来就是汉族主要活动地区，原始农业距今约8 000年前已兴起。由于人口的增加，社会的进化，因而天然林等植被变化的总趋势是日益缩小；加以炼铜、冶铁、陶瓷、砖瓦等工业、手工业，大多消耗不少燃料；建筑都邑和房屋又不断砍伐林木以供使用，因此，森林资源日渐耗竭。中国古代奴隶、封建社会的不断治乱更替，北方民族的相继内迁，使得本区经常处于战争、动乱之中，森林难逃水、火、兵、虫等灾害之厄运。

西周至春秋之际，郑、宋之间（今河南新郑、商丘之间）尚有大达六邑空间的“隙地”；但到战国，呈现“宋无长木”的状况；到西汉，本区的“东郡”已缺烧柴。森林等植被消失的迅速，概可想见。

1.4 华东、华中、华南北部及西南的亚热带林区

本区既具有中国特色，又是中国古代各区森林面积最大者。

本区东部的闽浙山地，即有河姆渡发掘出适宜中亚热带气候的樟、榕以及高寒山地的松、铁杉等树种。先秦迄清代文献记载，会稽、四明山一带亚热带林如盖，很可能与浙中、闽、赣森林连成一大片。

汉代，福建即“深林丛竹”；直到北宋末，仍“山林险阻，连亘数千里”。

台湾北、中部，据考古发掘证明，三国时就有“大材”“大竹”的记载；元代《岛夷志略》提到“林木合抱”；目前，阿里山还有树龄高达3 000～5 000年的“神木”。台湾山地现存大面积的原始森林，虽经长期采伐，全省森林面积仍占总面积的55%；其中80%为天然林，有名贵的扁柏、红桧、黄桧、铁杉、香杉、樟、肖楠、桃花心木等，阿里山、太平山等为主要林场。

北部的秦岭山地（广义），数千年前有茂密的亚热带林和竹林等；现在，仍有天然林分布。直到宋代，房州（今湖北房县）仍然“邑舍稀疏，殆若三家市”，人烟稀少，森林得以保存。这一带天然林变化加速，起于元末明初的垦殖，明中叶以后，进入郧阳山区的人口在200万以上，天然林为“高下鳞次”的梯田和民舍取代。但明末清初的战争加蝗灾，致使人口剧减，不少田园又成为“南山（秦岭）老林”和“巴山老林”的一部分。清中叶后，流民又大量涌入垦殖，发展到“无土不垦”的程度，以致19世纪后，仅神农架、镇坪、淅川等处尚有残余的森林、竹林。

南部，据南昌和怀宁的孢粉、长沙的考古及文献记载表明，气候暖湿，古代亚热带森林遮天蔽日，发育良好，竹林也不少，还有湿生、沼泽植被等。湘江下游楠、桂、化香、梓、樟、杉等林木、毛竹林广布。这里开发较华北为晚，天然林变化较大是在宋靖康之乱以后，北人大量南迁，本地人口骤增，生产发展，致12世纪末，道经湘江下游者，目击沿江丘陵，已“荒凉相属”，和唐代大异了。此后，虽各地因战乱和灾荒等不同原因，森林变迁还有过若干次反复，但总的趋势是栽培植被迅速发展和天然森林日益减少。南岭山地和两广山地丘陵北部，唐代就有“湘江永州路，水碧山崒兀”，并富于“篁竹”等记载。广州秦汉造船工场遗址的木材考定及文献记载反映，这一带历史时期有茂密的格、樟等亚热带林分布。

西部的四川盆地边缘冕宁野海子发现的“古森林”，表明6 000多年前即生长着亚热带针阔混交林。《山海经》等古籍记载，四川盆地分布许多亚热带动植物，明王朝多次在川西山地伐巨木，都反映当地有丰富的亚热带林以及竹林。贵州高原梵净山全新世孢粉及现仍盛产杉、松的清水江、都柳江、赤水河流域及梵净山区，亦可反映当地古代森林概况。滇池全新世孢粉和《华阳国志》等记载表明，云南高原北、中部广覆杉、松等亚热带森林。至今，云南的森林蓄积量约占全国的七分之一。

1.5 华南南部、滇南热带林区

本区包括台湾南部、广东大陆东南与西南沿海、海南以及南海诸岛，还有桂南及滇南等地。

由于位处全国最湿热地区，因而天然树种最繁多，森林布局最复杂，林相最茂密。《三辅黄图》《南方草木状》《桂海虞衡志》《岭外代答》等文献记载了大量事实。椰子、槟榔、桄榔、荔枝、紫荆、铁力木、麒麟竭、沉香等热带名贵木材、果品、香料、药材等，以及沿海热带红树林、热带沼泽植被、热带竹林多生长在这里。

本区一些低地的农业发展较早，特别是台湾，就是南海沿海也有不少新石器时代原始农业遗址，与《汉书·地理志》记载海南居民种稻、桑、麻的事实可相互印证。五代，中原多乱，北人迁到海南的也不少，地区有所开发，但毕竟由于热带林木生长迅速，且当地仍然地僻人稀，采伐、垦殖对森林影响不大。所以到北宋，本区仍被称为“瘴气”地区，天然林变化不大。北宋末，在特大寒潮影响下，钦州一带“冬常有雪”，“万木俱僵”，明、清“小冰期”时也发生过多次类似现象，终因热带林区，自然恢复较快。直到靖康之乱后，北人南迁更多，人口增加较快，栽培植被大为发展。17世纪，雷州半岛与海南沿海等地因战乱等原因，人口大减，又使熟地抛荒，雷州半岛西海岸甚至成为“丛箐”“绵延数百里”。18世纪初，琼、廉等州沿海还有不少森林和竹林，猿猴、虎、鹦鹉等栖息，灵山一带甚至还有野象出没，鹦鹉、孔雀等活动。18世纪中叶以后，由于清王朝镇压农民起义；1930年代末，日寇登陆海南等地，大肆砍烧森林，掠夺森林资源等，加速了森林的消失。到新中国成立初，仅海南中部还有原始林，徐闻南部尚有残余的次生林。电白等地水土流失，风沙灾害严重，出现裸露沙区，有类热带荒漠。新中国成立后，由于采取各种有效措施，综合治理，已经取得显著成效。

2　草原大区的天然森林

中国草原地区位于森林地区以西，为亚欧草原的最东部分。它形成于第三纪，迄今草原的范围和自然面貌变化不大。

本区古代的天然植被虽以草原为主，但本区东南边缘毗邻森林地区，以及区内的一些山地，天然植被除草原外，也有森林存在。

2.1　东北平原

历史时期，当地的天然植被以森林草原为主。平原西部的科尔沁近代逐渐成为沙漠化地区之一，西拉木伦河、西辽河平原等地有沙丘植被等分布，但是古代并非如此。

仅以17世纪上半叶而论，清太宗皇太极（1626～1643年在位）曾在科尔沁左翼前旗至张家口一带设置不少的牧场，清代文献称为“长林丰草，讹寝成宜……凡马、驼、牛、羊之孳息者，岁以千万计”。反映从东北平原西部经大兴安岭南段，张家口一带的内蒙古高原的植被以森林草原为主。现经沙漠工作者实地考察，发现不少遗迹，证实了这一情况。

2.2　大兴安岭南段

这里的森林草原古代即有“长林丰草”的描写。

清代《随銮纪恩》评述了康熙四十二年（1783）随康熙北巡过此，目击落叶松、草原、沼泽等森林草原植被，捕获巨鹿、石熊等野兽的情景。反映森林依然完好。

2.3　冀北山地西段

这是指内蒙古高原中部张北高原部分的南缘。

元至正十二年（1352）周伯琦随元惠宗赴上都［故址在今内蒙古正蓝旗东约20 km闪电河（即滦

河）北岸］，穿过张家口以东山地，沿途三百多里“皆深林复谷，村坞僻处”。

明代，仍然“园林之盛，蓊郁葱茜，枝叶交荫”。“山深林密”，“苍松、古柏环绕于外者，不知几百里”。林相茂密可知。

2.4　阴山

近年在阴山西段发现的千余幅岩画，以动物画为最多，其中有罕达犴等森林动物，马鹿、狍子等森林灌丛动物，岩羊等草原动物，这是数千年森林等环境的写照。

秦汉之际（公元前3世纪末），阴山就是“东西千余里，草木茂盛，多禽兽”之地。北魏“乃遣就阴山伐木，大造工具”，“再谋伐夏”。说明5世纪初还有不少林木。

到清代，阴山仍为山西木材取给地。阴山南北有大量召庙，多为清代建筑，所需大量木材多来自阴山。现在，阴山还有天然林30多万公顷。足见古代阴山天然林的广大。

2.5　黄土高原西北部

战国至汉初，陇东、陕北一带就有产“饶材、竹、榖（即构或楮）、纑、旄”等记载，表明这一带为森林草原。《山海经》记载白于山（在今陕北）“上多松、柏，下多栎、檀”。高山（今宁夏六盘山最高峰米缸山）“其草多竹”。

兰州、会宁、海原、西吉、静宁、庄浪、隆德、泾源、华亭、合水、葭县（今佳县）在清代有森林、竹林分布。巩昌府（治今陇西县）、平凉府［治今平凉市（现为崆峒区）］、庆阳府［治今庆阳市（现为西峰区）］等地，清代还有猕猴分布，也说明有森林。

本区东南部是草原与暖温带林的交界地带，也是中国农牧民族的接触地带。每当农牧界线的南移或北移，都对当地植被变迁、水土流失或沙漠南侵等影响显著，并间接影响到黄河安危（是黄河下游泥沙量和洪水量的主要来源之一）。

约从战国到秦汉，森林和草原经过多次移民垦殖，由原来的完好状态而为栽培植被所代替，农牧界线一度北移到阴山以北，西达乌兰布和沙漠一带。虽然这里出现了“新秦中”的发达农业区，但却强化了土壤侵蚀，不仅造成了黄河下游的水患频繁，而且“新秦中”终因就地起沙和风沙侵袭未能持久。东汉永和五年（140）以后，移民屯垦停止，北方游牧民族相继内迁，农牧界线复又南移，恢复到战国后期情况，并持续到北魏长时期很少变动，于是次生草原灌丛等大面积代替了栽培植被，土壤侵蚀减轻，黄河下游亦长期得以安流。

北魏以后，游牧民族逐渐农业化，在定襄郡的盛乐（内蒙古和林格尔县土城子）和后套一带都曾进行垦殖。到唐代，农牧界线再次北移到河套以北，特别是“安史之乱”后，原来设置的许多牧监和牧场尽被垦殖，大片草原复变农田，又一次加剧了黄河下游的灾情。

五代、两宋到元、明，这里的农牧界线一直游移于陕北、内蒙古之间。清乾隆以后，栽培植被更发展到阴山以北，西至萨拉齐（土默特右旗）一带，草原几乎全为栽培植被代替，不仅陕北风沙危害愈甚，而且黄河下游水患也与日俱增。

直到新中国成立后，采取各种有效措施，才改善了黄河的状况。

3　荒漠大区的天然森林

荒漠地区位于中国西部内陆。历史时期，虽然气候干燥，荒漠分布很广，植被稀少，但在一些较低平地区水源充足之处，以及冷湿的较高山地，都有天然林分布。

3.1 较低平地区

在荒漠的河边、湖畔及地下水丰富的地方，有不少天然林。它们主要分布在一些山麓、荒漠边缘的绿洲一带，有的还深入荒漠的内部。树种以胡桐（即今胡杨）为主，灰杨次之，不仅在塔里木盆地分布很广，而且在准噶尔盆地和河西走廊等地的荒漠中也有分布。

2 000多年前的楼兰（今塔里木盆地东端，罗布泊以西，后改名鄯善）即有胡桐林，这与当时北河（中下游一部分相当今塔里木河）注入蒲昌海（今罗布泊一带），水源较今充足是分不开的。今塔克拉玛干北部的沙雅以南的塔里木河中游及南部的叶城、皮山、墨玉、和田、洛浦、策勒、于田、民丰、安迪尔（今属民丰县）、且末、瓦石峡（今属若羌县）、米兰（今属若羌县）等地的荒漠中，都有古城废墟和枯死的胡桐林遗迹。

19世纪初，“玉河（今叶尔羌河）两岸皆胡桐夹道数百里，无虑亿万计”。博斯腾淖尔（今博斯腾湖）“树木围合”。清代记载称：“（新疆）多者莫如胡桐，南路盐池东之胡桐窝，暨南八城之哈喇沙尔、玛拉巴什，北路安集海、托多克一带皆一色成林，长百十里。”

3.2 较高山地

贺兰山 现今还有2万多公顷天然林，高山部分是以青海云杉和油松等针叶林树种为优势的稳定林分结构，这是历史的直接孑遗。树龄在300年以上的不少，是过伐林。唐代，山上林木繁茂，色青白，远看如驳马，北方游牧民族语称“驳”为“贺兰”。直到西夏在贺兰山驻扎重兵，并在山上及山麓平原大兴土木，可见当时森林的壮观，尚堪支付如此巨大的木材消耗。明代以前，还有“林莽”之称，现仍留有残迹。

祁连山 公元前2世纪，该地曾为匈奴居住地。汉武帝派兵赶走匈奴后，置河西四郡，打通“丝绸之路”。匈奴失此畜牧基地，悲歌“亡我祁连山，使我六畜不蕃息”。反映当时祁连山不仅有终年积雪的冰川，有草地，还有山地针叶林，森林茂密，水草丰美，成为畜牧基地之一。汉代即称，山“有松柏五木，美水草，冬温夏凉，宜牧畜养”。唐代，提到“多林木箭竿”。清代，仍有“山木阴森”，大木“逾合抱”。至今，祁连山还有原始林，并有过伐林，有一些千年左右的祁连圆柏。

天山 早在《汉书·西域传上》就记载中国西北的乌孙“山多松樠”。近年发掘的昭苏夏塔地区墓葬填土的木炭，经^{14}C测定也是2 000年前之物，可相互印证。13世纪，唐代的碑文，（元）耶律楚材“万顷松风落松子，郁郁苍苍映流水”的诗句以及清代大量文献记载，都说明天山北坡有连绵数千里的针叶林。

阿尔泰山等 13世纪，金山（今阿尔泰山）“松桧参天”。20世纪初，阿尔台山（今阿尔泰山）“连峰沓嶂，盛夏积雪不消。其树多松、桧，其药多野参，兽多貂、狐、猞猁、獐、鹿之属”，反映具有天然山地针叶林某些特征。当时新疆北部、今国境线一带诸山，据文献记载，也有些天然山地针叶林分布。

荒漠地区的天然林是更加珍贵的自然资源。它的变迁与常年优势风的作用，流沙的埋没，河流的改道，水利的失修，以及人类的滥垦、滥牧、滥樵等是分不开的。历史上的著名古城楼兰、精绝等农业区变成废墟，叶尔羌河两岸胡桐林的锐减等，就是大自然的惩罚。

4 青藏高原的天然森林

青藏高原中部到喜马拉雅山北麓的天然植被主要为高寒草甸、灌丛和高寒草原、荒漠，但古代青藏高原亦有较多的天然林。

4.1 青海东北部

近年考古发掘，距今5 000年左右以来的新石器时代遗址不少，当时的墓葬广泛使用大量的巨大圆木和木材；距今4 000年前使用松、杉、柏、桦等木材，反映当时这一带山地有不少针叶林。

西汉末，赵充国率士卒入山伐木6万余枚，为新修水利、建筑之用。南北朝时，吐谷浑在黄河上游建桥使用大量木材。隋炀帝（大业五年，即609）曾打猎于拔延山（今拉脊山一带）。唐宋时，此地颇多土贡、土产中有麝香等森林、灌木、沼泽动物。明嘉靖三十九年（1560），修建塔尔寺取用了300年以上的古木。

清代，隆藏林山（今湟中县）“多松木”；大通卫（今县）硖门山、大寒山“青松茂草，怪石流泉，雪后雨前，望如图画”，燕麦山长亘五六十里，“其山多松”；碾伯县（今乐都县）九池岭，“上多松、杉，野花秀明可爱；下有泉九眼，故名”；循化“旦布山……林木茂盛”。可见当时天然植被以落叶阔叶林、针叶林为多，还有一些竹林，与现今情景类似。

4.2 青藏高原南缘

济咙（今吉隆县）直到清代的记载中仍多松、柏等树，多雕、鹗等野生动物，说明森林草原或森林也是本地的过渡性植被。

值得注意的是，吉隆现在尚保存着较大面积的森林，其中长叶云杉与长叶松是中国目前仅有的分布地区。

4.3 青藏高原东南部

唐代碑刻：“沱黎（治今四川汉源县东北）界上，山林参天，岚雾晦日者也”；明代，松潘（今县）附近林火烧了数十天，都反映当地天然亚热带森林的茂密。此外，雅州［治今四川雅安市（现雨城区）］、洛巴（今西藏墨脱县一带）等地还有不少竹林。

至今，藏南的雅鲁藏布江中下游、东喜马拉雅山南翼山地、横断山脉峡谷区都还有茂密的原始森林，主要树种有杉、松、桦、槲、核桃等，低地河谷区还有樟、楠、桂、栲、栎等，竹林也不少。其中有中国现今最完整的亚热带林和热带林。

参考文献

文焕然，何业恒 .1979. 中国森林资源分布的历史概况 . 自然资源（2）

文焕然 .1980. 历史时期中国森林的分布及其变迁 . 云南林业调查规划（增刊）

文焕然，何业恒 .1980. 历史时期“三北”防护林区的森林：兼论“三北”风沙危害、水土流失等自然灾害严重的由来 . 河南师大学报（自然科学版）（1）

文焕然，陈桥驿 .1982. 历史时期的植被变迁 // 中国科学院《中国自然地理》编委会 . 中国自然地理 · 历史自然地理 . 北京：科学出版社

吴征镒，等 .1982. 中国植被 · 全新世植被及人类活动的影响 . 北京：科学出版社

七、历史时期“三北”防护林区的森林分布及其特点*

1 前言

“三北”是中国“西北”“华北北部”“东北西部”的略称。

在这一地区建设防护林体系，是通过较长时期地实施人工造林工程，使之逐步恢复到历史上良好的自然环境，从而达到进一步合理开发这一地区的战略措施。这一大型人工林业生态工程包括新疆、青海、宁夏、甘肃、陕西、内蒙古、山西、河北、辽宁、吉林、黑龙江、北京等12个省（直辖市、自治区）300多个县（旗）的广大地区[①]。

历史时期，“三北”一些地区有不少长林丰草，荒漠的面积也没有现在这样广大，不少地区农业生产的自然条件也是比较优越的。但是，由于历史上人们对自然界客观规律缺乏认识，过度利用自然资源，长期滥砍、滥垦、滥伐等，破坏了这里脆弱的生态环境，使得一些地区生态向恶性方向发展。因此，“三北”防护林建设不仅将逐步减少我国西北、华北北部、东北西部的风沙、水土流失等灾害，在一定程度上有利于保障这些地区农、林、牧等业的发展，改善人们的生存环境，而且对于我国“四个现代化”的建设、巩固国防、加强民族团结，也有很大作用。

“三北”防护林地区（为了避免论述中与此区内各地区混淆，需用全称以示区分）森林原来的面貌是什么样子？后来一些地区森林植被怎样逐渐被破坏的？破坏后造成哪些不良影响？现在能不能恢复？如何恢复？恢复以后有什么好处？……这是人们经常关切的一些问题。本文的目的是要复原历史时期“三北”防护林地区各个时期剖面的森林植被概况，大致从东到西分析这一区域森林的地理分布、变迁和生态环境的演变等情况，供关心和从事这一工作的同志参考[②]。

---

* 在此文稿前，有文焕然亲笔注：“1982年，林业部‘三北’地区农业区划办公室委托的任务。由于文焕然接受任务后，一直在大病中。只好在养病之余，挤时间写了此文，于1985年12月30日交林业部。”此次，经文榕生整理，特正式发表。

① 这是当时的规划，与现今所称“东起黑龙江宾县，西至新疆的乌孜别里山口，北抵北部边境，南沿海河、永定河、汾河、渭河、洮河下游、喀喇昆仑山，包括新疆、青海、甘肃、宁夏、内蒙古、陕西、山西、河北、辽宁、吉林、黑龙江、北京、天津等13个省、市、自治区的559个县（旗、区、市），总面积406.9万 km^2”稍有出入。

② 本文曾得到宁夏回族自治区林业厅陈家良处长、中国科学院地理研究所奚国金等先生帮助，谨此致谢。

2 东北西部和内蒙古东北部的森林分布

东北西部包括东北平原一部，大兴安岭南段及其南麓丘陵和内蒙古东北部高平原。这里一部分处在半湿润地区，随着离海距离的增加，降水减少，干燥程度增加，由森林草原向温带干草原和荒漠草原过渡。从水分条件来看，这里是我国干旱（半干旱）区生态条件较优越的地区之一，对于“三北”防护林地区来说，这里的改造具有它的相当优势。

2.1 东北西部的森林草原平原

就西辽河平原而论，这里历史时期的天然植被不少是森林草原。例如科尔沁，近百多年来，逐渐成为沙漠化地区之一。西拉木伦河、西辽河等地也有沙丘植被分布，但在历史上却不是这样。

远的不说，就以17世纪上半叶而论，清太宗皇太极（1626～1643年在位）曾经在从科尔沁左翼前旗到张家口一带设置了不少牧场，被称为“长林丰草”①，反映当时东北平原西部有不少森林草原。

明成祖朱棣于永乐八年（1410）二月北征，六月到达西宁河上游，据《明成祖北征纪行初编》[1]：

（六月）十四日，发广漠镇……伏骑兵数百于河曲柳林中……复奔渡河……马陷入淖泥。

（六月）二十七日，发长乐镇，草间多蚊，大者如蜻蜓……拂之不去。

（六月）二十九日，发金沙苑，是程多木，途边多榆、柳。

也反映这里有森林、草原和沼泽存在。现代邻接内蒙古的辽宁彰武县以西的大青沟内，还有一片以柞树为主的杂木林，在通辽等地还发现有森林土壤的遗迹[2]；内蒙古以东的浑善达克（小腾格里）沙漠尚有松树的残根，这些都是历史时期东北平原西部有森林分布的有力证据。

据沙漠工作者实地考察，现在科尔沁沙丘与河床、水泡子、甸子地交错分布，在个别垄岗、丘陵上还有松、榆、栎、槭等零星乔木，这些遗痕也反映科尔沁沙区曾经是河湖交错的森林草原地区②。以现在气候条件来说，科尔沁一带年降水量为300～500 mm，也说明这一带是森林草原。

东北平原不少森林草原的开发历史很早。据奈曼旗、库伦旗、科尔沁左翼后旗、通辽（今科尔沁区）、开鲁县、科尔沁左翼中旗、扎鲁特旗先后发现许多红山文化和富河文化遗址③，说明在距今约4 000～5 000年前，西辽河一带开始有原始农业。原始农业的出现，意味着人类对森林和草原等天然植被改变的开始。

据历史文献记载，辽代以前（6～7世纪）时，潢河（今西拉木伦河）与土河（今老哈河）之间已有先民“追逐水草，经营农业”④。7世纪初，辽代在潢河以北建立上京临潢府，并在潢河两岸建立了许多州县，先后迁移了许多被俘的汉、扶余等族农民⑤，因而使得当地农业进一步发展。到10世纪中叶，辽河地区已经发展成为“编户数十万，耕垦千余里⑥”的农业地区。近年，文物考古工作者在西拉木伦河流域发现辽、金时代大量的文化遗址和遗址中出土的文物[3]，是当时这一带农业曾有较大发展的有力见证。目前，这些遗址大多在沙区中[4]，说明随着森林草原不断被垦殖、放牧和

① 《清朝文献通考》卷二九一《舆地考》二三。

② 中国科学院沙漠研究所朱震达1978年提供资料。

③ 红山文化（公元前4000~前3000）因1921年最早发现于赤峰东郊红山，1935年对遗址进行了发掘，1956年提出了红山文化的命名；该遗址具有农牧结合兼狩猎的经济特点，主要分布在西辽河流域。

富河文化（距今5 000年左右）因首先发掘于内蒙古昭乌达盟巴林左旗富河沟门而命名，主要分布在西拉木伦河、乌尔吉木伦河、英金河、老哈河等地区，时间略晚于红山文化，当时先民以渔猎生活为主，也进行农业生产，过着定居生活。

④ 《辽史・食货志》。

⑤ 《辽史・地理志》。

⑥ 《宋史・宋琪传》。

樵柴等活动的加剧，必然使得植被遭受到较大破坏。到12世纪的金代，已经有“沙雪堙塞，不足为御”，“土瘠樵绝，当今所徙之民，姑逐水草以居”①的地区出现。可见当时已有沙漠化的问题。

不过，13世纪以后，由于元、明两代政治中心南移，本区农垦规模缩小，因而天然植被逐渐有所恢复，沙漠化问题也得以不同程度地减轻。这样，本区到17世纪上半叶的清初，又成为“长林丰草”的地区。但是，生态环境向良性发展的好景不长，18世纪中叶以后，清代由于推行放价招民垦种政策，流民大量涌入垦荒，本区的次生森林草原又遭受破坏，成为斑点状流沙与固定、半固定沙丘交错分布的景象。过度的开垦，又使沙化面积扩大。如今，西辽河流域不少地方变成了沙漠化区域。

2.2 大兴安岭南段及其东南麓丘陵的森林草原

古代，大兴安岭南段及东南麓丘陵的天然植被中也有不少森林草原[4]。

《东三省纪略》卷七[5]记载道：

> （索伦山脉为大兴安岭东出的一部分，）周围二千余里，凡札萨克图（今兴安盟科尔沁右翼前旗，即乌兰浩特市）、镇国公（今属科尔沁右翼前旗）、乌珠穆沁（今锡林郭勒盟，分为东、西乌珠穆沁旗）、扎鲁特（今旗，属原哲里木盟，今通辽市）诸旗皆其绵亘处也，其中森林茂郁，垂数千年，高十丈，大数围之松木遍地皆是。

这里描述的是当时大兴安岭南段及其东南麓丘陵的一部分有森林分布②。

明《译语》也记述称：

> 克忒克剌，即华言半个山，山甚陡峻，远望如坡，故名。傍多松、桧、榆、柳及佳山水，按：即古之平地松林矣③。

克忒克剌，乃今克什克腾旗④。“半个山”，指山地一坡陡峻，另一坡平缓的意思。因为大兴安岭介于东北平原与内蒙古高原之间，从平原看去，山势高峻；从高原看来，就不是山了，所以叫“半个山”。古人描述称：半个山的松林，“甚似江南……树林蓊郁，宛如村落；水边榆柳繁茂，荒草深数尺[1]”，真是一派森林草原好风光！

至于这个森林的范围，据（明）罗洪先《广舆图》卷二《朔漠图》：“自庆州西南至开平，地皆松，号曰‘十里松林’。”明代庆州的治所在今内蒙古巴林右旗西北的察罕木伦河源的白塔子（察罕城）；开平治所在今内蒙古正蓝旗东闪电河北岸。巴林右旗与西乌珠穆沁旗相毗邻，也就是与前述索伦山脉的西南段相连接，正说明整个大兴安岭南段，都有森林分布。除森林外，还有草原。

（清）汪灏《随銮纪恩》⑤记述，康熙四十二年（1703），汪灏随康熙北巡，在八月二十八日（10月8日）到兴安岭狩猎，其目击的景象是：

> 灏等从豹尾窬岭北行……十里过一涧，仍沿岭脊而东，白草连天，空旷无山，天与地接，草生积水，人马时时行草泽中，不复知为峻岭之颠（巅）。落叶松万株成林，望之仅如一线……日将晡，乃折而南，渐见山尖林木在深林中。下马步行，穿径崎岖。久之，乃抵岭足。沿岭树多无名，果如樱桃，蒙古所谓葛布里赖罕是也。

这是对当时大兴安岭南段森林草原的真实记载。此外，汪灏还提到他们当天猎获不少巨鹿，并有一

---

①《金史·地理志》。

② 这里所称“大兴安岭南段”，是指牛汾台—吉尔根一线以南的山区，包括通常所称大兴安岭的中部山地及南部山地在内。

③《纪录汇编》卷一六一。

④（清）张穆《蒙古游牧记》卷三《克什克腾部》。

⑤《小方壶斋舆地丛钞》第一帙。

只石熊，也反映出森林草原中的动物资源概貌。

大兴安岭南段及其东南麓丘陵森林的今不如昔与东北其他山地一样，主要是19世纪以后，在日寇的铁蹄蹂躏下，天然植被遭到肆意破坏的结果。

昭乌达盟的白音敖包（在今克什克腾旗境内），现今还有一片红皮云杉组成的沙地云杉林，得益于其在蒙古史上被认为是“神林”而幸存。30多年前，这片云杉林还有5 900 hm^2，当时这一带古木葱葱，牧草丰盛。然而近20年来，由于虫灾和乱砍滥伐，云杉林锐减为2 400 hm^2，使昔日被誉为“美丽的山头”和绿色宝库的敖包山变成荒山秃岭，森林草原沙漠化严重[6]①。

2.3 内蒙古东北部高平原的森林分布

本区包括呼伦贝尔、锡林郭勒及乌兰察布3个高平原。其中呼伦贝尔、锡林郭勒2个高平原现在的气候以半干旱类型为主，还有半湿润气候，因而植被以草原为主，沿大兴安岭西麓为森林草原或草甸草原。在呼伦贝尔高平原西南部沙地有樟子松疏林，浑善达克（小腾格里）沙地有云杉林、榆树林等，森林覆盖率为1.53%②。

但历史上，这一带森林覆盖较今为广。

例如，民国十八年（1929）《呼伦贝尔・林业》记载，19世纪末，在呼伦贝尔境内共有4个大林场，即在呼伦贝尔北部、海拉尔河及其支流、海拉尔河以南、伊敏河及其支流的上游等处，它们的面积都不小，平均每个超过1 400 km^2，且名义上都是林场，实际上都是毁林机构，由沙俄掌控。这一方面反映在沙俄残酷掠夺下，这一带的森林遭到严重的破坏；另一方面又印证历史上森林广布。

又如，民国十九年（1930）《兴安区屯垦第一年工作概况・林产・罕达街森林状况》称：

> （罕达街森林，）在大兴安岭之西，将军庙址迤北一带之地，（主要林木为）油松的单纯林……他如黄花松、白桦、黑桦等，虽亦有杂生其间，但为量不多，向未经斧钺，仍保有其原始状况……森林面积约为二百方里，材积约二百万左右。

尽管这些数字不很精确，但也反映出在历史时期，呼伦贝尔高平原的天然森林之胜远超过现今。

乌兰察布高平原历史上的森林状况，据内蒙古科学工作者1980年在四子王旗西北塔布河下游的哈沙图查干淖尔附近（东经111° 15′，北纬40° 50′），发现2片天然胡杨林，共120多株，面积约8亩[7]。这既是我国分布在草原区荒漠草原带的胡杨林，也是我国分布最东的胡杨林。据了解，这里曾有过胸径30 cm以上的大树，在“十年动乱”时期曾被砍伐，现在还可以找到伐根；河道两侧还有生长着柽柳灌丛的零星沙丘③。这不仅是“三北”地区森林变迁的新资料，也为我们在其他地区考察提供了启示，还为当地盐碱地造林提供了优良树种，在生产上也有实用意义。

3 华北北部的森林

华北北部包括冀北山地东段到辽西山地丘陵、冀北山地西段、山西高原西北部到内蒙古一带。

3.1 冀北山地东段（燕山山地）到辽西山地丘陵的天然森林

历史时期，冀北山地到辽西山地丘陵为森林带。这可以根据燕山南麓泥炭[8]和北票、朝阳出

---

① 救救红皮云杉林．光明日报，1979-05-26.

② 廖茂彩．内蒙古自治区林业区划（讨论稿）．内蒙古自治区林业区划办公室，1981年油印．

③ 内蒙古林学院林学系冯林教授1981年11月提供资料。

土木炭、木桴残片的^{14}C年代测定①，说明6 000～7 000年前到2 000～3 000年前，从燕山南麓到辽西山地丘陵，是以栎属的阔叶林为主，逐步演变到以松属的针叶林为主的森林分布。从《战国策·燕策》《史记·货殖列传》《汉书·地理志下》都提到从先秦到汉代，这一带的"燕"有"鱼盐枣栗之饶"；（北魏）贾思勰《齐民要术·种栗》也提到燕山一带饶榛子；辽金时代，曾在燕山采伐过林木；元代都山号称"林木畅茂"[9]；《明经世文编》记载：

自偏头、雁门、紫荆，历居庸、潮河川、喜峰口，直至山海关一带，延袤数千余里，山势高险，林木茂密，人马不通[10]。

居庸东去，旧有松林数百里，中有间道，骑行可一人[11]。

这些记述都说明历史上这一带森林的茂密。

辽西的万松山，《明一统志·辽东都指挥使司》提及"万松山在卫西北十五里，绵亘东西百余里，连山海、永平界。山多松，因名"②。其实除当地松以外，还有榆、梓等林木③，不过以松林为最多罢了。此外，北京怀柔县④红螺寺的竹林，是我国竹林分布的北界，明代文献就提到当地有松林⑤。

从古代野生动物分布情况看，也可反映历史时期燕山一带天然森林的情况。据古籍记载，燕山野生动物很多。以猕猴为例，明清时期，临榆（今秦皇岛市境）、迁安、抚宁、遵化、兴隆、密云等地都有猕猴成群分布。这一带是我国猕猴分布最北地区之一，不仅分布广，而且数量多，有的地方猕猴多达数万；现在，兴隆县还有猕猴残存。这里猕猴地理分布变迁的巨大，主要是森林植被被破坏和人类滥杀的结果[12]。

冀北山地东段以北，据乾隆四十六年（1781）《热河志》卷四《围场》：

周一千三百余里，南北二百余里，东西三百余里。东北为翁牛特界，东及东南为喀喇沁界，北为克西克腾界，西北为察哈尔正蓝旗界，西及西南为察哈尔正兰、镶白二旗界，南为热河厅界。

约包括今河北省冀北山地以北，辽西山地丘陵西北和内蒙古东南一部分。同书还提到：

国（满）语谓哨鹿，曰木兰。围场为哨鹿所，故以得名。

据光绪《围场厅志》记述：

（木兰）四面皆立界限，曰柳条边……围场为山深林密…… 草原广阔（的地方，）……历代之据有此地者，皆立于驻牧，故自古多未垦辟。

因此地"自古多未垦辟"，故"山深林密"保持完好。此外，围场东北至翁牛特旗，恰好与东北平原西南部相接，也是"山深林密"，"草原广阔"，说明当时从冀北山地东段以北、辽西山地丘陵西北到内蒙古东南部的天然植被，也是森林草原，和东北平原西部、大兴安岭南段是一致的。

3.2 冀北山地西段的森林草原

这一带的森林较详细情况，当推明代《译语》，其中有当时守边大臣目击嘉靖二十二、二十三年（1543～1544）的情况：

---

① 例如北票丰下遗址出土木炭及朝阳六家子出土木桴残片的^{14}C测定，见《放射性碳素测定年代报告（四）》. 考古，1977(3)

② （清）刘源溥，孙成纂修(1934)《锦州府志》，（清）康熙《宁远州志》等皆有记载。

③ 《元一统志》卷二《辽阳等处行中书省·大宁路·山川》。

④ 现为怀柔区。

⑤ （明）陈宗颐《游红螺寺》诗（见康熙六十年《怀柔县新志》卷八《诗》引）。

惟近塞，则多山川林木及荒域废寺，如沿河十八邮者，其丘墟尚历历可数。极北，则平地如掌，黄沙白草，弥望无垠，求一卷石勺水无有也，渴则掘井而饮，虏酋号（我国北方少数民族）小王子常居于此，名曰可可的里速，犹华言大沙窾也。

（大沙窾西南的一些地方，）予嘉靖癸卯（二十二年）夏，奉命分守口北道时，与元戎提兵出塞，亲见园林之盛，翡郁葱蓓，柯叶交荫……中多禽兽（每秋，少数民族必来射猎）。

（似乎大沙窾以南的一些地方）山深林密，不便大举。

［大沙窾之南（按：似指东南）的一些地方，］重峦叠嶂，苍松古柏环绕于外者不知几十百里……予嘉靖甲辰（二十三年）春（到此）。

根据文中“守口北道”，“提兵出塞”，大沙窾似指今张家口到张北一带。这一带以南，“山深林密”，多“苍松古柏”；以北，则不仅有草原，而且有荒漠存在。

3.3　山西高原西北部的森林草原

历史时期，山西高原西北部的天然植被，也是森林草原。

《史记·货殖列传》记述：

龙门碣石北，多马、牛、羊、旃裘、筋骨。

反映战国至西汉，龙门竭石北的特产全是畜产品。碣石，似指河北昌黎县境碣石山；龙门，即今禹门口所在的龙门山，正当渭河平原与汾涑流域的北边分界线上。可见从战国至西汉初，从今晋西南的龙门向东北斜贯今山西境内的一线，大约可作为全省农业区和畜牧区的一条分界线，晋西北草原不少，所以当地特产以畜产品为主。但晋西北与晋北还有不少森林分布。

关于晋北的森林，除了前面已经提到的，《明经世文编》中还有更翔实材料。如明嘉靖二十年（1541）以前：

山西沿边一带树木最多，大者合抱干云，小者密比如栉①。

马水口沿边林木，内边修者百里，次者数十里，荆紫关……倒马关、茨沟营等处亦不下数十里，此皆先朝禁木，足为藩篱②。

既然沿长城一带的森林尚且如此茂密，那么长城以南有多林木分布，就无须赘述了。这些林木，在当时主要是军事上的意义，对于保卫国都北京的安全具有重要意义，故一些人士对于破坏边关林木表示极大的关注。

对华北北部分布的森林破坏历史早已有之，就以金代以后来看，13世纪时，金代就在今山西的梁山、芦芽山大量砍伐林木，编成木筏，顺黄河、汾河而输出，呈现今日难以想象的“万筏下河汾”盛况③。元代，不仅继续在西山伐木④，而且在滦河流域伐木造船⑤。明成化（1465～1487）以后，

大同（即大同府，辖境大于今大同市）、宣府（即宣化府，素有“京西第一府”之美誉）规利之徒，官员之家，专贩筏木，往往雇觅彼处军民，纠众入山，将应禁树木，任意砍伐……贩运来京者，一年之间，岂止百十万余[10]。

---

① 《明经世文编》卷四一六，吕坤《摘陈边计民艰疏》。

② 《明经世文编》卷三三八，汪道民《经略京诸关疏》。

③ （金）赵秉文《滏水文集》卷六《律诗五言·芦牙山》。

④ 《元史》卷六《世祖纪》至元三年十二月丁亥之后：“建大安阁于上都〔在今内蒙古正蓝旗东约20km闪电河（即深河）北岸〕，凿金口，导卢沟水，以漕西山木石”。

⑤ 《方舆纪要》卷一一《直隶顺天府》。

还有採薪贸易，烧柴为炭[13]，开木市①等名义，对森林进行乱砍滥伐。无怪当时有人提出，这样下去，“再待数十年，山林必为之一空矣”[10]。特别是明政权与少数民族征战，在华北北部一带实行“烧荒”政策。《明实录 · 英宗实录》记述：正统七年（1422）十一月，锦衣卫指挥佥事王瑛进言八事，其中第一事：

> 近年烧荒者远不过百里，近者五六十里，朝马来侵，半日可至。向者甘肃［军镇名。明九边之一。镇守地区相当今甘肃嘉峪关以东，黄河以西及青海西宁市附近一带。总兵官驻甘州卫（今甘肃张掖）］，今者义州（卫名，治所在今辽宁义县），屡被扰害，良以近地水草有余故也。乞勒边将遇深秋率兵约日同出数百里外，纵火焚烧，使胡马无水草可恃。

《明实录 · 英宗实录》又记载：正统七年十二月庚戌，翰林院编修徐埕②上疏五事，其中第一事亦请：宜于每年九月尽，

> 敕坐营将官巡边，分为三路：一出宣府（军镇名。明九边之一，镇守地区相当今河北省西北部内外长城一带。总兵官驻今河北宣化县），以抵赤城（古堡名。故址在今河北赤城县），独石（在今河北赤城县北），一出大同（军镇名。明九边之一。治所在今大同市北），以抵万全（治所在今河北宣化），一出山海（明为山海卫，今河北秦皇岛市山海关区），以抵辽东［如为都司名，治所在定辽中卫（今辽阳市）；如为军镇名，镇守总兵官驻广宁（今辽宁北镇市）］。各出塞三五百里，烧荒哨瞭。如遇虏寇出没，即相机剿杀…… 疏入，上命兵部同五府管事官议行。

这样，连续使用烧荒御敌之术，使这一带的森林遭到更为严重的破坏。

从清代至新中国成立前，人们又进一步在晋北、张北高原等地大肆垦殖，破坏林草，造成风沙危害、水土流失的严重局面。仅以下列数地典型案例略见一斑。

张家口附近今昔森林的变迁

民国二十四年（1935）《张北县志》卷一《地理志上 · 山脉》还提到县内的一些山地，如黄草梁山、黑林沟山、杨老公山、大南沟山、鼻子山、红花背山、野鸡山、大南山、西庙沟山等，“山背”都“产生林木”，有“山杨”“山桦”等树种，“可作建筑椽木之用”。足见当时长城附近还有一些森林，虽非“大材”，数量尚可观。历史时期，

> （口北是）一片水草丰富的草原……有名的口马，就出产在这里。（由于清代到新中国成立前，在这里滥垦、滥伐，使）农田面积一天天在扩大，牧场便一天天缩小起来。（一些残存的森林，也遭到彻底的破坏。到1937年，在这里）举眼一看，满目荒凉，满山都是石头，连一棵小树也看不见了[14]。

就是在张家口以南的宣化县城，由于风沙严重，使得“沙子又屯得和城墙一样高”[15]。生态环境变化不可同日而语。新中国成立以来，虽在张北一带造了一些林，但还很不够。

永定河下游今昔森林的变化

北魏末期（约公元5世纪）以前，永定河下游有“清泉河”之称③，说明当时沿岸一带的植被良好。由于元代破坏处于永定河中下游的西山等地森林等植被④，致使永定河中下游流域出现水土流

---

① 《明史》卷三二八《朵颜传》提到嘉靖二十二年（1543）罢新设木市，（明）万历二十九年（1601）复宁前木市。

② （清）顾炎武《日知录》卷二九《烧荒》引注：“后改名有贞。”

③ 《水经 · 瀔水（湿余水）注》引《魏土地记》。

④ 《元史》卷六《世祖纪》至元三年十二月丁亥之后：“建大安阁于上都〔在今内蒙古正兰旗东约20 km闪电河（即深河）北岸〕，凿金口，导卢沟水，以漕西山木石”。

失并日趋严重，河道内含沙量剧增，下游经常泛滥，河道迁徙不定，出现“浑河”及“小黄河”① 的名称。到康熙三十七年（1698）大修卢沟桥以下堤堰，并“挑浚霸州（治所在今河北霸县②）等处新河已竣”，康熙才将其改称“永定河”③。其实当时永定河的河道依然迁徙不定，岂能按照人们改名的主观愿望如愿？还得实施水土保持工程才行。

滦河上游支流伊苏河（今伊逊河）和武烈河今昔森林的变化

伊苏河发源于河北省围场县哈里哈乡，流经隆化县和滦平县，至承德市滦河镇汇入滦河；武烈河发源于燕山山脉七老图山支脉南侧的围场县道至沟，在承德市大石庙镇雹神庙村汇入滦河。这些河道，在清康熙时，还能行船。（清）汪灏《随銮纪恩》就记载康熙四十二年（1703），康熙北巡时，曾从黄土坎（今承德县境）乘船沿武烈河④ 而下，直到热河上营（今承德市）。在康熙北巡回京时，又从唐山营行宫（今唐三营，属河北隆化县）乘船沿伊苏河到达喀喇河屯行宫（今河北承德市滦河镇）⑤。然而到1975年，当我们在承德市调查时，伊逊河与武烈河中早已无舟楫之利了。这主要都是沿岸的山林遭到破坏的结果。

4 西北草原地带的森林

西北草原地带包括从内蒙古阴山南北，经陕北、宁夏南部、甘肃东南部到青海东北部的广大地区。

宁夏乌兰布和（约东经105°）到内蒙古鄂尔多斯和阴山一带，现在是半荒漠和荒漠地区，但历史时期这一带生态环境并非如此恶劣。

4.1 乌兰布和地区

据研究表明，乌兰布和沙漠北部，在2 000多年前还是原始大草原。西汉曾在这里设置窳浑、临戎、三封3个县，为当时朔方郡10县中最西的3个县，进行大规模的农业垦殖。到公元前1世纪前后，出现了垦区的繁荣。大约距今1 000多年以来，才逐渐形成为沙漠[16]。

根据历史文献、实地调查和航空照片判读，在毛乌素沙区发现10多个古城遗址，说明鄂尔多斯古代的景象并非如今这般。这一地区是历史上有名的“卧马草地”⑥。公元5世纪初，匈奴族人赫连勃勃曾经在鄂尔多斯一带建立夏国，都城位于红柳河北岸的统万城（今内蒙古乌审旗南白城子），曾是匈奴民族的政治和经济中心。当时统万城的自然环境，据赫连勃勃自己的称赞是“临广泽而带清流，吾行地多矣，未有若斯之美”。广泽是历史上有名的奢延泽，清流即红柳河。那时统万城的附近，并没有沙漠，而是草原、广泽和清流，自然景色确实是美好的。又据史书记载，该城宫殿城垣宏伟壮丽，现存西北隅敌楼遗迹，高达24 m，建城时，号称纠集人工10万。这样一座大城，也绝不可能建造于沙漠之中。它的附近必须有广大的农牧业基地，才可以供应城市人口与政府开支⑥。

唐开元（713～741）年间，为了修建宫殿，由于“近山（指长安附近）无巨木”，不得已“求之岚

① 《元史》卷六四《河渠志・卢沟河》：“浑河，本卢沟水。”又“卢沟河，其源出于代地（今山西北部与河北西北部等地），名曰小黄河，以流浊故也”。

② 现为霸州市。

③ 《清实录・圣祖实录》卷一八九，康熙三十七年七月癸巳。

④ 《水经・濡水注》作武烈水（《四部备要》本），今写作武烈河。

《随銮纪恩》称武烈河为“热河”。我们为了避免与一般所称“热河”混淆，在这里改为武烈河。

⑤ 见《小方壶斋舆地丛钞》第一帙。

⑥ 北京大学地质地理系徐兆奎、中国科学院冰川冻土沙漠研究所1974年提供资料。

（州名，约指今山西岢岚一带）、胜［州名，治所在榆林（今内蒙古准格尔旗东北十二连城）］间”①。据研究，毛乌素地区的沙漠，开始于唐以后②，特别是明以后的过度垦殖③。

4.2 阴山地区

现在的阴山树木不多，阴山东段森林覆盖率为6.46%，西段仅为0.08%。但是在历史上，阴山的天然森林繁茂。

近几年，文物考古工作者在阴山西段狼山一带深山沟谷岩壁上，发现新石器时代以来数千幅岩画，内容丰富，其中以动物画最多，可辨识出的就有马、牛、犬、山羊、鹿、狍子、狐狸、骆驼、虎、单峰驼、长颈鹿、大角鹿、驴、鹰、鸵鸟等20多种，涉及森林、灌丛、草原、荒漠等多种生态环境，反映出历史上当地有不少森林等天然植被。

《汉书·匈奴传》提到公元前3世纪到1世纪，这里“草木茂盛，多禽兽”。《魏书·世祖太武帝本纪》反映北魏始光四年（427），“乃遣就阴山伐木，大造工具”，“再谋伐夏”④。到清康熙三十八年（1699），阴山还是山西木材的供给地之一⑤。光绪三十四年《土默特旗志·食货》记述：

> 其植松、柏间生，桑、椿尤少，榆、柳、桦、杨，水隈山曲稍媛处丛焉，而杨柳之繁如腹部。
>
> 其兽狼、獾、狐、虎、豹、鹿及黄羊、青羊。

可见到20世纪初，阴山一带还是森林草原的景色。

4.3 陕甘宁一带

历史时期，从今陕西北部、宁夏南部到甘肃东北部这一草原地带，也有不少森林分布。

陕北高原北部

据研究，战国末年，秦长城的东端，始于内蒙古托克托县黄河右岸的十二连城，向西南越秃尾河上游，过今榆林、横山县北，再沿横山山脉以北西去，一直到今甘肃榆中县一带。当时，统治者出于巩固边防的需要，在长城内外种植大量的榆树为围栅，形同一条边塞。这条边塞又经过秦至西汉的维修与扩建，成为当时长城附近的一条绿色长城，这就是秦汉以前的榆谿塞。这条绿色长城纵横宽广，其规模却远远超过真正的长城[17]。

唐宋时代，陕北淳化县，“山林深僻”⑥；陇东的临泾（今甘肃镇原县稍西），“草木畅茂”⑦。米脂西北的银州城（今陕西横山县境内）南，到处丛生柏树，而且这些柏林，伸展到了无定河沿岸⑧。米脂东北的麟州（今陕西神木县），以产松木著名⑨。再往东北为丰州（今陕西府谷县正北），“草莽林麓”⑩而多榆、柳⑪。反映了唐宋时代陕北、陇东等地的一些森林情况。

---

①《新唐书·裴延龄传》。

② 唐初，“六胡国”昭武九姓在这里的滥牧。到两宋时期，毛乌素的沙漠化向东南拓展。

③ 北京大学地质地理系徐兆奎、中国科学院冰川冻土沙漠研究所1974年提供资料。

④《资治通鉴》卷一二〇。

⑤《清实录·圣祖实录》卷九三。

⑥ 宋淳化四年（993）建为淳化县，“按太子中舍人黄观言，此地山林深僻，多聚‘盗贼’，遂建为县以镇之”（《永乐大典》卷八〇八九《城学》引《元一统志》）。

⑦《旧唐书》卷一五二《郝玼传》“临径草木畅茂”。两唐书的《郝玼传》都提到临径城的再建事。《旧唐书》具体说是唐元和三年（808）郝玼通过径原节度使段佐请求唐王朝批准建立的。据史念海教授的研究和实地调查，知郝玼再建的临径城，就在今甘肃镇原县稍西一点（《历史时期黄河中游的森林》）。

⑧《宋会要辑稿·兵》二十七，西夏曾占据银州城，城以南到处柏树丛生，西夏反倒借此阻挡来兵进攻。

⑨《全唐诗》卷一二五，王维《新秦郡松树歌》。

⑩（宋）司马光《温国文正司马公集》卷二一《论复置丰州札子》提到北宋庆历（1041～1048）初以后，环丰州城数十里皆“草莽林麓”而已。

⑪（宋）司马光《温国文正司马公集》卷九《三月晦日登丰州故城》。

明清时期，据弘治《延安府志·物产》记载：当地乔木有桑、松、槐、柳、椿、楸、榆、柏、桐、青㭎、段（椴）等，兽类有虎、狼、狐、鹿、獐（麝）、黄鼠、黄羊、野猪等。乾隆二十六年（1761）《合水县志·山川》记述：子午山，一名桥山，在合水县（今县）东五十里，“南连耀州（今县[①]），北抵葭州（今佳县），东接延安（今延安[②]）。诸木丛攒，群兽隐伏，绵亘八里余里”。又称：“东山草木多丛生于两山之坳，人或不能到，虎狼依栖，狐兔出没……”由于当时林密草丰，因此在县东七十里的凤川，“其水清流澈，多鸥、鹭”。明末清初，合水人口仅500多户，到乾隆二十六年，增加到9 000多户[③]“外来者多就此采薪烧炭，卖以糊口……而必用驴驮”[④]。合水县还有牡丹园、桑园子、梨树庄、枣树庄、杏树庄、榆树庄、椿树庄、柏树庄等以物种著称而得名的地点，但是由于滥垦滥伐，到乾隆二十六年（1761）大多“仅存其目”[⑤]，原有八景，“今其景多不存”[⑥]。由此可见，从明代到清乾隆二十六年，陕北、陇东一带的森林等植被仍然保持较好。

陕北高原南部

历史时期，陕北高原南部边缘为草原与森林接触地带，有不少天然森林分布。

《诗经·大雅·文王之什·旱麓》记述有“瞻彼旱麓，榛楛济济”，“鸢飞戾天，鱼跃于渊”。“旱麓”，在今陕西南郑县附近，那一带，榛、楛等林木茂盛；隼形目（鹰、隼、鹫、雕、鹫、鸢）鸟类在空中翱翔，鱼类在水中游弋，一派山清水秀景色。

《诗经·大雅·荡之什·韩奕》提到“梁山”（今陕西韩城、黄龙一带）“川泽訏訏，鲂鱮甫甫，麀鹿噳噳，有熊有罴，有猫有虎”。意即那里川泽遍布，水源足；鳊鱼、鲢鱼肥又大，母鹿与小鹿聚一处；在山林中，有熊，有罴，还有山猫与猛虎。清乾隆四十九年（1784）《韩城县志》记述当地曾是个“山水都丽，草木丛倩”的地方；县中五寺山“幽绝人寰”，牡丹山的牡丹开花时，“香闻十里”，苏山山麓多柿树，“霜后满山红色可爱”；黄龙山一带“高□松柏阴”“濠水清且碧”；“韩山广松，平地亦宜松、槐、柏、桐、楸、榆、柳之盛，望之蔚然而深秀也”；又由于“山水都丽，草木丛倩，楼馆参差，望之如图画”，所以有“小江南”的称号。但因滥垦滥伐，不仅山林遭到破坏，而且也使“山童”“熊罴靡睹”“用是他徙”。

陇东北一带

《诗·秦风·小戎》中有“在其板屋，乱我心曲”之句，这反映当时在今甘肃一带的西戎人居木屋的习俗。《汉书·地理志》在篇末记载有朱赣论各地风俗，进一步谈到“天水、陇西，山多林木，民以板为室屋”，说明到汉代，渭水上游一带依然多天然森林。

其实古代泾水上游也有不少的森林。《山海经·五藏山经·西次二经》就记述“高山……其木多棕，其草多竹。泾水出焉，而东流注于渭”。高山，即今六盘山，“多棕”“多竹”可以反映2 000多年前，六盘山有丰富的森林和竹林等植被情况。《金史·张中彦传》：

> 正隆（1156～1161）营汴京新宫，中彦采用关中林木，青峰山巨木最多，而高深阻绝，唐宋以来不能致。中彦使构崖驾壑，起长桥数十里，以车运木，若行平地，开六盘山水洛之路，逐通汴梁。

① 现属铜川市。
② 现为宝塔区。
③ （清）乾隆《合水县志·村堡》。
④ （清）乾隆《合水县志·风俗》。
⑤ （清）乾隆《合水县志·田园》。
⑥ （清）乾隆《合水县志·形胜·八景》。

“汴京”与“汴梁”，初为北宋都城，靖康之难后，北宋灭亡，“汴京”被金国占领，就是现今河南的开封市。此“青峰山”虽未见有人考证，但其能够“开六盘山水洛之路”，显然与六盘山相近，或就是六盘山一支脉，以便上架长桥，下通泾水，才便于把巨木运到汴梁去。如今，六盘山林区天然林总面积还有200多万亩①，是宁夏第二大天然林区；这一带山地箭竹林总面积达10万亩，为我国秦岭—淮河以北最大的山地竹林。其实，这只是古代天然森林和竹林的小部分孑遗，历史上的森林与竹林资源之丰富可以想见。

历史上，泾渭清浊纠缠不清[18]，实质上，这恰恰反映两条河流域植被的盛衰演变情况。(清)陶保廉《辛卯侍行记》叙述19世纪初，他在泾州(治所现在今甘肃径川②)所看到的情况：

径州……群峦缭绕，烟树苍茫，极有致……城依山临水，形胜最佳。西有泾汭二水，清流映带，心为洒然。因忆径渭清浊，聚议纷纷……今观径水清甚，足验其误。

由于植被覆盖良好，除水清以外，这一带的山泉是不少的。仅以庆阳城附近而言，据乾隆二十七年《庆阳府志·山川》就有城西的清水泉，“水澄沏，冬温夏凉，味甘”；尤泉，“其水甘洌”；城北麻家泉，“其水清甘，不冻不涸”，等等。水清泉多，正是当时林茂草丰的反映。

黄土高原西部

历史时期，兰州、靖远、平番(今甘肃永登县)地处草原地带的西北缘，这里山地也有森林分布。

《宋史·地理志·陕西·秦风路·会州》

(宋)张安泰《建设怀戎堡碑记》③记载：

怀戎东南曰屈吴山、大神山、小神山，皆林木森茂，峰峦耸秀，山涧泉流数脉。

所谓“怀戎”，即怀戎堡④，在今甘肃靖远县东北，是农牧分界点之一。由此反映，在宋代，今靖远县以东诸山天然林完好，山涧清泉数脉。到清初，屈吴山仍然“岩壑间多泉流”⑤。现今，屈吴山自然风光优美，岩壑间多清泉流水，素有百泉之称，水质甘醇甜润，可供酿酒，山间林木遍布，有天然乔木50多种，野生脊椎动物80多种栖息其间。

《新唐书·地理志·陇右道·兰州金城郡》，“土贡”有“麝香”；(唐)岑参《题金城临河驿楼》⑥诗：

古戍依重险，高楼见五凉。
山根盘驿道，河水浸城墙。
庭树巢鹦鹉，园花隐麝香。
忽如江浦上，忆作捕鱼郎。

“金城”，乃今甘肃兰州市。“五凉”，指晋和南朝宋时北方十六国中的前凉、后凉、西凉、北凉、南凉；其地均在甘肃境内，后借指甘肃一带。从“庭树巢鹦鹉，园花隐麝香”，表明当时有野生鹦鹉和麝分布；鹦鹉与麝皆为栖息山林的野生动物，据此可反映森林植被完好。清代历次《兰州府志》和《皋兰县志》⑦都记载当时皋兰县(治所在今兰州市)的物产中的鹦鹉和麝，也说明古代兰州一直有

① 1万亩=677公顷。
② 现为泾县。
③ 载(清)道光十三年《靖远县志》卷六《碑记》。
④《宋史·地理志》：“怀戎堡，崇宁二年(1103)筑，属秦风路。”
⑤ (清)康熙《靖远卫志》(道光《靖远县志》卷二《山川》引)。
⑥ (唐)岑参《岑嘉州诗集》卷三。
⑦ 如(清)道光《兰州府志·田赋志·物产》,(清)乾隆《皋兰县志·物产》,(清)光绪《皋兰县志·舆地志下·物产》等。见:(唐)岑参《岑嘉州诗集》卷三。

森林分布。

平番县西100 km的旗子山、棹子山，在清雍正元年（1723）时，仍然“密松四围”；城西南的平顶山，为县境主山之一，到乾隆十四年（1749）还多巨蛇；乾隆十四年，城西北60 km的马牙雪山，仍“冬夏积雪”，该山有“松林”，可以涵蓄雪水，灌溉山麓田地约百顷①。反映清代平番县境一些山地的森林概貌。

青海东北部

据文物考古工作者的发掘和研究，发现青海距今5 000年左右以来的新石器时代遗址有不少，通过墓葬发掘，发现当时使用了大量巨大的圆木或木材[19]，证明数千年前，青海东北部的山地有天然林广布。

就乐都柳湾距今约4 000年以前墓葬使用的木料有松（可能是云杉、油松之类）、柏、桦等②，反映当时天然林以针叶林为主，与今不无相似之处。

此后，西汉末，神爵元年（公元前61）赵充国两次上屯田奏疏涉及提到他的士卒：

> 入山，伐材大小六万余枚，（准备第二年）冰解漕下，缮乡亭，浚沟渠，治湟陋（今西宁市东）以西道桥七十所，令可至鲜水（今青海湖）左右，（并）充入金城（治允吾县，今甘肃永靖西北）[20]。

可见当时，天然森林遍及湟水流域的山地。20世纪50年代以来，对西宁、乐都、大通、湟中、互助、民和等地两汉时期墓葬较为集中的发掘显示，这些墓中使用木料不少，西宁山陕台木椁墓使用木料多达80余 m^3（当然，这是当时地方官吏的墓），也反映了汉代本区森林广布的实况[19, 21~23]，也可作为这一佐证。

南北朝时，分布在本区的我国少数民族吐谷浑在青海东北部的浇河（今青海贵德县）附近架设黄河渡桥，时称“河厉桥”。

> （桥）长一百五十步，两岸累石作基陛，节节相次，大木从横，更相镇压，两边俱平，相去三丈，并大材以板横次之，施钩栏甚严饰③。

河厉桥是黄河上游最早的桥梁。该桥造型新颖，结构合理，施工简便，桥中无墩，峡谷崖上木梁伸臂，恰似飞渡，故有“飞桥”之誉。又因木材纵横相间叠起，层层向河中挑出，中间相握，亦有“握桥”之称。反映当时青海黄河干流有不少天然森林。

隋大业五年（609），炀帝杨广亲率大军到青海东北部与吐谷浑作战，曾“大猎于拔延山”④，并曾“诏虞部量拔延山南北周二百里”⑤。按：拔延山在今青海化隆回族自治县西北，地处黄河与湟河之间。杨广既在这里打猎，又命虞部测量，可见当时野生动物必不少⑥，因而也反映当时河湟之间山地草木是茂盛的。

《元和郡县图志·陇右道》：廓州（治今化隆回族自治县西南），贡赋，开元（714～741）贡有“麝香”；《旧唐书·地理志·陇右道》：廓州宁塞郡（治今化隆回族自治县西南），土贡，同。《新

① 乾隆《平番县志·山川·地理志及平番县水利》。

② 中国社会科学院考古研究所青海队王杰1978年提供资料。

③ （南朝宋）段国《沙州记》。（北魏）郦道元《水经·河水注》也有记载。

④ 《隋书》卷三《炀帝纪》。

⑤ 《隋书》卷八《礼仪志三》。

⑥ 《嘉庆一统志》卷二六九《甘肃·西宁府·山川》：“拔延山……《元和志》，拔延山在县东北七十里，多麋鹿。”
按：（清）孙星衍校本《元和郡县图志》卷三九《陇右道·廓州·化成县》：“扶延山，在县东北十多里，多麋鹿。”（清）张驹贤考证：“旧志及乐史并作拔延山，官本别有专条，十里作七十里，南本从之。”

唐书·地理志·陇右道》，鄯州西平郡（治今乐都县）土贡有“牸犀角”。按：“牸”，音“字”；牸犀角，即雌犀牛的角。《太平寰宇记·陇右道·鄯州（自注：“废”）》，“土产”有“特（牸）犀”。按：当时鄯州治湟水（今乐都县），唐上元二年（761）为我国少数民族吐蕃所据，因此废置。麝香是麝所产，麝和犀主要栖息于森林和灌丛，这些野生动物的分布，正反映了唐代到北宋初，本区有不少森林、灌丛、草地、草甸及沼泽存在。

1980年9月初，笔者与青海省林业科学研究所赵广明所长等访问了湟中县塔尔寺。我们注意了此寺建筑所用木料的大致情况：大金瓦殿是此寺的主殿，初建于明嘉靖三十九年（1560），后于清康熙五十年（1711）扩建。特别值得注意的是大经堂，拥有168根大柱，其中9根的直径在80 cm以上，估计是300年以上的古树制成。大经堂初建于明万历三十四年（1606），后经扩建、重建，才形成现在规模。这些大木柱应该是过去从塔尔寺附近森林中砍伐来的，可见距今千年左右以前，青海东北部有原始森林分布。

元至元十七年（1280）都实奉元世祖忽必烈命探寻黄河源头，亲眼看到青海东部河湟地区及青海南部高原一带有不少自然景象。延祐二年（1315）潘昂霄笔录了都实的见闻，著有《河源记》一书①。该书提到13世纪末，积石州（治今循化撒拉族自治县）以上黄河两岸的山都是草山、石山；至积石方林木畅茂。不过我们认为，此“积石”不是积石州而应是积石山（即阿尼玛卿山），因为从清代以后的记载及现今情况来看，贵德以上黄河两岸还有不少断续的森林分布[24]，13世纪末的森林分布似会比现在多，至少不会比如今还少。

明代青海东北部天然森林分布，不仅前述塔尔寺在明代修建时所用木材之多之大可以证明外，还有1976年在大通县黄家寨大哈门村西发掘的明总兵柴柱国及其母子之墓4座可以说明。柴墓有木质棺椁，椁为松木[19]，也反映当时大通有针叶林分布。

据《明一统志·陕西·陕西行都指挥使司》“土产”部分，西宁卫（治今市）出产有“马鸡：嘴脚红，羽毛青绿”，说明当时产蓝马鸡。此外，还有“山鸡：顶黑毛，羽斑色”。按：蓝马鸡和山鸡都是森林和灌木林中的野生动物，它们的存在正反映当时本区有不少乔、灌木林分布。

清代文献记载湟水流域有关山地丘陵林木的资料颇多，限于篇幅，只能自西向东举例说明。

西宁县（今市）翠山：据乾隆十二年（1747）《西宁府新志·地理志·山川》记述：

> 翠山：在（西宁）县（今市）西八十里西石峡外，此山连延至日月山，苍翠可爱，秋时上有红叶……余（杨应琚）名之曰翠山。

宣统二年（1910）《丹噶尔厅志》又提到：

> 翠山在（丹噶尔厅）城（今湟源县）正南四十里，一字连锁，连峰插天，清奇秀丽，有纤月笔架之形，共十二峰，皆耸削挺立，春秋冬三季，积雪不消，土人称谓华石山……湟水经其西……今则此山间有山豹，猎者每获之焉。

由此反映直到21世纪初，翠山一带还有森林分布。

清丹噶尔厅（今湟源县）柏林寺所处的山，据光绪九年（1883）《西宁府续志·地理志·古迹》称：

> 柏林寺：在城西四十里，翠柏参天，浓荫蔽地，山巅寺迹尚存。

可见到19世纪末以前，此山依然有不少柏树分布。

清丹噶尔厅（今湟源县）札藏寺小林与柏林嘴残柏，宣统二年（1910）《丹噶尔厅志·森林》记载：

---

①《逊敏堂丛书》本，中国科学院图书馆社会科学部（今中国科学院文献情报中心）藏。

札藏寺小林：距城西三十余里，札藏寺对面南山根，大小松、桦共约千余株，亦禁采伐，为札藏寺僧所有之产也。附近西北相距十余里，柏林嘴地方，惟余小柏数十，无人培植，难期长养成林矣。

可见这一带过去森林面积较大，后来，有人培植则尚有小林，否则就只有稀疏的残存了。

清西宁县（今市）隆藏林山（今湟中县群峡林场），乾隆《西宁新府志·地理志·山川》记述：

隆藏林山：在（西宁）县东南一百四十里，多松木。

反映到清初，仍有以松属为主的针叶林存在。

清大通卫（今大通县）的一些山峰，乾隆《西宁新府志·地理志·山川》记载道：峡门山（大通西北20 km）“树木扶流，水声激沸”，大寒山（即今达坂山，在大通北20 km）“茂林流泉”，松树塘（在今达坂山麓）“青松茂草，怪石流泉”，拔科山（大通北25 km）“多溪涧，民间以为畜牧之地，巅多林木”。这些是从当时大通卫的南部向北，从低到高的林木分布。1980年，笔者与青海省林业科学研究所赵广明所长等前往调查访问时，先过峡门山之东，见此山已基本无林，只有草地灌丛；再到位置偏北、地势更高的松树塘（今宝库林场），道旁山地虽仍有些天然林分布，但远不及历史上那样面积广大，森林茂密：从峡门山往北到松树塘的山地为达坂山，如今森林断续分布，许多地方已垦殖到山腰，甚至到达山顶，面貌大变。

清大通卫（今大通县）燕麦山，乾隆《西宁新府志·地理志·山川》称：“此山长亘五六十里，其山多松。”这一带森林在清代原属郭莽寺产，雍正元年（1723）寺被焚毁；雍正十年（1733）重建，改名广惠寺；此后，附近山林即为广惠寺财产。到1943年，许公武《青海志略》[25]记述：

该寺对面一带山岭森林约有数十百里，尽系松、柏，大者可数抱，均为寺产。其已垦熟之田约有四万余亩，其未垦之荒地与山地为数甚多。

可见历史上，这一带森林面积应当更大，林木也更加茂密。1980年8月底，笔者与赵广明所长等到这里调查访问时，这一带现为峡东林场，是大通县最大的林场；广惠寺遗址现为峡东林场场部。我们考察的森林即为场部对面的山林，其时正值雨后天晴，云杉郁闭成林，连绵不断，野鸟飞翔，林外为草地灌丛，一片绿茵，黄色蘑菇点缀其间；涧水潺潺，景色宜人。这与湟水流域广大童山面貌，迥然不同。林场虽距西宁市数十千米，仍有不少人乘车来此旅游。

乾隆《西宁新府志》卷二《地理志·山川》称：西宁县（今市）五峰山，

林壑之美，最为湟中胜地……沿溪多椴、桎木，族（簇）生交阴，上多鹂莺声……兹山高而锐，峰众而多穴，有泉流以益其奇，烟云以助其势，草木禽鸟以致其幽。

此山现属互助土族自治县，山上布满松树、杨树等乔木和大批灌木。春夏之间，满山青翠，秋深以后，色彩斑调，令人赏心悦目。

光绪《西宁府续志》卷一记载：碾伯县（今乐都县）九池岭，

上多松、杉，野花秀丽可爱，下有泉九眼。

山上植被繁茂，有利于涵养水源，这必导致山下潺潺泉水。现今，乐都县下水磨沟脑一带仍有“苍山林海”。寿乐镇羊官沟村羊官寺（寿乐寺）①前有潺潺流水，狮子拜佛的照山高峻入云，松桦参天，鹿麝共栖，后依林木丛生的上下拉伊，左依“黄色灵龟山”，右傍“青龙扑满怀的清泉”；中坝藏族乡夏隆坚巴沟杨宗寺（央宗寺）两侧山谷有清流从山上而下，山间多有茂密的森林被覆盖，期间混杂有多种灌木和名贵中药材、花卉、野果等，还栖息着一些种类不同的鸟类和其他动物，有些属于

① 该寺共用地面积125 hm^2（含承包荒山500亩，森林800亩，人工造林25亩）。

国家保护的珍贵动物；引胜沟内武当山坐落在引胜河的东岸，山势陡峻，荆棘丛生，桦木、苍松挺拔，生长于陡坡岩壁上，山脚有温泉流注于引胜河中；等等，皆可反映历史上林木更加茂密。

此外，清碾伯县砍圪塔山，乾隆《西宁新府志·地理志·山川》记载：“砍圪塔山：在（碾伯）县南……百九十里，后有林木。”此山似在今乐都县与化隆回族自治县间，或在化隆回族自治县境内。

清巴燕戎格厅（治今化隆回族自治县）泉集山，清光绪九年《西宁府续志》记述：“泉集山：在城西南一百二十里，林木丛杂。”

清代，青海东北部黄河干支流（湟水除外）的森林，可以循化厅（治今循化撒拉族自治县）为例。据《循化厅志》[①] 记述：

> 旦布山：在多巴寨，厅治西南一百八十里，林木茂盛。
>
> 达任山：在多巴寨，厅治西南一百八十里，林木茂盛。有达任寺。
>
> 速右山：在沙卜浪塞（寨），厅治西南一百八十里，林木茂盛，有叶冲寺。
>
> 角木山：在错匆日塞（寨），厅治西南一百七十里，有小林。
>
> 多力山：在加卧寨，厅治西南一百六十里，林木茂盛。有卡错寺。
>
> 迨赫弄山：在加卧寨，厅治西南一百六十里，有树木。
>
> 元固山：在查汗大寺■，厅治西六十里，有小林。后称“山多大木”。
>
> 撒弄山：在旦郡庄，厅治八十里，林木亦盛。后亦称“山多大木”。
>
> 宗务山：在下龙布寨，厅治西八十里。下临黄河，所谓宗务峡也。山广博，林木茂盛。自建循化城，凡有兴作木植，皆资于此。城内外人日用材薪亦取给焉。浮河作筏，顺流而下，高一二丈，围皆三四寸许，坚实不浮，斧以斯之，悉供薪火，移之内地，皆屋材也。
>
> 泥什山：在哈家寨，厅治南三百三十里，有小林。
>
> 寨木力山：在哈家寨，厅治南三百三十里，有小林。
>
> 料东山：在火力藏寨，厅治二百五十五里，有树木。
>
> 观音山：在火力藏寨，厅治南二百里，有树木。

所列举有林木的山峰就有十余座，可见森林历史悠久，有的似为原始森林。

总之，青海东北部的地带性植被虽为温带草原，但是由于地形关系，山地气候颇为冷湿，有不少森林。据历史文献记载，直到18世纪上半期，西宁府（约包括今青海东北部贵德县附近以下黄河流域的大部分地区），日月山以下湟水流域及大通河下游等地一带的乔木有“柳（自注：尖叶、鸡爪二种。尖叶木坚细，可为器）、白杨、青杨、檀、榆、楸、桦、柏……松（自注：二种）、柽……”，草本植物有沙葱、野韭、大黄、麻黄、羌活、红花、大蓟、小蓟、荆芥、茨蒺藜、柴胡、升麻、甘草、秦艽等不少种；此外，还有竹类、蕨类等[②]。

自唐安史之乱（755～763）以后，今陕北、宁南、陇东北一带，编户大增，使原来的“荒闲陂泽山原”，不断加以垦辟[③]。明成化九年（1473）到弘治年间（1488～1505），为了防遏河套一带蒙古奴隶主各部南下，在陕北一带兴筑边墙，分为“大边”和“二边”。“大边”即现存的陕北长城，“二边”不是一道城墙，而是利用地形稍加人工修筑的一条“城垣”。在两道边墙之间，称为“夹道”，

① （清）乾隆五十七年（1792）修，（清）道光末年增补《循化厅志》卷二《山川》。

② 乾隆《西宁新府志》卷八《地理志·物产》。

③ 复旦大学谭其骧教授1976年提供资料。

并在“夹道”地区兴建了一系列城堡。随着长城沿线城堡的逐渐修建，驻屯各堡的人马也大为增加。各堡在修建时所需木料，各处军民日常所需粮食、燃料，马匹牲畜所需饲料，都取于当地。于是决定“尽力开垦”，使“数百里间，荒地尽耕，孽畜遍野”，引起林木草原的严重破坏。18世纪中叶以后，清政府又以“借地养民”“移民实边”等名义，沿红柳河、黑河、榆林河、秃尾河、窟野河等自南向北开垦，造成风沙危害、水土流失的严重局面，贻害至今①。

陕北、内蒙古一带，也由于长期大规模滥垦、滥牧，倒山种地，轮歇撩荒，导致土地沙化，流沙吞没大片牧场和农田。据光绪《靖边县志·杂志》记述：

> 陕北蒙地……周围千里，大约明沙、扒拉（巴拉，即固定、半固定沙地草场）、硷滩（碱滩）、柳勃（柳湾）居十之七八，有草之地仅十之二三，即使广为开辟，势必得不偿所失。

可见清末本区情况，已与现在相类似。目前流沙甚至越过长城分布，埋没神木至榆林、榆林至横山、横山至杨桥畔一带的长城，不少地方的长城内外，几乎没有差别，都为流沙所分布。由此可见，历史上长期的民族战争，移民驻军屯垦，特别是明清以来的放垦，大规模破坏植被，使原有固定沙地和各种沙性地面重新发生沙地，“就地起沙”，导致流沙成片发生，普遍分布②，这是贻害至今的一个恶果。

贻害至今的另一个恶果是水土严重流失。陕北、宁南、陇东一带，大部分为黄土所覆盖。黄土结构松散，容易受到暴雨的冲刷，更由于长期滥开耕地，破坏森林和草原，也使地面得不到植被的保护，暴雨一来，水土大量流失。一方面造成耕作层日益瘠薄，单产长期很低（5 kg上下）。这样越垦越穷，越穷越垦，恶性循环，使农田基本建设长期搞不上去，低产面貌也难以得到改变[26]。另一方面，大量泥沙冲刷、淤积，严重威胁黄河下游的安全。据统计，黄河每年流经三门峡的泥沙，新中国成立初期约13亿t，目前已增加到16亿t。这16亿t泥沙中，约有11亿t，即70%来自黄土丘陵沟壑区[27]。这11亿t中，又有约60%（6.52亿t），来自陕西一省[26]。

5 西北荒漠地带的森林

西北荒漠地带包括内蒙古的西部、宁夏的一部分、甘肃的河西走廊、青海的柴达木盆地、新疆、羌塘高原的北部及帕米尔地区等地，由于羌塘高原北部及帕米尔等地不属于“三北”防护林区内，本文不涉及。这些地区由于历史时期气候干燥，因而荒漠分布很广，植被稀少，但在较低平地区水源充足之处以及冷湿的较高山地，都有天然森林的分布。

5.1 平原区的天然森林

历史上，本地带较低平地区（盆地底部、河谷平原及走廊低地等）天然植被虽然以荒漠为主，但在水源较丰富的地方（河边、湖畔、洪积扇前缘潜水溢出带等）却依然有天然森林分布。青翠茂盛的林木，与荒漠稀疏，甚至寸草不生，形成两个迥异的自然景观。

据《汉书·西域传》，在2 000多年前，塔里木盆地中的楼兰（今新疆罗布泊以西，库鲁克库姆东部，后改称鄯善）就呈现“地沙卤，少田”，但也不乏“多葭、苇、柽柳、胡桐、白草”。反映当时蒲昌海（今罗布泊）以西一带有不少芦苇、柽柳、胡桐分布。

胡桐是白垩纪、老第三纪孑遗的特有植物，今称为胡杨，有胡桐、英雄树、异叶胡杨、异叶杨、

① 北京大学地理系王北辰1975年提供资料。

② 中国科学院兰州冰川冻土沙漠研究所等1974年4月提供资料。

水桐、三叶树等别称，是杨柳科杨属植物之一种。虽然胡杨林由胡杨和灰杨所组成，但灰杨在耐旱、耐盐方面不如胡杨，它的分布没有胡杨广，所以一般统称为胡杨林[28]。胡杨是一种速生乔木，树高一般超过10 m，最高的可达28 m，树干粗的可数人合抱，树龄可达200年，具有耐旱、耐盐的特点。它的侧根长可达10 m，能从土壤中吸取大量的水分，并能在树体内贮存。对于荒漠地区土壤和地下水中所含的盐分（如碳酸钠盐），它也能吸收容纳，甚至将一部分排出体外。由于它的各部富于碳酸钠盐，在林内常见树干伤口积聚大量苏打，被称为“胡桐泪”或“胡桐律”①，这就是现今所称的“胡杨碱”。

胡杨林在改良气候、阻挡风沙等方面所起的作用十分显著，由于它能从根部萌生幼苗，披针形或狭披针形叶状有利于减少水分散发，树干高大，绿荫浓密，在塔里木河炎热的夏季，其下凉爽宜人，成为荒漠地区的“清凉世界”[29][19]。又由于它的树干高大，又有庞大的侧根，故胡杨林带可以形成立体林墙，对于防风固沙起着很大的作用。除胡杨、灰杨外，还有柽柳（红柳）、梭梭等。它们虽都是灌木，但抗旱、抗盐、抗风的能力很强，也是荒漠地区良好的固沙树种。

胡杨林主要分布在塔里木盆地，也见于天山北路、甘肃河西走廊和青海柴达木盆地等地。

（清）徐松《西域水道记》提到19世纪初，

玉河（今叶尔羌河）两岸皆胡桐夹道数百里，无虑亿万计。

（清）吴其濬《植物名实图考·木类·胡桐泪》[30]记述：

今阿克苏之西，地名树窝子，行数日程，尚在林内，皆胡桐也。

（清）萧雄《西疆杂述诗》也指出：19世纪末，

（新疆）多者莫如胡桐，南路如盐池东之胡桐窝，暨南八城之哈喇沙尔、玛拉巴什，北路如安集海、托多克一带，皆一色成林，长百十里。南八城水多，或胡桐遍野而成深林，或芦苇丛生而隐大泽，动至数十里之广。

哈喇沙尔之孔雀河，河口泛流数十里，胡桐杂树，古干成林，倒积于水，有阴沉数千年者，若取其深压者用之，其材必良。

仅从上述记载，19世纪新疆的胡杨林之茂盛、广大即可略见一斑。

20世纪初，谢彬考察新疆时，逐日记载了对塔里木盆地胡杨林分布的情况，在他的《新疆游记》一书有比较详尽反映。现以该书的部分资料结合前人记述，在19世纪到20世纪初，塔里木盆地胡杨林分布主要有下列地区：

巴楚等地河岸

主要分布于叶尔羌河与喀什噶尔河之间的广大地区。

《新疆游记》：巴楚县：

东西五一百七十里，南北五百二十里…… 洼卤少田，多胡桐、柽柳。

发十一台（属巴楚县）西南行，道旁胡桐、红柳，丛翳连绵，人行其中，不觉暑气。间有沙窝，亦非长途。

（自巴楚西南行，）沿途胡桐低树，夹道连绵。

自巴楚以来，连日皆在北河北岸行，或远或近，均在眼底……而红柳、胡桐，继续弥望，昔所称为树窝子，是也[31]。

由此可见，这一地区胡杨一般呈现连绵不断分布的特点。

① （唐）李绩，苏敬等《新修本草》卷五《胡桐泪》。

民丰沿河一带

以尼雅河附近为最多，西自洛浦起，东至雅可托和拉克。

《新疆游记》记载：

（发洛浦，约东行，至白石释，）回语曰伯什托和拉克，译言五株胡桐也。（阿不拉子，）拦外一家，胡桐数数株。

（发尼雅，）入沙窝。十里，胡桐窝子。八里，沙窝尽。行碱地，多胡桐。三里，离树窝，行旷野，道旁仅见红柳、短芦。三十里，胡桐窝子，树大合抱，且极稠密，月下望之，疑为村庄。五里，树窝尽，过小沙地，复入树窝，皆胡桐……下流入尼雅河。

（发英达雅，）流沙多碱，旱芦丛生……道左右数里以外，皆有海子……右海之东，左海之西，皆有胡桐，茂密成林。五里，道南多胡桐树……道北远山多树木。询之导者云：自此至且末，道北数十里外，皆胡桐不断。

（发雅通古斯，）雅可托和拉克。回语雅可，尽头；托和拉克，胡桐；谓过此即无胡桐也[31]。

由此可见，这一带胡杨呈现断断续续分布的特点。

车尔臣河沿岸

《新疆游记》记述：

入且末境，住栏杆……栏杆四围多胡桐，大皆合抱。

（发安得悦，道旁）胡桐相望。

（卡玛瓦子，）胡桐三、五，交枝道左。（又二十余里，）胡桐窝子。四十六里，树塘，译言树木条达参天也…… 树木葱郁，广十余里。

（发青格里克，东北行，）恒见枯死红柳、梧（胡）桐，堆弃道旁。

（发塔他浪，）庄田弥望，胡桐成林，芦苇丛生，地味肥沃。

（塔哈提帕尔）译言胡桐成阴，夏可乘凉也。

（发阿哈塔子墩，）东偏北行，二里，胡桐窝子[31]。

由此可见，这一段的胡杨虽呈现比较连绵分布，但有不少枯死胡杨。

塔里木河下游

包括若羌到尉犁及孔雀河到罗布泊一带。

《新疆游记》记载：

（若羌县），东西九百零五里，南北八百五十里……其地沙卤，少田，多胡桐、柽柳、葭菼、野麻。

（发破城子，北偏西行）四十里，胡桐窝子，胡桐成林，广达数里。

（到托罗托和的，）自此循塔里木河岸行，胡桐、红柳，丛生道左……是日（八月二十五日）行一百二十五里，〔从阿拉竿（今阿拉干）至夜密苏〕，沿途草湖弥望，胡桐亦多。

（尉犁县）东西一千二百里，南北三百六十里……其地敻旷沈斥，饶赤柽、胡桐、沙枣，草多席箕、葭菼[31]。

由此可见，这一带的胡杨林， 不仅历史文献记载最早，而且分布也很广。

塔里木河中游

主要在塔里木、渭干等河两岸。这一带的胡杨，以北岸生长较好，南岸则较差。

从以上记述可以看出，塔里木盆地的胡杨林主要散见于塔克拉玛干沙漠的边缘，形成环状分布。

之所以如此，是与盆地环境中的水源分不开的，在盆地周边尚有洪积扇前缘潜水溢出带；越往盆地中心，水源越发稀少，直至断绝。在荒漠地区，水源是极宝贵的。尽管胡杨林具有耐旱的特点，但总得有一定的水源供给才行。因此，凡是水源供给比较充足的地方，胡杨林生长就好，如果缺乏水源供应，胡杨林就会枯死。

在这些广阔茂密的胡杨林中，栖息着许多飞禽走兽，从老虎、野猪、鹿、狼、野骆驼等一些大中型野兽的存在，不难看出还有更多它们赖以生存的中、小动物同域分布。（清）萧雄《西疆杂述诗·乌兽》记述：“密林遮苇虎狼稠，幽径寻芝麋鹿游。”①

塔里木盆地天然森林植被的分布变迁，可以胡杨林的分布变迁为代表，胡杨林的分布变迁又与塔克拉玛干沙漠和塔里木等河的变迁相联系。由于胡杨林分布的地区不同，变迁情况又有差别：

塔里木河中游

据考古工作者和沙漠工作者实地考察，在塔里木河中游现在的河道以南 50 km 的大沙漠中，有一道道作东—西方向的干河床[32, 33]，这些干河沿岸都有胡杨、红柳等植被分布。由于河道自南向北迁徙，致使这些森林的生长呈现：北部的植被生长较好，越往南则植被生长越差，而且大都已经枯死，说明由于水分条件的变化，形成南北自然景观的差异。

塔里木河下游

塔里木河的古称众多，并且是一条游荡性河流。

《山海经》记述：

> 河山昆仑，潜行地下，至葱岭山于阗国，复分歧流出，合而东注泑泽，至而复行积石，为中国河。

“泑泽”，又称“盐泽”“蒲昌海”等，即今罗布泊。此“中国河”，乃今塔里木河。

《汉书·西域传》记载当时的塔里木盆地被称作“西域“，

> （其）南北有大山，中央有河……其河有两源，一出葱岭山（今帕米尔高原），一出于阗（今和田）……其河北流，与葱岭河合。东注蒲昌海（今罗布泊）。

所描述的情况与今塔里木盆地的水系概式大体吻合。

（北魏）郦道元《水经·河水注》记载，当时塔里木河是南北两河入于罗布泊：塔里木“北河”上游由喀什噶尔河和阿克苏河构成，流经沙雅南汇渭干河（龟兹川水），入轮台境转向东北，沿今群尔库木沙漠北边的塔里木河故河道，在库尔勒西南入孔雀河流至罗布泊；塔里木“南河”上游由叶尔羌河和和田河及克里雅河构成，大体上是沿现塔里木河之南的阿合达里亚更南段，经铁干里克和阿拉干从南入罗布泊。

唐代《通典·于阗传》记述：

> 于阗河，名首拔河，亦名树枝河，或云黄河也，北流七百里入计戎河，一名计首河，即葱岭南河，同入盐泽。

所谓“葱岭南河”一般均指叶尔羌河。

《新唐书》卷四十三《地理志》记述：

> 又六十里至拨换城，一曰威戎城，曰姑墨州（今哈拉玉尔滚一带），南临思浑河。

---

①（清）萧雄《西疆杂述诗·乌兽》自注：“南八城多胡桐、芦苇，其中多虎、狼、熊、豕等。虎之身躯较南中所见者微小而凶猛……狼大如黄犊，出没莫测”，故新疆人出行必持棒“以防狼也。猪熊，类猪而喜坐，毛泽粗黑，状凶恶；前脚有掌，能持木石。野猪，大者三四百斤，嘴大力猛，最伤禾稼。林薮之中，并藏马鹿焉，安娴无损于人。”

所谓“思浑河”即今之塔里木河。

塔里木河下游不仅也随中游南北迁徙，而且多次出现间歇、断流等现象。这不仅是由于自然因素，而且还有人为的原因。《汉书·西域传》记载：楼兰国首城扜泥城，当时有，

户千五百七十，口万四千一百，胜兵二千九百十二人。

《水经·河水注》记述：

（西汉）将酒泉、敦煌兵千人（调）至楼兰屯田，起白屋，召鄯善、焉耆、龟兹三国兵各千，横断注滨河……大田三千，积粟百万。

说明楼兰一带虽然“地沙卤，少田”，但还是适合农业生产的。这与当时“北河”（中下游的一部分相当于今塔里木河）注入蒲昌海，水源较今充足是分不开的。后来，因为北河距楼兰越来越远，胡杨林等逐渐枯死。

到20世纪30年代，楼兰废墟周围已经全部变成荒漠[34]。据20世纪70年代卫星照片判读，塔里木河下游胡杨林已经很少，其中铁干里克以下就看不到胡杨林了。

塔克拉玛干的南缘

由且末往西，经民丰、于田、和田、皮山、叶城一带，这是历史时期有名的“丝绸之路”的南路。

《汉书·西域传上》记载：西汉时的精绝国（即尼雅遗址，遗址在今民丰县北150 km的塔克拉玛干沙漠中，干涸的尼雅河两岸[35]），

精绝国，王治精绝城，去长安八千八百二十里，户四百八十，口三千三百六十，胜兵五百人。精绝都尉、左右将，驿长各一个。北至都护治所二千七百二十三里，南至戎庐国四日，行地空，西通扜弥四百六十里。

反映是一个殷实而富庶的小王国。唐代还有精绝国，玄奘《大唐西域记》卷十二记载：

媲摩川（即今克里雅河）东入砂迹，行二百余里至尼壤城（即尼雅）。周三四里，在大泽中。泽地热湿，难以履涉。芦草荒茂，无复途径，唯趋城路，仅得通行，故往来者莫不由此城焉。

反映当时尼雅所在地的自然条件是沼泽地，沼泽植物生长繁茂。“趋城路”并未提及流沙，可见当时大道沿线的山前平原，还没有大面积的流沙分布，距沙漠的南缘还有一段距离。

（清）萧雄《西疆杂述诗·古迹·阳关道》自注：

（汉之）精绝、戎卢、小宛诸国，皆湮没于无踪，竟沦入瀚海（即沙漠，沧桑之变，以致如此）。

1918年，谢彬从叶城到若羌，沿途见到许多戈壁、流沙沙窝，不少破城子、废墟，胡杨林和枯胡杨断续分布。

在20世纪70年代，根据卫星照片判读，车尔臣河两岸的胡杨林，也几乎绝迹。

造成上述现象的原因，主要是由于塔克拉玛干沙漠在常年优势风的作用下，沙漠中的流动沙丘顺着主风方向向沙漠外缘移动，使历史上尚没有沙丘的地方出现沙丘。除此以外，还有人为的因素。例如，根据访问，在塔克拉玛干的南缘，原来不仅有红柳，还有胡杨林，那时流沙不进入绿洲。由于森林遭到破坏，导致流沙侵入①。

巴楚一带河岸

巴楚县位于叶尔羌河与喀什噶尔河下游。叶尔羌河由西南向北东贯穿全境，流程达250 km，是该县主要水源。喀什噶尔河在县境内全长150 km，仅次于叶尔羌河。

这一地区的胡杨林面积也大为缩小，这主要与叶尔羌河和喀什噶尔河（墨玉河）流域的垦殖和

① （清）萧雄《西疆杂述诗·古迹·阳关道》自注。中国科学院沙漠研究所朱震达1977年提供资料。

灌溉用水的增加，导致胡杨林水源锐减有关[1]。

总之，上述各地区胡杨林的变迁，情况是很复杂的。限于篇幅，不能一一详细分析。但总的是自然因素和人为因素都有，而且交错存在。其中人类的经济活动影响最大。塔里木盆地自汉代特别是清代以来，一方面，由于屯垦事业的发展，人口不断增加，农业也随着发展；另一方面，由于人类不合理（滥砍、滥垦、滥牧等）的经营，导致胡杨林的破坏，水系变迁，风沙危害加速。

由于森林等植被的破坏，也影响到野生动物的变迁。在这里，原来较多的老虎、野猪、野骆驼等，现在有的已经灭迹（如罗布泊的水獭等），有的也已经不可常见了（如野骆驼等）。

关于河西走廊，（清）冯一鹏《塞外杂识》记述18世纪上半叶，

张掖郡，即今甘州府；池塘宽广，树木繁茂，地下清泉所在涌出。

（清）祁韵士《万里行程记》叙述19世纪初，他经过河西走廊时，

路出抚彝（今甘肃临泽）……林树苍茫……自临水启行，田畴渐广，草树葱茏。距肃州（今甘肃酒泉）益近，林木尤多。

上述史料中，虽然大多的是人工林，但从这些绿洲水边人工林的生长茂密来看，在一定程度上，也反映出这一带在历史时期，曾经有过不少天然林的存在。

5.2 中山带的天然森林

历史时期，荒漠地带的较高山地分布着更为广大的天然森林，也与荒漠成为两种不同的自然景观。

贺兰山的森林

现有天然林区溯源 贺兰山地坐落在银川平原与阿拉善高原间，为南北走向的山地，南北长220 km，东西宽20～40 km。以分水岭为界，东属宁夏回族自治区，西归内蒙古自治区。土地面积约73 370 hm^2，其中现有耕地约200 hm^2，天然森林约24 012 hm^2（其中云杉林约18 009 hm^2，油松林约4 202 hm^2，山杨林约1 534 hm^2），林下灌木主要有小叶忍冬、虎榛、栒子木等。这个林区高山部分以青海云杉和油松等针叶树种为优势的稳定林分结构，这是历史的直接孑遗。历史悠久，可以追溯到原始状态的森林一般特征，主要优势树种和基本群落结构，一如现今。历史变迁的只是环境变化，林线上升，林相残破，平均立木直径缩小，林木生长率低，应该是过伐林。只是低海拔山地的山杨等森林，才是次生的天然林。

贺兰山针叶林分中，每每残留着众多的粗大伐根（以贺兰山为甚），伐桩有一人多高，直径达1 m以上，其上原先残枝现多已成檩、梁之材；伐桩分布广，有达分水岭的；树龄不乏400～500年者，称为“恶霸树”，是现今抚育采伐的主要对象。这就有力地证实了贺兰山并非自古以来就是以中小径材为主的残破林区。

历史文献关于区内的记载 贺兰山见诸史料记载是始于《汉书·地理志》，当时叫卑移山。但是关于山上森林记载，则始于唐代文献中，当时因山上有树木，色青白，远看如駮马，北方游牧民族语称“駮为贺兰”[2]。因树而得山名，可见到了唐代，贺兰山上的森林还可以称道。

西夏（1038～1227）很重视贺兰山，驻兵5万人，是七大重兵驻扎地之一，仅次于国都兴庆府（今银川市）[3]。西夏并视贺兰山为皇家林囿，李元昊不仅在兴庆府城营建“逶迤数里，亭榭台池并极

---

① 《新疆图志·实业·林》。
② 《元和郡县图志》卷四《关内道·灵州·保静县》。
③ 《西夏书事》卷一二。

其胜”的避暑宫殿，更在贺兰山上“大役民夫数万于山之东，营离宫数十里，台阁十余丈”①。天盛十七年（1165），国戚任得敬野心勃勃谋篡西夏，于是役民夫10万，大筑灵州城（今灵武市），为他的驻地翔庆军监军司修筑更加雄伟的宫殿②。西夏这些建筑之宏大，用木之粗大，可从后来乾隆《宁夏府志·地里·山川·宁朔县·贺兰山》中窥见一斑：“元昊建此避暑遗址尚存，人于朽木中尝有拾铁钉长一、二尺者。”在王公贵族的带头影响下，贺兰山上大兴土木之风盛行，到明代“山上有颓寺百余所”[36]。这些记载固然说明贺兰山森林在西夏时遭到一段严重破坏，但又首先说明贺兰山森林当时还是颇为壮观，尚堪支撑如此巨大的木材耗费。

明万历末年（17世纪初）以前，贺兰山森林已经元气大伤，浅山虽已是“陵谷毁伐，樵猎蹂践，浸浸成路”③，但高山地带仍然一定程度地保留了“深林隐映”和“万木笼青”④的景观。

清乾隆四十五年（1780）《宁夏府志·地里·山川·宁朔县》称：贺兰山“山少土多石，树皆生石缝间。”这说明，可能由于至少贺兰山部分地区的森林迭遭破坏，以致水土流失渐趋严重，形成“山少土多石”现象。并称：“其上高寒，自非五六月盛夏，巅常戴雪，水泉甘洌，色白如乳，各溪谷皆有。以下限沙碛，故及麓而止，不能溉远。”又说明当时山顶林木尚不少，因此冬季积雪颇多，到农历五六月才融化成水；当时山上冰雪融水尚能达到山麓。这些情况与如今不大相同。都反映在距今200年前，贺兰山的森林较今为多，因而当时的生态环境也较今为好。更值得注意的是，同书指出：“山后林木尤茂密。”说明当时贺兰山西坡的森林较东坡更好。

总之，从贺兰山现有天然林的溯源和历史文献关于本区的记载，充分说明历史时期贺兰山为荒漠地带山地的天然林所广覆。不仅提供了山地以东银川平原和山地以西阿拉善高平原等地区丰富的森林资源，并且在涵养本山地及山地以下部分荒漠、半荒漠地区的水源等作用也很大。

由于历史上长期的破坏，特别是北端纵深已基本上荒山化，不仅森林资源大减，而且水土流失也日趋严重。但南段黄渠口，由于60年代兴建军事工程，客观上起到了连续封山育林的作用。沟底杂灌郁郁葱葱，坡上树林向坡下延伸。因此，国家将贺兰山林区划为自然保护区，以水源林为主，这是很重要的举措。

祁连山地及河西走廊其他山地

《汉书·地理志》与隋唐前《西河旧事》⑤称：祁连山“在张掖、酒泉二界上，有松柏五木，美水草，冬温夏凉，宜畜牧。”[37]《元和郡县图志·甘州·张掖县》记载：祁连山“多材木、箭竿。”（清）陶保廉《辛卯侍行记》记述：祁连山“山木阴森”，大的“逾合抱”。这些都说明，古代祁连山有天然针叶林分布。这些天然森林对于涵养水源、调节气候起到很大作用；破坏森林植被，必然引起生态灾难后果。古代，河西走廊的繁荣是与这些地区山地丰富的森林资源分不开的。

祁连山北面的焉支山（约在今甘肃永昌县、民乐县之间），据（后凉）段龟龙《凉州记》，该山“有松柏五木，其水草茂美，宜畜牧，与祁连同”。

历史时期，河西走廊山地有天然森林覆盖的还不少，现以凉州府⑥为例。据乾隆八年《清一统志·凉州府·山川》有：

① 《西夏书事》卷一八。
② 《西夏书事》卷三七。
③ 《明经世文编》卷二二八，王邦瑞《王襄毅公文集·西夏图略序》。
④ 万历《朔方新志》卷四《艺文》吴鸿功《巡行登贺兰山》，尹应元《巡行登贺兰山》。
⑤ （清）张澍有辑本，其序称：“隋唐志地理类有《西河旧事》一卷，不著作者姓名，今其书已亡。”
⑥ 凉州府（治今甘肃省凉州区），辖武威（今凉州区）、永昌（今县）、镇番（县治在今民勤县南长城内）、古浪（今县）、平番（今甘肃省永登县）共五县。

(柏林山，在古浪县东南，)上多柏。

(黑松林山，在古浪县东，)上多松。

(松山，在武威县东，)上多古松。

(青山，在武威县东，)多松柏，冬夏常青。

这些山地针叶林，都只是历史时期河西走廊山地天然森林的一部分。

天山山地

天山是一个巨大的山系，绵延中国境内就有1 700 km，横亘新疆中部，将其分为南北两路。天山较低部分受大陆性气候的影响，极为干燥，南坡尤甚，向上气候逐渐转为冷湿，山顶终年积雪。大致随着海拔的增加，温度和湿度发生相应的变化，植物分布也表现出明显的垂直分带。

关于天山植被的垂直分布，(清)景廉《冰岭纪程》对托木尔峰地区有较详细的记载：景廉于咸丰十一年(1861)，

(九月初二)束装就道。

(初五过索果尔河，一路)遍岭松柏……低枝碍马，浓翠侵肌。

(初六，过土岭十余里后，至特克斯谷地草原，)荒草连天，一望无际。

(直至初八日，均在草地中行进，其地) 多鼠穴，时碍马足。(鼠害为草原之特征)

(初九，入山，)一路长松滴翠。

十一日，宿特莫尔苏(即不札特山口前托拉苏)。

十二日，即经雪海，抵冰岭。

十三日，小住。

[十四日复南行，过穆索尔河(即木扎尔特河)，途经山岭，]自冲至顶，寸草不生，大败人意。

(十五日之行，)始见山巅间有小松点缀成趣。

(十六日，终日在石迹中行，出破城子，又过数小岭，始)山势大开，平原旷远，心目为之一豁。

[十七日至阿拉巴特台(即盐山口)，]林木蔚然。

从上述景廉半月余日程记载中，可以看出，当时托尔峰地区，从山顶以下，大致可以分为冰雪带、高山草甸带、森林带、草原带等。

关于天山森林的记载，先秦《山海经·五藏山经·北次一经》记述：

敦薨之山，其上多棕、枏，其下多茈草，敦薨之水出焉，而西流，注入坳泽，实惟河源。

按：“河源”之河，指黄河(古人误认塔里木河是黄河之源)；“坳泽”，即罗布泊；“敦薨之水”指开都河，流入博斯腾湖，复从湖中流出，下游称孔雀河。故“敦薨之山”即天山南坡中段。这说明当时天山南坡中段有森林分布，其下则有草原分布。

《汉书·西域传上》记载：我国西北的当时的乌孙①，“山多松(云杉)、樠(落叶松)”，反映2 000多年前，乌孙境内的天山等地就有针叶林的分布。近年，在昭苏夏塔地区墓葬填土发掘的木炭，经^{14}C测定，也是2 000多年前的遗物[38]。可为佐证。

13世纪初，(元)耶律楚材经过天山西段时，曾留有“万顷松风落松子，郁郁苍苍映流水”[39]②

① 公元前2世纪初叶，乌孙人在今甘肃境内敦煌、祁连间游牧；公元前177~前176年间，冒顿单于进攻月氏，月氏战败西迁至伊犁河流域。根据考古学家发现的乌孙古墓群和其他遗迹表明，从天山以北直至塔尔巴哈台，东自玛纳斯河，西到巴尔喀什湖及塔拉斯河中游的辽阔地区，均为当时乌孙人的牧地，其政治中心在赤谷城(今吉尔吉斯斯坦伊塞克湖州伊什提克)。

② 耶律楚材此处所称“阴山”，实际上是指天山北坡。

的纪实诗句。

到19世纪末，(清)萧雄在《西疆杂述诗·草木》自注中进一步指出：

> 天山以岭脊分，南面寸草不生，北面山顶则遍生松树。余从巴里坤，沿山之阴，西抵伊犁，三千余里，所见皆是，大者围二、三丈，高数十丈不等。其叶如针，其皮如鳞，无殊南产①。惟干有不同，直上干宵，毫无微曲，与五溪之杉，无以辨。

这里明确指示，历史时期，天山北坡有很长的针叶林带存在，属实；但萧雄说天山南坡“寸草不生”，并非普遍现象，据历史文献记载，天山南坡西段、中段、东段都有些森林分布，只是不像北坡那样连绵很长罢了。

天山北坡东段，以巴里坤松树塘一带的森林为例，在清人诗文中，也有不少记载。例如，

> 天山(巴里坤南的天山北坡)松百里，阴翁东师(今新疆吉木萨尔县南)东，参天拔地如虬龙，合抱岂止数十围②。

> 巴里坤南山老松高数十寻，大可百围，盖数千岁未见斧斤物也。其皮厚者尺许③。

这些记述虽不无夸大，但说明针叶林是天然林，树木高大古老，却是毋庸置疑的。

至于天山北坡中段历史上的森林，(清)萧雄《西疆杂述诗》提到19世纪80年代，他游博克达山，至峰顶，

> 见(松树)稠密处，单骑不能入，枯倒腐积甚多，不知几朝代矣。

由此可见这一带针叶林的生长茂密，年代久远。

天山南坡西段，指从托木尔峰地区到库车一带。历史时期，这里也有不少的森林分布。历史文献记载，汉代龟兹(今库车)一带的白山(今天山支脉的铜厂山)山中“有好木铁”④。

清嘉庆以前，千佛洞(在今拜城以东)，“树木丛茂，并未见洞口”⑤。

光绪末年，库车东北面的山上仍有“松柏”⑥。

1918年，谢彬从伊犁翻越天山到库车，经巴音布鲁克，过大尤尔都斯盆地，沿巴音果勒河而上，旅途所见，“左山古松，何只万章，沿沟新杨，亦极丛蔚”，“松杨益茂，苍翠宜人”。谢彬在那里行走一天，如处身于“公园”里。翻过一达坂，进入库车境内，又见“万年良木，积腐于野”。沿库车往西行，在库车与拜城之间的山地里，“松林环绕，茂密可爱；腐坏良材，入眼皆是”[31]。谢彬的记述，反映天山南坡西段多森林。结合汉、唐、清等代记载天山南坡西段或山麓附近有不少铜、铁冶炼场所⑦，当时冶铜一直以伐木烧炭为燃料⑧，早期炼铁似也以木炭为燃料⑨，还有冶炼规模颇大⑨，皆可印证历史时期，这一带山地森林不少。

---

① 按：萧雄是湖南益阳人，故其所谓“无殊南产”，就是说这一带针叶林中树种形态与湖南针叶树相类似。

② (清)沈青崖《南山松树歌》(嘉庆《三州辑略》卷八《艺文门下》引)。

③《西陲纪略》(嘉庆《三州辑略》卷七《艺文门上》引)。

④《太平御览》卷五〇引《西河旧事》。

⑤ (清)嘉庆《三州辑略·山川门》。

⑥ (清)光绪三十四年《库车直隶州乡土志》。

⑦《汉书·西域传》记载：龟兹“能铸冶……”《大唐西域记》卷一提到：屈支(今库车一带)土产黄金、铜、铁、铅、锡。新疆的考古工作者在库车县西北的阿艾山和东北的可可沙(即科克苏)，都曾发现汉代的冶铁遗址。距可可沙不远，还有汉代冶铜遗址2处(王炳华1975年提供资料)。(北魏)郦道元《水经·河水注》引《释氏西域记》：“屈支，北二百里有山，夜则火光，昼日但烟。人取此山石炭，冶此山铁，恒充三十六国用。”

⑧《新疆图志·实业·林》：“拜城，产铜地也。赛里木、八庄岁供薪炭之需。旧林砍伐无遗，有远去三四百里采运者。大吏檄令遍山栽培，以备烧铜之用，所活者十九万株。”《新疆游记》184页，更具体说明这个铜矿，每年上缴二三万斤，化炼皆用土法，需松炭极多。说明这一带松树林不少，既有天然林，还有人工栽培林。

在天山南坡中段，古代也有些森林分布。除了上述先秦著作《山海经》提到敦薨之山的森林外，就以清代而论，杨应琚《火州灵山记》，18世纪，

火州安乐城（今新疆吐鲁番市）西北百里外，有灵山在焉……入山步行十数里，双崖门立……上有古松数株，垂枝伸爪……山中草木丛茂，皆从石隙中生，多不知名。

此“灵山”，即博格多山的南坡。从杨应琚所描述的植被情况来看，“草木丛茂”，反映有些灌木丛和草地；“古松数株”，似乎是山地天然针叶林的遗迹。

关于天山南坡东段的森林情况，唐代古碑记载记述：贞观十四年（640），唐王朝军队曾经大量砍伐伊吾（今新疆哈密地区）北时罗漫山（天山南坡的一部分）的森林①。这时罗漫山的位置，大致与天山北坡松树塘相对应。

天山山间有许多大小盆地和宽谷，特别天山西段，山谷交错，更为复杂。这些谷地（如伊犁河谷以北的果子沟一带）和盆地边缘的山地，也有不少森林分布。在历代文献中，有不少记载。例如，有的记载这一带

阴山今天山顶有池（今赛里木湖），池南树皆林擒，浓荫蓊郁，不露日色[40]。

有的描述：

沿天池（今赛里木湖）正南下，左右峰峦峭拔，松、桦阴森，高逾百尺，自巅及麓，何啻万株②。

有的提到“谷中林木茂密”③。

有的描写：

（从北入山南行，）忽见林木蔚然，起叠嶂间，山半泉涌，细草如针。心其异之，停前翘一首，则满谷云树森森，不可指数，引人入胜……已而峰回路转，愈入愈奇。木既挺秀，具干霄蔽日之势；草木荡郁，有苍藤翠鲜之奇。满山顶趾，缩错罕隙，如入万花谷中，美不胜收也④。

这些记述，反映古代天山西段北支果子沟一带，林木茂密，风光秀丽，也与荒漠的自然景观截然不同。

新疆深处大陆中心，干燥少雨。塔里木盆地年降水量仅50 mm左右。准噶尔盆地较多，也在250 mm以下，东边也只50 mm左右。天山由于地势较高，年降水量却在300 mm以上，最多处可超过600 mm[41]。加以气温低，蒸发少，多成固体降水。天山南北的农牧业，“全恃雪水消注灌溉”⑤。古籍称天山为“群玉之山”“雪山”“凌山”，都说明天山冰雪是一个巨大的“天然水库”的意思。《新疆图志·实业·林》记述：

故隆冬，积雪遮阴于万松之下，天煖渐融释，自顶至根，涓涓不绝。千枝万脉，积流成渠。自春徂冬，不涨不竭。若木濯山童，则雪水见晚。消泻无余，田禾必有乏水之患。

破坏天山的森林，必然给天山南北的农牧业生产带来极为不利的影响。

天山森林的破坏，从汉代屯田时即已开始，但主要是在清代以后。（清）徐松《西域水道记·巴勒喀什淖尔（即巴尔喀什湖）所受水》记载中提到清代在“济尔喀朗河翰置船厂，每岁伐南山（天山）

---

① 唐左屯卫将军姜行本勒石碑文（嘉庆《三州辑略》卷七《艺文门上》引）。

② （元）李志常《长春真人西游记》记载13世纪初，丘处机见闻。

③ （清）松筠《新疆识略》卷四《伊犁舆图·伊犁·山川》。

④ （清）祁韵士《万里行程记》。

⑤ 《新疆图志·实业·林》。

木，修造粮艘”。《新疆识略·木移》提到伊犁南北山场森林的破坏情况；同书《财赋》，还提到乾隆、嘉庆间，清代在伊犁设立铅厂、铁厂、铜厂，征收木税等。这些厂都用土法提炼，每年消耗的木炭必大为增加。20世纪初到新中国成立前夕以及近十多年，砍伐森林现象更为严重。

破坏森林，引起天山南北生态环境许多变化。据冰川工作者研究，从19世纪以来，天山雪线后退数十米至百米左右[42]。《新疆图志·实业·农》记述：

自设立行省后，人口稠密，地气转移，雨暘时若，非复曩时气候。

有关阿尔泰山山地的森林情况，据金末元初（13世纪初），耶律楚材《过金山用人韵》[39]：

雪压山峰八月寒，羊肠樵路曲盘盘。
千岩竞秀清人思，万壑争留壮我观。
山腹云开岚色润，松巅风起雨声乾。
风光满贮诗囊去，一度思山一度看。

用此记录下当年秋季经过金山（今阿尔泰山）所见的雪峰、松林等景色。接着，丘处机等也路过金山，在其弟子李志常《长春真人西游记》卷上，记载他们亲眼看到“松桧参天，花生弥谷”。

清末《新疆图志·山脉》提到20世纪初，阿尔台山（今阿尔泰山）：

连峰沓嶂，盛夏积雪不消。其树多松、桧，其药多野参，兽多貂、狐、猞猁、獐（实际是麝）、鹿之属。

直到现在，天山仍是我国荒漠地带山地的重要天然针叶林区之一。

准噶尔西部山地的森林，据（元）刘郁《西使记》，13世纪中叶，（元）常德奉命前往波斯朝觐，途中从蒙古高原穿过准噶尔盆地，渐西有城叫业满（今新疆额敏县），西南行过索罗城（今博乐县①），见到“山多柏，不能株，骆石而长”。

此后，据《新疆图志》记载：塔城西南的巴尔鲁克山，译言树木丛密。“长二百余里，宽百里或数十里，多松、桧、杨、柳”。说明历史时期，这一带也有一些天然山地针叶林的分布。

总之，荒漠地带的天然森林，是珍贵的自然资源，它不仅是木料等的重要来源，而且还可以稳定高山积雪，涵养水源，为绿洲农牧业的发展提供极为有利的条件。破坏山地森林，就会使得高山积雪减少，影响了雪水，不利于绿洲农牧业生产，这是一个重要的历史经验教训。

6 结束语

综上所述，我们对历史时期“三北”防护林区森林的地理分布及其变迁，有如下几点初步看法；

（1）历史时期，“三北”防护林区天然森林的地理分布大势是：从东部的森林地带或森林草原地带的天然森林，递变到西部干草原地带和荒漠地带的天然森林，这与现今情况相类似。

但是，几千年来，从水平地带看，这些植被类型的具体位置是在不断移动的；从垂直地带论，它们分布的海拔高度，也是在不断变化的（总的趋势为分布下限上升）；从种类成分等讲，它们也是不断变化发展的；至于它们的分布面积变迁，更是惊人的（总的来说，森林面积显著缩小，不少地区趋于灭绝；相反，人工植被和荒漠的面积却有较大的扩张，不少天然林为人工植被、草原或荒漠所代替）。

（2）正由于如此，几千年来，特别是近百年来，“三北”防护林区的环境变迁是很大的。

历史上，在华北、东北的森林和森林草原地带有很多山清水秀、土地肥沃、林草丰茂、风光秀

① 现为博乐市。

丽、野生动物繁殖的地区，就是西北的草原、荒漠中，这样的地区也不少。但是，由于历史上各种因素，导致不少林草丰茂的地区，有的变成荒山秃岭，水土流失严重；有的风沙危害严重，甚至变成沙漠化地区，自然面貌趋于恶化，广大地区四料（木料、饲料、肥料、燃料）俱缺。

当然，我国社会制度在古代与今不同，生产力与今迥异。因而，在旧中国，虽然自然条件比今天好，可是广大劳动人民仍然深受困苦。如今，我国是社会主义国家，人民是国家的主人，国家的一切权力属于人民，科学进步，生产力不断提高。我们只有顺应客观自然规律，保护环境，保护自然，并合理地利用和改造自然，那么，对国家、对人民都是有利无害的。

（3）“三北”防护林区森林等植被变迁的原因与区内的自然环境及人文环境的变化是紧密相连的，它们是多种多样的，错综复杂的，互相制约、互相联系的。

自然原因，如气候变化、冰川变化、地形变化、水源变化、病虫害及野生动物的影响等，都曾发生过，有时成为唯一的，或主要原因，甚至经常发生。例如塔里木盆地常盛行的干热风，引起塔克拉玛干沙漠南北缘，特别是南缘沙丘的移动，使得不少地方的胡杨林因干旱而死亡，就是显著的例子。此外，干旱、冻害、冰雹、雷火等气候灾害，导致林木死亡，或生长受到较大影响，也是屡见不鲜的。

人为的原因，例如统治阶级的大兴土木，打猎烧山，战争的影响和人们的滥砍、滥伐、滥垦、滥牧、滥樵，林牧、林农之间的矛盾以及民族的迁徙、人口的变动、宗教的变化等，对森林等植被都有不同程度的影响。

但是，就“三北”防护林区的全区而论，一般地讲，从时间上来说，在地区开发的早期，自然因素更成为主要因素；在地区开发的晚期，人为因素更成为主要因素。就近百年来说，影响力较大的一般是人类活动所造成的，尤其是滥砍、滥伐、滥樵、滥牧等更成为主要因素。例如在新疆，因水利设施规划不当，盲目地在上游截留筑坝，导致下游胡杨林死亡、消失，土地大面积沙化，教训十分惨重。

（4）“三北”防护林区历史时期森林分布变迁的总趋势尽管是天然森林的面积越来越小，但并不是直线式的减少，而是曲线式的，波状起伏的，盛衰交错出现。

在本区南部，如黄土高原一带，明末清初（17世纪），由于人口锐减，大片田地荒芜，变成草地、灌木丛，甚至长成森林，当时山西兴县的状况就是明证。清中叶以后，虽经多次战争，人口增减经过多次变化，但总的来说，人口是增加的多，农田面积总的来说也是增加的；恰恰相反，森林面积总的来说，确是减少的。

至于东北，清中叶以前，虽有不少封禁地区，人口较少，因而保存许多原始森林；清末，沙俄与日寇相继在东北大规模掠夺，破坏我国森林资源；清政府也大肆放垦，因而很多地区森林面积大为缩小。

可见在“三北”防护林区营造防护林建设体系是逐步改变这一地区已经破损的自然面貌和日益恶化的农牧等业生产条件。这是历史发展的需要，也是造福子孙后代的重大战略措施。

（5）历史的经验值得注意。“三北”防护林区从东南向西北，有农业区、半农半牧区、牧业区的存在，这既是自然的生态环境，也是人为的经济活动，反复适应形成的格局。历史时期，凡在宜林宜牧地区片面强调发展农业的，都会引起不良的后果，既破坏了林业和牧业，也使农业生产长期处于低水平，甚至逐步倒退状态。过去，在这方面的教训不胜枚举。今天，我们建设“三北”防护林，一定要综合考虑，统筹规划农田基本建设和基本草场建设。在地区安排上，要因地制宜，做到宜农则农，宜林则林，宜牧则牧，促进农、林、牧业的协调、全面发展。

历史上，每当人口大减，山林等“自然封禁”或人为封禁之时，灌丛、草原等即可较快逐步恢复、发展，现今世界许多国家的经验也证实了这点。因此，我们在“三北”防护林区必须首先实行封山育林、封沙育草、封滩（戈壁滩）育草与植树种草相结合，不可偏废。

“三北”防护林区不少山地森林在涵养水源、保持水土等方面的作用是很大的。破坏山地森林，不仅使得水源减少，甚至导致枯竭，水土流失日趋严重。因此，对大兴安岭南段、阴山、贺兰山、六盘山、祁连山、天山、阿尔泰山等山区必须建立自然保护区，封山育林，培养水源林（当然，有的山区，如阿尔泰山还有用材林。实际上，我国已在上述山地建立了一些自然保护区）。一些草原等地也急需建立自然保护区（最近，锡林郭勒盟草原就建立了我国第一个草原自然保护区）。

“三北”防护林区一些山地天然林的上限以上及下限以下和许多低山及低平的沙荒地等都曾经有过面积大小不同的灌丛分布。这些灌丛在“三北”防护林区生态系统中占相当的比重，具有重要意义。因此，在今后发展“三北”防护林区的防护林建设体系工作中，不仅要注意乔木，在一些自然条件较差的地方，还要先注意灌木，甚至要重视草被。

水源林、薪炭林、用材林及各种防护林等在“三北”防护林区历史上都曾发挥过各自不可忽视的作用。在今后“三北”防护林区的防护林体系建设中，应当为它们安排在一定地位，不可偏废。

历史上，由于对“三北”防护林区的河流缺乏作为一个完整生态系统进行全面规划的概念，往往顾此失彼，结果对上、中、下游不利。今后，必须重视流域规划。

我国各族人民有无限的创造力。各地积累了不少植树造林的经验，又选育出许多适宜形成当地植被的乡土树种。只有从各地的实际情况出发，充分发挥群众的智慧和力量，才能够加速“三北”防护林的建成。

“三分种，七分管”，说明对森林的管理与防护也很重要。管理中，最重要的是不能随意砍伐，毁坏林木，以及破坏林区内的生态平衡，造成直接或间接的毁林。

（6）“三北”防护林区的生态恢复，主要依靠人工造林。此种森林的营林树种往往比较单纯、速生，这固然在短期内容易见效，也是改变荒漠的前哨战，不无必要。

但是人工林又往往存在一个显著弱点，就是不利于林区的生态平衡、稳定与长远发展。人工纯林缺少乔、灌、草不同植物的伴生与互补，不利于招引多种野生动物生息繁衍，形成伴生种类多样性，反而容易招致病虫灾害。水土保持与涵养水源，更多的是依赖于林下的枯枝落叶层、腐殖质层以及低矮的林下灌木、草本或苔藓层的立体庇护，这是人工纯林难以达到的。人工纯林由于林种结构不合理，林分质量差，更有相当部分经济林长势不良，使之成材率低下；人工纯林或整体出现，或几乎同时消亡，并不利于生态稳定。

因此，我们要注意营造多物种共生的杂林；对以往已然形成的人工纯林，也应及早对其加以改造，采取应对措施，掺补易与其共生的相关植物种类。

（7）可以设想，随着“三北”防护林的建设，水土流失和风沙危害将会逐步制服，林茂粮丰、牛羊成群的局面也将逐渐出现。十一届三中全会以来，在党中央的重视下，“三北”已有部分地区制止了风沙和水土流失局面，农牧林业生产出现了崭新的面貌。展望未来，我们是满怀信心的。

参考文献

[1] 李素英．明成祖北征纪行初编．禹贡半月刊，1935，3(8)

[2] 刘慎谔，等编著．东北木本植物图志．北京：科学出版社，1955

[3] 吉哲文．统一的多民族国家的历史见证．光明日报，1977-11-25(3)

[4] 朱震达，刘恕．中国北方地区沙漠化过程及其治理区划．北京：中国林业出版社，1981

[5] 徐曦．东三省纪略．卷七，边塞纪略．下，洮儿河流域・森林．上海：商务印书馆，1915

[6] 中国科学院内蒙古宁夏综合考察队．内蒙古自治区及东北东部地区林业．北京：科学出版社，1981

[7] 朱宗元．内蒙古中部草原区发现天然胡杨林．植物生态学与地植物学丛刊，1981，5(3)

[8] 刘金陵，李文漪等．燕山南麓泥炭的孢粉组合．第四纪研究，1965，4(1)：105～117

[9] (元)孛兰盻等撰，赵万里辑．元一统志．卷二，辽阳等处行中书省・大宁路・山川．北京：中华书局，1966

[10] (明)马文升．为禁伐边山林木，以资保障事疏 //(明)陈子龙等．明经世文编．卷六三．北京：中华书局，1962

[11] (明)郑晓．书直隶三关图后 //(明)陈子龙等．明经世文编．卷二一八．北京：中华书局，1962

[12] 文焕然，何业恒，徐俊传．华北历史上的猕猴．河南师范大学学报(自然科学版)，1981(1)

[13] (明)庞尚鹏．酌陈备边末议以广屯种疏 //(明)陈子龙等．明经世文编．卷二一八．北京：中华书局，1962

[14] 杨寒生．察北概况．禹贡半月刊，1937，7(8～9)

[15] 纪国宣．宣化县文献述略．禹贡半月刊，1937，7(8～9)

[16] 侯仁之，等．乌兰布和北部沙漠的汉代垦区 // 治沙研究．第七号．北京：科学出版社，1965

[17] 史念海．历史时期黄河中游的森林 // 河山集．二集．北京：生活・读书・新知三联书店，1981

[18] 史念海．论泾渭清浊的变迁．陕西师范大学学报(哲学社会科学版)，1977(1)

[19] 青海省文物管理处考古队．青海文物考古工作三十年 //《文物》月刊编辑委员会编辑．文物考古工作三十年：1949-1979. 北京：文物出版社，1979

[20] 赵充国传 //(汉)班固．汉书．卷69. 北京：商务印书馆，1958

[21] 安志敏．青海的远古文化．考古，1957(7)

[22] 青海省文物管理处考古队，北京大学历史系考古专业．青海乐都柳湾原始社会墓葬第一次发掘的初步收获．文物，1976(1)

[23] 青海省文物管理处考古队，中国科学院考古研究所青海队．青海乐都柳湾原始社会基地反映出的主要问题．考古，1976(6)

[24] 周立三，等．甘青农牧交错地区农业区划初步研究．北京：科学出版社，1958

[25] 许公武．青海志略．上海：商务印书馆，1943

[26] 西北大学地理系．陕西农业地理．西安：陕西人民出版社，1979，9，138～139

[27] 童大林，等．关于西北黄土高原的建设方针问题．光明日报，1978，1978-11-29

[28] 秦仁昌．关于胡杨林与灰杨林的一些问题 // 中国科学院新疆综合考察队．新疆维吾尔自治区的自然条件．北京：科学出版社，1959

[29] 中国科学院植物研究所．中国植被区划(初稿)．北京：科学出版社，1960

[30] (清)吴其濬．植物名实图考．北京：商务印书馆，1957

[31] 谢彬．新疆游记．上海：中华书局，1932

[32] 黄文弼. 塔里木盆地考古记. 北京：科学出版社，1958
[33] 朱震达. 塔里木盆地的自然特征. 地理知识，1960(4)
[34] 陈宗器. 罗布淖尔与罗布荒原. 地理学报，1936，3(1)
[35] 新疆博物馆考古队. 新疆大沙漠中的古代遗址. 考古，1961(3)
[36] (明)胡汝砺纂修，(明)管律重修. 嘉靖宁夏新志. 银川：宁夏人民出版社，1982
[37] (汉)班固等. 汉书. 北京：中华书局，1962
[38] 佚名. 放射性碳素测定年代报告(一). 考古，1972(1)：52～56
[39] (元)耶律楚材. 过阴山和人韵//湛然居士集. 卷二. 上海：商务印书馆，1937
[40] (元)耶律楚材. 西游录. 北京：中华书局，1981
[41] 中国科学院新疆综合考察队. 新疆水文地理. 北京：科学出版社，1966
[42] 施雅风. 五年来中国冰川学、冻土学与干旱区水文研究. 科学通报，1964(3)

八、历史时期内蒙古的森林变迁*

1 概述

内蒙古自治区横卧于祖国的北陲(在北纬37° 30′~53° 20′，东经97° 10′~126° 02′)，是我国跨经度最长的省区，东西绵延2 400 km，总面积118.3万 km^2，约占全国土地总面积的1/8。我国历史时期存在的森林、草原、荒漠三种类型的天然植被地带，内蒙古全都含有，尤以草原和荒漠两种占全区的绝大部分[1]。

森林是陆地生态系统的主体，是植被的重要组成部分，它先于人类出现在我们这个星球上。森林适应着自然条件的变化，并随之产生变迁，但同时它又是自然环境中生物圈的主要成分之一，它的生长、分布状况，对自然环境产生较大的影响。人类是在森林的哺育下出现、成长、壮大、发展起来的，随着人类活动能力的加强，对自然环境的影响也日益增大，特别是对野生动植物的利用和改良、分布、变迁等都施加了影响，成了新的重要因素。

内蒙古是人类早期栖息活动的地区。远在30万年前的“大窑文化”就是发现于呼和浩特市郊区的大窑村[2]；更新世晚期的“河套人”首先发现于乌审旗萨拉乌苏河流域，此后，在海拉尔、扎赉诺尔(属满洲里市)、阿木古郎(苏尼特右旗)等地发现距今1万年前的古人类遗址；再后，又陆续发现有“富河文化”(在巴林左旗富河沟门等地)、“仰韶文化”(在清水河县白泥窑子等地)、“红山文化”(在赤峰市等地)、“龙山文化”(在包头市转龙藏、伊金霍洛旗朱开沟等地)等一系列新石器时代遗址[3~8]。原始农业开始时，内蒙古天然植被分布的大势，由东向西，依次为寒温带森林地带、温带森林草原地带、干草原地带、荒漠地带。森林在这些地带的分布亦顺此次序逐步减少，有如今天。然而历史时期，内蒙古森林的规模及其覆盖率却远大并高于今天。

据统计，到1949年，内蒙古全区仅剩下913.9万 hm^{2}森林。其中原始林629.5万 hm^2，天然次生林280万 hm^2，人工林4.5万 hm^2，零星树木1 103万株，森林覆盖率7.7%。20世纪50年代后，经过多方努力，情况有所好转。现今内蒙古森林83%的面积和94%的蓄积集中于呼伦贝尔盟(今呼伦贝尔市)和兴安盟[9]，即大兴安岭一带。

由于内蒙古地域广阔，自然地理条件差异性甚大，植被分布呈现较明显的地带特征。因此，我们按内蒙古植被的各个地带，从东向西，分区讨论森林的变迁情况。

---

* 本文由文榕生整理，首发于《中国历史时期植物与动物变迁研究》(重庆出版社，1995)。

2 寒温带森林地带的森林

内蒙古的寒温带森林地带主要指现今大兴安岭北部（约洮儿河以北）。本区的森林现今仅莫尔道嘎—满归一线的西北部为尚未开发的原始林区；莫尔道嘎—满归一线以南至免渡河以北，为正在开发的林区；免渡河以南，只在交通不便的地区，尚保留有面积不等的原始森林。全区森林覆盖率为48.1%，比起我国大多数地区已相当高了，但在历史时期，甚至晚至19世纪以前，这个地带几乎全部为森林植被所覆盖。

大兴安岭距海较近，其纬度在我国属于较高位置，降水量大，蒸发量小，尤其是大兴安岭北部，气候寒冷，生长的天然森林为寒温带针叶林，是西伯利亚大森林在我国境内的延续。

自古以来，本区由于气候寒湿，人烟稀少，森林一直保存比较完好，但已开始向沼泽方向发展。

商周时代的肃慎（亦称为息慎、稷慎）人的游猎活动曾到达本区。

据《魏书》卷一《序纪》，本区为古代我国北方拓跋鲜卑人的原始狩猎游牧地区。当时称“大鲜卑山”为“幽都之北，广漠之野，畜牧迁徙，射猎为业”的地区，这正反映了古代寒温带针叶林区人们原始的经济活动的某些情况。近年来，考古工作者在鄂伦春自治旗首府阿里河镇西北10 km处发现的嘎仙洞（“石庙”即“石室”）以及洞内石壁上古人刻下的祝文“太平真君四年（公元443）”等文，正与《魏书》卷一〇〇《乌洛侯传》的记载吻合[10]。说明了这一带寒温带针叶林生长的历史悠久。

历史文献中记载：北魏到唐代（约公元4世纪末至10世纪初），失韦地区

> 下湿。夏则城居，冬逐水草，亦多貂皮……用角弓，其箭尤长。
>
> 兵器有角弓、楛矢，尤善射。时聚戈猎，事毕而散……夏多雾雨，冬多雾霰①。

表明本区气候寒湿而多积雪，有大量的鹿、狐、貂等森林野生动物栖息，人类的经济活动以依赖天然生物资源的渔猎为主，天然植被具有寒温带森林的特征。

直到18世纪初，这里仍然

> 松柞蓊郁[11]。
>
> 林薮深密，溪河甚多……河水甘美，虽洼处停潦之水亦美无异……河内所产之鱼，种类甚多，亦有鳇鱼，大者有一二丈许，其索伦达呼尔（即达斡尔族）人渔捕此鱼进贡。山内有虎、豹、野猪、鹿、狍、堪达汉（或作堪达韩，即驼鹿）等兽……不种田地，以打牲射猎资生，无庐舍……游牧[12]。

甚至19世纪的文献中仍称本区大部分

> 丛林密箐，中陷淤泥（沼泽），（大兴安岭西坡）蓊郁尤甚，……（落叶）松、柞蔽天，午不见日，风景绝佳[13]。

说明直到晚近，本区的天然植被仍以寒温带森林为主，并有水生植被和沼泽植被等分布。

历史文献中提到本区的树种有落叶松（又称异气松、意气松）②、柞（蒙古栎）、樟子松、桦、榆

① 据《魏书》卷一〇〇《失韦传》及《旧唐书》卷一九九下《室韦传》。《新唐书》卷二一九《室韦传》：“滨散川谷，逐水草而处……每戈猎即相啸聚，事毕去……其气候多寒，夏雾雨，冬霜霰……器有角弓、楛矢，人尤善射。”《太平寰宇记》卷一九九：北室韦，“气候最寒，冬则入山，居土穴中，牛畜多冻死，饶獐、鹿，射猎为生，凿冰没水而网射鱼、鳖。地多积雪，惧陷坑阱，骑木而行。俗皆捕貂为业，冠狐、貂，衣鱼皮。”

按《魏书》的“失韦”与《旧唐书》《新唐书》的“室韦”及《太平寰宇记》的“北室韦”，都是指6～8世纪时，居住在大兴安岭北部的我国古代同一少数民族。

② 清圣祖《康熙几暇格物编》四集

等[14, 15]，更反映本区的森林以寒温带针叶林为主。

现今，本区树种以兴安落叶松为多（在内蒙古境内的大兴安岭部分，蓄积量占自治区的44.5%，面积占28%），还有樟子松、偃松、西伯利亚刺柏、兴安圆柏、白桦、榆树及少量的红皮云杉、新疆五针松（在满归、阿龙山等地有几十株，被鄂温克族人供作神树）[16]。

如今本区虽仍拥有全国面积最大的天然森林，蓄积量也居全国之首，但都无法与历史时期的兴盛景象相比，并且主要限于莫尔道嘎—满归一线的西北部。免渡河以南的森林，在1896～1945年间，经沙皇俄国、日本帝国主义及官僚、富商等人为地掠夺性砍伐，加以林火等灾害，致使本区南部及东西两侧森林，特别是铁路两侧及河流两岸运输便利地方的森林遭受严重破坏。

20世纪40年代末，随着国民经济的恢复和发展，国家大力建设林区，本区成为一个以林为主的经济区、为国家用材的主要供给基地，在经济建设方面发挥了很大作用，这是不可否认的。但是，由于长期以来人们对本区森林资源长远的、综合的作用认识不足，单纯从采伐利用出发，重采轻造，重采轻护，采育严重失调，以致本区森林资源逐年减少，林分质量逐年下降。同时，随着采伐的扩大，本区人口急剧增加，现有人口已达200万以上，农牧业比重也逐渐上升①。大兴安岭东西两侧和南部，森林线不断后退，耕地与建筑物面积相应扩大，这对于恢复森林生态系统及发挥本区山地森林对东北平原和内蒙古高原的天然生态屏障等作用越来越不利。只有坚持以林为主的发展方向，实行以营林为基础的建设方针，才能既维护森林生态系统的作用，同时又源源不断地为国家提供建设用材。

3 温带森林草原地带的森林

内蒙古的温带森林草原地带包括洮儿河以南、阴山以东的大兴安岭南部、大兴安岭东南麓丘陵、辽嫩平原及东北部高平原等地。

本区地域较广，森林仅次于寒温带森林地带，再分若干亚区进行探讨。

3.1 大兴安岭南部的天然森林

大兴安岭南部现今山地森林覆盖率为12.3%，丘陵地带的森林覆盖率仅为7.8%①。在历史时期，这些地区的森林远不是这种情景。

据20世纪30年代初《兴安屯垦区第一期调查报告》称：从阿尔山以南，大兴安岭岭脊起，东西宽100 km、南北长200 km的范围内，“此间多单纯之巨大黄花松林，及黄花松、白桦、山杨之混淆（交）林。大木参天，茫无际涯，林况之盛，以此为最，实为斧斤向未一入之区”。并称那里鹿、熊、狐、貉、狼、豹等野兽甚多，可为狩猎资源②。这类调查是比较粗糙的，但反映当时本亚区山地偏北地区有不少天然森林则是事实。

《东三省纪略》卷七称：索伦山为大兴安岭南部东出的一部分，

> 周围二千余里，凡札萨克图（今兴安盟科尔沁右翼前旗，即乌兰浩特市）、镇国公（今属科尔沁右翼前旗）、乌珠穆沁（今锡林郭勒盟，分为东、西乌珠穆沁旗）、扎鲁特（今旗，属哲里木盟）诸旗皆其绵亘处也，其中森林茂郁，垂数千年，高十丈，大数围之松木遍地皆是[14]。

这些亦可反映迟至20世纪初，大兴安岭南部的偏北地区森林不少。

① 廖茂彩．内蒙古自治区林业区划．内蒙古自治区林业区划办公室，1981年6月（油印）。

② 国民党兴安区屯垦公署秘书处．兴安屯垦区第一期调查报告（屯垦第一年工作概况）.1934年4月。

大兴安岭南部偏南地区虽然缺乏千年左右前森林草原植被的具体记载，但从辽代帝王多次在本亚区不少地方避暑、行猎以及爱羡风光之美（风水好）而选择为陵墓之地等，也可反映当时天然森林草原分布之广。

辽代帝王避暑地如缅山，在狼河（今乌尔吉木伦河）内陆水系的源头一带，辽圣宗耶律隆绪曾多次在此山避暑，后改名永安山[17]；怀州（今昭乌达盟巴林左旗西）西山（似近大兴安岭）有清凉殿，“亦为（似道宗耶律洪基等）行幸避暑之所”①。

辽代帝王狩猎之地如黑岭，又名庆云山，在黑河（今查干木伦河）源头以西，圣宗耶律隆绪、兴宗耶律宗真等曾在此打过猎[17,18]。圣宗喜爱这里的风光绮丽，命死后将其葬于此地，后建永庆陵[17]。辽庆州（今巴林左旗西北大兴安岭的一部分）：

> 本太保山黑河之地，岩谷险峻。穆宗建城，号黑河州，每岁来幸，射虎障鹰……以地苦寒，统和八年（990年），州废。圣宗秋畋，爱其奇秀，建号庆州[17]。

《辽史》载：上京临潢府（治今巴林左旗南波罗城）有平地松林[17]。《辽史》的本纪和游幸表记载辽代帝王到平地松林游幸及狩猎的不胜枚举②。

明《译语》称：

> 克忒克剌，即华言半个山，山甚陡峻，远望如坡，故名。傍多松、桧、榆、柳及佳山水，按即古之平地松林矣③。

克忒克剌，就是现在的克什克腾旗[18]。半个山，指山地一坡陡峻，另一坡平缓的意思，因为大兴安岭介于东北平原与内蒙古高原之间，从平原看去，山势高峻；从高原看来，就不是山了，所以叫半个山。半个山的松林，“甚似江南……树林蓊郁，宛如村落，水边榆、柳繁茂，荒草深数尺”④，真是一派森林草原的好风光！

这片森林的范围，据（明）罗洪先《广舆图》卷二《朔漠图》：“自庆州西南至开平，地皆松，号曰千里松林。”明庆州治今巴林右旗西北的察罕（查干）木伦河源的白塔子（察罕城），开平治今正蓝旗东闪电河北岸。《中国历史地图集》的“临潢府附近”图，将平地松林标在潢河［沙（西）拉木伦河］源头附近，今克什克腾旗东、林西县西南，南达今河北省围场县北境[19]。这两种看法大致相同，主要差异是《广舆图》的西界到了开平一带。元代一些文献记载上都称东北是有松林的，近年实地考察，今克什克腾旗，西拉木伦河以北尚有针叶林100余 hm^2，以南约14 hm^2；在西拉木伦河南岸唐家店有一株360年的油松古树，树高18 m，胸径112 cm，称为“内蒙古油松二王”⑤。足见《广舆图》的说法是正确的。

为了进一步弄清森林与草原的分布情况，不妨看（清）汪灏《随銮纪恩》所描述的：康熙四十二年（1703）汪灏随玄烨北巡，八月二十八日（10月8日）到大兴安岭狩猎，情况是：

> 灏等从豹尾窬岭北行……十里过一涧，仍沿岭脊而东，百草连天，空旷无山，天与地接，草生积水，人马时时行草泽中，不复知为峻岭之颠（巅）。落叶松万株成林，望之仅如一线……

① 《辽史》卷三二《营卫志中》：“夏捺钵无常所，多在吐儿山……吐儿山在黑山东北三百里，近馒头山。”同书卷三七《地理志一》中《上京道·上京临潢府》：有“兔儿山”。按兔儿山，即吐儿山。疑馒头山在索伦山一带，吐儿山似也是大兴安岭南部的一部分。

② 如《辽史》卷三《太宗纪》：天显十二年（937），“夏四月甲申，幸平地松林，观潢水源。”同书卷四《太宗纪》，卷八《景帝纪》，卷一二、卷一三、卷一五《圣宗纪》，卷一八《兴宗纪》等都载有秋或七八月猎于平地松林。

③ 见《纪录汇编》卷一六一。

④ 《明成祖北征纪行初编》，载《禹贡半月刊》第3卷，第12期。

⑤ 内蒙古林学院林学系冯林1981年11月提供资料。

日将晡，乃折而南，渐见山尖林木在深林中。下马步行，穿径崎岖。久之，乃抵岭足。沿岭树多无名，果如樱桃，蒙古所谓葛布里赖罕是也①。

这是对大兴安岭南部和汉威坝东段森林草原的真实记载，其下文还提到当天他们猎获不少巨鹿和一只石熊，也反映出森林草原中的动物资源概貌。现代自然地理工作者和地植物工作者的实地考察，也证实了汪灏所描述的情况②。

大兴安岭南部及其东南麓丘陵的森林，如同东北其他山地一样，主要是19世纪以后受到人为的破坏。现在昭乌达盟的白音敖包（在今克什克腾旗境内），还有一片红皮云杉组成的沙地云杉林，这是因为它们在蒙古史上被认为是"神林"而保存下来的。30多年前，这片红皮云杉林的面积还有5 900 hm^2，当时这里古木葱葱，牧草丰盛，被誉为"美丽的山头"和绿色的宝库。近20年来，由于虫灾和乱砍滥伐，森林面积锐减为2 400 hm^2，使敖包山变成荒山秃岭，森林草原沙漠化严重。在锡林郭勒盟原种畜牧场乌拉苏太以南3 km的沙丘阴坡，有残存的红皮云杉林，很可能过去曾与白音敖包的红皮云杉林相连③。

3.2 大兴安岭东南麓丘陵的天然森林

本亚区现在基本上是一个以农为主、农牧林结合的经济区，农耕面积54万 hm^2，草场面积240万 hm^2，有林地面积22万 hm^2，森林覆盖率为7.8%。植被基本上为草甸草原和典型草原，森林植被除河谷坡地有人工杨柳林外，还有榆树疏林，山杏、锦鸡儿、胡榛子、绣线菊、小黄柳、沙蒿等灌丛散布各地④。

历史时期，这一带的森林植被与今大不相同。近年来发现的昭乌达盟南部敖汉旗大甸子村遗址（东经120°，北纬42° 20′）出土的朽木和墓葬填土中的植物孢粉研究表明，计有油松、桦、云杉、蔷薇和菊科的花粉，其中以油松为主，说明在距今3 420年 ± 85年以前，这里的植被以暖温带针阔叶混交林为主，气候较今为暖湿，当时人们种植谷子，饲养家畜，过着兼营农牧的生活[20]。

由于公元916～1115年辽代的政治中心就在本亚区附近，因而对这一带森林的情况记载也较多。如上述辽代的"平地松林"，即东起本亚区、西达大兴安岭南部一带。

《辽史》提到上京道有松山州（今巴林左旗东南），中京道也有松山州。松山（今赤峰市西），可能是当时这一带多针叶林分布的缘故。

《金史》卷二四《地理志》：临潢府，"有天平山（今扎鲁特旗西北）、好水川（今扎鲁特旗西，似已无水），行宫地也，大定二十二年（1182）命名。"同书卷八《世宗记》大定二十五年（1185）五月"壬寅，次天平山好水川"，"六月甲寅，猎近山"。综合来看，天平山、好水川既为金代行宫，又为帝王巡幸、打猎的地方，反映当时这一带草木茂盛。

20世纪初，上引《东三省纪略》提到索伦山在札萨克图、镇国公等旗的老林，一部分海拔较高的属大兴安岭南部外，一部分海拔较低的应属大兴安岭东南麓丘陵。又《哲盟实剂》记载：

哲里木盟十旗之中，天然森林所在皆有。与哲盟之札赉特（今兴安盟扎赉特旗）、札萨克（今鄂尔多斯市伊金霍洛旗），镇国公、札萨克图（此二地皆在今兴安盟科尔沁右翼前旗）、图什业图（似为呼和浩特市的土默特左旗与包头市的土默特右旗一带）、达尔罕（今乌兰察布市

① （清）汪灏．随銮纪恩（《小方壶舆地丛钞》第一帙）。
② 北京师范大学地理系周廷儒、内蒙古大学生物系刘钟龄1976年分别提供资料。
③ 救救红皮云杉林．光明日报，1979-05-26.
④ 廖茂彩．内蒙古自治区林业区划．内蒙古自治区林业区划办公室，1981年6月（油印）。

达尔罕茂名安联合旗）各旗北面界相毗连者为索伦山……东为布特哈旗（今呼伦贝尔市扎兰屯市），西北均为大兴安岭群山连续不绝。其面积之广，未材之繁，郁郁榛榛，天然一绝大财源也。应以索伦山为森林地点，所产约分松、桦、柞、楸、椴、杨及五道木七种，惟松最多，曰异气松，巨者高约十丈，径可四尺，最细者径亦二寸；杨、柳次之；余又次之。统计全境各种树木约十七万万之多[15]。

这对当时大兴安岭东南麓丘陵的天然森林不无夸大，但尚称概括性描述。

3.3 辽嫩平原的天然森林

本亚区是东北平原的组成部分，现在植被以草甸草原、典型草原为主。森林植被除杨、柳、榆、油松等人工林外，尚有榆树疏林及山杏、胡枝子、椴、枣等灌丛散布各地。科尔沁右翼前旗大青沟还残留有水曲柳、黄菠萝、春榆、核桃等阔叶林。现有森林覆盖率仅为5.6%。本亚区现在气候为半湿润至半干旱类型，年降水量400～500 mm；现在土壤为暗栗钙土、黑壤土和淡黑钙土，土壤有机质含量不少；水资源比较丰富，西辽河干支流的径流量相当大，地下水位多在1～3 m，水质良好①。根据这多种情况来看，本亚区是适宜森林草原生长的，可见古代森森林面积应该远较现今为广。

据《辽史》记载，辽代帝王"猎于潢河"之举屡见载籍②，说明当时潢河（今西拉木伦河）沿岸多野生动物栖息，反映该流域草木茂盛。如今西拉木伦河沿岸草木稀少，野生动物也少见了，与过去迥异。

辽代广平淀（今通辽市奈曼旗西北与昭乌达盟交界的西拉木伦河支流老哈河下游）是当时帝王冬捺钵③的地方。据《辽史》卷三二《营卫志中》称：广平淀

本名曰白马淀。东西二十余里，南北十余里。地甚坦夷，四望皆沙碛，木多榆、柳。其地饶沙，冬月稍暖，牙帐多于此坐冬……

可见当时广平淀一带虽已经多沙碛，但榆、柳树仍多，可见草木不少。如今这一带却沙碛更广，草木稀少了。

此外，辽代潢河流域平原湖淀尚多，如沿柳湖（今地待考），为辽代帝王多次捕天鹅、消暑之地，看来《辽史》中所称沿柳湖沿岸有不少柳树。

上文所引《哲盟实剂》提到通辽市札赉特、镇国公、札萨克图等旗的森林，除一部分在大兴安岭东南麓丘陵外，一部分是在嫩江平原的森林。

总之，从上述大兴安岭南部及其东南麓丘陵和辽嫩平原的历史记载、考古资料以及残存林木的遗迹等看，可知古代这些地区是有不少天然森林分布的。当时，这一带生态环境是平衡的，或基本上是平衡的，对农林牧等业生产的有利条件是很多的。但是后来，特别是清末以来，由于人为的种种破坏性行为、自然灾害的侵袭，也造成本地区森林等天然植被大为缩小，山丘地区水土流失严重，平原沙漠化厉害，不仅影响到当地人们的生产与生活，而且使危害波及辽河和松花江下游。因此，必须针对上述地区的不同情况营造并保持不同的森林。例如，在大兴安岭南部以保护山地水源涵养林为主，在大兴安岭东南麓以建设防护林为主，在辽嫩平原则要以防护、固沙林为主。

---

① 廖茂彩．内蒙古自治区林业区划．内蒙古自治区林业区划办公室，1981年6月（油印）。

② 如《辽史》卷六八《游幸表》，太宗四年（公元929）、七年（公元932），卷六《穆宗纪》，应历十三年（公元963）；卷一五《圣宗纪》，开泰三年（1013）；卷一六《圣宗纪》，太平元年（1021）等。

③ 所谓"捺钵"，就是"住坐处"或"行在"的意思。冬捺钵主要是避寒、猎虎、与大臣议论政事以及接受外族或外国使节朝贺。

3.4　东北部高平原的天然森林

本亚区现在不仅有气候以半干旱类型为主的呼伦贝尔、锡林郭勒二高平原，还有些半湿润气候地带，因而植被以草原为主。沿大兴安岭西麓，为森林草原或草甸草原；呼伦贝尔高平原西南部沙地有樟子松疏林，浑善达克（小腾格里）沙地有云杉林、榆树林等；森林覆盖率仅为1.53%。乌兰察布高平原现在气候全部为半干旱型，大陆性气候色彩更为显著，因而植被主要为荒漠草原，森林覆盖率仅0.23%①。

但古代的森林覆盖也较现今广。今海拉尔河沿岸的牙克石市曾是喜桂图旗的治所，喜桂图的蒙语意思是有森林的地方。现在牙克石附近虽然森林不多了，但在语言上却记录了这里曾为林海的历史状况[21]。民国十八年（1929）《呼伦贝尔·林业》上记载着19世纪末在呼伦贝尔境内的4个大林场，即呼伦贝尔北部、海拉尔河及其支流、海拉尔河以南、伊敏河及其支流的上游等处。这些林场的面积较大，在呼伦贝尔境内的就有5 700 km^2。这些在名义上都是林场，但实际上都是毁林的机构，并且由沙俄人掌管。在他们的残酷掠夺下，这一带的森林遭到严重的破坏。但也反映出当年这些地方森林的兴盛景象。

又据民国十九年（1930）出版的《兴安区屯垦第一年工作概况·林产·罕达街森林状况》称：罕达街森林，“在大兴安岭之西，将军庙址迤北一带之地”，主要林木为“油松的单纯林”，“他如黄花松、白桦、黑桦等，虽亦有杂生其间，但为量不多，向未经斧钺，仍保有其原始状况”，“森林面积约为二百方里，材积约二百万左右”。这些数字虽不很精确，但也可反映历史时期呼伦贝尔高平原的天然森林显然远较今为多。

1980年，内蒙古林学院的专业人员在乌兰察布高平原四子王旗西北塔布河下游的哈沙图查干淖尔附近（东经111° 15′，北纬40° 50′），发现两片天然胡杨林，共120多株，面积约5 300 m^2[22]，这是我国分布在草原区荒漠草原带的胡杨林，也是我国分布最东的胡杨林。据说过去这里曾有过胸径30 cm以上的大树，在20世纪60年代后半期至70年代前期被砍伐，现在还残留着树木的伐根。河道两侧还有零星沙丘，沙丘上生长着柽柳灌丛②。这不仅是“三北”地区森林历史变迁上的新资料，为我们在其他地区考察提供了启示，而且为当地盐碱地造林提供了优良树种的示范，在生产上也有实用意义。

4　干草原地带的森林

在内蒙古，温带森林草原地带以西，与之接壤的是干草原地带。历史时期，这里地带性植被为干草原，但在阴山山地丘陵防护林区中的阴山山地和其以南的部分丘陵等地曾经有天然森林分布。

4.1　阴山山地的天然森林

如今阴山山地的森林已是残败景象，在阴山东段森林覆盖率为6.46%，西段仅为0.08%①。然而历史时期，阴山的天然森林广布繁茂，可从以下几方面证实。

（1）阴山岩画所反映的数千年来天然森林的情况。文物考古工作者近年来在阴山西段狼山，西起阿拉善左旗，中经磴口县，东至乌拉特后旗，东西长约300 km、南北宽40～70 km的深山沟谷的岩石上，找到千余幅岩画，内容丰富多彩，其中以动物画为最多，有马、牛、山羊、岩羊、团羊、马

① 廖茂彩.内蒙古自治区林业区划.内蒙古自治区林业区划办公室，1981年6月（油印）。

② 内蒙古林学院林学系冯林1981年11月提供资料。

鹿、长颈鹿、狍子、罕达犴、狐狸、野驴、骡、驼、狼、虎、豹、龟、犬、蛇、鹰等各种飞禽走兽[23]。罕达犴等为森林动物，马鹿、狍子等为森林与灌丛动物，岩羊等为草原动物，狐、狼、虎、豹等为肉食性动物。

从这些动物的存在（古人只有见过，才可能将它们的形象描绘在岩画上），大致可以反映出从数千年前到千多年前的阴山山地，包括狼山一带的森林、灌木、草本植物的天然分布，这里植物生长茂盛，肉食、植食、杂食性飞禽走兽出没于茂草密林之中，动植物的生态处于平衡状态，有不少天然森林，也有不少天然草原，不少野生动物。

（2）阴山以南的平原及以北的高平原的召庙等建筑物所用木材，反映的数百年来阴山天然森林的情况。阴山以南的土默特平原、后套平原的集宁、卓资、呼和浩特、土默特左旗、土默特右旗、包头、乌拉特前旗、五原、临河、杭锦后旗、磴口等市（县、旗），阴山以北的后山丘陵及乌兰察布高平原等地区的察哈尔右翼后旗、察哈尔右翼中旗、四子王旗、武川、达尔罕茂明安联合旗、固阳、乌拉特中旗、乌拉特后旗等旗（县），明清时期，特别是清代，在这一带相继建立了不少召庙[24]①。到乾隆年间，仅呼和浩特已有召庙40余个，大的召庙有数百僧人。

这些召庙的建筑需用大量的木料，它们的屋柱有不少是来自阴山上的数百年古树。上述召庙的广泛分布（当然，还有更南一些地区的较大建筑物也是取材于阴山古树），说明当时阴山林木之丰富，历史也更久远。这也是近数百年来，阴山山地有广大森林存在的有力见证。

（3）阴山残留的森林、森林动物及现在气候、土壤条件等所反映的百多年来森林的情况。阴山东段现有天然林38 171 hm^2，其中白桦林36 723 hm^2；阴山西段天然林18 187 hm^2，白桦林3 954 hm^2。阴山天然林总面积达56 358 hm^2，白桦林40 677 hm^2，油松林2 446 hm^2。现在阴山天然树种有白桦、山杨、云杉、油松、侧柏、杜松、辽东栎、蒙椴、茶条槭、黄榆、白榆等乔木，有虎榛、绣线菊、栒子木、黄刺梅、山杏、柄扁桃等灌木②。

从这些残存林分可以看出，百多年前，阴山的天然森林是较今为广的。现今，阴山还有狍等森林动物、石鸡等灌丛鸟类，说明历史上阴山山地的森林、灌丛等远较今天繁茂，范围也远较今天广袤，森林、灌丛动物也较今为多③。

据现代林业工作者的研究，现在阴山东段虽地处典型草原地带，山的下部属于半干旱气候，但海拔1 700 m以上的山地，即针、阔叶混交林带—针叶林带的山地，其气候近似林区的气候，适宜森林的生长和发育。又，大青山的山地土壤以褐土类为主，在阳坡分布有淡黑钙土，在集约化的人工培育措施下，造林也可获得成功。只是在低山部分为栗钙土，不利于林业发展[25]。

（4）历史文献记载的有关阴山森林的情况。据《汉书·匈奴传》：

> 阴山东西千余里，草木茂盛，多禽兽，本冒顿单于（在位为公元前209年至公元前174年）依阻其间，治作弓矢，来出为寇，是其苑囿也。

这是西汉元帝竟宁元年（公元前33）中郎侯应提到公元前3世纪末到公元前2世纪末，阴山山地“草木茂盛，多禽兽”的兴盛景象，当时匈奴冒顿单于曾以这里景色秀丽而作“苑囿”，植被丰富而作“治作弓矢”的基地，这与阴山岩画互相印证，充分说明古代阴山山地有广大的天然森林、广大的天然草原，并有丰富的野生动物资源。

---

① （清）光绪三十三年《土默特志》. 卷六《祀典·附召庙》。

② 内蒙古林学院林学系冯林1981年11月提供资料。

③ 1981年11月中旬，作者应林业部“三北”局委托，借赴内蒙古林学院到“三北”地区12省市林业工程技术干部短期进修班讲《“三北”地区森林历史变迁》之便，到阴山古路板林场调查访问所得资料。

到北魏太武帝（世祖）拓跋焘在位时，泰常八年（公元423），他的大臣长孙嵩、长孙翰、奚斤等提到：

宜先讨大檀，及，则收其畜产，足以富国；不及，则校猎阴山，多杀禽兽，皮肉筋角以充军实，亦愈于破一小国[26]。

（稍后，）神䴥四年（公元431）十一月丙辰，北部敕勒、莫佛、库若干率其部数万骑，驱鹿数百万，诣行在所，帝因而大狩，以赐从者，勒石漠南，以纪功德。

[太延二年（公元436），]冬，十有一月，己酉，行幸固阳（今县，在包头北），驱野马于云中（今托克托东北，当时辖境相当今土默特右旗以东，大青山以南，卓资县以西，黄河南岸及长城以北地区），置野马苑[26]。

由此可见，到公元5世纪，阴山山地的鹿等野生动物仍然很多，既是当时的狩猎对象，也是生活在阴山山地各游牧民族谋生的资源之一，同时反映了当时该地区森林等植被完好。

丰富多彩的野生动物，正是当时阴山山地森林草原兴旺景象的反映。北魏始光四年（公元427年），"乃遣就阴山伐木，大造工具"[26]，"再谋伐夏"[27]。这也可证明。

16世纪下半叶的《夷俗记》记载："（大青山）千里郁苍……厥木唯乔"，"彼中松柏连抱，无所用之。"① 可见当时，阴山山地天然森林仍然分布很广，且有不少古老的针叶林木。当时本亚区为蒙古族阿勒坦汗（1507 ~ 1582）所统治，到16世纪下半叶，阴山以南的呼和浩特地区经济已有了相当程度的发展，呼和浩特成为蒙汉杂居、农牧兼有的地区。当时，山西北部一带的汉族人民为了逃避明朝政府的残酷压榨，纷纷走避口外，主要从事农耕，还有一些蒙古族人也由游牧转为农耕，在这里定居，当时蒙古族人把这些蒙汉杂居的村镇称为"板升"②。一直到现在，在呼和浩特市境内及其附近的一些县份，还有许多仍称为某某板升（一般都已省称为某某板）。例如笔者1981年冬，曾到呼和浩特市东北20 km许的古路板林场访问。古路板地处大青山南麓，当呼（呼和浩特市）—武（武川县）公路的大沟口，林场即管辖附近的大青山。这些板升的房屋在早期，原来是用阴山的木料建筑的。后来，由于阴山的林木大减，因而现今建房使用的木料也少得多了。16世纪时，阿勒坦汗为自己建筑了一个规模宏大的城郭和宫殿，称为"大板升"。整个宫殿有七重，分朝殿和寝殿，所用的梁柱和门窗等各种木料都取材于大青山。这些也都反映16世纪时阴山山地林木之多。

到清康熙三十八年（1699），阴山还是山西木材供给地之一[28]。咸丰十一年（1861）张曾撰《归绥识略》卷五《山川·阴山》：

《一统志》即令之大青山也，在归化城（今呼和浩特市）北二十里，东接察哈尔境，迤北而西，直抵鄂尔多斯，以黄河为界，北有数口，皆通大漠，高数千仞，广三百余里，袤百余里。内产松、柏林木，远近望之，岚光翠霭，一带青葱，如画屏森列。

同书还提到当时归化城东北及西的三个有林木的谷地，似为阴山山地的一部分。

红螺谷：城东北三十五里，蒙古名乌兰察布（自注：《辑要》作"五蓝义柏"，音近，无定字），即四子部落等会盟所也。谷内产松柏树。

喀喇克沁谷：亦在蒙古名城东北四十五里，即今演放炮位之喀喇沁沟也。谷产材木，与红螺谷同。

黑勒库谷：在城西七十里，谷内尽松柏树。

① 《宝颜堂秘籍本》引。

② 《呼和浩特简史》释道："'板升'，一作'拜牲'，蒙古语，原意为房屋，引申为村庄、小市镇，即居民点。"

可见到19世纪60年代初，阴山东段的大青山还有不少森林，其中针叶树颇多。

直至20世纪初，光绪三十四年(1908)《绥远旗志》卷二《山水》还提到上述红山(即红螺谷)和黑勒库谷的针叶林。又据光绪三十四年《土默特旗志》卷八《食货》：

其植，松、柏间生，桑、椿尤其少，榆、柳、桦、杨水隈山曲稍暖处丛焉，而杨、柳之繁如腹部。

其兽，狼、獾、狐、虎、豹、鹿及黄羊、青羊之类。向多猎者，近少材武之人矣。

其禽……野则雉、鹳、沙鹅之属。

当时的土默特旗约指今土默特左旗、呼和浩特市、土默特右旗一带，从这里也可看出阴山东段大青山一带森林草原的景色。

历史时期，阴山山地有的部分由于是禁山，到19世纪末仍然森林茂盛，甚至到20世纪初，还是与阴山其他非封禁山的森林面貌大不相同。例如，阴山东段的乌拉山，据民国二十二年(1933)《绥远概况》上册称：

包头县(今市)天然森林在乌拉山，该山横贯县北境，长二百八十余里，宽三十余里……松、柏，桦，榆、杨，柳，随处皆有，面积凡三万余顷，尤以松、柏，桦为最多，十之二三皆系成材。乌拉山之支峰，有大桦背山，有桦木数百顷，极为厚密，十之五六皆成材。光绪十九年(1893年)，该山以西起火，时经半年，延烧数十里。民国六年(1917年)乌拉山后起火，亦焚烧数月，毁林甚多，极为可惜！该山归乌拉特三公旗所有，向为禁山，内中宝藏甚富，迄今仍未开发。

据内蒙古林学院林学系杨玉琪往那一带实地考察，在沟底、荒山或杨、桦林冠下，从低山到海拔2 000 m以上均有很多松、柏火烧残桩，可以为证。在桦背林区铁密图两座茅庵杨树沟底(海拔1 900 m，相对高度900 m，距山外20 km)，还发现埋于地下仅几十厘米处的油松伐倒木残骸，表层虽已腐朽剥落，但保存下的木质部直径也达40～60 cm。说明古代乌拉山有老林。

总之，从阴山岩画，阴山南北地区的召庙等建筑物所用木料，阴山残留的森林、森林动物及现在的气候、土壤等多方面情况，历史文献记载以及现今的实地考察综合来看，历史时期，阴山山地的天然森林分布很广，且生长茂盛。

4.2 阴山山地以南丘陵的天然森林

阴山山地以南丘陵主要指鄂尔多斯高平原及其东北的凉城、清水河等地。现今，本亚区森林覆盖率仅4.3%。在凉城县的峦汗山还有天然林残存，以白桦、山杨为主，还有辽东栎、大果榆、紫椴等树种，有极少量青杆遗留在山顶部分[25]，准格尔旗的天然林集中分布在该旗南部羊市塔、川掌、五字塆等处，属神山林场管辖，共有天然林1 600余 hm^2，其中侧柏1 200 hm^2、杜松近300 hm^2、油松近70 hm^2。有的分布在黄土沟壑的沟坡上，为地带性的油松林，与陕西省府谷县的天然林连成一片。其中五字塆的松树塆有棵最古老油松，树龄竟达890年，可称为“中国油松王”。有的分布在黄土覆盖的石质山地上，为黄土地区的山地森林[29]。暖水镇旁有许多留在土中尚未腐朽的大树根[30]。这些都是古代本亚区森林的残迹，其中有的标志着这里千百年前有面积较大的针叶林分布。在羊市塔东南10 km处的瓦贵庙，据说迄今还是一个尚未开垦的林区，当地森林茂密，树种有油松、榆树等10多种。林区素无道路，行人穿行困难。由此往西北，在东胜市(今为东胜区)东南50余 km处的西召，还留有清光绪十三年(1887)所立的碑，碑上提到当地有苍松翠柏。直到现在，这一带侧柏、油松还是茂盛[31]。这些至少也是数百年前森林的遗迹。

又据北京林业大学水土保持系关君蔚告知，今东胜到包头间的树林召(今达拉特旗治所)有一座沙山叫响沙山，山麓有响沙寺。树林召到响沙寺之间有一片榆树林，树龄据估计为400～600年，树下还有榆树的更生苗。这也是古代森林的残迹。

据文物考古工作者的发掘，在达拉特旗、托克托县、清水河县、准格尔旗等地的仰韶文化遗址中，就有砍伐树木用的盘状器、砍伐器等。在托克托县海生不浪村东面的遗址，面积达15万 m^2，遗址中有居住过的房屋残迹，这些房屋有的用树木作柱。在准格尔旗、清水河县等地的龙山文化遗址中，石器的制作技术水平显著提高，削砍器具更加锋利，提高了砍伐树木的效率[32]。反映在数千年前，准格尔旗、清水河县等地是有不少树木的，可能有森林分布。

近年来在杭锦旗东南桃红巴拉[33]、杭锦旗西霍洛才登和准格尔旗东南瓦尔吐沟出土的匈奴墓群和东胜县漫赖一带出土的汉墓，棺椁都是用原木制成的，原木直径一般为20～30 cm，有的达40 cm，木料都是松柏木，所用的原木数量很多，一副椁盖用原木达数十根。据研究，这些墓主都不是王侯一级的贵人，竟用了如此多的原木，可见这些原木来自附近林中。又从墓藏出土文物中见有仿鹿、虎等形状的制成品。

这些是汉代鄂尔多斯高平原东部有不少森林的有力见证。

据史念海研究，秦昭襄王为了防御匈奴人南下，曾在沿边地区修筑了一条长城，这条长城在鄂尔多斯高平原的一段是经过窟野河支流束会川而到托克托县黄河右岸的十二连城，当时还在长城外面培植了一条和长城平行的榆林，称为榆谿塞。这条榆谿塞到西汉中叶，还曾予以补缀，不过这已离开长城遗址，而到了今窟野河的上源，即到今伊金霍洛旗附近。这里如今是半干旱的草原地带，在秦汉时代却能培植榆谿塞，说明在经营榆谿塞以前，应该早已有森林[34]。

再结合汉唐文献来看，《后汉书・郭伋传》载：东汉初年，并州牧郭伋行部到西河美稷（治今准格尔旗西北），有童儿数百，各骑竹马于道次迎拜。这反映当时美稷一带有竹子生长。今准格尔西北一带虽没有竹类分布，但《新唐书・裴延龄传》称：开元（公元713～714）年间，为了修建宫殿，“近山（指长安附近）无巨木”，还“求之岚（州名，约指今山西岢岚一带）、胜（州名，治今准格尔旗东北十二连城）间”。联系本亚区古今一些丘陵森林、竹林分布来看，可见古代本亚区森林、竹林分布较今为广属实。

5　荒漠地带的森林

内蒙古干草原地带以西为荒漠地带，本区森林主要在“贺兰山水源林”和“阿拉善高平原荒漠”两个亚区。

5.1　贺兰山地的天然森林

贺兰山地坐落在银川平原与阿拉善高平原间，为一南北走向山地，南北长270 km，东西宽20～35 km。以分水岭为界，东坡属宁夏回族自治区，西坡属内蒙古。土地面积7.3万 hm^2，其中现有耕地200 hm^2；天然林24 215 hm^2，其中云杉林18 067 hm^2，油松林4 254 hm^2，山杨林1 535 hm^2。林下灌木主要有小叶忍冬、虎榛、栒子木等。

贺兰山林区的高山部分呈现以青海云杉和油松等针叶树种为优势的稳定林分结构，这是大自然的直接孑遗。其历史悠久，可以追溯到原始状态的森林一般特征，主要优势树种和基本群落结构一如现今。这一带森林的历史变迁只是环境变化，林线上升，林相残破，平均立木直径缩小，林木生长率低，应该是过伐林。只有低海拔山地的山杨等森林，才是次生的天然林。贺兰山针叶林分中每每可见残留着众多的粗大伐根，伐桩有一人多高，直径达1 m以上者，其上原先残枝现多已成樉、梁之材，伐桩分布广，有的达到分水岭。有些树龄达到四五百年者，被称为“恶霸”树，是现今抚育与采伐的主要清理对象。这就有力地证实了贺兰山并非自古以来就是以中、小径材为主的残破林区。

贺兰山见诸史料记载是始于《汉书・地理志》，当时叫“卑移山”。但关于山上森林记载，则始于唐代文献中。当时因山上有树木，色白，远看如驳马，北方游牧民族语称驳为贺兰[34]，是因树而得山名。可见到了唐代，山上的森林还可以称道。

西夏很重视贺兰山，驻扎重兵5万，人数仅次于国都兴庆府（治今宁夏银川市），是七大重兵驻扎地之一。西夏并视贺兰山为皇家林囿，李元昊不仅在兴庆府城营建“逶迤数里，亭榭台池并极其胜”的避暑宫殿，更在贺兰山上，“大役民夫数万于山之东，营离宫数十里，台阁十余丈”[35]。天盛十七年（1165）国戚任得敬更役使民夫10万大筑灵州城（今宁夏灵武县），并为他的驻地翔庆军司修更加雄伟的宫殿[35]。西夏这些建筑之宏伟，用材之粗大，可见于后来乾隆年间《宁夏府志》卷三《地理・山川・宁朔县・贺兰山》的记载：元昊避暑宫遗址尚存，“樵人于坏木中得钉长一二尺”，由此可窥其一斑。在王公贵族的带头影响下，贺兰山上大兴土木之风盛行，后来的方志记载：“山上有颓寺百余所”①。这些记载固然说明了贺兰山森林在西夏时遭受一段严重破坏，但又首先反映了贺兰山森林当时还是颇为壮观的，尚堪支撑如此巨大的木材耗费。

明万历末年（17世纪初）以前，贺兰山森林元气大伤，浅山已经“陵谷毁伐，樵猎蹂践，浸浸成路”[36]②，但高山地带还一定程度地保留了“深林隐映”③和“万木笼青”④的景观。到清乾隆时，据乾隆四十五年（1780）《宁夏府志》称：贺兰山，“山少土多石，树皆生石缝间。”这说明，可能由于贺兰山部分地区的森林迭遭破坏，以致水土流失渐趋严重，形成少土多石的现象。同书并称：“其上高寒，自非五六月盛夏，巅常戴雪，水泉甘洌，色白如乳，各溪谷皆有。以下限沙碛，故及麓而止，不能溉远。”说明山顶林木尚不少，有利涵养水源，因此冬季积雪颇多，到夏季高温期才融化成水，尚能到达山麓。这些情况与今大不相同，都反映200年前，贺兰山的森林也较今为多，因而当时的生态环境也较今为好。更值得注意的是，同书指出：“山后林木尤茂密”，说明当时贺兰山西坡的森林较东坡的更好。这固然由于西坡为阴坡，较冷湿，更有利于森林的生长发育；但更主要的是在于西坡开发较晚，当时人口远较东坡稀少，且主要为牧区，古代山上森林受人为活动的影响似较小，保护得较好。

总之，对贺兰山现有天然林的溯源及历史文献的有关记载，都充分说明，历史时期贺兰山为荒漠地带山地的天然森林所广泛覆盖，西坡林木尤茂密。不仅向山地以东银川平原和山地以西阿拉善高平原人民提供丰富的森林资源，而且在涵养本山地及山地以下部分荒漠地区的水源等方面作用也很大。如今，由于历史上长期屡遭破坏，山地森林面积大大缩小，使得森林资源大减，水土流失日趋严重。贺兰山南段黄渠口，20世纪60年代以来客观上起到封山育林的作用，沟底杂灌郁郁葱葱，坡上树木向坡下延伸，许多地方林木又恢复了青春，多种野生动物也再次繁衍起来了。

5.2 阿拉善高平原荒漠的天然森林

阿拉善高平原的植被以荒漠类型为主，但河流沿岸和湖盆周围水源较多处，也有一些天然森林

① （明）嘉靖《宁夏新志》．卷一《山川・贺兰山》。

② （明）王邦瑞《王襄毅公文集・西夏图略序》

③ （明）万历《朔方新志》．卷四《艺文》[（明）吴鸿功《巡行登贺兰山》]

④ （明）万历《朔方新志》．卷四《艺文》[（明）尹应元《巡行登贺兰山》]

分布。如今森林覆盖率仅0.62%，有天然胡杨林、柽柳林、沙枣林、梭梭林等。这里水草丰美，畜群相对集中。

历史上本亚区森林分布应该较今为广。据《史记·匈奴列传》《汉书·匈奴传》及居延木简等记载，出土文物以及该地区保留的烽燧、城墙、居民点、井渠、耕地等遗迹，充分说明本亚区西北部的居延地区为西汉时的重要垦区，当时这一带有个大湖——居延泽，在今苏古诺尔和嘎顺诺尔的东南方，它的上源为距其南200 km外的祁连山上的雪水。祁连山的积雪融化，汇为黑河，流为弱水，现亦称额济纳河，一直向北偏东，穿过沙漠和戈壁，在古代注入居延泽。古居延泽现在已经接近干涸，弱水下游西移，注入现今的苏古诺尔与嘎顺诺尔，古今环境大不相同了。

西汉武帝出兵河西走廊，打通了“丝绸之路”，并建立了武威、张掖、酒泉、敦煌四郡。太初三年（公元前102），汉王朝为了保卫“丝绸之路”，就将弱水下游直到居延泽边的三角洲建为军垦区，北、西、东南三面有军事防线包围起来，在居延泽的西面兴建了居延城，为这一地区的统治中心。汉代的居延属国、居延城，居延侯宫和东汉建安的西海郡等都在此范围内。当时这一带水源丰富，不仅水草丰美，而且沿河地带的胡杨林、柽柳林也是茂密的，因而农业兴盛，出产的粮食能够满足驻军的需要。以后经过多次变化，其中比较重要的是西夏（威福军）及元（亦集乃路）的垦区规模较两汉为小，其主要城市——黑城，坐落在居延城的南面。到元末明初的战争中，黑城被毁，水源断绝，垦区也随之废弃；到明代中叶，因为经济活动以河西走廊本身为主，弱水下游的灌溉水源大减，加之河流挟带泥沙的淤积，使得东支河床淤高，因而河水向地势较低的西支流去。这样使黑城垦区三角洲的河床变成干涸河床，居延泽因水源补给减少而逐渐干涸。水源条件的变迁，必然影响森林，使得沿河地带的胡杨林、柽柳林等枯死，废弃的垦区也逐渐成为沙漠化的地区[37, 38]。

1927年9月，我国徐旭生与瑞典人斯文·赫定（Sven Hedin）领导的西北科学考察团在包头到额济纳河之间旅行。经过阿拉善高平原，没有遇到常流，只有少数间歇河，胡杨林也少见，仅在9月16日遇到一片。他们在蒙古高原旅行数月，几乎全不见树木，“而忽遇此，则喜出望外，真意中事”。9月27日，在黑城遗址附近见到一些当时保护大城的营垒，“墙上有孔甚多，皆系当年贯木的地方，木材现存者不少，且有突出墙外二三尺者，不知何用”①。由此可反映古代黑城附近有森林存在。

9月28日，从黑城废墟西行，“途中颇有杨林”，再过一支流，始到额济纳河干流，在河边树林中搭帐篷，“坐在帐中，望见对岸云林掩映，实为天然极美妙的一幅画图……（在北方）实不多见，况我们在两月沙漠旅行之后，忽然遇见这样一个休息的地方，宜乎同人相见，‘全欣欣然有喜色’也”。10月17～19日赴索果（苏古）诺尔附近郡王府拜会郡王，顺额济纳河而北，有时乘船，有时骑骆驼，沿途一般为森林，但也有些戈壁或流沙间断，“从杨林或红柽林穿过来，或穿过去，步步引人入胜”。有的地方，“林木较原住所更大，风景颇佳”，有的河段，“河宽不过十二三公尺（m），两岸茂林深密，枝叶相交，若行‘碧洞’中”，有的河段，河岸“林中时闻鸟声”。并且，从新修郡王府的三四十间房屋所用木料全都由当地取材，可见当时额济纳河下游两岸林木不少。又从离郡王府数里处，见“地下横死木颇多，既立者有一半已死，余者亦枯郁不茂”。林木的衰败景象当时已显现出，可见20世纪20年代以前森林分布当更广，生长当更好。从当时河水深可行舟看，说明水源尚不小；再从“黄流滚滚”①来看，当时河流含沙量是不少的，这也反映了林木已遭破坏，水土流失趋于严重。

---

① 徐旭生．徐旭生西游日记．西北科学考察团

如今，由于祁连山森林面积大大缩小，山地积雪、融雪、涵养水源的情况也都大大变化了，以致额济纳河的水源大减，加以其中上游农田大增，修建了不少水库，进而使额济纳河下游断流，苏古诺尔和嘎顺诺尔两个湖面也大大缩小，额济纳河下游的胡杨林、柽柳林等有不少枯死。因此，对祁连山水源林如何护养栽植，对额济纳河整个流域的林业如何规划，是青海、甘肃、内蒙古等省（区）不容忽视的问题。

6 森林变迁的缘由

森林的变迁，除了植物种类自身适应能力的差异而外，主要是由于自然环境与人类活动的影响。

6.1 自然环境的影响

森林的出现先于人类的产生，内蒙古天然森林的分布同样首先是由于大自然的天造地设。在第四纪最末一次冰期以后，青藏高原的隆起，我国阶梯状地形特点，使暖湿气流因距离较远、地形的影响等，难以达到西北内陆，造成内蒙古由东向西降水量逐渐减少，因而相应地由东向西呈现出森林地带、草原地带和荒漠地带。虽然在三个地带都有天然森林分布，森林覆盖率却是呈递减趋向。我国历史时期气候由温暖向寒冷的阶段性变迁过程中，呈现明显的气候带南移[①]，使得内蒙古森林中的一些适宜较暖环境的阔叶树种逐渐南移，或在本区消失，同时，针叶树种（尤其是北方针叶树种）增多、扩大，在相当长时期保持着完好状态。

灾害性气候、林火、水源变化、严重的病虫害等无不损害着森林的完好，直至今日，它们仍然对森林构成极大的威胁。

1987年5～6月间，人为引起、燃烧了28 d的大兴安岭特大林火，初步估计过火面积100万 hm^2，其中森林面积约65万 hm^2，烧毁贮木场存材75万 m^3，损失的木材约占全国木材产量的2%，还有大量其他人、财、物损失[②]。这是近几十年来最严重的森林大火，那里的落叶松和樟干松需100～140年才能成材。

前述乌拉山以西1893年发生森林大火，“经半年，延烧数十里”，1917年“乌拉山后起火，亦焚烧数月，毁林甚多”。贺兰山森林历史上火灾频繁，但因山高坡陡土层薄，遗址难以留存，从已发现的六处古炭迹中，海拔最低的达1 680 m，历史上最早的为4 000年 ± 77年，经鉴定炭核，全为针叶材炭。历史上发生的林火一般只能靠其自生自灭，焚烧达“数月”“半年”之久，既说明当时森林面积之大，也反映损失之惨重。

森林有涵养水源之功能，但林木生长又离不开水。贺兰山、祁连山的森林面积大大缩小，造成河水大减、断流现象。额济纳河上中游的河水分配不当，更加剧了其下游东、西河的缺水，苏古诺尔和嘎顺诺尔两湖面积大大缩小，河流下游沿岸的胡杨、柽柳林等枯死不少，沙漠化的危险在逼近。森林、草原的消亡之日，便是沙漠化的开始之时。黑城的兴衰，就是显著的例子。

严重的森林病虫害被称之为不冒烟的森林火灾。人工纯林、生态环境失去平衡等，都使森林抵御病虫害的能力减弱，一旦遭受病虫害的袭击，往往造成大面积的危害，损失同样是巨大的。仅20世纪70年代中期以来，每年因各种病虫危害，一般要损失1 000万 m^3 多的生长积材。目前，全国尚有60%的受害林木未能得到及时的防治[9]。

① 文焕然，文榕生著《中国历史时期冬半年气候冷暖变迁》，科学出版社1996年版。——选编者（2006年）

② 大兴安岭森林大火全部熄灭．半月谈，1987(1)

6.2 人类活动的影响

森林是人类的故乡，然而人类在相当长时期都没有意识到：毁灭森林就是断送人类生存的前途。

人类在早期，数量尚稀少，并且以采摘和狩猎为生，对森林等天然植被并不造成直接的或显著的危害。随着人口的不断增加，人类活动能力不断增强，对森林变迁的影响力增大，成为不可忽视的重要因素。

西辽河平原森林的变迁即是一例。西辽河平原的天然森林草原的开发历史很早，从奈曼旗、库伦旗、科尔沁左翼后旗、通辽县、开鲁县、科尔沁左翼中旗和扎鲁特旗等处先后发现许多富河文化和红山文化遗址，说明在距今四五千年前，西辽河一带开始有原始农业。原始农业的出现，意味着人类对天然植被（森林、草原等）有着较显著的影响，用栽培植被来取代天然植被。据历史文献记载，辽代以前的6~7世纪时，人们在潢河（今西拉木伦河）与土河（老哈河）之间已“追逐水草，经营农业”[39]。10世纪初，辽代在潢河以北建立上京（今巴林左旗东南波罗城），并在潢河两岸建立了不少州县，先后迁移安置了许多被俘的汉族、扶余族等农民[39]，因而农业进一步发展。到10世纪中叶，辽海地区已发展成为“编户数万，耕垦千余里”[40]的农业地区。近年文物考古工作者在西拉木伦河流域发现辽、金时代大量的文化遗址和遗址中出土的文物[41]，证明当时这一带农业曾有较大的发展。现在这些遗址大多在沙区中了[37, 38]。说明随着森林草原被不断垦殖，还有放牧、樵柴等活动的加剧，必然使得植被遭受较大破坏。到12世纪的金代，已有“土瘠樵绝，当令所徙之民，姑逐水草以居”[42]的地区出现，可见当时已有沙漠化问题了。

不过13世纪以后，由于元、明两代政治中心南移，本亚区农垦规模缩小，因而天然植被逐渐有所恢复，沙漠化问题也得到不同程度的减缓。这样，本亚区到17世纪上半叶的清初，又成为“长林丰草”之地。

但是生态环境趋向平衡的好景不长。18世纪中叶以后，清代推行放价招民垦种政策，垦殖的结果，固然短期内增加不少粮食①，然而，不合理的开垦、耕种②及樵柴等，使得本亚区的次生森林草原又遭破坏，出现斑点状流沙与固定、半固定沙丘交错分布的景象。据历史文献记载，近200多年来，科尔沁草原东部西辽河以南垦殖较早，如今养息牧河以北已变成流沙区域，西辽河以北农垦较晚；至于老哈河以西一带，由于是在稍为恢复的沙漠化土地上再行沙漠化，因此成为流动沙丘为主的沙漠化区域。

从内蒙古人口的变迁亦可看出，它与内蒙古的森林变迁有密切的联系（表8.1）。内蒙古的人口在3 000年前，甚至不足10万；2 000年前，才达100余万；此后的1 900年间，长期徘徊在200万左右；20世纪以来，则成倍增长。内蒙古的人口增长往往以迁移增长为主，如秦汉时期汉族人迁入内蒙古，以及清代的移民戍边等。移民的流动，对内蒙古人口的增减影响较大[2]。蒙古族及北方少数民族一般以游牧、渔猎为主，移民则擅长农耕，因而移民的大量涌入内蒙古，往往造成内蒙古农牧界线的北移，并曾达到阴山以北，天然森林、草原植被为栽培植被所替代；反之，则使农牧界线南移，次生森林、草原植被有所恢复。如此反复拉锯，不仅使森林日益减少，而且更使今鄂尔多斯高原南部和陕北毗邻一带的毛乌素地区不断沙漠化，成为我国风沙危害严重地区之一[43]。

---

① 《蒙古族简史》称：“据乾隆三十七年（1772）统计，哲、昭、卓三盟的仓储积谷约四十万石。”

② 《黑龙江述略》卷六：“郑家屯……其地产粮食甚多……蒙古人不耐耕作，每播种下地，天雨自生，草谷并出，亦不知耘锄，一经荒芜，则移而之他。”

表8.1　历史时期内蒙古人口变迁简表

年代	人口数量(万)	备注
约公元前1267(商周时期，武丁二十九年)	5~10	中部及南部的鬼方、工方
公元前265(战国时期)	50以上	匈奴人口
公元2(汉元始二年)	175	
公元742(唐天宝元年)	153.3	
公元1000(辽统和十八年)	200.8	
公元1570~1582(明隆庆、万历年间)	179.5	
19世纪初	215	
公元1912	240.3	
公元1937	463	
公元1949	608.1	
公元1982	1 936.9	

注：据《中国人口·内蒙古分册》[2]表2-17改编。

人类的过量狩猎活动也直接或间接地危害着森林。早期的人类曾采取过“火田”(以火烧森林驱赶野兽，便于捕获)的狩猎方式，这一原始的狩猎方式不免酿成森林大火。上文多次提到帝王、贵族的大规模狩猎活动，杀死捕获的野生动物则是大量的。野生动物与野生植物是相互依存而保持生态平衡的双方，一旦一方受损过重，将危及另一方。野生动物在大规模的狩猎活动中突然大量丧生，也不免使森林病虫害增加。

然而，历代统治者的大兴土木，战火的蔓延，沙俄、日寇的劫掠等，更使内蒙古森林遭受灭顶之灾。上文数次提到帝王、贵族为建城池，盖宫殿，造庙宇，屡次兴师动众，大肆砍伐巨木，许多大好森林毁于一旦。官僚、富豪、巨商也趁机组织人工进山掠伐，许多原始森林被砍尽伐绝。森林是战车、武器制造的取材之地，交战各方出于战略、战术的考虑，也往往采取纵火焚烧森林的“火攻”之计，以求获胜；战后的重建与垦殖，都使森林大遭破坏。如日寇为对付大青山抗日游击队，对阴山的森林大肆焚烧破坏；为镇压中国人民的抗日斗争，把各城镇周围和交通线两侧的森林全部伐光[43]。19世纪末，沙俄靠不平等条约入侵我国，开始劫掠森林资源，伐光了黑龙江南岸数千米范围内的森林①。中东路的建成，沙俄更加速了对森林资源的掠夺，

> 铁路沿线昔日均为广大森林所被覆，自与东省铁路公司立伐木合同后，迄今不过三十年，沿铁路两侧五十里内的森林均被砍伐净尽，近更向远方采伐有达百余里之远者[44]。

这是大片原始森林毁灭的记录。直至今日，荒山秃岭仍历历在目。沙俄在本地区及东北的许多地区大规模地滥砍、滥伐，并大肆掠夺这些地区的森林动物等资源②。随后，接踵而至的日寇更加紧掠夺森林等资源，他们同沙俄一样采取极不合理的掠夺式采伐方式，如拔大毛(指大树)、采大留小、采好留坏、只管采伐、不管更新等，使森林遭到极为严重的破坏③。他们还大肆掠夺我国煤、金

① 民国二年《吉林地志》魏声和《鸡林旧闻录》。

② 《清季外文史料》《东三省政略》《东三省纪略》《沙俄侵占中国东北史资料》《清代黑龙江流域的经济发展》等。

③ 《黑龙江述略》卷六：“郑家屯……其地产粮食甚多……蒙古人不耐耕作，每播种下地，天雨自生，草谷并出，亦不知耘锄，一经荒芜，则移而之他。”

等矿产资源[①]。白（城）—阿（尔山）铁路的修筑，使日寇进一步扩大了对林木的掠夺，10余年内，乌兰浩特、索伦、五岔沟、白狼、阿尔山等地森林被洗劫一空，至今白—阿线东段的荒山仍未恢复成林。据估计，日寇侵占的14年内，掠走木材在1亿 m^3 以上，其中大兴安岭占绝大比重[①]。沙俄侵占的时间更长，劫掠的木材不会少于日寇。

7 结语

通过整理分析历史文献，结合地理、考古、动物、植物、林业、人文等方面的资料，辅以一些地点的实地考察访问，综上所述，我们可以明确以下几点：

其一，历史上内蒙古的天然森林的分布近似今天，即从东向西逐渐减少；然而，历史上不论从整个内蒙古全区来看，还是具体到各地区，森林的分布范围远较现在为广，林木生长较今茂密，生态环境也较今优越。

其二，内蒙古的森林变迁经过数度的广阔→缩小→恢复→再缩小→有所恢复的反复。森林最后的大紧缩从清代到20世纪40年代末，然而各地区具体时间先后不同，程度也有差异。50年代以来，林木又有所恢复，但其中亦有所反复。

其二，造成森林缩减的重要原因，除树种本身的适应能力大小而外，主要是由于自然环境的变易与人类活动的影响。前者的影响一直存在，后者的作用日益增强。人类既可毁灭森林，进而危及自己的生存，也可通过自己的努力，保护和恢复森林，改善自己的生存环境，造福子孙。

其四，恢复改善内蒙古的生态环境，一定要做到因地制宜。区别不同情况，退耕还林，退耕还牧，首先从草→灌→林方面逐步恢复植被。在造林时，既要考虑长远的改善生态环境，又要满足人们近期生活、生产等方面对森林资源的实际需要，营造防护林、防风固沙林、涵养水源林、用材林、经济林等不同种类和用途的森林，以杂木林取代人工纯林。

参考文献

[1] 文焕然，陈桥驿．历史时期的植被变迁 // 中国科学院《中国自然地理》编辑委员会．中国自然地理．历史自然地理．北京：科学出版社，1982

[2] 宋廼工主编．中国人口．内蒙古分册．北京：中国财政经济出版社，1987

[3] 汪宇平．伊盟萨拉乌苏河考古调查简报．文物，1957(4)

[4] 汪宇平．内蒙古伊盟南部旧石器时代文化的新收获．考古，1961(10)

[5] 内蒙古博物馆，内蒙古文物工作队．呼和浩特市郊区旧石器时代石器制造场发掘报告．文物，1977(5)

[6] 中国科学院考古研究所内蒙古工作队．内蒙古巴林左旗富河沟门遗址发掘简报．考古，1964(1)

[7] 汪宇平．内蒙古清水河县白泥窑子村的新石器时代遗址．文物，1961(9)

[8] 内蒙古文物工作队，内蒙古博物馆．内蒙古文物考古工作三十年 // 文物出版社编．文物考古工作三十年．北京：文物出版社，1979

[9] 中国林业年鉴：1949－1986. 北京：中国林业出版社，1987

[10] 陈启汉．鲜卑拓跋部的发迹地终于找到了．历史知识，1981(2)

① 农林部林业局1975年提供资料。

[11]（清）方式济．龙沙纪略．黑龙江学务公所图书科，1909
[13]（清）徐宗亮．黑龙江述略．哈尔滨：黑龙江人民出版社，1985
[14] 徐曦．东三省纪略．上海：商务印书馆，1915
[15] 万福鳞修．（民国二十一年）黑龙江志稿（线装本）．北平（北京），1932
[16] 赵光仪．关于西伯利亚红松在大兴安岭的分布及我国红松西北限的探讨．东北林学院学报，1981(3)
[17]（元）脱脱等．辽史．北京：中华书局，1974
[18]（清）张穆．克什克腾部 // 蒙古游牧记．台北：文海出版社，1965
[19] 谭其骧主编．中国历史地图集．第6册．上海：中华地图学社，1975
[20] 孔昭宸，杜乃秋．内蒙古自治区几个考古地点孢粉分析在古植被和古气候上的意义．植物生态学与地植物学丛刊，1981，5(3)
[21] 翦伯赞．内蒙古访古．北京：文物出版社，1963
[22] 朱宗元．内蒙古中部草原区发现天然胡杨林．植物生态学与地植物学丛刊，1981，5(3)
[23] 盖山林．举世罕见的珍贵古代民族文物：绵延二万一千平方公里的阴山岩画．内蒙古社会科学，1980(2)
[24] 戴学稷．呼和浩特简史．北京：中华书局，1981
[25] 中国科学院内蒙古宁夏综合考察队．内蒙古自治区及东北西部地区林业．北京：科学出版社，1981
[26]（北齐）魏收．魏书．北京：中华书局，1974
[27]（宋）司马光编．资治通鉴．北京：古籍出版社，1956
[28] 杨玉琪．乌拉山次生林区针叶林现状及今后发展意见．巴盟林业科技，1979(6)
[29] 冯林．古松巡礼．内蒙古林业，1980(1)
[30] 史念海．《河山集》二集自序．陕西师范大学学报（哲学社会科学版），1980(2)
[31] 史念海．两千三百年来鄂尔多斯高原和河套平原农林牧地区的分布及其变迁．北京师范大学学报（哲学社会科学版），1980(6)
[32] 内蒙古大学蒙古史研究室．内蒙古文物古迹简述．呼和浩特：内蒙古人民出版社，1976
[33] 田广金．桃红巴拉的匈奴墓．考古学报，1976(1)
[34]（唐）李吉甫．元和郡县图志．卷四，关内道・灵州．北京：中华书局，1983
[35]（清）吴广成．西夏书事（影印清道光六年刊本）．北平（北京）：隆福寺文奎堂，1935
[36]（明）陈子龙等．明经世文编．北京：中华书局，1959
[37] 朱震达等．中国沙漠概论．修订版．北京：科学出版社，1980
[38] 朱震达，刘恕．中国北方地区的沙漠化过程及其治理区划．北京：中国林业出版社，1981
[39]（元）脱脱等．辽史．北京：中华书局，1974
[40]（元）脱脱等．宋史．北京：中华书局，1977
[41] 吉哲文等．统一的多民族国家的历史见证．光明日报，1977-11-25
[42]（元）脱脱等．金史．卷二四．北京：中华书局，1975
[43] 文焕然．历史时期中国森林的分布及其变迁（初稿）．云南林业调查规划，1980（增刊）
[44] 陈嵘．历代森林史略及民国林政史料．南京：京华印书馆，1934

九、历史时期青海的森林*

青海省地域辽阔，仅次于新疆、西藏、内蒙古，是我国位居第四的省(区)，面积7 215.14万 hm^2，约占全国面积的13.4%。然而，近代青海却是个少林省份，森林面积小，分布分散，林业用地面积303.73万 hm^2，占全省土地面积的4.2%。其中有林地19.45万 hm^2，疏林地9.4万 hm^2，灌木林161.33万 hm^2，未成林造林地2.67万 hm^2，森林覆盖率只有0.3%[1]。并且，青海现有森林主要分布在北部、东北部、东南部及南部的局部边缘山区，因而不利于环境保护，不利于农牧业生产、工业布局及能源需求等。青海又是我国最大的河流——长江、黄河的发源地，由于森林破坏而不利于长江、黄河，特别是黄河上游水源的涵养、径流的调节、水土的保持，等等。

1981年9月黄河上游百年一遇的洪水，主要是由于大气环流异常，但与黄河上游森林遭受破坏也有一定的关系，更引起举国的重视。

1 历史时期青海天然森林分布概貌

青海省人类活动的历史悠久，近年许多距今约5 000年以前的新石器时代遗址在青海各地发现[2~5]，标志着人类对青海的自然环境，特别是对野生动植物的利用及它们的分布变迁产生越来越大的影响。

历史时期，青海的天然森林分别分布在温带草原、温带荒漠与青藏高原高寒植被区3个地区，以下分别叙述。

1.1 温带草原中的天然森林

这里主要指青海东北部黄(青海境内黄河下段)湟(湟水)地区，指同仁、贵德、海晏稍西一线以东及门源以南，包括西宁、大通、湟源、湟中(以上属西宁市)，乐都、民和、化隆(以上属海东地区)，门源南部、海晏大部(以上属海北州)，同仁东部、尖扎(以上属黄南州)，贵德东部(属海南州)等14个市(县)的全部或部分地区。本区地带性的天然植被为温带草原，是我国广大的温带草原地带的西南部，与甘肃的温带草原毗连，但其中不少山地由于地形原因，气候比较湿润，因而也有天然森林分布。一般为森林与灌丛、草地交错分布，阴坡往往较冷湿，有森林分布；阳坡却较干暖，多为灌丛、草地。

1.1.1 新石器时代遗址文物反映的天然森林

青海新石器时代的马家窑文化有马家窑(距今5 000年左右)、半山(距今4 500年左右)、马厂

---

* 本文由文榕生整理，首发于《中国历史时期植物与动物变迁研究》(重庆出版社，1995)。

(距今4 000年左右)3种类型，其遗址主要分布在大通、湟中、乐都、民和、互助、化隆、循化等县的湟水流域和黄河沿岸。其后的齐家文化遗址分布在乐都和大通，辛店文化遗址分布在民和、大通等地，卡约文化遗址在本区分布也很广。

在这些文化遗址发掘出的墓葬很多，埋葬用了木框、木棺(有的是用原木挖成独木舟式的木棺)，用原木、树枝和杂草覆盖，填土，或竖插木棍和树枝封门，或洞口插木等[2~5]。许多地方大量墓葬使用了巨大的原木或木材，有力地说明了在数千年前新石器时代青海东北部的山地有天然森林广布①。

据参加乐都柳湾墓葬发掘的王杰1976年介绍：墓葬中所用木料有松(似云杉、油松之类)、柏、桦等，反映当时这一带天然森林以针叶林为主，与今不无相似之处。

1.1.2 出土文物反映的天然森林

汉神爵元年(公元前53)，赵充国两次上屯田奏疏涉及青海天然森林，是珍贵的史料之一。赵充国第一次屯田奏疏：

> 计度临羌(今湟源镇海堡)东至浩亹(治今青海民和与甘肃永登间)，羌虏故田及公田，民所未垦，可二千顷以上，其间邮亭多坏败者。臣前部士入山，伐材大小六万余枚，皆在水次。愿罢骑兵，留弛刑应募，及淮阳、汝南步兵与吏士私徒者，合凡万二百八十一人，用谷月二万七千三百六十三斛，盐三百八斛，分屯要害处。冰解漕下，缮乡亭，浚沟渠，治湟陿(今西宁市东)以西道桥七十所，令可至鲜水(今青海湖)左右[6]。

赵充国第二次屯田奏疏：

> 臣谨条不出兵留田便宜十二事。步兵九校，吏士万人，留屯以为武备，因田致谷，威德并行，一也。又因排折羌虏，令不得归肥饶之墬(地)，贫破其众，以成羌虏相畔之渐，二也。居民得并田作，不失农业，三也……至春省甲士卒，循河湟漕谷至临羌，以视羌虏，扬威武，传世折冲之具，五也。以闲暇时下所伐材，缮治邮亭，充入金城(治允吾县，今甘肃永靖西北)，六也……治湟陿中道桥，令可至鲜水，以制西域，信威千里，从枕席上过师，十一也[6]。

综合上述两次奏疏看，可知：

(1)从“入山”“伐材大小六万余枚”，可见当时湟水流域山地天然林木不少，又从木有大有小，可见其中有不少是原始林。

(2)从“冰解漕下”，缮“乡亭”或“邮亭”，“浚河渠”，“治湟陿以西道桥七十所，令可至鲜水左右”，可见伐木地点似主要在湟陿以西至鲜水一带。又称“临羌东至浩亹”，“其间邮亭多坏败者”，也许湟陿以东也有砍伐木材处。

(3)木材以水运，并且在战争中曾“虏赴水溺死者数百”，表明当时湟水的水量远较现今丰富，从水的涵养情况亦可反映当时湟水流域的森林资源丰富。

20世纪50年代以来，对本区两汉时期墓葬的发掘显示，西宁、乐都、大通、湟中、互助、民和等地墓葬较为集中，且墓中用木料不少，西宁山陕台木椁墓使用木料多达80 m^3。当然，这是当时地方官吏的墓，也反映了汉代本区森林广布的实况[2~5]。

① 历史文献也曾记载青海东北部、柴达木盆地及青南高原一带的植被，如《后汉书》卷八七《西羌传》提到数千年前，传说中的舜时，羌部族人“所居无常，依随水草，地少五谷，以产牧为主”。后来，秦厉公时(在位为公元前476~前443)，羌无戈爰剑从秦逃回，羌人推以为豪。“河湟间少五谷，多禽兽，以射猎为事，爰剑教之田畜，遂见敬信”。这些也反映当时青海东北部等地天然草木不少，并早有原始农业。

1.1.3 南北朝、隋、唐、宋初时的天然森林

南北朝时，分布在本区的吐谷浑：

> 于（黄）河上作桥，谓之河厉，长百五十步，两岸垒石作基陛，节节相次，大木纵横，更相镇压，两边俱平，相去三丈，亦大材，以板横次之，施钩栏，甚严饰①。

按河厉，就是吐谷浑在今青海境内黄河上所建的桥，所用大材及木料是不少的。反映当时附近一带有不少林木分布。

隋大业五年（公元609），炀帝亲率大军到本区与吐谷浑作战，曾“大猎于拔延山”。并曾“诏虞部量拔延山南北周二百里”[7,8]。按拔延山在今化隆西北，处河湟之间，既在这里大猎，又命虞部测量，可见当时野生动物必不少②，因而也反映当时草木是茂盛的。

《元和郡县图志》卷七九《陇右道》：廓州（治今化隆西南），贡赋，开元（公元714～741）贡有“麝香”；《旧唐书》卷四十《地理志·陇右道》：廓州宁塞郡（治今化隆西南），土贡，同。《新唐书》卷四十《地理志·陇右道》，鄯州西平郡（治今乐都）土贡有“牸犀角”。按牸，音“字”；牸犀角，即雌犀牛的角。《太平寰宇记》卷一五〇《陇右道·鄯州（自注：“废”）》，“土产”有“牸（牸）犀”。按当时鄯州治湟水（今乐都），唐上元二年（公元761）为吐蕃所据，因此废置。麝香是麝所产，麝的栖息地以森林和灌木林为主，我们国家历史时期的犀牛有三种，其中小独角犀是比较耐寒的，即使在冬季降些雪的地区也能够生存，它是森林动物，也喜在沼泽中栖息[9]。这些野生动物的分布，正反映了隋代到北宋初，本区有不少森林、灌木林，还有草地、草甸及沼泽存在③。

1980年9月初，笔者同青海省林业科学研究所赵广明等访问了湟中县塔尔寺。该寺建筑使用了不少木材。大金瓦殿是主殿，初建于明嘉靖三十九年（1560），后于清康熙五十年（1711）扩建。尤其是大经堂，有168根大柱，其中9根，一人可抱，直径80 cm以上，估计是300年以上的古树制成。大经堂初建于明万历三十四年（1606），后经扩建、重建，才具现在规模。这些大木柱应该是当时从塔尔寺附近森林中砍伐来的，可见距今千年左右以前，本区有原始森林分布。

1.1.4 元明时代的天然森林

元至元十七年（1280）都实奉元世祖忽必烈命探寻黄河源，亲自观察到青海东部河湟地区及青海南部高原一带不少自然景象。延祐二年（1315）潘昂霄笔录了一些都实的见闻，著有《河源记》一书④。该书提到13世纪末，积石州（治今循化）以上黄河两岸的山都是草山、石山；至积石方林木畅茂。不过笔者认为，此“积石”不是积石州而应是积石山（即阿尼玛卿山），因为从清代以后的记载及现今情况来看，贵德以上黄河两岸还有不少断续的森林分布，13世纪末的森林分布不会比如今还少。

明代本区天然森林的分布，除了前述塔尔寺在明代修建时所用木材之多之大可以证明外，还有1976年在大通黄家寨大哈门村西发掘的明总兵柴柱国及其母子之墓4座可以说明。柴墓有木质棺椁，椁为松木质（可能是云杉、油松之类）[2~5]，也反映当时大通有针叶林分布。

---

①（北魏）郦道元《水经·河水注》引（南朝宋）段国《沙州记》约公元5世纪时事。（唐）徐坚《初学记》大意同。

②《嘉统志》卷二六九《甘肃·西宁府·山川》，“拔延山……《元和志》，拔延山在化成县东北七十里，多麋鹿……”

按清孙星衍校本《元和郡县图志》卷三九《陇右道·廓州·化成县》：“扶延山，在县东北十多里，多麋鹿。”清张驹贤考证：“旧志及乐史并作拔延山，官本别有专条，十里作七十里，南本从之。”

③《隋书·炀帝纪》大业五年，炀帝杨广率大军到本区，五月丙戌，“梁浩门，御马度而桥坏，斩朝散大夫黄亘及督役者九人”。当时在浩门建桥，史虽未明言用木材，但从上述（汉）赵充国修缮道桥和南北朝时吐谷浑建桥都用了不少木料来看，隋修梁浩门桥也必用了木料。从此可以反映出当时这一带有森林分布。

④《逊敏堂丛书》本，中国科学院图书馆社会科学部（今为中国科学院文献情报中心）藏。

据《明一统志》卷三十七《陕西 · 陕西行都指挥使司》“土产”部分，西宁卫(治今市)出产有“马鸡：嘴脚红，羽毛青绿”，说明当时产蓝马鸡，此外，还有“山鸡：顶黑毛，羽斑色”。按：蓝马鸡和山鸡都是森林和灌木林中的野生动物，它们的存在正反映当时本区有不少乔、灌木林分布。

1.1.5 清代文献反映的本区天然森林

清代文献对本区天然森林情况记载较详细、较具体。按当时本区天然森林的分布，约可分为湟水流域和黄河上游下段两个亚区。

(1)湟水流域亚区：湟水流域诸山有林的，据清代文献记载，约自西而东有下列诸山。

> 翠山：在(西宁)县(今市)西八十里西石峡外，此山连延至日月山，苍翠可爱，秋时上有红叶……余(杨应琚)名之曰翠山[①]。

宣统二年(1910)《丹噶尔厅志》又提到：

> 翠山在(丹噶尔厅)城(今湟源县)正南四十里，一字连锁，连峰插天，清奇秀丽，有纤月笔架之形，共十二峰，皆笋削挺立，春秋冬三季，积雪不消，土人称谓华石山……湟水经其西……今则此山间有山豹，猎者每获之焉。

可见直到20世纪初，翠山一带还有一定面积的林木分布。

湟源县柏林寺所在山，“柏林寺：在城西四十里，翠柏参天，浓荫蔽地，山巅寺迹尚存”[②]。可见此山在19世纪末以前，有不少柏树分布。

> 瀑布山：在城西二十五里阳坡沟，山腰有泉，悬流而下，势如瀑布。又绿树荫浓映带……[③]
>
> 隔板山：在城西二十五里，叠嶂嵯峨，高山云表，万树排列，如隔如架，故名[②]。

宣统二年《丹噶尔厅志》则载：

> 隔板山在城西南丁未方四十五里，东科寺北山……山坳万树排列隔架，山阴戴角之鹿，囊香之獐(即麝)，往往而栖止。

二书所载隔板山距城的距离不同，这是由于所指地点有差异之故。但记载的动植物情况反映出林木茂盛。

札藏寺与柏林嘴一带的林木：

> 札藏寺小林：距城西三十余里，札藏寺对面南山根，大小松、桦共约千余株，亦禁采伐，为札藏寺僧所有之产也。附近西北相距十余里，柏林嘴地方，惟余小柏数十，无人培植，难期长养成林矣[③]。

可见这一带过去森林面积较大，有人培植则尚有小林，否则就只有稀疏的残存了。

东科寺一带的林木：

> 拉莫勒林：距城南三十余里白水河庄迤南，占地约二百亩，松、桦相杂，虽有大树，而不甚茂密。此林为东科寺僧产业，偷采私伐为寺僧所查禁，故延蔓丛生，占地颇广[③]。
>
> 药水峡小林：距城南三十余里药水峡山。阴处随在丛生，然断续相间，不甚繁殖。近年寺僧始议护持，故材仅拱把，无甚大者。树皆桦属，成林中材尚在数十(年)后也[③]。
>
> 东科寺南山林：距城南五十余里东科寺南山，内占地约二百亩，松、桦二种大树最多，松尤盛。其根之径有二尺余者，然以柯条横生，自根至顶，不折一枝，故盘曲臃肿，粗糙多节，

① (清)乾隆十二年《西宁府新志》卷二《地理志 · 山川》。

② (清)光绪九年《西宁府续志》。

③ (清)宣统二年《丹噶尔厅志》卷二《地理志 · 山川》，卷三《森林》，卷六《山脉》。

木材反致不佳。盖僧俗以寺前树林为供佛之品，故自建寺至今，未经斫伐，葱笼特甚。番僧喜培森林，此林近寺，培植尤易也[①]。

反映这一带历史上天然林应更广阔茂盛，受到保护的森林尚可见其原始面貌，保护不力的则林相残败。

曲卜炭小林：距城南十里曲卜炭庄南山垠，占地约十余亩，林甚茂密，树亦略大，可比响河尔。林中起小庙一间，此庄父老奉此林为神树，不敢采其条枝。相传伐木有祟，故护持惟谨，林虽小而颇茂者以此[①]。

八宝山：在城东北里许，向东连续延绵数十里，直出西石峡外，北界西宁县属之拉沙尔陕（峡），皆此山一脉，色相宛同，形势陡峻，壁立千仞，冈陵重叠，崖涧纵横，怪石巉岩苍翠可爱，土人称为北华石山[①]。

西石峡：在厅城东五里入峡口。府志所谓戍硖。其曰西石峡者，特自郡城言之，沿土人俗呼之便耳……故西宁兵备道鄂云布有“海藏咽喉”之题。而河南峰峦，白杨、红桦之属，不种自生，可培之森林二十余里，皆是。惟响河尔、阿哈丢两处，特称蓊郁，远岫烟雨，白云红叶，宛然画中美景也。前任同知黄文炳有“山高水长”之句[①]。

响河尔林：距厅城东十五里响河尔庄，湟水南山坡，自垠至顶皆是，占地纵横约四十亩，树高一丈至二丈余，根径五六寸至八九寸。峡中林木，此为最大。然只桦一种。材中车■[②]头者亦鲜。迤东山坡，又有一林，占地约十余亩，树虽不大，而茂密整齐，培护得法，繁殖可望。此二林为响河尔一庄公同产业，及众人鬻伐，以济公用，私家不得采取[③]。

阿哈丢林：距城东十里湟水南阿哈丢庄南山湾。自山垠至岭，纵横占地约二百余亩，树株高丈余，根径一二寸至四五寸，而稀疏不甚繁殖。有桦、杨两种。迤东南灰条沟，又有一林，占地可四十亩，亦颇繁殖，而树株不甚高大。此二林皆附近田土，农家所有，以数户之力保护扶直（植），不能禁偷采者之纷至沓来也。毗连南山一带，遍地萌孽（蘖），特以保存之南（难），而森林转少也[③]。

以上几处林木面貌虽是与保护情况相关的，但历史上森林分布的状况仍依稀可见。

鳌头山：在城东二十里西石峡河北，响河尔东，奇峰兀起，形似鳌头。临河一湾，如锦屏环插，烟岚隐约，苍翠欲滴……峡南北诸峰之秀，以此山为尤最也[③]。

隆藏林山：在（西宁）县东南一百四十里，多松木[④]。

按隆藏林山，即如今湟中县群峡林场一带。

大通县的峡门山（大通西北20 km）“树木扶流，水声激沸”，大寒山（即今达坂山，在大通北20 km）“茂林流泉”，松树塘（在今达坂山麓）“青松茂草，怪石流泉”，拔科山（大通北25 km）“多溪涧，民间以为畜牧之地，巅多林木”[④]。

我们1980年8月底到这一带调查访问，先过峡门山之东，见此山已基本无林，只有草地灌丛；再到松树塘（今宝库林场），道旁山地仍有些天然林分布：从峡门山往北到松树塘的山地为达坂山，如今森林断续分布，许多地方已垦殖到山腰，甚至到达山顶，面貌大变。

大通卫治永安城西北的柏树塘，“遍生柏木，与松树塘之松，堪井匹焉”，燕麦山（在大通东

---

① （清）宣统二年《丹噶尔厅志》卷二《地理志·山川》，卷三《森林》，卷六《山脉》。

② ■为原书字不清者，下同。

③ （清）宣统二年《丹噶尔厅志》卷二《地理志·山川》，卷三《森林》，卷六《山脉》。

④ （清）乾隆十二年《西宁府新志》卷二《地理志·山川》。

30 km)“山长亘五六十里，其山多松”①。燕麦山森林在清代原属郭莽寺产，雍正元年(1723)寺被焚毁；雍正十年(1733)重建，改名广惠寺，附近山林即为该寺产。民国三十二年《青海志略》：

> 该寺对面一带山岭森林约有数十百里，尽系松、柏，大者可数抱，均为寺产。其已垦熟之田约有四万余亩，其未垦之荒地与山地为数甚多。

1980年8月我们访问这一带时，广惠寺现为峡东林场办公处，该场现为大通县最大的林场。访问之日，正值雨后天晴，云杉郁闭成林，连绵不断，野鸟飞翔，林外草地灌丛，一片绿茵，黄色蘑菇点缀其间；溪水潺潺，景色宜人。这与湟水流域广大童山，迥然不同。林场虽距西宁市数十千米，但仍有不少人乘车来此旅游。

五峰山(在西宁北40 km)“山胁左右有大泉二，余泉不计焉，林壑之美，最为湟中胜地”，“沿溪多椴、桎木，族(簇)生交阴，上多鹂莺声……兹山高而锐，峰众而多穴，有泉流以益其奇，烟云以助其势，草木禽鸟以致其幽”①。明万历二十四年(1596)都御使田乐与兵备道副使刘敏宽即始在五峰山设厂冶铁[10]②。然百余年后，五峰山仍有林，有鸟，泉多且水充沛，更说明历史上这里林木之繁茂。五峰山下的千谷，“两溪交流，草木畅茂”①，也反映了当时植被尚良好。至20世纪40年代末，五峰山的林木仅存数十亩，如今此山在互助西部，接近大通，仍有一定面积的林木分布。

涌翠山，又名加尔多山(在大通北30 km，今互助五峰寺一带)，“其上多产林木，夏秋望之蔚然”；阿剌古山(今乐都东50 km)，“有林木，山顶平坦，可以耕牧”①，如今还有面积不大的山杨林；九池岭(今乐都古鄯南)，“上多松、杉，野花秀丽可爱，下有泉九眼”③，现古鄯仍有残林。

清末，城市中的古树等也可反映历史上天然林的一些情况，如冯燨(清碾伯知县)《凤山书院碑记》提到道光二十一年(1841)书院内，“古树荫翳，花竹丛植”。又有圃，“桧杏交柯”③。说明当时碾伯(今乐都)城树木高大，且多，可成林。

现今，互助的森林资源还很丰富，森林面积约8万 hm^2，北山是该县最大的天然林区，生长着松、柏、杨、桦等树种，栖息着獐(麝)、鹿、熊、狐等野生动物。门源是半农半牧区，农区面积1 900 km^2，牧区面积3 900 km^2，深山丛林中有大量野生动物。

总之，上述森林只是历史存留下的一部分而已。结合清代以前的情况来看，可知历史上湟水流域的天然森林分布应更广。

(2)黄河上游下段亚区：本亚区指青海境内龙羊峡以下黄河流域的森林，亦即清代贵德所、厅(治今县)和循化厅(治今县)的森林。

> 旦布山：在多巴寨，厅治西南一百八十里，林木茂盛④。(后则未提林木⑤)
>
> 达任山：在多巴寨，厅治西南一百八十里，林木茂盛。有达任寺④。(后称：)山多大木，上有达任寺⑤。
>
> 逮右山：在沙卜浪塞(寨)，厅治西南一百八十里，林木茂盛，有叶冲寺④。(后来称)山多大木，上有叶冲寺⑤。
>
> 角木山：在错匇日塞(寨)，厅治西南一百七十里，有小林④。(后则未提森林⑤)

---

① (清)宣统二年《丹噶尔厅志》卷二《地理志·山川》，卷三《森林》，卷六《山脉》。

② 民国八年《民国大通县志·艺文志》。

③ (清)光绪九年《西宁府续志》。

④ 此处指(清)乾隆五十七年(1792)修，(清)道光末年增补《循化厅志》卷二《山川》。

⑤ (清)光绪九年《西宁府续志》。

多力山：在加卧寨，厅治西南一百六十里，林木茂盛。有卡错寺[①]。（按：多力山即今大力加山。后文章未提林木[②]）

追赫弄山：在加卧寨，厅治西南一百六十里，有树木[①]。（按：追赫弄山即今德恒隆。后则未提这一带树木[②]）

元固山：在查汗大寺■，厅治西六十里，有小林[①]。（后称：）山多大木[②]。

撒弄山：在旦郡庄，厅治八十里，林木亦盛[①]。（后亦称：）山多大木[②]。

宗务山：在下龙布寨，厅治西八十里。下临黄河，所谓宗务峡也。山广博，林木茂盛。自建循化城，凡有兴作木植，皆资于此。城内外人日用材薪亦取给焉。浮河作筏，顺流而下，高一二丈，围皆三四寸许，坚实不浮，斧以斯之，悉供薪火，移之内地，皆屋材也[①]。（后称：）林木茂盛，居民薪材多取给焉[②]。（按：宗务山即今宗吾占郡）

泥什山：在哈家寨，厅治南三百三十里，有小林[①]。（后却称：）山多大木[②]。

寨木力山：在哈家寨，厅治南三百三十里，有小林[①]。（后亦称：）山多大木[②]。

料东山：在火力藏寨，厅治二百五十五里，有树木[①]。（后同样称：）山多大木[②]。

观音山：在火力藏寨，厅治南二百里，有树木[①]。（但后未提此地树[②]）

《厅志》虽记载有林之山15座，但纂志者称，“皆未及躬履其地，图籍亦无所考，询各寨歇家而录之，名实或不无错误，当徐为访核”[①]。从前后近百年的记载判断，达任、速右、元固、撒弄、泥什、寨木力、料东等七山似为历史上有天然林分布；宗务山前后都记载“林木茂盛”，也相类似。其余七山则仅早期记载有林木。

今化隆县一带在史籍中也见有林记载。

“砍圪塔山：在（碾伯）县南…百九十里，后有林木”[③]。该山似在今乐都与化隆间，或在化隆境内。

“顺善林山：在（西宁）县东南一百七十里，产松、桦木”[③]。此山即今化隆的雄先林场。

“泉集山：在城西南一百二十里，林木丛杂”[②]。清代巴燕戎格厅治今化隆县。

循化周环小积石、大力加、宗务等山，全县海拔平均2 300 m，境内层峦叠嶂，滚滚黄河经尖扎流来，此外尚有清水河及街子河，水源丰富，适宜林木生长。今其境内的孟达山仍有保存完好的原始森林，并于1980年建立了保护森林生态系及珍贵树种的孟达自然保护区。历史上，这一带森林当更多，但循化处农牧交界线一带，加之清中叶以前此地屡历战乱，致雍正七年（1729）筑循化城时，附近已缺木材，需从100 km外取所用之材：“上龙布（似今冬果林区）白佛番子地方有大林木……从河扎筏顺流而下”[④]；乾隆十二年（1747）化隆乩思，“上下三十余里，山坡高险，林木丛生”[③]；乾隆五十七年（1792）循化，“今起台、边都城一带山上无树木”，但循化附近10处渡口用“木洼”[⑤]渡人。

综此，可见：①本亚区到清中叶仍有多处天然林，并有直径1 m左右的巨木可为“木洼”或木筏，在此之前天然林当更广；②筑循化城取材自100 km外，而前达旦布山等七山绝大部分距厅治

① 此处指（清）乾隆五十七年（1792）修，（清）道光末年增补《循化厅志》卷二《山川》。

② （清）光绪九年《西宁府续志》。

③ （清）乾隆十二年《西宁府新志》卷二《地理志·山川》。

④ （清）乾隆五十七年《循化志》。

⑤ “木洼”，据乾隆五十七年《循化志》称：“以整木人一围有余者为之，长可八尺，其上挖槽，人坐其中，深广约俱二尺……头尾各有一孔，以椽木贯之，或两或三，联为一如筏。”

75～85 km，可见它们的林木较少或消失较快，后来未再提及；③本亚区森林的大量迅速消失，主要起自清中叶，人为破坏是一个主要原因；④在地形险峻、交通运输不便的黄河支流、支沟、沿岸等处，还保存有较大的森林。

总之，历史时期青海东北部地带性植被为温带草原，但是山地由于地形关系，气候较冷湿，有不少森林。直到18世纪上半期，西宁府（约包括今青海东北部贵德以下黄河流域的大部分地区，日月山以下湟水流域及大通河下游等地）一带的乔木有：柳（自注尖叶、鸡爪二种，尖叶木坚细，可为器）、白杨、青杨、檀、榆、楸、桦、柏……松（自注：二种）、柽（自注：可为矢）等；草本植物有沙葱、野韭、大黄、麻黄、羌活、红花、大蓟、小蓟、荆芥、茨蒺、柴胡、升麻、甘草、秦艽等，此外还有竹类、蕨类，等等①。足见古代本区一带山地以针叶、落叶阔叶林为主，还有草甸、草原及竹林，与今不无相似之处。

1.2 温带荒漠中的天然森林

在青海省，主要指祁连山地与柴达木盆地一带。

1.2.1 祁连山地的天然森林

祁连山地处于青海柴达木盆地、青海湖盆地及湟河谷地与甘肃河西走廊之间；在行政区划上，是在青海的海北、海西州及海东区与甘肃的酒泉、张掖、武威等区之间。祁连山在古籍中有“祁连”“雪山”“天山”“白岭山”“南山”等称呼。

至今，祁连山地仍有原始林、过伐林及一些千年左右的祁连圆柏[11～13]，这些都充分证明历史时期祁连山地，特别是在青海境内部分早有天然森林分布。

古籍虽大多只记载河西走廊、祁连等山的森林植被，很少具体提到青海部分的情况，但由此还是大致可推断当时青海祁连山地的情况。

有关祁连山地森林的史料，可追溯到公元前2世纪，匈奴曾到达这一带②，祁连山地成为他们的重要畜牧基地。元狩二年（公元前121），汉武帝派兵攻下河西走廊，赶走了匈奴，相继设置了酒泉、武威、敦煌、张掖四郡[14]，打通了“丝绸之路”。匈奴失掉了祁连山地，悲歌“亡我祁连山，使我六畜不蕃息”③，可见当时祁连山地在畜牧业上作用之大。

祁连山地迄今仍是我国西北重要的畜牧基地之一，不仅由于其植被垂直带上既有山腰以下的草地，又有高山草甸和草地，并有终年积雪的冰川，水源丰富，而且在于山腰有广大的山地针叶林，这有利于积雪、涵养水源，使这里自古以来森林茂密，水草丰美，成为重要的畜牧基地。

南北朝（公元420～589）时《西河旧事》称：

> 祁连山在张掖、酒泉二郡界上，东西二百余里，南北百余里，有松、柏五木，多水草，冬温夏凉，宜牧畜养。

这不仅印证了西汉初祁连山地宜畜牧的说法，更明确指出了祁连山地有山地针叶林分布。

唐到北宋初的《元和郡县图志》《旧唐书》《新唐书》及《太平寰宇记》等提到了凉州（治今武威市凉州区）、甘州（治今张掖市甘州区）、肃州（治今酒泉市肃州区）、瓜州（治今瓜州县）及沙州（治

① （清）乾隆十二年《西宁府新志》卷二《地理志·山川》。

②《史记·大宛列传》称月氏居于敦煌、祁连之间。《后汉书·西羌传》也提到属于大月氏别种的湟中月氏胡，旧时居于张掖、酒泉之地。汉文帝初年（公元前174前后），匈奴击败月氏，月氏大部徙，河西走廊一带遂即被匈奴占领。元狩二年，汉在河西大败匈奴。匈奴北退后，汉在河西相继设置郡县。

③《史记·匈奴列传》唐司马贞《索隐》引。（清）张澍辑《西河旧事》（二酉堂丛书本）。《史记》（唐）张守节《正义》引，“亡”作“失”。

今敦煌市）五州中的一些山，它们所处地理位置在上述州县的南面，地势高耸，不少终年积雪，初称为“雪山”①、“天山”②、“白岭山”③、“祁连山”④，可见它们都是祁连山地的一部分。这些山，有的“夏涵霜雪，有清泉茂林，悬崖修竹”[15]，有的“多材木箭竿”[16]，有的有“松柏”[17]，有的“美水丰草，尤宜畜牧”，有鹿类等野生动物[18]，有的“上有美水茂草，山中冬温夏凉，宜牛羊，乳酪浓好”④。可见当时祁连山地有茂密的山地针叶林、丰富的水草，尤宜畜牧，饶野生动物资源。

清顺治（1644～1661）《甘镇志》与乾隆八年（1743）修、嘉庆（1796～1820）重修的《清一统志》及乾隆后清代历朝凉、甘、肃等府县对祁连山地的森林、树种及野生动物记载较详，我们将位于这些府县以南、东南、西南及西，地势高耸、终年积雪的山⑤，都作为祁连山地的一部分。约有：

（棋于山、棹子山：）在[平番县（今永登县）]城西二百里，两山相连，崎岖险峻，密松四围，[是少数民族居住区。清雍正元年（1723），清军镇压少数民族时，曾]用大斧砍伐树木⑥。

石门山：（古浪）县东南五十里，石壁相向若门，松柏、寺观层布，一县胜景⑦。

（古浪县）黄羊川东南石门排寸，峡中水流，两山松涛与波声相应，琳宫绀宇更参差山麓间……⑧

黑松林山：（古浪）县东南三十里，昔多松，今无，田半⑦。

（古浪县）南三十里，为黑松堡，昔则松柏丸丸，于今牛山濯濯⑨。

第五山：（武威）县西一百二十里，炭山堡西南，清泉茂林，悬岩石室，昔隐士所居，尚有石床、石几诸遗迹⑩。

（武威市天梯山丘藏寺：）峰峦耸起，树木荫蔽⑪。

云庄山：（永昌）县东南五十里，丰林茂木，时有云气笼罩其上⑫。

青松山：（永昌）县西南八十里，一名大黄山，一名焉支山，连跨数邑，草木蕃盛，药材杂出其中，常有积雪⑫。

祁连山：在（高台）县南一百二十里……此山峰峦峻极……四时积雪盈巅，如银堆玉砌，望之皎然。盛夏冰消，水灌黑河，利溥、张、抚、高、毛等县。山多野兽，草木繁茂，猎牧皆宜，

---

①《元和郡县图志》卷四〇《陇右道下》载：凉州姑臧县（今武威市凉州区），“姑臧南山：一名雪山，县南二百三十里。”甘州张掖县（今张掖市甘州区），“雪山：在县南一百里，多材木箭竿。”瓜州晋昌县（今瓜州县），“雪山：在县南六十里，积雪夏不消，东南九十里，南连吐谷浑界。”

②《太平寰宇记》卷一五二《陇右道》：凉州昌松县（今古浪县西北），“南山，一名天山，一名雪山，山阔千余里，其高称是，连绵数郡，美水草，尤宜畜牧。”《旧唐书》卷四〇《地理志·陇右道》：“凉州天宝县（今永昌县），县南山曰天山，又名雪山。”

③《太平寰宇记》卷一五二《陇右道》：凉州昌松县白岭山，“在（昌松）县西南，山顶冬夏积雪，望之皓然，乃谓之白岭山。”

④《元和郡县图志》卷四〇《陇右道下》：甘州张掖县，“祁连山：在县西南二百里张掖、酒泉二界，上有美水茂草，山中冬温夏凉，宜牛羊，乳酪浓好，夏泻酥，不用器物，置于草上不解散……”《新唐书》卷四〇《陇右道》：甘州张掖县有祁连山。《太平寰宇记》卷一五二《陇右道》。甘州张掖县祁连山与《元和郡县图志》相类似。

⑤（清）顺治《甘镇志》：“祁连山：[甘州五卫（今张掖市甘州区）]城南一百六十里，连亘凉■（甘），东西延袤千余里，本名天山，匈奴呼天山曰祁连，故名，又名雪山。”

（清）乾隆十四年（1749）《五凉考治六德集全志》卷四《古浪县志》：“天梯山：县西南七十里，即古雪山，四时积雪。”（清）徐思靖在1744～1747年作《天梯雪霁》诗序：“祁连即天梯山，东接太白，西连葱岭，四时积雪，高不可极（及），河右诸郡皆见，而在县治者玉屏耸立。”同书卷一《武威县志》：“不毛山：县东、南、西一带诸山极高处，常积雪，无草木。”

⑥（清）乾隆十四年《五凉考治六德集全志》卷五《平番县志·地理志·山川》。

⑦（清）乾隆十四年《五凉考治六德集全志》卷四《古浪县志·地理志·山川》。

⑧（清）乾隆十四年《五凉考治六德集全志》卷四《古浪县志·艺文志·诗歌》（清）徐思靖《石峡涛声》。

⑨（清）乾隆十四年《五凉考治六德集全志》卷四《古浪县志·地理志·疆域图说》。

⑩（清）乾隆十四年《五凉考治六德集全志》卷一《武威县志·地理志·山川》。

⑪（清）乾隆十四年《五凉考治六德集全志》卷一《武威县志·地理志·疆域图说》。

⑫（清）乾隆十四年《五凉考治六德集全志》卷二《永昌县志·地理志·山川》。

矿产五金俱备①。

雪山，在张掖县南一百里，多林木箭簳②。

榆木山：在（高台）所（今高台县）南四十里，产榆树，故名。东起黎园，西尽暖泉，延长百余里③。

白城山：在高台县西南八十里，石磴曲折，有林泉之胜④。

（祁连山地）松：生（肃州）南山中，其叶类杉，短而粗，非如内地长针⑤（按此“松”似为青海云杉）……柏：生（肃州）南山⑤……松：产（东乐县）祁连（山）中，有高六七丈，大数围者⑥……松：针叶乔木也，生（高台县）祁连山中，四时青翠可爱，干直而坚，为建筑良材⑦。（张掖祁连山）山木阴森，（大的）逾合抱[19]。

以上记载，反映祁连山地历史上有天然山地针叶林。

正由于清代祁连山地森林仍然相当广布，富水草，不仅有利于山上畜牧业发展，而且冰雪融水，供给山麓绿洲水源。

祁连山：在（东乐）县（今张掖东南）城南一百二十里……洪水、虎喇大、都麻等河皆发源于此。冬夏积雪，望之皎然。山中美水草，利畜牧。匈奴歌曰：“失我祁连山，使我六畜不善息。”盖谓此也⑧。

甘州少雨，恃祁连积雪以润田畴。盖山木阴久，雪不骤化，夏日渐融，流入弱水，引为五十二渠，利至溥也[19]。

清嘉庆七年（1802）苏宁阿《八宝山（甘州南之祁连山）松林积雪说》进一步阐述：

甘州人民之生计，全依黑河（弱水上游）之水。于春夏之交，其松林之积雪初溶（融），灌入五十二渠溉田。于夏秋之交，二次之雪溶（融）入黑河，灌入五十二渠，始保其收获。

若无八宝山一带之松树，冬雪至春末，一涌而溶（融）化，黑河涨溢，五十二渠不能承受，则有冲决之水灾。至夏秋二次溶（融）化之雪微弱，黑河水小而低，则不能入渠灌田，则有极旱之虞。

甘州居民之生计，全仗松林多而积雪。若被砍伐不能积雪，大为民患，自当永远保护。

可见祁连山地的森林状况之优劣，关系到环境与生态，更关系到山下的广大地区人民的安危。然而，那里的森林还是遭到较大破坏，80多年后的光绪十六年（1890）：

设立电线，某大员代办杆木，遣兵刊（砍）伐，摧残太甚，无以荫雪，稍暖遽消，即虞泛溢。入夏乏雨，又虞旱暵。怨咨之声，彻于四境[19]。

这概括地总结了祁连山地森林破坏带来的一系列危害之典型例证。

总之，祁连山地的森林不仅影响当地的农牧业生产，而且还影响到山地以北的甘肃河西地区、内蒙古高原西部以及山地以南的柴达木盆地、青海湖盆地等的农牧业生产。所幸的是，目前祁连山南坡和大通河中下游还保存有大面积的天然林，据调查，主要是次生林，乔灌木林面积为36.29万 hm^2，

① 民国十年《高台县志》卷一《舆地·上·山川》。
② 《嘉靖重修一统志》卷二六六《甘肃·甘州府·山川》。
③ （清）顺治《甘镇志·地理志·山川》。
④ 《嘉靖重修一统志》卷二七八《甘肃·肃州府·山川》。
⑤ （清）乾隆《肃州新志·肃州·物产》。
⑥ 民国十二年《东乐县志·地理·物产》。
⑦ 民国十年《高台县志》卷二《舆地·下·物产》。
⑧ 民国十二年《东乐县志》卷一《地理·山川》。

林木蓄积550万 m^3，以寒温性针阔叶林为主，主要树种有青海云杉、祁连圆柏以及青杄、油松、桦、山杨等[1]。因此，保护与发展祁连山地的森林是迫切重要的问题。

1.2.2 柴达木盆地的天然森林

柴达木盆地也为温带荒漠气候区，但天然森林分布较少。记载这一地区的历史文献资料不多，20世纪才见有文献提到这里的森林，《青海志略・林业》提到都兰（似治今乌兰）、巴隆、宗巴等地有森林分布①。如今柴达木林区面积还有8万 hm^2，其中有林地1.9万 hm^2，主要分布在希里沟（今乌兰县治）、香日德（今属都兰县）等六地[20]。乌兰和都兰两县还有残败的原始桧柏林分布②。20世纪50年代初，青海省农林厅的工作人员在柴达木盆地诺木洪以北60 km的艾姆尼克山麓（海拔2 710 m）发现天然梭梭林一大片；到1979年调查，这片梭梭林仍达南北宽3～5 km，东西断续长120～140 km，这是我国目前已知面积最大、保存比较完整的原始梭梭林③。这些都说明柴达木盆地古代的森林并不是不值一提，更不能认为历史上这里没有森林。

1959年以来，在都兰县诺木洪搭里他里哈遗址及巴隆、香日德等地发现的诺木洪文化④，显示约从距今5 000年到秦汉以前，遗址有木结构房屋[21]。反映了当时这一带是有一定面积的森林分布，才便于人们取材建房。

本亚区为传统的牧业区，主要是20世纪50年代以后新开发的农业区。现有4 000万 $hm^2$⑤丰美的草原和20万 hm^2肥沃的可耕地。森林以梭梭、白刺等灌木林为主，也有部分圆柏、云杉等乔木林，野生动物主要有野牛、野驴、黄羊、石羊、猞猁、扫雪、旱獭、草猫、狐、熊、麝、獐⑥、豹及天鹅、野鸭、雉等[10]。据最近调查，这一带的柽柳、沙拐枣、胡杨面积有34.77万 hm^2。1986年还在都兰县试办了国际猎场[1]。

1.3 青藏高原高寒植被区的天然森林

本区位于柴达木盆地、祁连山地及青海东部温带草原区以南，亦即布尔汗布达山、青海南山及贵德、同仁一线以南，大致包括青海南部、青藏高寒植被区的东部。

本区地势海拔较高，山脉高度多在5 000 m以上，各山脉间多为海拔4 000 m以上的高原，为高寒的荒丛、草甸地带。仅本区东部的共和、贵南、兴海及同德一带地势较低，黄河及其支流切割较深，形成许多台地及谷地，谷地内有许多阶地，海拔在2 500～3 000 m之间，气候较为温暖，尚适宜林木生长。东南部长江上游支流麻尔柯河的班玛及金沙江上游的玉树、澜沧江上游等河谷地带，海拔也较低，气温也较高，尚有不少天然林分布，其中有些迄今还保存着不同程度的原始面貌。

本区文献上有关历史时期森林的记载很少，但我们可以从现存原始林残迹及有关的资料来反映不同时期的森林状况。

1.3.1 文物反映的新石器时代的天然森林

20世纪50年代以后在海南州的贵南、共和等县及黄南州等地，先后发现了不少新石器时代遗址，出土了大量文物，其中有陶器、瓮棺等[2~5]，反映当时人们伐木烧炭，制造陶器、瓮棺等，燃料

---

① 民国三十二年《青海志略》。

② 青海省都兰林场1980年9月提供资料。

③ 青海省农林厅1980年9月提供资料。

④ 根据诺木洪搭里他里哈遗址第五层出土的用羊毛线所织成的毛巾，用 ^{14}C 测定距今2 795年 ±115年，树轮校正年代为距今2 905年±1 040年。可见，诺木洪文化，大体上说，其上限不会早于齐家文化，下限约在秦汉以前。

⑤ 1 hm^2=15亩。

⑥ 青海没有獐（河麂），只有马麝。所谓“獐”，是作为麝的别称。

当取自本地林木，表明有森林存在。

但是，在已发掘的墓葬中尚未见原木之类出土，这与青海东部温带草原区墓葬中有较多的原木显然不同。这似乎与两地天然森林的多寡悬殊有密切的关系。

1.3.2 汉代至清末的天然森林

西汉神爵元年（公元前61）赵充国第一次上屯田疏；“今先零羌杨玉将骑四千及煎巩骑五千，阻石山木，候便为寇。”[6]唐颜师古注：“谓依阻山之木石以自保固。”按当时先零羌分布在湟水源头，以及今贵德、尖扎一带，后者正是青海南部高寒植被区的东北缘，地形险峻，如今还有不少天然林的残迹，印证了古代天然林较多。

东汉永元年间（公元89～104），护羌校尉贯友，“夹逢留大河筑城坞，作大航，造河桥”[22]。到刘宋吐谷浑的阿才当权时，又在龙羊峡以上的今贵南、兴海二县间黄河上建过桥。按当时“筑城坞；作大航，造河桥”，所用木材必不少，这些木料当取之于附近森林，反映当时这一地区有较多的森林。

1.3.3 20世纪以来的天然森林

1914年，周希武从甘肃兰州，经西宁、湟源赴玉树，过大河坝后在11月15日宿班禅玉池，记述道：

> 呼呼乌兰河流域土质膏腴，水草丰美，迤东滨黄河一带。至于郭密地势较低，森林、矿产所在多有，气候温暖，开垦尤易[23]。

反映了郭密一带为滨河谷地，当时森林广布。

据调查，绰罗斯南布翼头旗，东至恰布恰河，东北至恰布恰硖，东南至保离滩，均与辉特旗地交界；南至“郭密番卡”，与“郭密番”交界：西南至朵巴搭连山，与和硕特南右翼末旗交界；西至札科次汉山，与喀尔喀旗交界；西北至外莲沟，北至赛前山，均接青海。

> 沿河一带，树木成林，可樵可猎。沿河林木如猬，大者径五尺余，殆千年之产，不可伐。工师往取者，先与地主标明树数议价，率众工至深林，搭工厂，逐日操锯斧入山，应造梁柱椽板等式，就其地制成，结束顺流而下。倘偶冲散飘浮，沿岸为人捞取，亦不追求，复偕地主往验，地主计其所失而偿之[24]。

从木价之低，“林木如猬”，可见这一带森林广大茂密；又从“殆千年之产”，可见至少有些是原始林。

据20世纪50年代中期，周立三等调查：

> 黄河在贵德以上两岸有林地断续分布，共30多处。主要分布在兴海南部加扎一带，同德拉加寺以北及西部居卜一蒂（带），贵南莫曲沟。其中60%为原始林，树种以云杉最多（约占30%），龙柏次之（占20%～30%），及少数桦、杨。兴海南部的云杉平均胸径30（mm），高15 m，最高者40 m，每亩平均有40株，十分茂密[25]。

近年的调查表明，本区呈西北—东南，或东—西走向的西倾山脉、巴颜喀拉山脉及唐古拉山脉都存有大量的原始森林，以寒温性针叶林为主。西倾山南部多原始林，北部是次生林，树种有青海云杉、紫果云杉、祁连圆柏及桦、山杨等，乔灌木林面积为24.22万 hm^2。巴颜喀拉山全部是原始森林，主要树种为紫果云杉、川西云杉、鳞皮云杉、冷杉等，乔灌木林面积为60.58万 hm^2。唐古拉山森林主要分布在澜沧江和金沙江流域，树种有川西云杉、大果圆柏、细枝圆柏和少量桦树等，乔灌木林面积为33.94万 hm^2 [1]。

海南州的林业资源丰富，以云杉、圆柏等为大宗，在黄河两岸以及积石山北麓生长着大片原始森林，全州森林面积达6万余 hm^2。在果洛州的班玛、玛沁等县，有大面积的原始森林，树身高大，生长茂密，面积约4 000 km^2，树种主要有云杉、冷杉、桦、柏、松等。玉树州的东南部有原始大森林，硕茂葱茏，以乔木林较多，灌木林次之，树种有云杉、红松、柏等。玉树县江西林区绵延40 km，面积约4万 hm^2，杉林高达20 m，直径40 mm。昂欠地区的林区更大，估计有6万余 hm^2 [10]。

2 历史时期青海森林变迁概况

历史时期，青海森林变迁的总趋势，在演变形式上是按原始林→次生林→灌丛→草地→荒山秃岭的方向衰败，在林木数量上是按集中连片→断续点状→进一步缩小→残遗状态→彻底消失的方向灭绝，进而引起生态环境的不断恶化，这从自然景观的变化与自然灾害的频繁出现等方面都可以得到印证。然而，这种恶化程度并非直线式地发展，而是随着自然与人文多种因素的相互作用而呈波状起伏变化、发展。

限于资料，我们只能以青海东北部为重点，兼及其他地区；从较典型的农牧界线交替入手，结合其他，来划分森林变迁的几个阶段。

2.1 汉代以前，天然森林分布最广

从距今5 000年左右至汉代以前，青海主要是羌人分布地区。公元前3世纪，秦王朝在甘肃东南部设置郡县，并迁移内地人民实边，进行屯垦。秦之疆土，“东至海暨朝鲜，西至临洮（今岷县）、羌中①，南至北向户，北据河为塞，并阴山至辽东”[26]，其西界仅一部分处于今甘青交界，大部分在青海以东，以黄河为界[27]。因此，当时甘肃人口大增，不少森林和草地等天然植被面积缩小，而农作物等栽培植被面积扩大。但青海仍然主要是羌人分布区，当时秦从临洮（今甘肃岷县）向北修筑了一道长城，它正处于今甘青两省交界地区的东面，成为东面的农耕区与西面的游牧区之间的一道人为界线。

总之，本时期青海的羌人等以畜牧、狩猎为主要生产方式，当然也从事一些农业生产，但后者是次要的。就是自然条件较好的青海东部，当时也是人口稀少。因而，当时青海森林和草原等天然植被虽然也受到人类活动的一些影响，但是这种影响还是很微小的。因此，当时这一带的森林和草原大体保持着原始状态，是青海天然森林分布最广的时期。

2.2 汉代—元代，森林面积相对缩小与恢复时期

青海省，特别是青海东北部从汉代到元代是我国农牧民族的接触地带，农牧界线历史上在这一地区屡有推移，标志着天然植被与栽培植被的多次进退。

西汉逐诸羌，始元六年（公元前81）在青海东部置金城郡（治今甘肃永靖西北、湟水南岸，接近今甘青两省交界地区），辖境相当今兰州以西、青海湖以东的（黄）河、湟（水）流域和大通河下游以东，即包括今青海境内的破羌（治今民和西北、乐都东）、安夷（治今西宁东南）及临羌（治今湟源东南）等县[27]。

神爵元年（公元前61），赵充国奏：“计度临羌东至浩亹（治今青海民和与甘肃永登间），羌虏故田及公田，民所未垦，可二千顷以上”[6]，可见当地原有一些农田。赵充国击破先零羌，遂在临羌、浩亹之间条件较好的宽谷平川，引水灌溉，实行军事屯田，其部属万余人，屯田二百余顷，因而青海东部农田水利大进一步，农牧界线西移到临羌一带。但为时不久，翌年，赵充国被召回洛阳，罢屯兵[6, 28]，因而青海东部的农田面积又大为缩小。元始四年（公元4），置西海郡（治今海晏三角

① 羌人在殷、周时部分曾杂居中原，“羌中”意即此。

城)①,“筑五县,边海亭燧相望”[29],屯垦区西推到湟水源头,为西汉在青海东部垦区最大时期。王莽失败后,羌人又还居西海,郡废弃,屯兵撤,农牧界线又东移。

东汉永元十四年(公元102),曹凤上书建议要建复西海郡,广设屯田[22,30,31],被汉王朝采纳,拜他为金城西部都尉,屯田西海郡龙耆城(今海晏三角城),并修缮郡城。元兴元年(公元105)曹凤的建议付诸实施[22,30,31],青海的农牧界线再度西移到湟水源头一带。但没有维持几年,“其功垂立,至永初中诸羌叛乃罢”[22]。永初二至三年(公元108~109),护羌校尉曾因此徙于张掖。从此以后,西海郡地一直就不在汉朝控制之内,据研究,自东汉末年西海郡徙治于居延,直到隋炀帝复置西海郡前,青海的西海郡始终处在羌人势力范围之内[30,31]。不过,三国时魏的西平郡(治今西宁市)的龙夷即治今海晏县[32]。此后,西晋时的西平郡[32]、十六国时前赵与后赵的西平郡[33]、前凉的西平郡[33]、前秦的西平郡(治今西宁市)[33]、后凉的西平郡(治今西宁市)[33]、南凉的西平郡[33]等的西界都将今海晏包括在内。至于北魏的都善镇(治今乐都县)[33],西魏的鄯州、西平郡(治今乐都县)[33],北周的鄯州、乐都郡(治今乐都县)[33]等西界却在今海晏以东。看来,从三国魏到十六国时的南凉,青海农牧界线仍在湟水源头;到北朝的北魏迄北周,青海的农牧界线东移到湟水源头,即今海晏以东。

从西晋永嘉(公元307~312)年间到隋大业五年(公元609),分布在青海东部农牧界线以西的为吐谷浑,他们主要从事畜牧,“随逐水草,(以)庐帐为室,肉、酪为粮”。畜牧业很发达,青海周围是水草丰盛的牧场,故多产良马、牦牛和杂畜,其中以“青海骢”尤为著名。也有原始农业,他们种植大麦、蔓菁、菽粟等[34]。

大业五年,隋大败吐谷浑,降伏其部众10万余人,得六畜30余万头。于是隋朝在“自西平(今乐都县)临羌城以西,且末以东,祁连以南,雪山以北,东西四千里,南北二千里”[35]的吐谷浑故地设置了河源(治今兴海县东南,黄河西岸)、西海(治今天峻县东南,青海湖西岸附近)、鄯善(治今新疆若羌县)、且末(治今新疆且末县南)四郡,调发罪人为戍卒,大开屯田,并运粮来供应②,以捍卫通西域的南路。这样,农牧界线向西南推移,使青海湖盆地及青海南部高原东北部的草原和森林损毁不少。不久,至隋末,吐谷浑伏允起来恢复故地[34~36],农牧界线又向东北推移,一些栽培植被又逐渐恢复成次生的草地、灌丛,甚至成为次生林。

唐龙朔三年(公元663),吐蕃攻入吐谷浑,占据了其游牧地区,大部分吐谷浑部落归附唐[34~36]。从此,青海境内农牧界线的推移,主要表现为唐朝与吐蕃的争夺。其中农牧界线向西南推移较大的时期有两次:

第一次为高宗永隆二年(公元681),黑齿常击败吐蕃后,又曾在河源一带广置烽戍70余所,开屯田5 000余顷,岁收500万石③。

第二次为玄宗天宝八年(公元749),哥舒翰派兵攻拔石堡城(西宁市西南,日月山东10 km)后,“遂以赤岭(今日月山)为西塞,开屯田,备军实”[37]。天宝十三年(公元754),当时青海农牧界线推移到青海湖、河西九曲以西[38],似为唐代青海农牧界线向西南推移较大的地带。

---

① 据《汉书·王莽传》。又20世纪50年代以来,在三角城址内出土一只用花岗岩雕成的石虎,石虎基座及石匮正面从右至左凿有“西海郡虎符石匮,始建国元年十月癸卯,工河南郭戒造”3行22个篆字。

② 见《隋书》卷三《炀帝纪·大业五年》,《隋书》卷六七《裴矩传》,《太平寰宇记·陇西道》,《资治通鉴》卷一八一《隋纪五·大业四年与五年》。

③ 见《旧唐书》卷五《高宗纪下·调露二年》,《新唐书》卷三《高宗纪·永隆元年》,《新唐书》卷一四一《吐蕃传上》,《资治通鉴》卷二〇二《唐纪·高宗永隆元年》。

但这两次农牧界线向西南推移的时间都不很长。唐末，吐蕃尽没河湟。从分为三个时期的三幅“唐时期全图”上可以清楚看到：随着吐蕃的日益强盛，唐代早、中期，唐吐交界基本上在青海湖东岸的河湟一带；到晚唐，唐吐交界已远移至灵州（今宁夏吴忠市）、原州（今宁夏固原市原州区）、秦州（今甘肃秦安县西北）、成州（今甘肃和县西北）一线，农牧界线亦由东经100.9°左右，东移至东经106°多[38]。这是历史上农牧界线东移较大的一次。

北宋熙宁三年（公元1070）王安石任宰相后，命王韶逐吐蕃，经略河湟。宋先后设置，划分熙河、永兴、秦风等路，并设熙州、鄯州（治今西宁市）、湟州（治今乐都县稍南）、廓州（治今化隆回族自治县西南，黄河北岸）、积石军（治今贵德县稍西）等州城①。从“辽、北宋时期全图”及“秦风路图”[39]均可看出北宋西逐吐蕃，改鄯州为西宁州（今西宁市），农牧界线虽西移，但仍未达到唐代早、中期的范围，还在今湟源以东。当时设置于这一带的甘州（今甘肃张掖市）、西宁州（今西宁市）、河州（今甘肃临夏市）、洮州（今甘肃临潭县）、熙州（今甘肃临洮县）等几个茶马互市点，将它们连接起来也表明当时农牧界线之所在。

南宋偏安于江南，当时吐蕃、西夏、金都涉足于青海，以前二者为主，西夏取得湟水流域②，并占据较长时间。西夏以农牧业为主要经济，其中汉人一般从事农业，大多数党项羌和吐蕃、回鹘人则以畜牧业为主。他们“赖以为生”的农业区在“东则横山（今陕西北部无定河上游），西则天都（今宁夏海原县东，清水河上游）、马衔山一带”③，即西夏的东南部；其他地方则以畜牧为主，可见湟水流域也不例外，当时是畜牧为主的地区。

1227年，蒙古军攻取积石、西宁等州城，随后尽破西夏城邑，西夏主晛被杀，西夏亡④，其境归于元朝。

元代由山西移民，设宣慰司进行屯垦，但垦区有限，以牧为主的状况无多大改观。

2.3 明代至20世纪40年代，森林加速消失时期

明代以前，青海东部地区长期处于一个农牧业相互反复进退时期。从明代起，青海绝大部分已统一于中央政权。1375～1397年，明朝在柴达木地区设置安定、阿端、曲先、罕东四卫，随后四卫归西宁卫统辖，西宁卫隶属陕西行都司管辖。因而青海农业，尤其是东部地区的农业逐步得到巩固，并且渐趋发展。

---

①《宋史·王韶传》：王韶在熙宁元年上《平戎策》三篇，主张“欲取西夏当先复河、湟”。

《续资治通鉴长编》卷二四七引吕惠卿为王韶作《墓志铭》中“于是西直黄河，南通巴蜀，北接皋兰（今兰州），幅员逾三千里”。

吴天墀《西夏史稿》（四川人民出版社，1983年2版）：熙宁四年（1071）“宋置洮河安抚司，经略河、湟，牵制西夏”。

熙宁五年（1072）“宋军夺取叶蕃武胜城，置镇洮军，又升为熙州……宋置熙河路，以王韶为经略安抚使。宋分陕西为永兴、秦凤两路”。

熙宁六年（1073）“宋取吐蕃所据河、岷诸州之地”。

熙宁七年（1074）“宋将王韶破结河族，断吐蕃与夏国通路”。

元符二年（1099）“吐蕃内讧，宋取青唐，置鄯州，以邈川置湟州”。

元符三年（1100）“宋以湟、鄯州乱，乃任蕃部首领分知两州”。

崇宁三年（1104）“宋屯重兵于熙河路，尽复鄯、廓二州之地。宋改鄯州为西宁州”。

大观二年（1108）“宋复洮州，攻西蕃溪哥城，建积石军”。

② 吴天墀《西夏史稿》：绍兴元年（1131）“南宋停颁历日于夏国……金兵连下熙、河诸州，尽得关中由山以北地”。

绍兴六年（1136）“夏取乐州（治今乐都县），复取西宁州（治今西宁市）”。

绍兴七年（1137）“夏请地于金，金以积石（治今贵德县）、乐、廓（治今化隆县西南，黄河北岸）三州地与之；夏得湟水流域，立国以来之版图，以此时为最大”。

③《资治通鉴长编》卷四六六，引吕大忠语。

④《新元史·太祖纪》。《西夏史稿》：1227年，“成吉思汗留兵攻中兴府，自率师渡河攻积石州，进入金境，连破临洮府及洮、河、西宁三州。蒙古军尽破西夏城邑……帝晛力屈请降。成吉思汗病死于清水县行宫；诸将遵遗命，取晛杀之，西夏立国一百九十年，至此灭亡”。

明代重视屯垦，当时“屯田遍天下，而西北为最，开屯之例，军以十分率，以七分守城，三分种田”①。洪武二年（1369）人将徐达西征，开始在洮西屯田，随后又在西宁设卫（治今西宁市）[40]。以屯养军，以军隶民，招募各地汉、回人移入本区开垦②。西宁地区的“达民”，也大半占有一小块土地，从事耕作③。从此，本区农业有了相当大的进展。

黄河（贵德以下）、湟水、浩门河（门源附近）等流域的耕地面积都显著增加。据《明代各都司卫所屯田及其粮银额数》统计，陕西都司并行都司的屯田数由原来的4 245 672亩（1 hm^2=15亩，283 044.8 hm^2）猛增到16 840 404亩（1 122 693.6 hm^2），较其他都司卫超出900万亩（60万 hm^2）以上[41]，其中有相当数量当是本区新增的。不过明末，青海耕地仍以湟水流域为主，计有70万亩（4.7万 hm^2）左右，黄河流域和浩门河流域共计不过数万亩而已④。

随着清代政治势力的扩张，垦殖的范围更加扩大。从顺治到乾隆的百余年中，全国垦田面积总额由顺治十八年（1661）的549.3万余顷（1顷 =100亩）增至乾隆三十一年（1766）的741万余顷，到嘉庆十七年（1812）又增至790万余顷，这已超过了明万历时期的耕地面积，但黑龙江、吉林、内蒙古、新疆、西藏、青海等地田亩则根本未计入，清政府在边疆地区如科布多、伊犁、哈密、乌鲁木齐、西宁、于田等地，施行屯田[42]。在青海，除已提到的西宁外，如在湟水流域的乐都、湟源等县，广大的浅山和中山地区也都开始耕垦。

《甘肃道志》载：清道光初，陕甘总督那彦成拟乘戡定野番之威，在助勒盖（似在今青海南部高原植被区东北缘）一带设防屯兵，卒以经费无着，不果施行。光绪三十四年（1908），在西宁设垦务总局，并在贵德和湟源设黄河南、北两分局，计划垦地9万亩，垦殖范围包括今贵南、共和、海晏、巴燕等县地，但不久即告停顿。

从青海人口变动情况也可看出对耕地需要量的增减。据统计，西汉元始二年（公元2）凉州金城郡有38 470户，西晋太康初年（3世纪80年代）凉州金城郡有2 000户，清嘉庆二十五年（1820）西宁府有53 625户据⑤，清宣统年间（宣统年间调查，1912年汇造）青海有68 323户[41]。历史上的人口统计多不包括流动人口，因而游牧人口也必然排除在外。随着居民的增加，垦殖农田亦随之增多，才可维持他们的生计。

明清时期，青海东部地区以外各地垦殖也很发达，开辟农田不少，有的远达青海湖盆地以南的高原及以西的柴达木盆地等地区。这一带虽有些地方在公元1世纪及7世纪时曾经开拓过，但不久即行荒废，成为次生的草地、灌丛，甚至成为次生林。

近代重行垦殖，建立稳定的农业据点，还是咸丰八年（1858）后的事。当时蒙古游牧民族从青海湖以南的高原地区向海北退去，才使农牧兼营的藏族进入这里来垦殖。20世纪前半叶，柴达木盆地东部和海南高原又有汉、回等民族迁入，进一步开垦。

20世纪50年代前，青海的森林更受到肆无忌惮的滥砍、滥伐、滥垦，遭到官僚军阀的掠夺性破坏。1940年，马步芳命马步銮调集一个旅并“征调大通、互助、门源三县民伕及马车，并力砍伐大通鹞子沟森林，凡椽材以上全部砍光，未为一年夷为平地”[43]。1943年，马步芳修建私邸“馨庐”时，曾征调民伕8 000余名，“由互助、贵德、大通、循化等处采运柏木、松木和果木，每日采伐征

① （清）李元春《关中两朝文抄》卷七《张炼·屯田议》。

② 《甘青农牧交错地区农业区划初步研究》称：“回民移入始于唐代，但甘肃临夏、甘南两专区的回族和循化的撒拉族大部系此时（明代）移入。”

③ 《明英宗正统实录》卷二二，正统元年九月。

④ （清）乾隆十二年《西宁府新志》卷二《地理志·山川》。

⑤ 据《中国历代户口、田地、田赋统计》甲表88，有208 603人，按户均3.89人折算；另外，同书乙表77上户均高达8人以上，似有误，不用。

用的车马络绎不绝……费时达一年之久”[43]。到1949年前，青海全省森林仅残留下145.6万 hm^2。

2.4 20世纪50年代以来，森林的相对恢复与发展

20世纪50年代以来的几十年中，由于指导思想、政策及人们认识等的一些波动、反复，工作上的一些失误，青海森林也经历了恢复（1949～1957）→破坏（1958～1962）→短期恢复（1963～1966）→较严重破坏（1967～1976）→恢复与相对发展（1977至今）这样一个极为复杂的森林进退和资源消长的过程。但较50年代前的满目疮痍、残败林相，青海森林总体上得到了相对的恢复与发展。

50年代以来，森林由纯自然状态变为国民经济的组成部分，结束了几千年来自生自灭的历史。许多林区和残遗林分得到恢复与发展，森林质量确有提高，人工林的面积大大增加。“三北”防护林工程及其他造林工程的开展，新林面积以年均6 000余 hm^2 的速度递增，森林也由1949年前的145.6万 hm^2 增加到1979年的303.7万 hm^2，森林覆盖率达0.3%。20世纪末，青海森林（含灌木林）达到240万 hm^2（不含新造幼林），加上“四旁”树，森林覆盖率提高到3.3%[1]。

现青海省耕地达58.7万 hm^2[10]，比1949年的45.4万 hm^2 ① 又有所增加，但耕地的2/3分布在日月山以东的原农耕区湟源、湟中、西宁、大通、互助、乐都、民和、化隆、循化、门源和贵德等湟水流域和黄河沿岸地区，1/3的新垦区在柴达木盆地、海南州等原盐碱地或灌溉便利地区。同时，近年实行退耕还林、还草，使营林、造林的面积呈上升趋势。

3 青海森林兴衰之原因

青海森林的数度衰损与兴盛，尤其是遭受劫难，究其原因，则是多方面的，主要有如下几点：

（1）生产方式的差异：历史时期，我国汉民族较早即由采摘、渔猎的生产方式转变为农耕方式，以从事农业为主要生产活动，北方少数民族则较多保持以狩猎、畜牧为主的生产活动。例如，居住于青海的羌、吐谷浑、吐善、蒙古、鲜卑、哈萨克等民族都更注重于畜牧业；在民族演化过程中出现的回、土、撒拉、藏等民族，受汉族的影响，也多从事农业或采用半农半牧的生产方式。渔猎、畜牧等生产活动方式较多地依赖于天然植被，森林等也因此得以广泛分布、生长茂盛或得到恢复发展；农耕则是以栽培植被取代天然植被，由于人类的无知，过多地看重眼前利益，盲目地发展农耕垦殖，致使森林遭受破坏，进而使人类受到自然界的惩罚。

（2）战争殃及森林：历史上，本地带的农牧界线进退标志着栽培植被与天然植被范围的推移，它们往往伴随着战争，战火直接或间接地摧残着森林。唐贞观九年（公元635）吐谷浑与李靖作战时，就“尽火其莽，退保大非川”[44]。按大非川在今共和西南切吉旷原一带，火焚之地当在日月山以东，“其莽”自然包括森林在内。清初，年羹尧平定罗卜藏丹津之乱时，“乃放火烧山（祁连山），由南北两麓分途冲入……在酒泉至敦煌一段山中，战争最为激烈，该处天然林一炬成焦土，以至无树，至今不能更生”②。仅此二例，便可见其毁林之一斑。大规模战争的交战双方往往有大量人员投入，吐蕃王与唐兵交战时拥有“精骑四十万”。如此众多人马的宿营、运输、工具、武器、燃料等，非有大量的木材难以支撑，所用之材自然要取之森林。

（3）大量的建筑用材：建筑用材也是惊人的。战争破坏的各项生产、生活设施需要重建。如汉代赵充国就修桥70座；唐代在黄河上曾建有大桥和浮桥（飞梁）6座，其中5座毁于战火[45]。仅乾

① 据青海省农林厅《青海省农业、林业、农垦统计资料1949－1982》。

② 祁连山国有林管理处《祁连山概况》，1943年。

隆十年(1745)修建西宁湟水上的惠民桥时就用了2 328根木材①，其他桥梁的建筑用材可想而知。清雍正元年(1723)官兵焚毁佑宁寺和广惠寺，十年后又重建；马步芳也曾毁色航寺、达日江寺，在焚毁达日江寺时，殃及"寺院周围的森林也为大火燃着，夜间火光触天，虽在百数里外，犹能望见，燃烧达七八天之久"[43]。明万历四年(1576)重修西宁卫城时，用砖124.5万块，石灰2.6万石，"其材木薪之属，则伐山浮河，便而取足，数不可得也"②。难怪张希孔称："因往代兵燹之后，树木砍伐殆尽。"筑循化城时，只得从上百千米外取材。就是平时营建，也需大量木材。清顺治十六年(1659)蒙古族卜儿孩的后代麦力斡"于此(大通河)伐木陶瓦，大营宫室，使其长子南力木居之"①，以及民间"居板屋"[46]习俗，都离不开大量的森林资源。

(4)不当的开发与垦殖：垦殖不仅指战后的屯垦、生产的恢复与发展，而且随着人口的增加而扩大。垦殖是以牺牲原有的天然植被，代之以栽培植被，其间滥垦、滥伐现象不可避免。放火烧荒是垦殖之初的惯用方法，一旦火势失控，往往蔓延成灾。早期，人们屯垦地多选择在河谷两岸的平坦之处，对森林的影响有限。随着屯垦规模的日益扩大，生长林木的山坡也逐步被侵占，造成林地的缩减。

(5)采伐过度：长期以来，木材作为主要燃料也使不少林木、灌丛丧失殆尽。青海东部的煤炭资源不多，14世纪末才有所开发，开采技术落后，产量很少，到1947年日产不达100 t，仅能供西宁等几地少数人使用。而在此期间，青海人口成倍增加，消耗的燃料亦成倍地增长。前述循化城虽然周围缺林木，却将宗务山的成材木作为燃料。直到20世纪50年代后，该城的燃料大部分依然取自文都、香玉、朵楞、宁巴、协昌等地的灌木林，每日取燃料木材达百驮以上。民和、乐都、湟源、贵德、同仁、尖扎，门源、共和等县亦是这样。1944年，共和"柳梢沟南山之北城，有矮柳约十(平)方里，倒淌河至湟源途中，常见驴群驮载此柳"[47]。现在，"柳梢沟"已徒有虚名，山生柳灌丛几乎被砍挖殆尽。消耗燃料多的冶铁、烧窑业的发展，更使燃料紧张。人们由烧木，进而烧灌木，最后烧草或树根，柴越打越远，说明森林植被的日益减少，水土流失也越来越严重。

(6)自然灾害的影响：自然界的风沙、干旱、林火、病虫害、寒冷等不时影响着森林。到第一次森林资源清查时③，全省还有火烧迹地5 600 hm^2。玉树州的乩扎林区的老火烧迹地至今仍然历历在目，这个总面积达百余万亩的原始林区竟被多次林火反复烧成残败的林相。玉树江西林区近200年内的大面积火烧迹地就有5处，在大通河林区的珠固沟上段，1956年调查时的旧火烧迹地范围长达10 km，这些足以说明林火的危害程度。近年的调查统计，青海全省遭病虫害林发生面积达8万 hm^2，其中严重受灾面积1.5万 hm^2，尤以人工林的受害程度最烈。1982年调查，柴达木和海南部分地区的人工林病虫害发生株数占总株数74%，玉树江西林区成熟、过熟林心腐率达32%，青杨林的心腐病感染率更高达98%。全省近年共防治病虫害林面积1.6万 hm^2，对更多的遭害林尚爱莫能助。

由此看来，造成青海森林古今巨大变迁的原因是多方面的，综合起来就是自然因素与人文因素这两大主要的外界因素影响。

① (清)乾隆十二年《西宁府新志》卷二《地理志・山川》。

② (明)张问仁《重修西宁卫城记》。

③ 青海省林业局《青海省森林资源清查资料》(附说明书)，1964年。

4 结束语

综上所述，我们有以下几点看法：

(1)由于青海的地理、气候等条件的恶劣，使得历史时期森林并非为这一地区的主导植被，森林覆盖率也处于较低的水平。然而，青海早期森林覆盖率仍远高于现今，林木的分布也更广于现今。这种古今森林分布的巨大变迁曾经历过多次反复，以2 000多年来的变化较为显著，尤以明代(14世纪中叶)以来至20世纪中叶为甚。随着时间的推移，青海森林每况愈下，造成生态环境的恶性循环。

(2)造成现今青海森林稀少的原因是多方面的，归纳起来既有自然因素，也有人文因素，两大因素综合作用，相互影响、相互制约。由于人文因素的增大，作用加强，导致由较多森林向较少森林变化速度的加快。在人类活动的影响下，森林也曾多次有所恢复，因而在恢复生态环境的过程中，尤应重视发挥人类的积极作用。森林遭受的破坏，除有数次是受战争影响较大外，一般是以人类的经济活动为主导的影响，20世纪50年代以后的几次反复更是如此。因此，人们在开发利用自然界的过程中，要采取科学的态度，运用正确的政策和措施，保持生态平衡，否则将遭致大自然的报复。

(3)发展生产要根据当地自然条件、生态环境特点、劳动力、资源等实际情况，或宜农，或宜林，或宜牧。宜农地区也应增加各类林木，宜林与宜牧地区更应尽早退耕还林、还草。首先，在沙漠边缘、水土流失严重地区要坚决采取封沙育草、封山育林相结合的措施，这也是建造防护林体系行之有效的办法。

(4)根据青海地处温带草原、温带荒漠和高寒高原的特点，恢复营造森林，在一些地方，往往要循着恢复草被→灌丛→乔木这样渐进的方法才能奏效。既不可急于求成，也不可时紧时松，更不可任其自生自灭，要着重于实效。同时，要注意营造混交林，而不要营造品种单一的人工纯林，这样既有利于防治病虫害，也有利于吸引各类动物，以保护小环境的生态平衡。

(5)造林要因地制宜，统筹规划。既要考虑长远的改善环境、恢复生态平衡，又要注意到近期的发展生产、安排好群众的生活，科学地规划好防护林、用材林、经济林、薪炭林以及特殊用途林等。

(6)森林、环境、野生动物保护等有关法律、政策的制定、施行后，一定要认真执行，保持稳定。森林的毁坏往往在于一旦，而恢复它却需要较长的时间，甚至多少代人的奋斗，因而有关的各项工作要持之以恒。

参考文献

[1] 高明寿，钱或境．中国林业年鉴：1949–1986. 北京：中国林业出版社，1987

[2] 安志敏．青海的远古文化．考古，1957(7)

[3] 青海省文物管理处考古队，北京大学历史系考古专业．青海乐都柳湾原始社会墓葬第一次发掘的初步收获．文物，1976(1)

[4] 青海省文物管理处考古队，中国科学院考古研究所青海队．青海乐都柳湾原始社会基地反映出的主要问题．考古，1976(6)

[5] 青海省文物管理处考古队．青海省文物考古工作三十年 // 文物出版社编．文物考古工作三十年．北京：文物出版社，1979

[6] (汉)班固．汉书．卷六九，赵充国传．北京：商务印书馆，1958

[7] (唐)魏征．隋书．卷三，炀帝纪．北京：中华书局，1973

[8] (唐)魏征．隋书．卷八，礼仪志．三．北京：中华书局，1973

[9] 文焕然，何业恒，高耀亭．中国野生犀牛的灭绝．武汉师范学院学报(自然科学版)，1981(1)

[10] 陈超，刘玉清．青海地方志书介绍．长春：吉林省地方志编纂委员会，1985

[11] 中国科学院兰州冰川冻土研究所祁连山冰雪利用研究队．祁连山冰川的近期变化．地理学报，1980，35(1)

[12] 卓正大，等．祁连山地区树木年轮与我国近千年(1059-1975)的气候变迁．兰州大学学报，1978(2)

[13] 张先恭，等．祁连山圆柏与我国气候变化趋势 // 全国气候变化学术讨论会论文集(1978年)．北京：科学出版社，1981

[14] 谭其骧选释．汉书·地理志．北京：科学出版社，1959

[15] (宋)乐史．太平寰宇记．卷一五二，陇右道·凉州·姑藏县．第五，山．上海：商务印书馆，1936

[16] (唐)李吉甫．元和郡县图志．卷四〇，陇右道．下．甘州·张掖县·雪山．北京：中华书局，1983

[17] (宋)乐史．太平寰宇记．卷一五二，陇右道．甘州·张掖县·祁连山．上海：商务印书馆，1936

[18] (宋)乐史．太平寰宇记．卷一五二，陇右道·凉州·番和县·南山．上海：商务印书馆，1936

[19] (清)陶保廉．辛卯侍行记．台北：文海出版社，1982

[20]《青海农业地理》编写办公室．青海农业地理．西宁：青海人民出版社，1976

[21] 青海省文物管理委员会，中国科学院考古研究所青海队．青海都兰县诺木洪搭里他里哈遗址调查与试掘．考古学报，1963(1)

[22] (宋)范晔．后汉书．卷八七，西羌传．北京：中华书局，1965

[23] 周希武．玉树土司调查记·宁海纪行．上海：商务印书馆，1920

[24] 生入．绰罗斯南右翼前旗牧地大略．地学杂志，1919(1)

[25] 周立三，等．甘青农牧交错地区农业区划初步研究．北京：科学出版社，1958

[26] (汉)司马迁．史记·秦始皇本纪．北京：商务印书馆，1958

[27] 谭其骧主编．中国历史地图集．第2册．北京：地图出版社，1982

[28] (宋)马端临．文献通考．卷三三三，四裔考．十．上海：商务印书馆，1936

[29] 翦伯赞．秦汉史．第2版．北京：北京大学出版社，1983

[30] (宋)范晔．后汉书·和帝纪．北京：中华书局，1965

[31] 黄盛璋．元兴元年瓦当与西海郡．考古，1959(11)

[32] 谭其骧主编．中国历史地图集．第3册．上海：中华地图学社，1975

[33] 谭其骧主编．中国历史地图集．第4册．上海：中华地图学社，1975

[34] (后晋)刘昫．旧唐书·吐谷浑传．北京：中华书局，1975

[35] (唐)魏征．隋书．卷三八，吐谷浑传．北京：中华书局，1973

[36] (宋)欧阳修，等．新唐书·吐谷浑传．北京：中华书局，1975

[37] (宋)欧阳修，等．新唐书·玄宗纪．北京：中华书局，1975

[38] 谭其骧主编．中国历史地图集．第5册．北京：地图出版社，1982

[39] 谭其骧主编．中国历史地图集．第6册．北京：地图出版社，1982

[40] 谭其骧主编．中国历史地图集．第7册．北京：地图出版社，1982

[41] 梁方仲．中国历代户口、田地、田赋统计．上海：上海人民出版社，1980

[42] 翦伯赞．中国史纲要．第3册．第2版．北京：人民出版社，1979

[43] 陈秉渊．马步芳家族统治青海四十年．西宁：青海人民出版社，1981

[44] (宋)欧阳修，等．新唐书·李靖传．北京：中华书局，1975

[45] 青海省公路交通史编写办公室．青海交通史资料选辑．1982，5-6辑

[46] (元)脱脱，等．宋史·吐蕃传．北京：中华书局，1977

[47] 杨叔容．青海林业调查报告．林讯，1944，1(3)

十、历史时期宁夏的森林变迁*

1 概述

宁夏回族自治区地处我国大西北，位于黄河的河套西部，东南部跨黄土高原，是以山地、高原为主，呈现南北狭长形态的省区之一。

当季风到达处于内陆的宁夏时，已经十分微弱，形成当地温带大陆性半湿润—干旱气候环境。植被状况固然可以反映对应的气候，然而现今宁夏的森林覆盖率仅2.2%（全国平均水平为12.7%），居于全国各省（市、自治区）之下游；加之天然林与灌丛数量少，又分布在高山峻岭之间，更给人以濯濯童山之感。难道这些可以完全归罪于大自然的“造化”吗？

追溯古人类在宁夏的活动，现已知超过30 000年：灵武县（现为灵武市）水洞沟遗址具有从旧石器时代延续到新石器时代的文化遗存，中卫县（现中卫市沙坡头区）长流水也采集到属于旧石器时代的石器，都可以证明。宁夏的新石器时代文化遗存，初步查明有“甘肃仰韶文化”（分布在宁南）、“齐家文化”［除北部地区外，也主要分布在宁南的固原（现原州区）、海原、隆德、西吉等县，遗址分布稠密，堆积层厚］、“细石器文化”（广泛分布在宁夏境内的黄河两岸各县以及以北地区）[1]。就目前所知，宁夏原始农业起始于“甘肃仰韶文化”（有磨制的斧、穿孔的锤斧、锛、凿、矛头、玉锛等），据^{14}C测定为公元前5 000~前3 000年[2]，亦即先民们已在开垦原始林、草地为农田，直接影响森林。

宁夏自然环境的地区差异十分显著，现辖区划分为2个地带，即南部暖温带草原地带和北部中温带半荒漠地带。其分界线大致由盐池县麻黄山北缘、小罗山南麓，经海原县李旺，过清水河，到关桥、干盐池一线[3]。此线与干燥度为2、年降水量为350 mm的等值线大致吻合，与灰钙土和黑垆土、荒漠草原和干草原的分界线基本一致。但历史上，这条界线可能曾在现今之北几十千米的地方，因为其北的红寺堡迟至明代还有史料记载，表明是草木茂盛的地方。显然明代以前，红寺堡以南并不是现今的荒漠草原景观。此外，南部暖温带草原地带，其中以六盘山主脉为中轴，折向西北与月亮山、南华山和西华山山脉，向四周扩展的广大区域，历史上应属于森林草原类型区。

* 本文由文榕生整理，原名《宁夏并非自古即童山濯濯》，正式发表时改此篇名。首发于《中国历史时期植物与动物变迁研究》（重庆出版社，2006）。

2 历史时期的天然森林概况

第四纪最末一次冰川以后，多种自然现象的文献记载和实物证据以及实地考察等①，各方面研究表明，距今8 000～2 500年是我国历史时期气候最高阶段[4]，使得动植物分布显示出古今迥异现象。我国森林覆盖率在2 500年前曾超过50%，其后才逐步降低。因此，对于宁夏历史时期的森林类型划分与现代的不尽一致：森林植被类型，由南向北分属于森林草原、干草原和半荒漠草原3个不同的类型区。

2.1 森林草原区的森林概况

本区与《宁夏农业地理》区划的“六盘山阴湿区”[3]相当，即泾源县全部、隆德县东部、固原县（现原州区）西南部、西吉县东部、海原县南部，还包括“西海固半干旱区”的一部分（即原州区中部、海原县中部、西吉和隆德县西部以及同心与盐池县南部的部分高海拔地带）。

现今，本区仅西（西宁市）—兰（兰州市）公路以南高山部位有较大面积的杨、桦、栎、椴等天然次生林和少量华山松分布，公路以北仅有几处天然林孑遗。但在古代，尤其是早期，这一广阔区域几乎为森林和高草原相间的大好植被所覆盖。

2.1.1 历史文献反映本区的森林

《山海经・五藏山经・西次二经》：“高山……其木多棕，其草多竹。泾水出焉，而东流注于渭。”所谓“高山”，即今隆德县东南六盘山脉主峰之一——米缸山（海拔2 942 m），是泾河的主源之一。反映距今2 000多年前，气候温湿，六盘山一带草木繁茂的自然景观。

《史记・货殖列传》：“秦代倮②畜牧，至众……畜至用谷量马牛。秦始皇帝令倮比封君，以时与列臣朝请。”意即秦时，今原州东南有一称作“倮”的富豪经营畜牧业，由于其牲畜太多，收圈时无法按“头”计算，只得用“山谷”来计量马牛的数量。秦始皇由于其富有，而令倮比照有封地的贵族，按时兴大臣那样到朝廷谒见皇帝。发达的畜牧业，尤其是毗邻“其木多棕，其草多竹”地带，这种植被不可能仅仅是高草原，而应是现今称之为“立体草原”的森林草原。正因为植被大好，所以才“山多材木，民以板为室屋”的所谓“秦风”盛行，且经久不衰③。

更始（公元23～25）时，班彪（3—54，字叔皮，东汉史学家）离国都长安（今西安市西北）来到高平（今原州区），曾作《北征赋》抒发政治上颇不得志的心情，但其中对原州自然环境有几句难得的描述：

> ……跻高平而周揽兮，望山谷之嵯峨。野萧条以莽荡，回千里而无家。风发以飘飖兮，谷水倠以扬波。飞云雾之沓沓，涉积雪之皑皑。雁邕邕以群兮，鸡鸣以哜哜[5]。

其大意是：登原州眺望，山势嵯峨，草木深邃，人烟稀少，风大浪急，云雾弥漫，白雪皑皑，大雁群翔，鹍鸡（黄白色，似鹤的禽类）哜哜。此说虽不无夸大，但按照生态学观点，原始林野之貌跃然纸上。

东汉初年的植被状况依然如此。公元32年，光武帝刘秀征伐隗嚣，行军路线就选在一条常人

---

① 当时的海平面高出现今10 m多，野生亚洲象的分布北界向北推进约15.5° N，野生犀牛的分布北界变化并不亚于野生亚洲象，扬子鳄遗存大量出现在现今分布地之北的山东，还有孔雀、鹦鹉、长臂猿等动物与竹、柑橘、荔枝、梅、楠木、桄榔、椰子、槟榔等植物的分布北界北移等。

② 人名。《汉书・货殖列传》作“乌氏赢”，当是同一人。

③《汉书・地理志》记载朱赣论各地风俗：“天水、陇西，山多材木，民以板为室屋。”史念海指出：汉代的天水郡不仅辖渭河上游，而且还辖祖厉河上游一带（史念海．历史时期黄河中游的森林．见：河山集：二集．北京：生活、读书、新知三联书店，1981）。西吉、隆德就在渭河上游，西吉西部的月亮山大坪一线以西属祖厉河上游，今饱偿干旱之苦；距今近2 000年前，却以有大量的木板建屋而风行，反映古今状况变迁之大。

以为不适宜行军的苦水谷[6]。反映因当地森林繁茂所阻，大队人马不便通过。

北魏太平真君七年（446），太武帝拓跋焘为征伐而筹措军粮，下令薄骨律镇（治今灵武市西南）的镇将刁雍，会同高平（今原州区）、安定（治今甘肃泾川县）、统万（治今陕西靖边县北）三镇，共出车五千乘，从河西（约指今银川至青铜峡一带）运50万石屯谷到沃野镇（治今内蒙古乌拉特前旗黄河南岸附近）。熟悉官场的刁雍，深感此项任务十分艰巨，责任重大，于是上表朝廷，大谈陆运不如水运“多快好省”，提出在牵屯山（今六盘山最高峰米缸山）①之次造船200艘的建议，得到太武帝的嘉许和同意[7]。刁雍的意图显而易见，即若军粮不能按时运到而耽误了打仗，好推卸责任于辖牵屯山的高平镇。但刁雍建议本身至少说明：①1 500多年前，今原州一带森林茂盛，且材多为轻盈、耐湿、适宜造船用的松木；②当时清水河上游就可以泛舟，否则，在米缸山一带造好的船舫怎么送入黄河，付诸实际运粮？由这些可以推论，今原州区一带森林广覆，且清水河水充盈，反映当时宁南山区良好的森林状况。

（北魏）郦道元在《水经·河水注》两次提到高平川水（今清水河）支流中有三国魏的行宫殿存在。清代董祐诚考证，就在当时原州（今原州区）北的硝河和须灭都河流域[6]。当时兴建行宫、大殿必须选择“风水”上好之处。森林、植被是“风水”的主要成分，可见当时林木繁茂。据1981年实地调查，原州城北90 km、始建于北魏的须弥山石窟古刹（是国家重点保护文物），在现今已裸露的红砂岩石缝中还孑遗着一批散生天然油松大树，周长61～83 cm不等，估计树龄在500年左右。值得注意的是，这些树干多通直饱满，树冠比占树高1/3，少数1/2，干旱矮化现象不明显，下木既有林区常见的虎榛子，也有干草原代表植物之一的芨芨草，还有两者之间的山榆树、山桃等。这些下木的聚合反映了由森林环境经漫长岁月的反复破坏，演变至今所残存的动态痕迹。倘若北魏时须弥山也像今天这样，古刹庙宇是不可能建筑于此的，天然油松也不可能自然更新，更不会长大成材。

西魏（535～556）在今宁南一带进行过一些相当规模的狩猎活动，《周书·文帝纪》：

> 大统十四年（548），“太祖（宇文泰）奉魏太子巡抚西境……出安定（治今甘肃泾川县），登陇（今六盘山）……至原州（今原州区），历北长城，大狩”。

《周书·史宁传》，记载史雄随父史宁到牵屯山（今米缸山），

> 奉迎太祖（宇文泰），仍从校猎，弓无虚发。

既然是帝王、太子亲出“大狩”或“校猎”，固然有其政治、军事意义，但捕猎野生动物的场面和数量当不会微不足道，否则，在邻近地区不会一再举行类似活动。这间接反映了由于当时森林、灌丛及草地植被良好，使原州城以北到头营一带，六盘山及其周围野生动物丰富。

唐代，萧关（今海原县李旺堡附近）还是“数多带箭麋”[8]。“箭麋”是对松柏枝叶的形容，说明当时李旺堡附近松柏占相当比重。果然，1981年李旺堡西北30 km的关桥有3根古柏出土，印证了历史上柏类是这一带的乡土树种之一。那么李旺堡以南广大区域，尤其是六盘山应当更是如此。值得注意的是，唐代六盘山地一带以养马为主的畜牧业大发展，当时陇右郡牧使所辖四州八监就以原州（今原州区）为中心，跨秦（治今甘肃秦安县西北）、渭（治今甘肃陇西县西南）、会（治今甘肃靖远县）、兰（治今甘肃兰州市）四州之地，“东西约六百里，南北约四百里”，“其间善水草腴田皆隶之”。诸牧监大多处在今宁南的乌氏、木峡等地。唐麟德中（664～665），放牧马至七十万六千匹；

---

① 关于“牵屯山”的今天所在地问题。据《元和郡县图志·关内道·灵州》牵屯山“在今（唐元和年间）原州高平县（即高平，今原州区），即今笄头山，语讹亦曰汧屯山，即牵屯”。《太平寰宇记·关西道·灵州·迴乐县》说笄屯山在原州高平县，也叫笄头山。谭其骧主编的《中国历史地图集．第四册，东晋十六国、南北朝时期》指出：北魏时的“牵屯山”位于今六盘山地的米缸山。不过造船之事由于是泛指，包括清水河上游的开城以北和原州一带。

唐天宝中稍衰，至天宝十三年(754)，总计马牛凡“六十万五千六百零三匹”①。畜牧业规模，概可想见。尽管当时马牛饲料有不少是人工种植，但仍然是以天然植被为主。由此，也可以反映七八世纪时，六盘山及其毗邻的广大地区森林、灌丛、草原植被良好。在森林草原地带，草类植被好，木本植被当然也就相应兴盛。而后，由于吐蕃族多次南侵，致使这些牧监相继废弃。《旧唐书·元载传》记载：唐大历八年(773)，宰相元载分析原州一带情况时提到：“原州当西塞之口，接陇山之固，草腴水甘，旧垒存焉。吐蕃此毁其垣墉，弃之不居。其西则牧监故地……”就是指此。

宋代将领刘平之弟刘兼济，后“徙知笼竿城。(西)夏人寇边，众号数万，兼济将兵千余，转战至黑松林，败之”[9]。“笼竿城”，在今隆德县西北，葫芦河流域一带②。当时这里能以“黑松林”命名，可见当地松树之多。

11世纪，西夏李元昊为宠爱的新皇后在天都山(今海原县西华山)大修宫苑，“南牟内有七殿”“府库馆舍”等，尽管宋元丰四年(1081)被宋军焚毁，但次年西夏又修[10~12]。

清光绪《海城县志》记述：

> 天都山一名西山，在县西四十里，宋太宗三年(986)陷于(西)夏，臣野利当守此，号天都大王，山下有(李)元昊避暑宫遗址。

天都山既是军事重镇，又适宜避暑，西夏在此兴建宫苑，建后焚毁，毁而复修，可见一定有可供大兴土木之材，反映当时林木资源相当丰富。

《金史·张中彦传》记载：

> 正隆(1156~1161)营汴京(今河南开封市)新宫，中彦采运关中材木，青峰山巨木最多，而高深阻绝，唐宋以来不能致。中彦使构崖驾壑，起长桥十数(数十)里，以车运木，若行平地。开六盘山水洛之路，遂通汴梁(今河南开封市)。

虽然“青峰山”具体在何处待考，但从“开六盘山水洛之路”的“水洛”，既似主指金代水洛县(今甘肃庄浪县)②，又似兼指当时的水洛水③(今水洛河)。水洛水似发源于六盘山地西侧的河流，源头在今宁南泾源县西部，流经甘肃庄浪县，注入今葫芦河，再南经天水地区，注入渭河。看来，青峰山就是六盘山地的一部分(可能在今米缸山之南)。水洛水上游山高谷深，因此张中彦派人从六盘山地至当时水洛县治，架设数十里长桥，用车先将木料运到河谷较宽的水洛县，再转水运将木料运至汴梁。

六盘山美好风光深为蒙古、元代帝王将相所青睐。成吉思汗1227年征战西夏时，曾在此避暑。忽必烈也曾在此驻扎(1253)、避暑(1254)。蒙哥也曾驻于此(1258)④。尔后，忽必烈继位为元世祖，复又于固原(今原州区)开城建府治，封第三王子为安西王，并在开城西北设“斡耳朵”⑤。安西王曾在六盘山东麓建避暑楼(王府)⑥。谁能想到，现今童山濯濯的开城梁，元代竟然是显赫军事重镇，是开城府、州治所。由此可证明，六盘山及其北段的自然环境，包括主要成分森林，就是

① 据《元和郡县图志·关内道·原州》,《全唐诗》卷五六一,《册府元龟》卷六二一与《新唐书·兵志》等。

② 据谭其骧主编的《中国历史地图集.第六册，宋、辽、金时期》。

③ 按《水经·渭水注》有水洛水。据《水经注图》水洛水在清代称“水落川”。《古今图书集成·方舆汇编·职方典》卷五五一《陕西·平凉府·山川考》和《嘉庆重修一统志》卷二九八《甘肃·平凉府·山川考》都作“水洛川”。甘肃平凉专员公署1963年制作的《庄浪县行政区划图》上作“水洛河”。谭其骧主编的《中国历史地图集.第六册，宋、辽、金时期》将今“葫芦河”在金代作“瓦亭川”。本文姑称为“水洛水”。

④ 见《元史》《新元史》《蒙兀儿史记》。

⑤《元史·地理志》记载：在开城封王子建府治。宣统元年(1909年)《甘肃新通志·舆地志·古迹》：斡耳朵在开城西北，“巨础于清末尚存”。

⑥ 见《明一统志·陕西·平凉府·山川》。另据《人民日报(海外版)》1993年4月29日报道：位于六盘山东麓宁夏固原县(现原州区)开城乡的元代安西王府(东西宽1 km，南北长3 km)遗址最近被考古工作者发现，该王府始建于1273年，后于元成宗大德十年(1306)毁于地震。

到了距今700多年前的元代，其美好风光还能一再使帝王留恋。

2.1.2　历史文献反映周边的森林

宁夏南部森林草原区深深地镶嵌于甘肃东部，虽然二者行政区划上分离，但在自然环境方面是属于同一类型地带，历史过程紧密相连，因此环绕宁南的甘肃文献记载，对于研究宁南森林变迁史，有直接的参考价值。

六盘山西北的宋怀戎堡故地（今甘肃靖远县打拉池附近），据宋代《建设怀戎堡碑记》描述：屈吴山和大、小神山都是“林木森茂，峰峦耸秀”①的地方。那么，在屈吴山附近东面的宁夏海原西华山和东南的宁夏西吉月亮山的森林情况应更好一些，至少也应相仿。

与六盘山纬度相当的甘肃静宁县，1726年成书的《古今图书集成·方舆汇编·职方典》卷五五一《平凉府志·山川考》记载：

孙家山：在州南一百五十里，派接秦、陇诸山，号陆海林薮。

玉山：在州南一百五十里，其中沃野广阔，山势环抱，溪水潆洄，松桧花竹，菁葱掩映。

清甘肃庄浪州（今庄浪县）山地是六盘山脉的南延。《古今图书集成·平凉府志·山川考》记述：

樱桃花源：在县西三十里，花时其地如雪。

甘肃华亭县在泾源县南。明天顺五年（1461）完成的《明一统志·陕西·平凉府·山川》有：

桦岭山：在华亭县东五十里，多桦树。

明正德（1506～1521年）《华亭县志·河谷》记述：

华亭高山水泉通利，往年林麓郁畅，风气未舒，田少而沃，山寒而喜旱。近来，林竭山童，风敞日喧，稍畏旱矣，而雨不时，得水泉灌溉之利，田亩需焉。

说明正德前后状况变化巨大。不过，清嘉庆《华亭县志》记载：华亭县到乾隆末年还是有不少森林的，当时赵先甲作《登仙姑山记》：

华亭之西十里，有仙姑山焉……尾邻西山，竹树烟云，若翠屏然……时维九月……黄花缀地，枫林霜叶，殷然如醉，寺竹千竿，秋风摩戛，古柏青松，干霄直上。

又撰《游龙门洞记》：

至山下，仰是树木阴翳，如无路。然从林中盘折而上，旁多古木，奇形莫可名状……东面山脊环抱，上皆苍松翠柏，宛然如画。西出一岭……谷中陡，间多芍药、紫荆，诸花烂漫。绿鸟红雀，不知其名。跻景山巅，古木参天，四望甚远。

泾源县东北的甘肃平凉县（今平凉市崆峒区），《十六国春秋》记载：“赫连定胜光二年（429）畋于阴盘（今崆峒东南）。”②“畋”即狩猎。赫连定是割据一方的大封建主，这种载入史册的狩猎，反映了5世纪初，崆峒一带的野生动物兴盛与森林草原的繁茂。明嘉靖《平凉府志·平凉县·物产》“兽”有：

猴，昔多害稼。生获者勿杀，剥其首皮，反覆于后，纵之逐其群，皆惊走数十里避之。

说明当时栖息于林木的猕猴在平凉县不少。同书也记载华亭县有猕猴。从《古今图书集成》与嘉庆《华亭县志》仍记载有“猴”看，说明直到清中叶，这一带依然有猕猴，可以间接引证当时的森林情况。

2.1.3　出土古木传递的古森林信息

近年，围绕六盘山的宁南六县相继出土古木（图10.1），从某种意义上说，所承载的关于古森林

① 据（清）道光《靖远县志·碑记》引。按怀戎堡建于宋崇宁二年（1103），又见《宋史·地理志·陕西·秦凤路·会州》。

② 据《太平寰宇记·关西道·原州》引。（清）汤球《十六国春秋辑补·夏赫连定》作胜光二年十月。

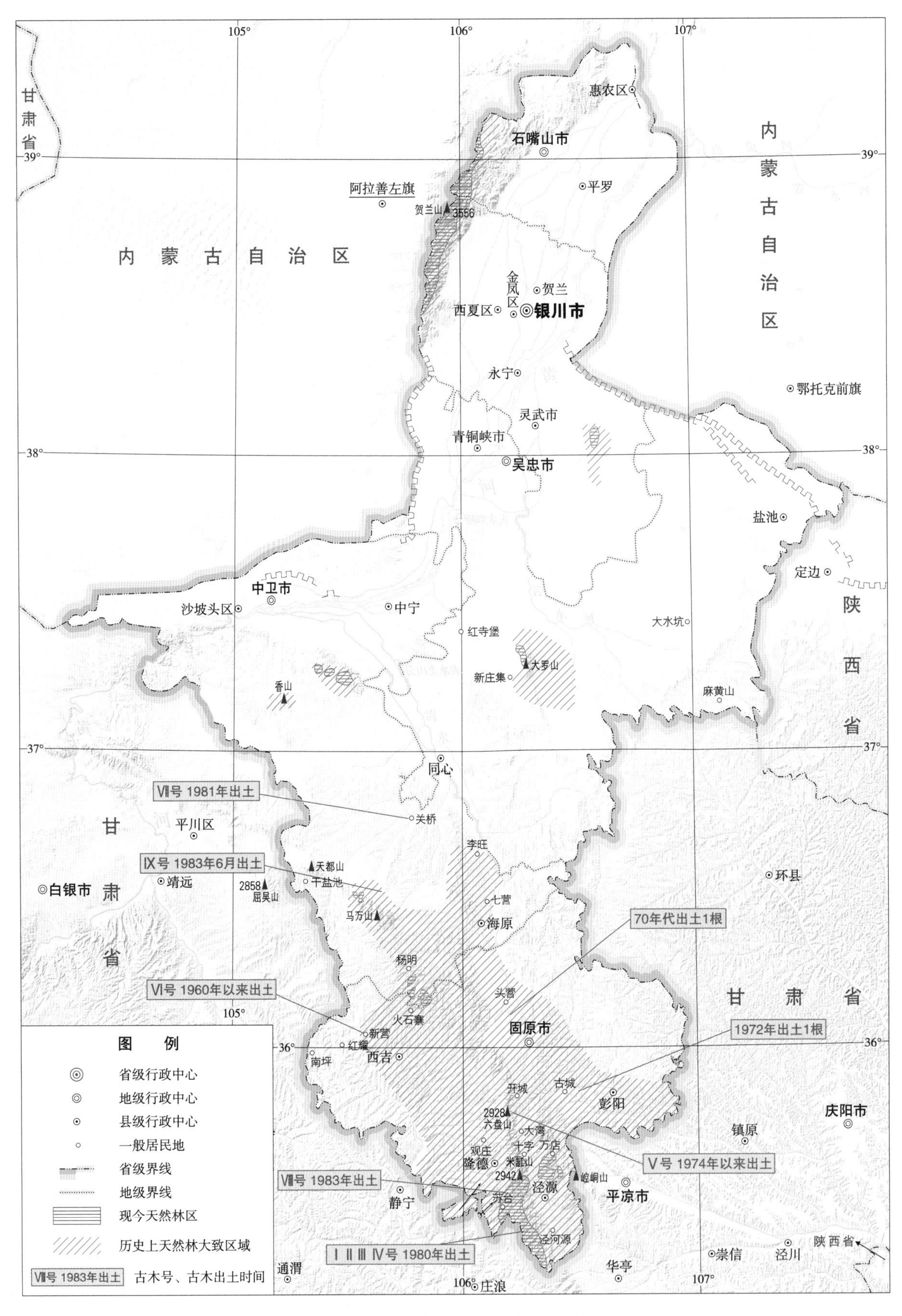

图10.1 宁夏天然林历史变迁示意图

的大量信息更胜于文献记载。研究表明,

(1)古木确系当地所产:经考察,1980年8月26日于泾源县小南川头道沟口出土的Ⅳ号古木长9.6 m(不包括古木露头时被群众先期锯走的一节),大头直径67.8 cm;木身残留10多根长约1 m、粗3~5 cm的纤弱侧枝茬桩。与Ⅳ号同时出土同一河床的Ⅰ、Ⅱ、Ⅲ、Ⅺ等号古木,以及与Ⅰ、Ⅺ号同一树种的固原县(现原州区)大湾河马场Ⅴ号古木,固原县(现原州区)苏台大漫坡Ⅷ号和海原县五桥沟林场Ⅸ号古木等,与Ⅳ号古木同一树种的固原县(现原州区)开城郭庙Ⅹ号古木等,均为当地所产。

1981年海原县关桥出土的3根圆柏古木,其中之Ⅶ号是带着树根的2.1 m残段,出土时基本直立土中。海原县南的西吉县新营涧子沟出土的Ⅵ号古木残片与Ⅶ号同为圆柏。

由此证实这些古木并非外来木,而是当地历史上生长的林木代表。

(2)丰富的物种信息:送检的10个标号古木标本,经电镜木材结构学鉴定,有云杉属(*Picea* sp.;Ⅰ,Ⅷ,Ⅸ,Ⅺ)、冷杉属(*Abies* sp.;Ⅱ)、落叶松属(*Larix* sp.;疑为红杉 *L. Potaninii*;Ⅳ,Ⅹ)、连香树(*Cercidiphyllum japoncum*;Ⅲ)、圆柏(*Tuniperus chinensis*;Ⅵ,Ⅶ)。

除了待检树种外,可能还有油松[①]等树种,可能还有辽东栎、桦等阔叶树种。可以看出,古森林是以云杉、落叶松为优势的针叶林,其中云杉贯穿南北高海拔处,北部以圆柏占优势。阔叶树种中,出现类似银杏那样高大、长寿、材质堪为大用的连香树。这些对于开阔视野,推动发展六盘山区造林、选育树种以及水源涵养林区结合木材生产等森林经营,应当是有所启迪。

Ⅳ号古木按测树学复原,生前树高至少30 m;在其67.8 cm断面上有470圈年轮;树干通直、饱满少节,侧枝纤细,生前已濒死。可以推断该树生长处于雨雪丰沛、气候寒冷的环境,且在高度郁闭的林分中,反映当时林海雪原郁郁葱葱的景象。

送检的4个标号古木标本经^{14}C测定,它们的入土年代分别是:Ⅳ号距今7 000年 ± 80年(南京大学数据)[②]、Ⅴ号距今8 900年 ± 120年(中国科学院地理研究所数据)、Ⅶ号距今1 300年 ± 135年(中国科学院地理研究所数据)、Ⅷ号距今8 300年 ± 360年(中国科学院地理研究所数据)。值得提出的是,Ⅳ号古木分别独立在3处进行^{14}C测定,中国科学院地理研究所测试为距今7 300年 ± 120年,兰州大学地理系测试为距今7 130年 ± 80年,二者与南京大学地理系的结果都相仿(稍许出入在于送检样本选取部位不同),完全可靠、可信。除Ⅶ号圆柏是南北朝至唐代产物外,余者皆新石器时期入土的,从Ⅴ号到Ⅳ号就纵跨1 900年 ± 200年的漫长岁月;如果Ⅶ号也列入,古木历史跨度更长达7 600年 ± 255年之遥,可谓源远流长。Ⅶ号圆柏是在古林区最北缘低海拔处1 000多年前入土的,可以认为低纬度、高海拔的六盘山应当有高于圆柏林水平的针叶林原生植被,这从古文献考证中得到印证。民国二十四年(1935)《隆德县志》记:

> 美高山(今米缸山):在城东南十里,极高而秀,故曰美高。虽无庵观祠宇只缀,而万树苍松,蔚然深秀。诗曰:"秀耸东峰美指高,苍松万树衬鹅毛。"另诗又曰:"晓来佳气凝浓翠,万古青松销陇干。"

胸径1.3 m的Ⅴ号云杉古木就在米缸山附近出土,与抄录于清乾隆以前旧志中古诗的描述基本吻合。

(3)古六盘山地是非常辽阔的林区:从出土古木的地理位置看,不仅在现今林区腹地集团性出

① 如北京林业大学关君蔚就从西吉县采集到标本。

② 由于南京大学地理系的数据最靠近边材外缘,即最接近实际入土时间,故本文采用之。

现（如Ⅰ~Ⅳ号与Ⅺ号等），而且有现林区外缘的（如Ⅴ，Ⅶ，Ⅹ号；西北方向的月亮山麓Ⅵ号，南华山北坡Ⅸ号），甚至黄土区北缘的关桥也有3根古木同地点一次出土（如Ⅶ号等）。古六盘山林区北陲左达须弥山—南华山—西华山，月亮山出土古木最多，似为古林区的中心地带之一，原州东山、海原中部至少是林区边缘疏林灌丛过渡地带。

联系现实残存的天然森林植被孑遗，从六盘山东西山林区跨过西兰公路，沿六盘山主脉及其两侧次高山北上，瓦亭、挂马沟、大湾、黄茆山、河川、官庄、张易、红庄、马都山、沙沟、赵千户、张家山等都有小片天然残林迹地；北到须弥山，至今还散生天然油松残林千余株；折向西，有杨明、李俊、火石寨、扫竹岭等天然残林1 300多万 hm^2，南华山灵光寺天然桦林几十公顷，连同天然灌丛达200 hm^2；向西，经西华山达甘肃靖远县屈吴山有天然乔灌林1 333万 $hm^2$①。

对比古今，可以看到历史上确实曾存在过由最南端的大雪山直到西、南华山，主脉东西伸展入黄土区纵深的广大森林至森林草原区。现今的六盘山林区，只不过是古林区剧烈退缩于南隅高山之巅的最后一个孑遗而已。

(4)古林区原生森林植物群落的变迁并不遥远：Ⅰ号古木大头直径77 cm，生长370多年，总的看来生长非常缓慢。特别是它入土前的135年才在断面半径上生长了9 cm，既说明古木生前早已进入过熟阶段，也不能不反映入土前的异常寒冷气候，与中国历史时期冷暖变迁是吻合或基本吻合的[4]。

这些古木的两端横断面都保留了一种巨大外力强砸折断的明显痕迹，绝非斧锯所致，可以断定是因为强烈地震形成的山崩地陷才入土的。据查，1785年前后最大的一次较大地震是乾隆年间黑城地震。如果这些古木是这次地震入土的，说明它们生长在14世纪下半叶到18世纪中叶（元末—清初）。从古木出土后的腐朽程度看，除了Ⅳ号外，都是外表腐朽2~3 cm，内部仅因松脂溶化成灰暗色，材质完全可供利用，估计入土不大可能超过200多年，因为古木出土地点的生境多为低温高湿，Ⅰ号古木完全浸在水中。但入土时间也不可能更近，因为1805年清代学者祁韵士路过Ⅴ号古木出土点附近时，实录那里已“求一木不可得见”[13]。当然，地震是植物群落演变的一种强力突变因素，但绝非根本原因。六盘山古代以云杉等为优势的森林植物群落体，为什么在这么短暂的时间内消失，还有待深入研究。

2.2　草原和半荒漠草原的森林概况

干草原区相当于《宁夏农业地理》区划的“西海固半干旱区”[3]的大部，即固原（现原州区）东、北部，隆德县北部，西吉县中、西南部，海原县北部；半荒漠区即在干草原区以北的全部区域。因两区古森林概况及变迁情况大致相同，故合并论述。

2.2.1　历史文献反映本区的森林

尽管未见早期古文献中直接的森林记载，但我们还是通过一些与森林有密切关系的记载，反映当时森林状况。

(1)贺兰山林区森林状况：《史记·平准书》：汉元鼎五年（公元前112），汉武帝“北出萧关（今原州区），从数万骑，猎新秦中”。宁夏北部，至少黄河以东是当时“新秦中”辖区。既然“新秦中”，说明规模很大，可猎野生动物甚多。《汉书·地理志》：北地郡灵州县（今永宁县），“有河奇苑，号非苑”。据唐代颜师古注：“苑谓马牧也……二苑皆在（灵州）北焉。”按汉代灵州县治今宁夏北部，当时就有2个载入官册的牧马苑。联系汉武帝大规模狩猎的史实，反映古代宁北也是地广人稀，植

① 甘肃省林业局靳增华副处长1980年9月提供书面材料。

被畅盛，草原、森林、灌丛必然广布其间。

贺兰山见诸史料记载始于《汉书·地理志》，当时叫“卑移山”。但记载山上森林，则始于唐代文献，《元和郡县图志·关内道·灵州·保静县》记载：当时因山上有树木，色青白，远看如驳马①，古代北方民族称“驳”为“贺兰”[14]。因树而得山名，可见唐代山上森林是可以称道的。

宋代，西夏很重视贺兰山，是七大重兵驻守地之一，驻兵5万人，仅次于京城兴庆府（今银川市）②。西夏并视贺兰山为皇家林囿，李元昊不仅在府城营建“逶迤数里，亭榭台池并极其胜”的避暑宫殿，更在贺兰山上“大役民夫数万于山之东，营离宫数十里，台阁十余丈”③。其实，在李元昊称帝前，其祖李继迁早在1002年即令其弟李继瑗和牙校李知白等督领民夫建造宫室、宋庙，暂定都于西平（今灵武市）[15]。天盛十七年（1165），国戚任得敬野心勃勃，阴谋篡西夏，欲以仁孝（西夏皇帝）处瓜沙（分别为今甘肃敦煌市、酒泉市肃州区），己据灵夏（分别为今灵武市、陕西横山县），于是役民夫10万，大筑灵州城，为他的任所翔庆军监军司修筑更加雄伟的宫殿④。西夏大兴土木之频繁，建筑之豪华，用木之巨大，可从后世史载“元昊建此避暑遗址尚存，人于朽木中尝有拾铁钉长一、二尺者”[16]，窥见其一斑。在王公贵族的带头影响下，贺兰山上大兴土木之风盛行，明代“山上有颓寺百余所”[16]，其中大抵皆西夏所遗⑤。这些记载固然说明贺兰山（应该还有罗山）林木在西夏时遭到一段严重破坏，但又反映当时贺兰山、罗山森林颇为壮观，尚能支撑如此长期而巨大的木材耗费。

到明代，贺兰山森林元气大伤，“为居人畋猎樵牧之场”，至少浅山一带，森林“皆产于悬崖峻岭之间”⑥。

（2）罗山林区森林状况：罗山林区的历史记载，最早见诸于宋代文献。北宋重建威州（今同心县韦州）时，陕西转运副使郑文宝道：此处“（唐）故垒未记，水甘土沃，有良木薪秸之利”。实际上，“文宝发民负水数百里外……又募民以榆、槐杂树及猫、狗、鸦鸟者，厚给其直。地舄卤，树皆立枯，西民甚苦其役……”⑦在这里，砍取灌丛以供薪秸之利是可以的，但谋取“良木”则大成问题。因尽管郑文宝“厚给其直”，重赏栽树，却“树皆立枯”。所以必然要同罗山联系起来，作为重建威州的一个有利条件，才是可以思议的。同贺兰山相似，罗山才能提供支撑的重建威州的良木之需。这也既说明罗山林区历史上的又一次浩劫，又反映当时森林资源的丰富。

明《嘉靖宁夏新志·韦州·山川》，

> 蠡山（罗山古名）：在城西二十余里，峰峦耸翠，草木茂盛，旧不知何名。洪武（1368~1398）中，庆王府长史刘昉以其形似（蠡），名之。

清嘉庆《灵州志迹》，

> 大蠡山……其上层峦叠嶂，苍翠如染……四旁皆平地，屹然独立，上多奇花异卉，良药珍禽……庆藩府诸幕皆在其下。旧有宫殿，今毁。

---

① 原字是“駮马”，“駮”通“驳”。1988年《辞源：修订本：1-4合订本》释义二中指出：a. 毛色青白相杂之马。亦指青白相杂的树木。b. 黑白颜色相杂。引申为混杂、不纯。《辞海》释“駮”意相似。

② 《西夏书事》卷一二。

③ 《西夏书事》卷一八。

④ 《西夏书事》卷三七。

⑤ （清）乾隆《宁夏府志·山川·贺兰山》。

⑥ （明）《嘉靖宁夏新志·山川·贺兰山》记述：“说者或谓林木采尽，恐通入寇之路。殊不知木皆产于悬崖峻岭之间，非虏骑之所至。昔使林木可遏寇，岂特严于禁止，尤宜勤于栽植。”

⑦ 《宋史·郑文宝传》。

在明代，罗山西北和西南的红寺堡与徐冰水，周围数百里都是草木繁茂之所在[17]。因此反映当时罗山林区边缘的灌丛，应分布到清水河边。罗山东与“溪间险恶，豹虎所居”的古代“枸子山”① 遥遥相望，说明山地森林源远流长。

2.2.2 历史文献反映周边的森林

原州之东的甘肃庆城县，《元混一方舆胜览・陕西・庆阳府》记载：景山，在安化县（今庆城县）②“木石奇怪，其间多獐（实为麝）、鹿、猿、猱之属”。明嘉靖《庆阳府志・山川》也提到景山多产“獐（实为麝）、鹿、猿、猱之属”，所称“猿”“猱”及上文的“猴”都是“猕猴”[18]。“物产”指出“昔吾乡合抱参天之林木，麓连亘于五百里之外，虎、豹、獐（实为麝）、鹿之属得以接迹于山薮”。可见元明时期的安化县猕猴，这与多林木、果实是紧密联系的。

原州之东北的甘肃环县，《元混一方舆胜览・陕西・庆阳府》记载：环州（今环县）“马岭……有果实、猿、鸟，岩洞幽遂（邃），莫穷其源”。明嘉靖《庆阳府志・山川》记述“第二将山：在府城北一百二十里，峰峦高耸，林木茂盛”，似指今环县情况。

据史念海考证，现今内蒙古准格尔旗与杭锦旗古代都有过较大面积的森林分布[19]。西汉时，阴山的森林就开始有所记载，当时阴山不仅森林广大，且多兵家用材[20]。贺兰山、罗山的森林与阴山的森林同属一个类型，如果前二者在历史上不是更好，也应当是大致相仿。

2.2.3 现有天然林溯源

贺兰山与罗山两林区现仍有大片森林的现实存在，说明自然环境虽然严酷，但只要有一定海拔的抵消作用，还是可以有较好的森林。

两林区的高山部分都是以青海云杉和油松等针叶树种为优势的稳定林分，这是历史的直接孑遗，其渊源可以追溯到原始森林的一般特征：主要优势树种和基本群落结构，一如现今；历史变迁的，只是在人为活动深化影响下，自然条件恶化，从而导致动植物物种及其群落简化，林线上升，林相残破，平均直径缩小，立木生长率降低。这同六盘山林区有重大区别，贺兰山与罗山两林区应该称为过伐林，顶极优势树种没有变，只是低海拔垂直带的山杨、灌木林才是次生的过渡性的天然林，只要排除人为的破坏影响，它们仍然顽强地向顶极群落进展。

探究这些过伐林得以保存的原因，从历史自然条件看，由于贺兰山东斜面山势峻急，切割深烈，山中尚无农垦条件，更无一河流发源于此，人口无从向山中扩散。罗山历史早期人为活动微弱，也由于运输困难，从古至今，无不以单株径级择伐方式利用之。只是择伐的径级，随着历史的发展，日益缩小而已。因而两林区的针叶林分中，每每残留粗大伐桩，以贺兰山为著（伐桩有直径1 m以上、高过于人者，其上常残留枝叶，现多成檩、梁之材）。旧伐桩分布广，直达分水岭；桩龄不乏300年以上的，称为恶霸树，是现今抚育清理的主要对象。这就有力地证实了两林区并非自古以来就是以中、小径木材为主的残破林区。

2.2.4 古炭核传递的古森林信息

贺兰山森林历史上火灾频繁，但由于山高、坡陡、土层薄，考察中仅发现6处（属于前山4处，后山2处）炭灰、炭核。通过对古炭核的树种识别和^{14}C断代测定，联系海拔等现场考察，发现贺兰

---

① （明）《嘉靖宁夏新志・韦州・山川》：“■子山在三山南。”按“三山”又在“（韦州）城东百里”。可见，“枸子山”在韦州城东百里的三山之南，或许就是现今盐池县的麻黄山。

② 《元混一方舆胜览》“景山，在安化县数里之外”，误。（明）嘉靖《庆阳府志・山川》（作“在府城西一百一十里”）与《明一统名胜志・陕西名胜志》（作“在府城西一百里”）较符合实际。

山油松资源一直处在严重的历史衰退趋势之中。

6处古炭迹中，海拔最低（1 680 m）、历史最久（^{14}C 测定，距今4 000年 ± 77年）的是新沟柴渠门第3号炭迹。检得的炭核，经树种鉴定，全为针叶材炭，其中油松材炭占95.4%。即使假定这里是先民烧臭油的遗迹（新中国成立前，这一带有用油松树烧臭油治疗牲畜皮肤病的习惯），并不妨碍证明这里古代曾至少是油松占优势并相当集中的油松、山杨林，因为山中背运松材不可能，也无必要舍近求远。现代这一海拔高度属于灰榆、杜松等耐旱乔灌木疏林层，油松仅少有孑遗[21]。也就是说，同4 000年前比较，贺兰山油松、山杨林的层下海拔高度已由古代1 700 m上升到现今的2 000 m，至少上升300 m。

西峰沟皇城第5号炭迹（距今2 600年 ± 85年，海拔2 030 m）的炭核中，针叶材炭占75.9%，油松占67.2%，显然油松是明显优势。现今，这个海拔高程是山杨占优势的油松、山杨林层下界。不妨设想：如果把第5号炭迹所反映的林分，向历史远处推1 400年达到第3号炭迹成炭的时间，那么同一时限海拔2 030 m处的油松优势程度，前者肯定要超过后者；既然第3号炭迹处油松已占优势并相当集中，那么几乎可以肯定第5号炭迹当时油松占绝对优势或近似油松纯林程度。因此，现代海拔1 680～2 030 m属于耐旱乔灌林层（以山杨为优势的油松、山杨林层），显然是从约4 000年前属于油松为优势的油松、山杨林层（以山杨为优势的油松、山杨林层），呈垂直梯度关系逐步变迁而来的。这种梯度关系在山地森林中，在上下极限内是普遍存在的。

特别值得注意的是，后山哈拉乌沟北沟第2号炭迹（海拔2 180 m）垂直剖面，自上而下呈5层炭烬层同黄土层相间的复合炭迹点，它显然系5次洪积而成。鉴于第5层不尽完整，故对第4层炭核进行^{14}C 测定为距今2 090年 ± 33年；炭迹点地面近侧方有云杉大树错落成行，树龄估计120年。不难断定，该炭迹点是距今2 090年 ± 33年到距今120年前逐次形成的。经分层炭核树种鉴定（表10.1），可以看到：

表10.1　　第2号炭迹分层炭核树种鉴定状况

自上而下炭层编号数序	炭核总重量（g）	植物类型成分（%）		针叶炭中（%）		
		针叶炭	阔叶炭	云杉	油松	杜松
2-1	77.8	96.8	3.2	54.5	45.5	0
2-2	130.2	98.9	1.1	38.8	61.0	0.2
2-3	54.6	100	0	23.1	76.9	0
2-4	57.4	100	0	1.4	98.6	0
2-5	89.0	100	0	1.1	97.2	1.7

（1）各层阔叶树种都微不足道，反映哈拉乌沟2 180 m海拔以上林区历史上大面积森林火灾都发生在针叶林时代，火灾迹地上阔叶林的更新只能是过渡的、短暂的，且不会发生大面积火灾。

（2）在针叶炭中，云杉由1.1%的极个别比例逐次增加到54.5%的优势；到现代，特别是海拔2 180 m以上的哈拉乌林区，几乎全是云杉纯林。油松恰恰相反，由97.2%逐层降至45.5%；到现代，整个哈拉乌沟北沟绝无一株油松存在。这雄辩地证明，至少2 000年前，油松分布上限远远超过现今油松、山杨林层2 400 m，少量到2 700 m高度。联系当代也无油松分布的黄渠口沟，也从海拔2 010 m处的第6号炭迹中检到油松炭核的事实表明，油松不仅作上下限收缩，而且也作水平方向的区域收缩。

区域综合勘查队的高正中也无不深为贺兰山油松更新忧虑不已[22]。古今研究殊途同归，更说明贺兰山油松资源历史衰退趋势发现的翔实性。

3 历史时期前期的森林变迁

人类在宁夏活动的历史悠久，对当地天然林植被虽不无影响，但宁夏向为边远之域，同历史上政治、经济、文化中心的关中、晋南、河南伊洛河下游及黄河下游相比，尤其同这些地方的平原相比，宁夏开发显得较晚，森林变迁的历史相对也就较短。

由于宁夏古代人口稀少，远古时期人们对森林植被的开发利用程度，同森林的再生能力相比，可以说微不足道，故探讨这里森林变迁可以略去秦以前的情况。

3.1 秦汉—北朝时期的森林变迁

秦汉及其以后，宁夏森林植被出现第一次转折性的大变化，但在宁夏南北有所区别，故分别论述。

3.1.1 宁北地区的森林变迁

公元前215年，秦始皇派蒙恬率大军沿黄河两岸屯垦。以后，汉武帝等更进一步发展了屯垦事业，大规模兴建了汉渠等水利工程体系。近年来考古发现的城址遍布宁夏南北。此外，汉代墓群在吴忠（今吴忠市利通区）、中卫（现沙坡头区）、贺兰、银川、固原（今原州区）等地有大量发现，吴忠（今利通区）、贺兰、固原（今原州区）等地还发现了新莽和东汉的墓葬[1]。可见秦汉时代，农耕民族对宁夏，特别是宁北的影响之大。

经秦汉两代积极经营，宁夏平原出现第一个引黄灌区，农业生产力巨大飞跃，使地处荒漠的宁夏平原成了“沃野千里，谷稼殷积”，“牛马衔尾，群羊塞道”①的人工绿洲。这固然是人类改造自然的一次胜利，但同时又是以牺牲四周植被，尤其是贺兰山等山地森林为代价的。人口骤增，又兴修浩繁的水利工程，能源和建材的需求量大而急，岂有不就近大肆砍伐林木之理。汉文帝采纳晁错建议，募民徙塞下居；晁错复奏疏：

> 使（募民）先至者安乐而不思故乡，则贫民相慕而劝往矣。臣闻古之徙远方以实广虚也，相其阴阳之和，尝其水泉之味，审其土地之宜，观其草木之饶，然后营邑立城，制里割宅，通田作之道，正阡陌之界，先为筑室，家有一堂二内，门户之闭，置器物焉。民至有所居，作有所用，此民所以轻去故乡而劝之新色（邑）也。为置医巫，以救疾病，以修祭祀，男女有昏（婚），生死相恤，坟墓相从，种树畜长，室物完安，此所以使民乐其处而有长居之心也②。

这是汉文帝经营北方边境的政策。尔后，汉武帝多次大量募民迁徙，开发宁夏平原，当然不可能有什么例外。正如马克思指出：

> 文明和产业的整个发展，对森林的破坏从来就起很大的作用，对比之下，对森林的护养和生产，简直不起作用[23]。

上述垦戍与移民等活动，使贺兰山、罗山等山地森林遭受破坏，迫使天然林区激烈大收缩。

现毗邻的阿拉善左旗巴音浩特原达理扎王爷府（海拔1 560 m）内有几株青海云杉大树，似系人工移栽，所处位置土壤水分条件较好。但在如此干燥的阿拉善荒漠环境中，能枝叶青翠，巍然孤立生长，至今不衰。联系到古代生态环境未破坏前的气候植被状况，贺兰山（罗山当亦相同）云杉纯林垂直分布带的下限，秦汉前不应当是现今的海拔2 400 m，至少应当是2 000 m；油松、杜松、山

---

① 《后汉书》卷七七。
② 《汉书·爰盎、晁错传》。

杨、桦木等林带很可能一直分布到山麓。

北魏时期，从刁雍建议在今原州造船一事可以看出：尽管其中包含官场钩心斗角因素，但经过秦汉及其以后的大量耗费，贺兰山至少在交通较方便的浅山区已没有造船巨木（前文已提到贺兰山存在大量直径1 m以上活的大伐桩），否则，刁雍建议就会舍近求远而缺乏说服力，太武帝也不会轻易表示“甚善”，更不会要求“自可永以为式”[7]，形成制度。

3.1.2　宁南地区的森林变迁

将“板屋”流风、班彪《北征赋》、三国魏在今原州秦长城以北建行宫，以至北魏刁雍造船建议和论证清水河可泛舟行船等一系列史实联系起来看，虽经反复战乱[诸如秦汉之际到西汉初期朝那（今原州区东南）为汉与匈奴之间要塞的一部分①，东汉初，光武帝与隗嚣争夺地区之一，十六国时也出现过一些战乱]，还有人口变化[如晋代有相当数量的人迁居高平州（今原州区），后来又有不少人徙于牵屯（今米缸山）]②，使森林等植被（重要的是平川和丘陵地区）受到相当的开发利用和破坏，但这里明显的森林变迁起始时间要晚于宁北。

同时，森林草原地带植被自然恢复能力较强，所以除了平川、丘陵辟为农田外，山地森林的破坏速度比宁北缓慢。

宁南这个时期森林明显的变迁，要算六盘山北段到甘肃子午岭北段之间的大片土地，也即由今原州北，东部到庆阳，由畜牧区改为农业区，森林、草原为大面积农田所代替，长期以来未能恢复[24]。

3.2　唐—元时期的森林变迁

此阶段不仅再次出现严重影响森林的现象，而且范围更加扩大。

3.2.1　宁北地区的森林变迁

宁夏平原的垦殖、农耕在唐宋时继续发展，人口日益增加，这些对贺兰山、罗山等处森林的消极影响继续扩大。尤以西夏的200年间，因其政治、军事、经济和文化建设的需要，仅皇室营造宫殿，动辄大役民夫数万，甚至10万；加以与宋、辽、金征战频繁，且有不少规模较大的战役，从而人力、物力的损耗都较大[12]，它造成既是贺兰山、罗山森林的第二次比较集中而深刻的破坏，也是西华山森林的第一次比较集中而深刻的大破坏。

唐宋及其前后人口迁徙，农牧业交替等变迁，也曾使森林植被多次得到休养生息，并有一定程度的恢复和发展。但这些间或性的恢复和发展对秦汉和西夏这样集中的大破坏，是起不了多少平衡作用的。因贺兰山、罗山地处草原和半荒漠地带，森林生态系统十分脆弱，一次比较彻底的破坏，需要相当长时间才能逐步恢复，低海拔浅山区不少地方要从积累土壤开始。对此，宋代深感忧虑的有识之士就发出保护森林的呼吁。明《嘉靖宁夏新志》收录宋代张舜民《西征》诗：

灵州城下千株柳，总被官军砍作薪。他日玉关归去路，将何攀折赠行人。

值得注意的是，早在北朝，就见有人工果园的记载。如夏赫连勃（407～425年在位）曾在黄河

① 例如，《史记·匈奴列传》记载：冒顿悉复收故河南塞，至朝那、虏施。《史记·孝文本纪》记载：前十四年（公元前166），匈奴入边，攻朝那塞。

②《水经·河水注》：“《十六国春秋·西秦录》，乞伏国仁五世（祖）有祐邻者，晋初率户五万，迁居高平川……”（清）汤球《十六国春秋辑补·西秦录·乞伏国仁》记述：“……其后有祐（清代校者注：‘一作拓’）邻者，即国仁五世祖也。晋秦始初，率户五万（清代校者注：‘一作千’）迁于夏缘，部众稍盛。鲜卑鹿结七万余落屯于高平川，与祐邻迭相攻击。鹿结败，南奔略阳，祐邻尽并其众，因迁居高平川。祐邻卒，子结（清代校者注：‘一作诰’）权立，迁于牵屯。结权卒，子利那立，击鲜卑吐赖于乌树山，讨尉迟渴权于大非川，收众三万余落。”

中今灵武西南的河渚（沙洲）上置有“果园”①。唐以后就更多了，如唐韦蟾《送卢潘》诗：

贺兰山下果园成，塞北江南旧有名。水木万象朱户暗，弓刀千骑铁衣明②。

元代依旧战乱与垦荒交替。元至元元年（1264），因战乱，西夏、中兴等路行省“民间相恐动，窜匿山谷”，“（郎中董）文用镇之以静，民乃安”。古渠唐徕、汉延、秦家等，由于“兵乱以来，废坏淤浅”，久用失修，郭守敬继修“皆复其旧”，“垦水田若干”，“民之归者”不少，“悉授田种，颁农具”③。“（至元）八年（1271），拜（袁裕为）监察御史，俄有旨授西夏、中兴等路新民安抚副使，兼本道巡行劝农副使，奉直大夫，佩金符。时徙鄂民万余于西夏，有司虽与廪食，而流离颠沛犹多。裕与安抚使狄吉请于朝，计丁给地，立三屯，使耕以自养，官民便之”。又言：“西夏羌、浑杂居，驱良莫辨，宜验已有从良者，则为良民。从之，得八千余人，官给牛具，使力田为农。”许多人战后返故里，重建家园；远地万余人移入和当地少数民族8 000余人务农，也得建立家园。尽管史籍所载安置效果不无夸大，但起码的修建房屋，制作农具，整修渠道等水利设施，一定会集中伐取贺兰山、罗山等地森林，势在必行。

3.2.2 宁南地区的森林变迁

唐代，前文已提到畜牧业大发展。

北宋时，宋及金与西夏等对这里争夺颇为激烈且长期。北宋与金先后以今原州为镇戎军驻所。为了维持所驻重兵，都曾长期大事屯垦。北宋咸平四年（1001），陕西转运使刘综上言：

臣等昨阅视本军，其川原甚广，土地甚良，若置屯田，厥利实博（溥）。盖镇戎军一万，约刍（储）粮四十余万，约费茶盐五十余万。倘更令远郡输送，则其费益多。臣请于军城四面置一屯务，开田五百顷，置下军二千人，牛八百头，以耕种耘之。又于军北及木峡口，军城前后，各置堡塞（寨），使其分居，无寇则耕，寇来则战。仍请就命知军李继和为屯田制置使……行之累年，必有成绩矣。

宋真宗对此疏奏嘉许并同意④。

后来，金兴定三年（1219），石盏女鲁欢以河南路统军使为元帅右都督，行平凉元帅府事，也力主屯田，他上言：

镇戎……东西四十里，地无险阻，当夏人往来之衝……如此则镇戎可城，而彼亦不敢来犯。镇戎军所在官军多河北、山西失业之人，其家属仰给县官，每患不足。镇戎土壤肥沃，又且平衍，臣裨将所统几八千人，每以迁徙不（可能有误）常为病。若授以荒田，使耕且战，则可以御备一方，县官省费而食亦足矣。

金宣宗亦嘉许并同意此疏[25]。可见金屯垦的规模比宋更大，且都说是“川原甚广”，“又且平衍”，事实上丘陵、沟壑亦所不免，即或垦殖于川，薪秸良木之需必求之于山。所以，历史上屯田是六盘山一带森林变迁的主要因素之一。

虽屯垦并非直线式的发展，如金末，有的地区经战乱后屯田有所荒废，森林、灌丛和草原似曾

① 《水经·河水注》：“河北又有薄骨律镇城，在河渚上，赫连果城也。桑果余林，仍列州（洲）上（清杨守敬《水经注疏》：‘按《十道志》、《寰宇记》引并作桑果榆林，列植其上’）……”

② 《全唐诗》卷五六六。

③ 《元史·董俊传附董文用传》，《新元史·董俊传附董文用传》，《元史·郭守敬传》，《新元史·郭守敬传》，《明一统志·宁夏卫》提到董文用《元史·袁裕传》，《新元史·袁裕传》，明《嘉靖宁夏新志·宁夏总镇·袁裕条》。有关修渠安民事，明《嘉靖宁夏新志·宁夏总镇》有关董文用、郭守敬等修渠等事。观（清）毕沅《续资治通鉴》卷一七七。

④ 《资治通鉴长编》卷五〇，《宋史·食货志·屯田》基本同。

有所恢复。但到元初，至元九年（1272）安西王“驻兵六盘山”①，至元十年（1273）“安西王封守西土，既立开成路，遂改为广安县（今原州区开城），募民居止，未几户口繁夥。十五年（1278）升为州，仍隶本路”②，至元十八年（1281）“命安西王府协济户及南山隘口军，于六盘等处屯田”。至元二十九年（1292）枢密院臣奏：“延安、凤翔、京兆五路籍军三千人，桑哥皆罢为民，今复其军籍，屯田六盘。从之。”元贞二年（1296）“自六盘至黄河立屯田，置军万人”③，人口增加，屯垦扩大，加之反复征战和无节制的采伐林木（如北宋王朝建立后，采伐的重点就西移到甘肃武山洛门镇④。当时。秦州人常潜入属于西夏的区域砍伐烧炭之材）[26]。

可以说，唐宋时期是宁南六盘山森林植被遭到的第一次大破坏。

3.3 明—民国时期的森林变迁

此阶段近600年，固有政治上开明与腐败、经济方面的发展与凋敝、社会动乱与兴平之别，但森林植被总的损耗则是越到近期范围越大、程度越深。可以概言，这个时期是宁南森林的第二次、宁北森林的第三次历史性大破坏。

3.3.1 明代的森林变迁

明“洪武五年（1372）废（宁夏府），徙其民于陕西”。据研究，当时军队将银川、灵武、鸣沙洲（在今中卫市沙坡头区东北）等地居民迁到关内，致银川（当时称宁夏）成为一座“空城”，使宁夏北部成为一个真空防御带[27]。然而不久，洪武“九年（1376）……立宁夏卫……徙五万之人实之”⑤。人口猛减猛增，大出大进，使得生活、生产资料损失极大，进而必然给森林、草原植被带来灾难性影响。

明成化十年（1474）在宁夏河东始筑边墙时，为防御游牧民族南侵，曾把“草茂之地筑之内”⑥，可见当时长城沿线天然植被繁茂。尔后，军屯、民屯兴盛，以今盐池县城西南45 km的“铁柱泉城”遗址为例：在1536年筑城时，“……水涌甘洌，是铁柱泉。日饮数万骑弗之涸，幅员数百里，又皆沃壤可耕之地。北虏入寇，往返必败于兹”⑦。“其堡周围空闲肥沃土地又广，合委官拨给，听其尽力开垦”⑧。明魏焕记道：“先年套内零贼不时进至石沟、盐池及固（固原，今原州区）、靖（靖边营，在今陕西靖边县南）各堡抢掠，花马池（今盐池县）一带，全无耕收。自筑外大边以后，零贼绝无，数百里间，荒地尽耕，孳牧遍野，粮价亦机平。”⑨长城成了农垦区的北界，由于气候和地力关系，边垦边撂，致使后来沙化。

前文提到，明代贺兰山森林“皆产于悬崖峻岭之间”。浅山一带早已“陵谷毁伐，樵猎蹂践，浸浸成路”⑩，但深山区也还一定程度地保持“深林隐映”和“万木笼青”⑪。山下荒漠植被也较今好，清康熙三十六年（1697）学者高士奇随康熙征讨噶尔丹，从今宁夏黄河西岸北行，直抵（今内蒙古磴

① 《元史·世祖纪》。
② 《元史·地理志》。
③ 《元史·世祖纪》。
④ 《元史·成宗纪》。
⑤ （明）《嘉靖宁夏新志·宁夏总镇·建置沿革》。
⑥ （明）《嘉靖宁夏新志》卷一。
⑦ （明）《嘉靖宁夏新志》卷三。
⑧ 张萱《西园闻见录》卷六五，转引自：侯仁之．从人类活动的遗址探索宁夏河东沙区的变迁．科学通报，1964（3）：228。
⑨ 魏焕《西园闻见录》卷五四，转引自：侯仁之．从人类活动的遗址探索宁夏河东沙区的变迁．科学通报，1964（3）：228。
⑩ 《明经世文编》卷二二八，王邦垲《王良毅公文集·西夏图略序》。
⑪ （明）万历《朔方新志》卷四，吴鸿功、尹应元各同名诗《巡行贺兰山》。

口)，见

地多柽柳甚密，两岸新蒲可充馔，沙上丛柳，为矢极佳，列子所谓朔蓬(柠条)之干也。金桃枝，皮如桃而金色，开黄花如迎春，不香，对之转增凄淡①。

宁南情况也类似。当时实行所谓“开中”办法，即凡商贩若要贩盐，必先运粮至边地，换得“盐引”(执照)后，方可领盐发卖。这一举措极大地刺激了就近在今原州一带开荒种粮[24]。16世纪初，总制陕西诸路军务秦紘上疏道：今原州以北有可开荒地数十万顷，韦州(在今同心县)以东至花马池(今盐池县)也不下万顷。请进行屯垦。“卒行(秦)紘策”②。

按当时“顷”即百亩，“数十万顷”就是几千万亩。据《宁夏农业地理》，清水河流域面积才1.45万 km^2，折2 100万亩③，南部山地现有川、坡耕地也只有1 052万亩[3]。实际上并没有那么多荒地，明代也没有力量开垦那么多荒地，但却反映要迎合朝廷想多开荒的心态，完全可以证明的是当时荒地多，使得森林等植被曾有所恢复。

明嘉靖《庆阳府志·物产》记述：

昔吾乡合抱参天之林木，麓连亘于五百里之外，虎、豹、獐(麝)、鹿之属，得以接迹于三蔽。据去旧志(约指弘治)才五十余年，而今檩、椽不具，且出薪于六、七百里之远，狐、兔之类无所栖矣。此又不可概耶？嗟夫！岂尽皆天人事渐致哉，往往斧斤不时，已为无度，而野火之不禁，使百年地力，一旦成烬，此其濯濯之由也。

固原(今原州区)、庆阳地域相近，历史变迁过程相仿，借此作为固原(今原州区)的写照，应当是真切的。

3.3.2 清代的森林变迁

清代，人口增长的压力(表10.2)使残余森林进一步受到摧残。

表10.2　　400多年来宁夏北部人口、田亩变迁简表

统计时间	人口	田亩	人均田亩	材料来源与重要说明
明嘉靖十九年(1540年)	249 222 (丁口43 243)	1 514 828	6.1	《嘉靖宁夏新志》卷一、三。系不完全统计，人口中包括官吏870人，兵32 187人
明万历四十五年(1617年)	281 455 (丁口56 291)	1 883 205	6.7	万历《朔方新志》卷一。丁口为“今额”，田亩为“原额”
清乾隆四十五年(1780年)	1 352 525	2 322 634	1.7	乾隆《宁夏府志》卷七
清嘉庆二十五年(1820年)	1 392 815	2 331 707	1.7	《嘉庆重修一统志》卷二六四
民国十五年(1926年)	390 977	2 635 774	6.7	(民国)《宁夏省朔方道志》卷九
民国三十三年(1944年)	720 477	2 465 560	3.4	1946年出版《宁夏资源志》。已剔除内蒙古磴口县

注：①本表并非专题研究成果；因历史情况复杂，限于时间，考证不够，仅供参考。

②表中“丁口”系根据周源和资料[28]。清代顺、康、雍时期沿明制，赋役以“丁口”计征；康熙“盛世滋生人丁，永不加赋”政策，促成了雍正“摊丁入亩”，直至乾隆六年始定“大、小、男、妇(即人口)悉数造报”。所以乾隆六年以前，包括明代，都以“丁口”计数，乾隆六年以后才造报“人口”，“丁口”和“人口”的比例以1∶5折算为宜。

从表10.2可以看出，清嘉庆二十五年(1820)宁北人口达到历史顶峰，乾隆四十五年(1780)

① (清)高士奇《扈从纪程》，见《小方壶斋舆地丛抄》第一帙。

② 《明经世文编》卷六八载，秦紘《秦襄毅公奏疏·论固原边事疏》，《明史·秦紘传》，明《嘉靖宁夏新志·宦绩·秦紘》。

③ 1 hm^2=15亩。

稍次之。清史研究中，有“康熙之治，乾隆盛世，嘉道中落，咸同动乱”的说法。宁北出现的嘉庆人口高峰，可能是乾隆盛世自然滑动的结果，也许还有其他具体的地方历史因素。乾隆四十五年宁北人口达135万（比163年前的明万历四十五年增加107万人口，净增3.8倍。当时宁北人口占全国人口的0.48%[28]，比现今的0.2%还高1.4倍），但在册耕地仅增加了43万亩，净增0.23倍，人均占有耕地由万历四十五年的6.7亩降至1.7亩的最低点。按清学者洪亮吉据当时的实际生产力水平，于乾隆五十八年估计说：“一人之身，岁得四亩，便可得生计矣。”① 这同前、后代许多中、外学者估计接近，甚至吻合。虽然人均耕地同“生计”关系的弹性很大，但1.7亩不及4亩的半数，超过一般可能性，这就不能不影响到“生计”。只有大量不在册的开荒地存在与发展，才能支撑“乾隆盛世”局面。

据研究，17世纪中叶，清王朝由禁垦改为放垦，使明末撂荒有所恢复的河东沙地，复又垦殖。18世纪中叶，清政府为了“借地养民”“移民实边”，又继续大量开荒，长城沿线现今沙漠化的大规模发展，乃明清，尤其是清代开荒政策的产物②。

1780～1926年的146年间，宁北人口锐减为39万，竟十者不及其三。这固然与清中期至新中国成立前政局混乱致统计脱漏有关，但人口锐减是毫无疑义。这首先又是同天灾人祸直接相连：道咸以降，迭遭兵燹；同治之变，十室九空；宣统三年，又值战乱；民之死亡以数万计，户口凋零，职是之故。光绪三十一年（1905）《隆德县志》载：“自经同治杀劫后，全县属地十庄九空。”1920年大地震，隆德死亡男女二万多丁口；1929～1930年死于饥疫战乱者不少万余，“生齿有减无增”。晚清时，固原（今原州区）一带“官树砍伐罄尽，山则童山，野则旷野，民间炊■，悉赖搜僻辟荆榛，并无煤矿可以开采”。“承平之时，薪已如桂”③。

即使是人口正常自然增长年代，只要人类不能理性处理其本身与生存环境的关系，森林的破坏总是难以避免的，更何况历史上的大幅度人口升降。清汪士锋指出：

> 人多之害。山顶已殖黍稷，江中已有洲田，川中已辟老林，苗洞已开深箐，犹不足养天地之力穷矣。即使种植之法既精，糠覈亦机所吝惜，蔬果尽以助食，草木几无孑遗，犹不足养，人事之权殚矣④。

这虽是对全国而言，但毁林开荒，开垦到山顶，以至草木荡然无存，犹不足食，酷似针对宁夏而言。

宣统元年（1909）隆德县在册田亩213 823亩，其中属于道光二十五年（1845）招垦后查出的（私田）就有100 894亩，“奉旨豁免不计钱粮”⑤ 占47%。

贺兰山林区在15世纪末，是“为居人狩猎樵牧之场”，故明弘治年间从边防考虑曾予封禁，只能驻兵的军事林区禁止樵牧⑥。实际能否封住，颇值怀疑。到清代，尤其“乾隆盛世”，“百余年来外番宾服，郡人榱桷薪蘸之用，实取材焉”⑦。当时银川城内不仅有米市、猪市、骡马市，同时还有木市、柴炭市，征税中也就有“木税”这一项⑧。可见伐禁一开，更难能节制，森林只能反复遭到涂炭。

明清森林历史变迁同以往一样，亦非直线进展，间或也有缓和与恢复的阶段。六盘山林区二

① 《洪北江诗文集》。转引自周源和．清代人口研究．中国社会科学，1982(2).

② 朱震达，等．陕北宁夏长城沿线及河西走廊的沙漠化历史过程和资源开发利用的途径//沙漠分学会成立大会学术交流材料，1981。

③ （清）宣统元年《固原州志·艺文·劝种树株示》，光绪丙午（三十三年，1906）春。

④ 《乙丙日记》卷三。转引自：周源和．清代人口研究．中国社会科学，1982(2).

⑤ （清）宣统元年《甘肃新通志·建置志·贡赋·隆德县》。

⑥ （明）嘉靖《嘉靖宁夏新志》卷一。

⑦ （清）乾隆《宁夏府志·山川·贺兰山》。

⑧ （清）乾隆《银川小志》。

龙河施业区，现今有不少山地天然次生林是覆盖在古代废弃的梯田之上的。在整治黑石岩苗圃时，挖出石门坎、石碾盘，特别是石狮等多件遗物。野猪沟口还在古梯田下方残留一株约200年、基径1.3 m的人工青杨活树茬桩。显而易见，这一带曾是汉族农耕区，并达到相当规模。黑石岩苗圃是古居民点，很可能是个不小的古集镇①。据泾源当地近百岁回族老人回忆，他同治年间由陕西渭南老家逃难辗转到此时，现今住地和广大农田当时多为高大桦木、青冈和茂密的沙棘所覆盖②。《回族简史》记述：清同治八年(1869)左宗棠进兵甘肃镇压回民起义后，将四大起义中心的宁夏金积堡陕籍回民2万余人移至化平(今泾源一带)[29]。

凡交通方便之处，尤其历代越经六盘山的东西国道及其两侧，除了栽植有“左公柳”外，森林、树木被破坏后，永未复苏。这条由京师去新疆的国道，经宁夏的路线是：从甘肃平凉的安国镇进入宁夏的蒿店，经瓦亭、和尚铺(坡)翻越六盘山，下至杨家店，再经隆德城、沙塘、神林(木)、联财(乱柴)出境至甘肃静宁。至新中国成立前，途经者多有记述当地植被情况，典型者如：

1805年，学者祁韵士沿此路线一直走到甘肃金县(今榆中县西北)猪嘴驿，始一扫沉闷心情，实录曰：

> (猪嘴驿)乃金县辖，在西山下，林木森森，蔚然入目，盖数日来童山如秃，求一木不可得见。至是，始觉生趣盎然③。

1842年，政治家林则徐被发配新疆，行至六盘山巅，记下“其沙土皆紫色，一木不生，但有细草”④。

1916年，学者谢彬沿道至山顶，记述：

> 登高遥览，峻崿百重，绝壁万仞，众峰环抱，如卷蕉叶……《元史》屡称元主避暑六盘山，当时森林，必甚丛蔚；今则童山濯濯，不堪游憩矣[30]。

迫于“风水”恶化，灾害频发，危及封建王朝的统治基础。至晚清时，不得已“劝谕各属，广种树木，预弭和灾患，而兴地利”。广颁告示的官员不乏其人。甘肃的陶模《种树兴利示》在纵谕兴办林业六大好处后，宣布了一系列重要政策，如：

> 有能增种至五万株以上者，官给奖赏。有无故戕树一株者，罚种两株，富民罚钱一千文……(种树)除自有地土外，能将无主官荒，各地开种各项树木者，准其报明本管(亦辖当时的宁夏、固原)地方官立章，作为永业，免纳银粮。其有主荒地，自此次劝谕后，应勒令本主随时种植。如迟至五年尚未种植者，即从无主论；有人取以种植者，听勿许旧时地主出面阻挠⑤。

固原(今原州区)知州王学伊在《劝种树株示》进一步告示：

> 此种树一节，尤为此间百万生灵命脉所系也……其能种百株以上者，奖给花红银牌；种千株以上者，奖给匾额；万株以上者，禀请奖给顶戴。自种之后，一不准居民私伐，二不准牧竖动摇，三不准往来行人随意攀折，四不准拉骆驼脚户任驼察痒⑥。

自同治十年到光绪三十四年，仅固原(今原州区)一地，就有提督、总兵、知州等不下20人⑦，

---

① 据宁夏林业厅陈加良1981年调查。
② 据蔡学周、汪愚等1960年在兴盛公社调查。
③ (清)祁韵士《万里行程记》，见：《问彩楼舆地丛书》第一集。
④ (清)林则徐《荷戈纪程》，见：《林文忠公三种本》。
⑤ (清)光绪六年(1880)《三原县新志》卷一《山川》。
⑥ (清)宣统元年(1909)《固原州志》卷九。
⑦ (清)宣统元年(1909)《固原州志》卷九与卷一一。

亲自栽树，意在推动护树、栽树，大兴地利，实则推而无动，山河破碎，与日俱增。

3.3.3 民国时期的森林变迁

民国时期，森林状况每况愈下。1946年，王战[31]研究贺兰山和罗山林区后报告道：

> 贺兰山（林区）范围较广，价值最大，屏列于宁夏平原之西，自古负盛名，往游者特多……（由于）山前（即东斜面，宁夏现今管辖范围）人烟稠密，建筑繁宏，需木材特多，故森林破坏甚剧，只余宕骨一列，暴露于云表而已……加以羊群牧放，践踏所及，小道不可数计，以故表土剥落，多为雨水冲奔。（所以林区之间，）童秃之处占绝大多数。（只是）分水岭脊稍东之谷中，有云杉、油松、杨及桦木……其地权与产权均属国有，现由宁夏省政府及阿拉善旗（现已划归内蒙古）政府监督并利用之……唯以山前需材甚多，价格高昂，越山伐采者日众。

1937～1939年，只要向阿旗政府交纳1元/人·年，即可入山任伐木一年之久。1940～1942年，则按"根"计税：桁条由0.06元/根，逐年增至0.1元/根，0.15元/根；椽子由0.05元/根，逐年增至0.02元/根，0.03元/根。木材山价：1937年桁条0.5元/根，逐年增至15元/根；椽子由0.1元/根，逐年增至2元/根。所伐木材由牲畜驮至定远营（今巴音镇）或省垣（今银川市）及平（罗）、贺（兰）、宁（即宁朔，今分属青铜峡市与永宁县）三县出售。

> （罗山林区）孤峰鹤立，林木苍翠，屹然于沙漠之中，犹如瀚海之蓬岛也……罗山与贺兰山隔黄河对峙，距仅百里，自然环境大致相似，森林分布亦同。

罗山自山麓至山巅分别是：①灌木林带，由山麓起至混交林下界，灌木丛生，种类繁夥……尤以刺枥子、笼柏木、山榆、栒子木、黄檗刺、红蘖刺等为主，秋变红色，遥望如染，若彩裙镶边焉。本带杂草茁茂，种类极多，石露土薄，为摧毁最早且极烈之区，现（指1946年）附近居民，仍就近采薪，破坏无已。②混交林带……主要树种为云杉、油松、山杨、山柳及桦木……土层肥厚之处，云杉生长优良，与油松等混生，有恢复纯林之趋势……惟本带内山杨、桦木及山柳占大多数，生长亦茂，分布在罗山中部，秋变黄色，远眺犹罗山系锦带焉。本带林下灌木尚夥，有小叶金银木、胭脂柳、茶蔗子、毛珍珠、金蜡（腊）梅及野蔷薇等，杂草亦茂，阳坡尤甚，实以林相过于稀疏之所致也。③云杉林带，自混交林以上至山巅，均为云杉纯林，少有其他树种……惟本带以滥伐之故，林相欠佳，未能郁闭，仅立木度密处枯枝落叶，积厚二三寸，湿度增大，苔藓竞生，灌木杂草渐渐绝迹，身入其境，不复有荒漠之感。

> （以上三林带，秋季远瞩，呈红、黄、青三色，鲜艳夺目，分界极清。因）罗山森林任人采伐，不顾林木大小，大施斧锯，小者充椽，大者供檩……采伐者多系附近贫民，现（指1946年）可用之树木已寥若晨星。故采伐者亦日少一日，惟采薪者，仍不乏人。油松不适成材，即遭摧毁，殊甚痛惜！

最值得注意的是，王战介绍了当时贺兰山（罗山当雷同）的林副产品——桦树皮"含单宁颇富，宁夏制革业均赖此种树皮之单宁制革。贺兰山中部以下此树昔年极夥，近年采剥颇繁，已残存无几，且均为稚树"。宁夏向为牧区，制革业一直有相当规模。既然赖之以供给单宁之需，其量当不在少数，据《宁夏资源志》载，"年产（单宁）量约两三万斤"。看来，这个产量恐非出自20世纪40年代（因贺兰山与罗山当时桦木已成稀见之树），可能是30年代。

民国时期，宁南平川和交通方便之处，已几无森林可言。山地森林萎缩成块状分布于六盘山的一些高山阴坡，多为毁林迹地。

民国二十四年（1935）《隆德县志》"林业表"中当时有面积2～80亩不等森林18处。其中"苏家台子”有林80亩，今“苏家台林区”则有林2万多亩。据调查，国民党军队曾在此剃光头般烧木炭达5次之多[①]，因此估计当时林木面积要大大超过“80亩”，但林子不会像现在这么好。又如该县志表列“清凉寺”有林10亩，实际到50年代经封山育林，还有萌芽梢林一二千亩，70年代才被砍光。可见明清时代，这里森林虽已稀少，但还有一定规模；民国年间，又经一场破坏，留下的只是一些迹地而已。

大山之东，据前文泾源近百岁回族老人介绍，当时泾源县森林要比大山之西的广大且完全。

同样都是毁而复生的次生萌芽林，据固原（现原州区）杨诚忠介绍：30年代，他在穆家营子（今西吉县城）扛长工时，对面山上还有绵延不断的天然白杨林（如果不是山杨，至少应是河北杨），估计千亩左右，平川地高草灌丛密布，失群羊只常藏匿其间。长工们常视出外寻找失羊为苦差。尤其是雨后，草丛涩滞，行走困难。可见30年代的西吉草木植被还是不错的。

民国《固原（今原州区）县志》记述当地森林：

> 蒿店镇之清水沟、三关口、张易镇之野鸡岘、头营镇之马家圈子、石桥子以及后来划归海原县李俊之东沙沟、元套子、官马套子、地弯、韭菜坪、龙湾、红锦州、马圈沟等皆林地，南区较多……须弥山，产油松，色鲜翠可爱。以窃伐者多，故粗不过椽。

人工植树造林，据《宁夏资源志》，川区农户渐次有自发插栽树木者，“或植渠堤，或绕屋舍，或点缀于寺庙”。据统计，1939～1944年6年间共造林1 800余万株（经复核为1 760余万株），约1 839.8 hm^2（表10.3）。柳树近86万株（表10.4）。

表10.3　宁夏省1939～1944年造林统计表

指标	1939～1941年		1942～1944年		1939～1944年共计		
	公有林	国有林	小计	国有林	公有林	国有林	总计
林木/株	7 916 838	2 506 764	10 423 602	7 211 357	7 916 838	9 718 121	17 634 959
折合面积/hm^2	825.9	261.5	1 087.4	752.3	825.9	1 013.9	1 839.8

注：①宁夏省当时仅辖灌区9县。

②林木面积按当时造林平均密度9 585株/hm^2折算。

表10.4　宁夏省1939～1944年种植柳树统计表

植树类别	1939年	1940年	1941年	1942年	1943年	1944年	合计
沿渠植树	4 150	24 510					28 660
沿公路植树	36 619	96 314	55 000	66 398	52 788	45 109	352 228
省垣各机关植树			53 550	63 596		12 132	129 278
民众植树					290 000	59 486	349 486
总计	40 769	120 824	108 550	129 994	52 788	116 727	859 652

注：宁夏省当时仅辖灌区9县。

尽管在1939～1941年曾“督导农民营造乡公有林”近792万株，占该阶段造林总数的76%，但成效甚微，可能同杨堃惊叹“惜乎……成活者只有百分之一二耳”[32]相仿。否则，1942年以后“乡公有林”怎会突然销声匿迹了？

① 汪愚1958年调查材料。

《宁夏资源志》记载：马鸿逵为粉饰其“承平之治”，面对“乡公有林”的失败而成立“省农林处”，不仅亲兼处长，更决定推行“兵工造林”，划全省为5个造林推广督导区，“各以所在地驻军最高军事长官兼任推广督导员，切实督导兵工造林”。3年内，共造林721万多株，折合近753 hm^2，“成效显著，(林木)成活率较已往提高”。这大概就是新中国成立初宁夏人民从历史上接收下来的493 hm^2人工林中主要部分。

3.4 新中国成立后的林业概况

新中国成立后，宁夏森林状况也有所起伏。

3.4.1 森林植被的恢复

新中国成立以来，宁夏林业建设从“普及护林、护山”开始，接着开展“大力植树造林”，特别是1956年毛主席发出“绿化祖国”的号召后，人工造林事业有很大发展，1980年普查落实的保存面积6.8万 hm^2。

天然林也有过恢复发展阶段。早在1950年，原宁夏省人民政府针对贺兰山、罗山远见卓识地发布了《五一二号通令》，禁止擅自入山，并禁伐、禁牧、禁火、禁垦。六盘山林区也遵循当时甘肃省的法令，开展了封山育林。3处天然林区在法制和群众的有效保护下，得到历史近期以来最好的休养生息，森林又重新沿着历史上退却路线，有层次地先草后木、先灌后乔、先阔叶后针叶地向海拔低处扩展。

贺兰山浅山属典型荒漠草原，曾经栽树树不活，但封禁十多年后，几乎所有山口，先沟畔后坡面地长起了灰榆、杜松、酸枣和蒙古扁桃等先锋耐旱灌丛。罗山现已成为荒坡的外缘坡面，1958年时，丛状分布着灌丛，冲沟里的小灰榆伸展很远，直达村头。六盘山情况更好，由于残林迹地中残留着大量树木营养体，一经封护，就行萌芽更新，形成林分。林区内现有林木基本上是小径木的中幼林，就是50年代初开始封山育林卓有成效的证明。

3.4.2 森林植被再遭破坏

尽管1959～1961年困难时期对林区的封护有过松动，但比较彻底不宣而废则是60年代中期以后开始的，十年动乱的贻害至今不绝，滥牧、滥垦、乱砍现象依然十分严重。贺兰山山前洪积扇地带本是传统牧场，是驰名中外“滩羊”的家乡，由于工农业生产、城镇挤占和羊只不切实际的发展，绵羊养殖逐步变为了山养，牲畜进入林区纵深放牧，直至分水岭。

六盘山林区林牧矛盾尖锐，滥开山荒，甚至深入林区腹地，加上乱砍滥伐，毁林搞副业以及森林火灾的消耗，使已有起色的林区再次收缩倒退回去。

20世纪50年代，贺兰山林区北界在石嘴山苦水沟，现在实际上只到汝箕沟一线，管辖范围南退17 km，面积约2万 hm^2，已完全荒山化，成了固定牧场。罗山林区原辖大、小罗山，管辖面积共1.2万 hm^2，到60年代被迫放弃了小罗山，剩下7 200 hm^2。六盘山林区原来总面积14.8万 hm^2，70年代收缩为10.7万 hm^2。

管辖面积收缩，意味着森林面积减少。六盘山林区1964年和1975年两次森林调查，乔灌森林从3.5万 hm^2锐减为2.8万 hm^2，减少20%左右。罗山向有“罗山戴帽，长工睡觉”和“罗山一年有72场巡山雨”的谚语，现今也不灵验了，冲沟中灰榆等灌丛回缩1.5～3.5 km。六盘山林区破坏强度更大，60年代“五锅梁”还是郁郁葱葱的林区腹地，前去工作的人员竟曾迷路于林中，现今几全部童山秃岭。1979年，林区深处的二龙河竟将近断流，反映生态环境变迁的烈度。

现有林多系天然次生林。贺兰山林区主要林型有云杉纯林、云杉—山杨混交林、油松—山杨混交林、山杨纯林以及散生灰榆等，森林覆盖率11.28%，青海云杉林面积最大。罗山林区的树种有青海云杉、油松、山杨等，尽管还有白桦，但数量少、长势较差，混杂于针阔混交林或落叶阔叶林中。罗山区域森林覆盖率仅8.2%，林区覆盖率为27.8%。六盘山林区的树种有华山松、油松、辽东栎、山杨、白桦、红桦、糙皮桦等，森林覆盖率仅4.2%。

3.4.3 认识宁夏天然林的重要作用

宁夏3处主要天然林虽然面积不是很大，质量不高，破坏又严重，但它们在宁夏生态环境系统中还是占有重要地位，要下决心保护好。

以贺兰山为例。它对银川平原确有削减西伯利亚寒流、阻挡腾格里沙漠东侵之功，古今无不誉之为银川平原的天然屏障。但此说并未注意到山上植被状况及其深刻的“风水”意义。贺兰山山体庞大，坡陡，暴雨多，是银川平原的主要洪水之源。有的山沟森林多，植被好，洪水少，甚至不起洪，这就是森林水源的效应。研究表明，山坡如有1/3为林地，并配置合理，林内枯枝落叶层又保存完好，即使出现特大暴雨，水文状况总是能够得到控制和调节，不致成灾。反之，稍有大雨，即成灾害。贺兰山东斜面20多年来大范围暴雨成灾记录，最近的一次是1975年8月5日，苏峪口和大武口两沟流域因森林状况差异，形成水文状况的鲜明对比（表10.5）。

表10.5　森林对洪水的影响

流域名称	平均降水量/mm	积水面积/km^2	降水总量/万m^3	乔灌森林面积/hm^2	森林覆盖率/%	径流深/mm	洪水总量/万m^3	洪峰流量/$m^3 \cdot s^{-1}$	径流系数
苏峪口	154.4	50.5	780	2 141	42.4	32.3	163	211	0.21
大武口	79.9	574.0	4 586	0	0	40.0	2 110	1 330	0.46

注：大武口沟径流系数原材料为0.50，经用洪水总量同降水量之比为0.46。

大武口沟由于毫无森林可言，径流系数达到0.46，洪峰流量1 330 m^3/s，冲毁农田1.9万亩（1 267 hm^2）、房屋1 200间，淹死牲畜560头，损失很大。苏峪口沟虽然降水量几乎大1倍，因森林覆盖率达到42.4%，径流系数才0.21，洪峰流量211 m^3/s，水文部门未见灾情记载，至少说明灾情轻微。

一个面积才50.5 km^2的苏峪口沟流域，由于有42.4%的森林覆盖率，一次暴雨中就截持了163万~195万m^3的水量①，一部分水蒸发空中，增加空气湿度；一部分水渗到土壤中去，化作涓涓泉水。可以想见，整个贺兰山林区所能截持的水量，对于丰富半荒漠地区地下水资源和促进农作物生长起到一定的调节作用。

1958年同心遭受大旱，一些地区颗粒无收，罗山脚下的几个村庄竟有三四成收获，其中很重要的原因就是罗山林区涵养的水分。

因此，现有天然林区虽残破，但仍然是自然界历史性地留给宁夏一份珍贵的财富，具有经济、环境保护、科学研究和爱国主义教育等重大意义，也是改造宁夏山川自然面貌的基地。恢复植被，保持人与自然的和谐不容忽视。

---

① 用“森林涵养量=0.5×森林覆盖率×苏峪口沟降水总量”试算，得163万m^3；用“截持水量=（大武口沟径流系数－苏峪口沟径流系数）×苏峪口沟降水总量”试算，得195万m^3。

4 生态环境成分的相互依存

人类的生存与发展，必然需要开发、利用自然界。森林是陆地自然界中能量和物质循环功能比较强大的生态系统，进展演替和自我恢复能力都很强，能够周而复始地向人类提供生活、生产资料及其美好环境。我们竖看历史，是森林养育了人类，毫无过分之处。几千年来，尤其是近几百年来，人类肆意开发、利用自然的盲目性，在人口增长因素推动下，反复超越森林（当然也包括草原等）生态系统的内在调节机制，破坏了，并在相当程度上继续破坏着人类自己的摇篮。

宁夏自然生态系统稳定性能本来就比较脆弱，即使是相同程度的破坏，在这里影响的深度和广度往往更加严重。自然环境恶化的结果，也就导致生态性灾难肆无忌惮地报复于人类。

宁南黄土丘陵沟壑区面积辽阔，占南部山区的70%，草木植被在早期即已破坏殆尽。此后，稍有自然恢复，但紧接着不是过度放牧，就是重复开垦。在隆德、西吉一带黄土丘陵沟壑区，目前垦殖率高达37%～45.7%。当地老人谈道：80～60年前还是沙棘丛生的地方，现在不是坡耕农田就是童山秃岭，水土流失十分严重，河流输沙量很大。以清水河为例，每年输沙7 241万 t；河水暴涨暴落，径流85%集中在每年7～9月，枯水期河流细小以至断流。宁夏沙地面积辽阔，风沙危害严重。如盐池县城西南45 km铁柱泉城遗址，乃400多年前所建，流传有“铁柱泉的芨芨能锥鞋”之说；而今城内荒无人居，高大城门洞大半已被沙埋；城中之泉，渺无踪影。城南地势低洼，呈现严重盐渍化现象[33]。严重的水土流失和土壤沙化，加重了干旱灾害，不仅严重危害农牧业发展，而且侵袭城镇交通。

随着生态系统的逐步失调，作为系统组成成分的动植物物种日愈简化，系统自我恢复的功能日愈降低，有的直至走向系统的崩溃。出土古木和古文献证明，六盘山及其周围曾是以云杉、冷杉和松、柏为优势树种的古林区，现在仅孑遗少量华山松，成了杨、桦、栎多代萌芽次生林区。海原灵光寺小块天然萌芽次生林中，山杨等又全然灭绝，剩下清一色的乔木白桦。贺兰山、罗山两林区的桦木曾是数量较多的伴生树种，可以支撑宁北制革业的单宁之需，现成为稀有树种，正处于全面消失的前夕。

古代宁夏野生动物不仅种类繁多，而且种群庞大，自汉代以来，屡屡引帝王将相来此大狩。

唐《元和郡县图志·关内道·灵州·贡赋》称，开元贡有：麝香、鹿皮、鹿角胶、野马（野马、野驴）皮、乌翎、杂筋等。主要反映的是多种有蹄类动物。

《新唐书·地理志·关内道·灵州》提到“土贡”有：麝、鹿革、野马（野马、野驴）、野猪黄、鹏、鹘等。

宋人叶隆礼《契丹国志·西夏国贡进物件》载，有出自宁夏的沙狐皮1 000张，还有鹘等。有新增物种。

《宋史·食货志·互市舶法》记述西夏和宋朝进行榷场贸易，宋“以香药、瓷漆器、姜、桂等易（西夏的）蜜蜡、麝脐、毛褐（褐马鸡）、羱羚角……翎毛”。又有新增物种。

《太平寰宇记·关西道·灵州·土产》记有：麝香、鹿皮、鹿角胶、野马（野马、野驴）皮、野猪黄、乌鹊翎、白鹘翎、杂筋等。再次出现新增物种。

明代，宁夏仍有：虎、土豹、熊、麝、狍、野豕、羱羊、青羊、黄羊、野马（野马、野驴）、獾、狼、豺、狐、沙狐、野狸、夜猴儿、黑鼠、黄鼠等兽类，马鸡、鹦鹉、鹏、鹰、鹘等禽类①。

① （明）嘉靖《宁夏新志·宁夏总镇·物产》，（明）嘉靖《平凉府志·固原州及隆德县·物产》等。

清代文献记载的宁夏野生动物与明代类似，灵武的鹏羽成了驰名各地的特产之一①，说明当地的野生动物物种没有显著变化。

20世纪，随着林灌草等植被被破坏日益严重，加以对野生动物的捕杀，到民国十五年（1926）《朔方道志》已出现虎“不多见”，“野马”“今已不多见”、麝香“亦不甚多”的记载。40年代时，贺兰山野兽有：石羊、山羊、黄羊、鹿、獐（麝的不同种）、麝、狼、狐、野猪、獾、松鼠等，因“近年来（指1946年以前）以森林破坏，已不适于生长，故为量日减。”罗山“副产物亦尚多……动物中有狼、狐、野猪、獾、土豹及黄羊等，亦以森林极度破毁，野兽无处栖息，又时遭附近居民射击，亦不若往昔之繁衍矣。”[31]

现今，六盘山残存狍、獾、雉、锦鸡、麝、野猪和土豹（60年代前时有猎获），贺兰山尚有马鹿、麝、马鸡、青羊、扫雪（石貂）、沙鸡、石鸡，大型猛兽虎、熊、野猪等早已灭绝。近几年曾大量使用剧毒农药灭鼠，大量殃及狐、鹰、鸮等肉食动物。食物链变化，使啮齿类和兔大量繁殖，不少地方竟成灾害。

动植物物种及其种群变化，综合反映了生态环境的变迁。从某种意义上说，物种的减少或消失，也有可能是造成生态环境恶化的主要因素。

5 结语

通过探讨宁夏森林的历史变迁，我们得到如下一些启示。

5.1 充分研究并顺应植被演替规律

宁夏是个特殊少林的省区之一。新中国成立后，人工造林事业虽有一定发展，但天然林和灌丛保存过少，又多分布在高山峻岭之间。这对环境保护、农牧业生产、工业布局和人民生活改善，特别是广大山区农村能源的需求，很难在较短时期内产生积极影响。

但宁夏自古以来并非如此。不仅南部森林、草原镶嵌布列广大地区，而且北部山地、沙荒地也分布大面积的天然森林、灌丛、草原植被。值得注意的是，在天然森林垂直分布的下限，即相当多的次高山和大平坦沙荒地，诸如盐池麻黄山、灵武刘家沙窝、同心豫旺、小罗山、红寺堡、徐斌水、贺兰山冲积扇地、中卫香山、天景子山以及米缸山、海原南华山、西华山、西吉月亮山、固原（现原州区）西山、云雾山等，都曾有过大面积的森林、灌丛，在宁夏自然生态系统中占有很大比重和具有重要意义。

因此，在恢复天然植被和发展人工植被的努力中，要充分重视并研究历史变迁所揭示的植被演替规律，并在实施中顺应之。恢复植被，不仅要注意影响作用大的乔木，而且在多数条件差的地方，要首先注意灌木，有些地方甚至要首先关心草被。

5.2 发展、合理利用与保护不可偏废

宁夏森林历史变迁很大，这固然同大气环流的变迁有关，但最主要的是与人类盲目地追求眼前利益的短期行为有关。

宁北森林破坏较晚，但反复性大，破坏较彻底。迫使森林在大范围内收缩、消失的原因，除了不合理谋取木材、燃料和火灾、战乱耗费以及地震等自然灾害等共性因素外，主要是林牧矛盾。宁

---

① 见《古今图书集成》，（清）乾隆《宁夏府志·地理·物产》，（清）宣统《固原州志·贡赋志·物产》等。

南则主要是农林和薪柴不足的矛盾。

新中国成立后，我们曾一度摆脱盲目性，在恢复植被方面取得很大成绩，但后来因机械执行“以粮为纲”而前功尽弃，某些地方的生态环境恶化程度甚至超过以往，逼使人类不得不迁移而避之。

人类的生存与发展离不开森林，只有合理利用，才能永续长存。但在目前生态环境日益恶化情况下，首先恢复与保护森林等自然资源的举措应当尽早付诸实施。待生态环境恢复到相当程度，合理利用与持续保护依然不可偏废。

5.3 统筹兼顾，因地制宜

人工建造宁夏防护林体系，必须同保护和发展大范围的天然植被相结合，才能事半功倍。这既为20世纪60年代中期以前的恢复植被实践所证实，是行之有效的举措，也得到国务院(1980)108号文件所肯定。

恢复植被，以致造成适宜林木生长的良好环境，不能仅凭主观愿望，而应当注意因地制宜。要把“三北”防护林的营造，同封山育林，封沙育灌、育草相结合，循序渐进，才能发挥自然力在改造宁夏山川的巨大作用。

5.4 植被多样，优势互补

自然界中只有万物和谐共处，才能更有利实现良性循环。森林的完好与长存，除了与之相适宜的土壤、水分、气候等条件外，还需要动植物的多物种共处，形成互补，以增强其抵御自然灾害的能力。

尤其是人工造林，往往树种单纯，林栖动物种类稀少，抵御病虫害能力脆弱。一旦遭受病虫害袭击，人工纯林往往形成大面积损害。我国仅70年代中期以来，每年因病虫害至少要损失1 000万 m^3 生长积材的严重性应引以为戒。

参考文献

[1] 宁夏回族自治区博物馆考古组．宁夏三十年文物考古工作概况 // 文物编辑委员会编．文物考古工作三十年．北京：文物出版社，1979

[2] 《辞海》编辑委员会．辞海：1979年版：缩印本．上海：上海辞书出版社，1979

[3] 《宁夏农业地理》编写组．宁夏农业地理．北京：科学出版社，1976

[4] 文焕然，文榕生著．中国历史时期冬半年气候冷暖变迁．北京：科学出版社，1996

[5] (南朝梁)萧统编，(唐)李善注．文选・(汉)班叔皮．北征赋．北京：中华书局，1977

[6] (北魏)郦道元著，王光谦校．水经注．成都：巴蜀书社，1985

[7] (北齐)魏收撰．魏书・刁雍传．北京：中华书局，1974

[8] (清)曹寅，等编．全唐诗・(唐)朱庆余．望萧关．北京：中华书局，1960

[9] (元)脱脱，等撰．宋史・刘平传附刘兼济传．北京：中华书局，1977

[10] (宋)李焘撰．续资治通鉴长编．北京：中华书局，1985

[11] (清)徐松辑．宋会要辑稿．北京：中华书局，1957

[12] 吴天墀．西夏史稿．成都：四川人民出版社，1980

[13] (清)祁韵士. 万里行程记. 上海：商务印书馆，1936
[14] (唐)李吉甫撰. 元和郡县图志. 北京：中华书局，1983
[15] 钟侃，等. 西夏简史. 银川：宁夏人民出版社，1979
[16] (明)胡汝砺纂修，(明)管律重修. 嘉靖宁夏新志. 银川：宁夏人民出版社，1982
[17] (清)顾祖禹编著. 读史方舆纪要・固原州. 上海：中华书局，1955
[18] 文焕然，何业恒，徐俊传. 华北历史上的猕猴. 河南师范大学学报(自然科学版)，1981(1)
[19] 史念海. 两千三百年来鄂尔多斯高原和河套平原农牧地区的分布及其变迁. 北京师范大学学报(哲学社会科学版)，1980(6)
[20] 文焕然. 历史时期中国森林的分布及其变迁(初稿). 云南林业调查规划，1980(增刊)
[21] 冯显逵，等. 六盘山、贺兰山木本植物图鉴. 银川：宁夏人民出版社，1979
[22] 高正中. 贺兰山林区天然更新规律的探讨. 宁夏农业科技，1982(6)
[23] 中共中央马克思恩格斯列宁斯大林著作编译局译. 马克思恩格斯全集. 24卷. 北京：人民出版社，1972
[24] 史念海. 历史时期黄河中游的森林 // 河山集：二集. 北京：生活・读书・新知三联书店，1981
[25] (元)脱脱，等撰. 金史・石盏女鲁欢传. 北京：中华书局，1975
[26] (元)脱脱，等撰. 宋史・温仲舒传. 北京：中华书局，1977
[27] 周逸. 六百年来宁夏人口的变迁. 宁夏日报，1981-01-04
[28] 周源和. 清代人口研究. 中国社会科学，1982(2)
[29]《回族简史》编写组. 回族简史. 银川：宁夏人民出版社，1978
[30] 谢彬. 新疆游记. 上海：中华书局，1923
[31] 王战. 宁夏之森林. 林讯，1946(2-3)
[32] 杨堃. 宁夏省林业调查概要. 中国建设，1932，6(5)
[33] 侯仁之. 从人类活动的遗址探索宁夏河东沙区的变迁. 科学通报，1964(3)

十一、历史时期新疆森林的分布及其特点*

新疆维吾尔自治区位于我国西北边陲，深居欧亚大陆腹地，远离海洋，内部又为高山分隔成若干巨大的内陆盆地，受海洋影响甚小，形成极端干旱的大陆性气候。地表长期受强烈的风力作用，在天山南北两大盆地中，形成了以荒漠为主的地理景观。塔克拉玛干沙漠和库尔班通古特沙漠就是我国著名的两大沙漠。

在干旱区，森林的分布在很大程度上受水分的制约，而水是这里十分活跃的因素。因此，河川径流、湖泊、沼泽，以及水的分布，决定了新疆森林的地域分布。相反，由森林的分布也可以从某种程度上看出这里不同区域水分条件的差异。

从现代新疆森林的分布，我们可以通过历史的尘沙，透视出历史时期森林分布的概况，在塔里木盆地和准噶尔盆地中，周围高峻挺拔的山地汇集了高山融冰化雪和山地降水，形成了径流。大多数河流流出山口就消失在山麓洪冲积扇上，只有汇水面积巨大、径流丰富的河流可以穿越沙漠，形成大河。如塔里木河，就是由叶尔羌河、喀什噶尔河、阿克苏河、和田河汇流而成。这种盆地的森林具有两个不同的情况：①在河流两岸，由河川径流补给地下水，在河流两岸形成带状的荒漠河岸林（又叫吐加依林），由于地下水的影响范围有一定的限度，因此荒漠河岸林一般仅数百米，成为走廊式林带。②在高大山地的山麓，由于洪冲积扇下渗水流受到其前缘细土带的阻挡，形成潜水溢出带。这样，有利的水分条件也为森林的分布提供了有利的条件。如塔里木盆地南北，昆仑山和天山山麓的潜水溢出带，植被条件往往较好。在古代丝绸之路穿越的地方往往经过这一带。

除去平原森林外，新疆还有山地森林。虽然新疆地处干旱地区，但巨大的山系、高峻的山峰，有的能拦截经过这里的西风气流，形成山地固体或液体的降水。因此，新疆的高大山系成了干旱海洋中的“湿岛”，垂直地带为山地森林的发育和分布创造了条件。由于新疆的降水有北疆多于南疆、西部多于东部、迎风坡多于背风坡等特征，新疆的阿尔泰山、天山北坡山地水分条件相对较好，森林在山地适当地段生长良好，而地处新疆南部的昆仑山、阿尔金山干旱程度十分深刻，山地森林很少分布。

我们研究新疆历史时期的森林分布，不仅可以窥见出当地森林的发展变化过程，同时也可以认识到这里森林发生发展的某些特点和规律，为我们建设绿洲、开发新疆提供有益的借鉴。

1 历史时期天然森林的分布概况

人类在新疆生活的历史很悠久，距今约2 000年以前的新石器时代遗址已发现多处[1,2]。新疆

* 首发于《历史地理》1988年第6辑，上海人民出版社。本次发表时对个别内容作了校订。

原始农业开始时，荒漠可能已经分布很广，植被很少，但在平原区水源充足之处以及冷湿的中山带，都有天然森林分布。因此，当时新疆天然森林的分布大势可概括为如下两大部分。

1.1 中山带的天然森林

历史时期，新疆的中山带分布着广大的天然森林，大致有3处。

1.1.1 天山山地

天山是一个巨大的山系，天山较低部分受大陆性气候的影响，极为干燥，南坡尤甚，到山腰逐渐转为冷湿，山顶终年积雪，植物分布具有明显的垂直分布特点。

关于天山植被的垂直分布，清代景廉《冰岭纪程》(1861)对托木尔峰地区有较详细的记载：

> 景廉于咸丰十一年(1861年)九月初二“束装就道”，初五过索果尔河，一路“遍岭松(指雪岭云杉 *Picea schrenkina*)、松(指叉子圆柏 *Sabina seniglobosa*①)……低枝碍马，浓翠侵肌”。初六，过土岭十余里后，至特克斯谷地草原，“荒草连天，一望无际”。直至初八日均在草地中进行，其地“多鼠穴”，“时碍马足”，鼠害为草原之特征。初九入山，“一路长松(指雪岭云杉)滴翠”。十一日宿特莫尔苏(即木扎特山口前托拉苏)。十二日即经雪海，抵冰岭。十三日小住。十四日复南行，过穆索河(即木扎尔特河)，途经山岭，“自踵至顶，寸草不生，大败人意”。“十五日之行，始见山巅间有小松(指雪岭云杉)，点缀成趣”。十六日，终日在石碛中行，出破城子，又过数小岭，始“山势大开，平原旷远，心目为之一豁”。十七日至阿拉巴特台(即盐山口)，“林木蔚然”。

从上述记载中，可以看出，当时托木尔峰地区，从山顶以下，大致可以分为冰雪带、高山、草甸带、森林带、草原带等。

另外，1918年《续修乌苏县志》也提到当时天山北坡垂直带：

> 南山麓为土山，土山上则草山，草山尽则松(指雪岭云杉)山，又上为雪山，以次渐高各有涧水限之，人迹至松(指雪岭云杉)山而止。

按：土山即前山带。

关于天山森林的记载，2 000多年前成书的《山海经·五藏山经·北次一经》：“敦薨之山，其上多棕、楠，其下多茈草，敦薨之水出焉，而西流，注于泑泽，实惟河源。”按“河源”之河指黄河(古人误认为塔里木河是黄河之源)。“泑泽”即罗布泊，“敦薨之水”指开都河，流入博斯腾湖，复从湖中流出，下游孔雀河，而“敦薨之山”即天山南坡中段。此棕、楠及茈草究竟为何树、何草，今人看法不一，待进一步研究，但是能够说明当时天山南坡中段有森林分布，其下则有草原分布，毋庸置疑。《汉书·西域传上》：我国西北的乌孙，“山多松(指雪岭云杉)、樠(指西伯利亚落叶松 *Larix sibirica*)”，反映2 000多年前乌孙境内的天山等地，就有针叶林的分布。近年，在昭苏夏塔地区墓葬填土发掘的木炭，经过^{14}C测定，也是2 000多年前的遗物[3]，可以得到印证。

(1)天山西段：13世纪初，耶律楚材经过天山西段时，曾有“万顷松(指塔克松，即雪岭云杉)风落松子，郁郁苍苍映流水”②的诗句。到19世纪末，(清)萧雄在《西疆杂述诗》卷四《草木》自注中进一步指出：

> 天山以岭脊分，南面寸草不生，北面山顶则遍生松树(指雪岭云杉)。余从巴里坤，沿山之

---

① 据今，“叉子圆柏”使用拉丁学名为 *Sabina vulgaris*。

② (元)耶律楚材《湛然居士集》卷二《过阴山和人韵》。按，这里“阴山”是指天山北坡。

阴，西抵伊犁，三千余里，所见皆是，大者围二三丈，高数十丈不等。其叶如针，其皮如鳞，无殊南产（按作者是今湖南省益阳市人）。惟干有不同，直上干霄，毫无微曲，与五溪之杉，无以辨。

这里明确指出，历史时期，天山北坡有绵延很长的温带山地针叶林带存在，属实；但萧雄说天山北坡“山顶遍生松树”，则未免夸大：天山南坡“寸草不生”也不是普遍现象。据历史文献记载，天山南坡的西段、东段都有些森林分布，只是不像北坡那样连绵很长罢了。

（2）天山北坡东段：巴里坤松树塘一带的森林属于天山北坡东段，在清人诗文中，也有不少记载。如“天山（巴里坤南的天山北坡）松（指西伯利亚落叶松）百里，阴翳车师（今新疆吉木萨尔县境）东，参天拔地如虬龙，合抱岂止数十围”①；“巴里坤南山老松（指西伯利亚落叶松）高数十寻，大可百围，盖数千岁未见斧斤物也。其皮厚者尺许”②。按当时文人描述这里的西伯利亚落叶松原始林中的乔木高大的数字虽有夸大，但它们生长比较高大却是事实。

（3）天山北坡中段：乌鲁木齐地区，地处天山之阴，气候凉爽，水草丰茂，土地肥沃，为历史上我国少数民族游牧之地。元末、明初，该地区为别失八里的一部分。据（明）陈诚等于永乐十五年（1417）访问该地，在《西域番国志》中载：当时别失八里“不建城郭宫室，居无定向，惟顺天时，逐趁水草，放牛马以度岁月”。“不树桑麻，不务耕织”，而“广羊马”。这一带“有松（今乌鲁木齐东70 km黄山有西伯利亚落叶松，由此向西则为雪岭云杉）、桧（今阿尔泰方枝柏 *Sabina pseudosabina* 较多，天山方枝柏 *S.turkestanica*③ 较少）、榆（指白榆 *Ulmus pumila*）、柳（指准噶尔柳 *Salix songonica*④ 和成氏柳 *S. wilhemlsiana*；？）、细叶梧桐（指小叶胡杨 *Populus diversifolia*；？）”。（清）萧雄（19世纪80年代）游博格达山，至峰顶，“见［松（指雪岭云杉）树］稠密处，单骑不能入，枯倒腐积甚多，不知几朝代矣”[4]。20世纪初，谢彬在他的《新疆游记》中亦记载乌鲁木齐地区“多葭菱（指芦苇 *Phragmites communis*⑤ 和芨芨草 *Achnatherum splendens*）、柽柳（指多枝柽柳 *Tamarix ramosissima*）、胡桐（胡杨 *Populus diversifolia*⑥），草原广畜牧，多煤炭”[5]。这些虽不无夸大，但说明当时天山北坡有针叶林，相当茂密而古老，至于平原地区有胡桐林等则毋庸置疑。

（4）天山南坡西段：历史时期，在天山南坡西段，从托木尔峰地区到库车一带，也有不少的森林分布。历史文献记载，汉代龟兹（今库车县）一带的白山（今天山支脉的铜厂山）山中“有好铁”⑦。清嘉庆以前，千佛洞（在今拜城县东），“树木丛茂，并未见洞口”[6]。光绪末年，库车东北面的山上仍有“松（指雪岭云杉）、柏（指叉子圆柏）”⑧。

1918年，谢彬从伊犁翻越天山往库车，经巴音布鲁克，过大尤尔都斯盆地，沿巴音果勒河而上，旅途所见，“左山古松（指雪岭云杉），何只万章，沿沟新杨（指山杨 *Populus davidiana*，密叶杨 *P.densa*⑨），亦极丛蔚”，“松杨益茂，苍翠宜人”，他在那里行走一天，如处身于“公园”里。翻过一达坂，进入库车境内，又见“万年良木，积腐于野”，沿库车河而下，河岸两旁，“杂树葱郁，足荫难行”。从库车往西行，在库车与拜城之间的山地里，“松（指雪岭云杉）林环绕，茂密可爱，腐坏

① （清）沈清崖《南山松树歌》（清嘉庆《三州辑略》卷八《艺文门下》引）。
② （清）黄文炜《西陲纪略》（清嘉庆《三州辑略》卷七《艺文门上》引）。
③ 据今，“天山方枝柏”使用拉丁学名为 *Sabina pseudosabina*。
④ 据今，“准噶尔柳”使用拉丁学名为 *Salix songarica*。
⑤ 据今，“芦苇”使用拉丁学名为 *Phragmites australis*。
⑥ 据今，“胡杨”使用拉丁学名为 *Populus euphratica*。
⑦ 《太平御览》卷五〇引《西河旧事》。
⑧ 《库车乡土志》。
⑨ 据今，“密叶杨”使用拉丁学名为 *Populus talassica*。

良材，入眼皆是”[5]。谢彬的记述还反映天山南坡西段或山麓附近有不少铜铁冶炼场所。当时冶铜一直以木炭为燃料，早期炼铁也是如此。从冶炼铜铁的规模颇大，也可印证历史时期这一带山地森林不少①。

（5）天山南坡中段：古代，天山南坡中段也有些森林分布，上文提到敦薨之山的森林外，就以清代而论，杨应琚《火州灵山记》载：18世纪，

> 火州安乐城（今新疆吐鲁番）西北百里外，有灵山在焉……入山步行十数里，双崖门立……上有古松（指雪岭云杉）数株，垂枝伸爪……山中草木丛茂，皆从石隙中生，多不知名。

此灵山即博格多山的南坡，从杨应琚所描述的植被情况来看，“草木丛生”，反映有些灌木丛和草地；“古松数株”，似乎是山地针叶林的遗迹。

（6）天山南坡东段：至于天山南坡东段，据唐代古碑记载，贞观十四年（公元640）唐朝军队曾经大量砍伐伊吾（今新疆哈密市）北时罗漫山（天山南坡的一部分）的森林②。这时罗漫山的位置，大致与北坡松树塘相对应。

天山山间有许多大小盆地和宽谷，特别是天山西段，山谷交错，更为复杂。这些谷地（如伊犁河谷以北的果子沟一带）和盆地边缘的山地，也有不少森林分布，历代文献中多有记载。诸如有的记载这一带，

> 阴山（今天山北坡）顶有池（今赛里木湖），池南树皆林檎（即野苹果 *Malus sieversii*），浓阴蓊郁，不露日色③。

也有的描述：

> 沿天池（今赛里木湖）正南下，左右峰峦峭拔，松（指雪岭云杉）、桦（天山桦 *Betula tianschanica*），阴森，高逾百尺，自颠及麓，何啻万株④。

还有的提到“谷中林木茂密”[7]。有的描写从北入山南行，

> 忽见林木蔚然，起叠嶂间，山半泉涌，细草如针，心甚异之，停前翘首，则满谷云树森森，个可指数，引人入胜。
>
> 已而峰回路转，愈入愈奇。木既挺秀，具有干霄蔽日之势，草木蓊郁，有苍藤翠鲜之奇。满山顶趾，绣错罕隙，如入万花谷中，美不胜收也⑤。

这些描述，虽其中有些夸大，但大致反映古代天山西段北支果子沟一带，林木茂密，风光秀丽，与荒漠自然景观截然不同的景色。

---

①《汉书·西域传》记载：龟兹，“能铸冶……”。

《大唐西域记》卷一提到，屈支（今库车一带）土产黄金、铜、铁、铅、锡。

（北魏）郦道元《水经·河水注》引《释氏西域记》：“屈支，北二百里山，夜则火光，昼日但烟。人取此山石炭，冶此山铁，恒充三十六国用。”

王炳华《从出土文物看唐代以前新疆的政治、经济》（载《新疆历史论文集》，新疆人民出版社，1978年版）称，在库车县西北的阿艾山和东北的可可沙（即科克苏），都曾发现汉代的冶铁遗址。距可可沙不远，还有汉代冶铜遗址2处。

《新疆图志·实业·林》：“拜城产铜地也，赛里木、八庄岁供薪炭之需，旧林砍伐无遗，有远去三四百里来运者。大吏檄令遍山栽培，以备烧铜之用，所活者十九万株。”

《新疆游记》更具体说明拜城铜矿每年上缴二三万斤，化炼皆用土法，需松炭极多。反映这一带针叶林不少，不仅有天然林，也有人工栽培的。

② 唐左屯卫将军姜行本勒石碑文（清嘉庆《三州辑略》卷七《艺文门上》引）。

③（元）耶律楚材《西游录》记载13世纪初的情况。

④（元）李志常《长春真人西游记》记载13世纪初，丘处机见闻。

⑤（清）祁韵士《万里行程记》记载19世纪初天山西段的情况。

1.1.2　阿尔泰山山地

据金末元初（13世纪初），耶律楚材《湛然居士文集》卷一《过金山用前人韵》：

雪压山峰八月寒，羊肠樵路曲盘盘。
千岩竞秀清人思，万壑争流壮我观。
山腹云开岚色润，松腐风起雨声乾。
光风满贮诗囊去，一度思山一度看。

描述了当时秋天，他经过金山（今阿尔泰山）所见的雪峰、松（指西伯利亚落叶松，若在金山西部，则已有西伯利亚红松 *Pinus sibirica*）林等景色。接着，（元）丘处机等也路过金山，在其弟子李志常《常春真人西游记》卷上，记载他亲眼看到："松（西伯利亚落叶松或红松）、桧（指西伯利亚红杉 *Picea obovata*）参天，花生弥谷。"清末《新疆图志》卷四《山脉》提到20世纪初，阿尔台山（今阿尔泰山）"连峰沓嶂，盛夏积雪不消。其树多松（指西伯利亚落叶松、西伯利亚红松）、桧（指西伯利亚冷杉、西伯利亚云杉），其药多野参，兽多貂、狐、猞猁、獐、鹿之属"。直到现在，这里仍是我国荒漠地带山地的重要天然针叶林区之一。

1.1.3　准噶尔西部山地

新疆北部准噶尔西部山地的森林，据（元）刘郁《西使记》记载：13世纪中叶，常德从蒙古高原穿过准噶尔盆地，渐西有城叫叶满（今新疆额敏县）；西南行过索罗城（今博乐市），"山多柏（指西伯利亚刺柏 *Jumpers sibirica*）不能株，骆石而长"。此后，据《新疆图志》卷二八，塔城西南的巴尔鲁克山，译言树木丛密，"长三百余里，多松（指雪岭云杉）、桧（指西伯利亚刺柏）、杨（指苦杨）、柳（指塔城柳 *Salix tarbagataica* 和细穗柳 *S. tenuijullis*）"。

上述史料说明，历史时期这一带也有一些天然山地针叶林分布。

总之，上述山地的天然森林是珍贵的自然资源，它不仅是木材的重要来源，而且还可以稳定高山积雪、涵养水源，为绿洲农牧等业的发展提供极为有利的条件。破坏山地森林，就会使高山积雪减少，影响了水源，不利于绿洲农牧等业的生产，这是一个重要的历史经验教训。

1.2　平原区的天然森林

古代南疆盆地底部，河谷平原地区天然植被以荒漠为主，但在河边、湖畔或潜水较丰富的地方（如洪积扇前缘潜水溢出带），却有天然森林分布。这里树木青翠，与荒漠植被稀少成为两个显著不同的自然景色。

据《汉书·西域传》记载，远在2 000多年前，位于塔里木河下游的楼兰国境（楼兰在塔里木盆地东端，于公元前77年改为鄯善），就是一个虽"地沙卤、少田"，但"多葭苇（指初生的芦苇）、柽柳（指多枝柽柳 *Tamarix ramosissima*）、胡桐（指胡杨和灰杨 *Populus pruinosa*）、白草（指芨芨草）"的地区。至今楼兰遗址周围仍保留着大片枯死了千余年的胡杨林。这些枯死的胡杨，树干粗大，直径50 cm以上的大树屡见不鲜。并且常可发现需二三人可合围的树干。据估计，楼兰全盛时期，楼兰城周围的森林覆盖率不低①。及至19世纪初，罗布泊以西的塔里木河下游地区，依然是"林木深茂"，"胡桐丛生"[8]。叶尔羌河的"两岸胡桐，夹道数百里，无虑亿万计"[8]。至19世纪末叶，巴楚河沿岸的玛拉尔巴什还是"密林遮苇虎狼稠，幽径寻芝麇鹿游"的森林茂密、野兽出没之地[4]。1895年3月，斯文·赫定一行沿叶尔羌河进塔克拉玛干大沙漠时，他们"交替地经过森林和稠密的

① 据中国科学院新疆地理研究所陈汝国提供实地考察资料。

草地，内有很多野猪”[9]。20世纪初，谢彬从柯坪进巴楚县境，西南行，“道旁胡桐（指灰杨）、红柳（指多枝柽柳、细穗柽柳 *Tamarix leptostachys*），丛翳连绵……人行在其中，不觉暑气。间有沙窝，亦非长途。胡桐老干，裂皮溜汁，俗呼‘胡桐泪’”[5]。可见塔里木盆地的沿河地带，历史上曾经有胡杨林分布，直到20世纪初，那里还有不少胡杨林存在。

胡桐即今之胡杨，是杨树的一种，为白垩纪、老第三纪孑遗的特有植物[10]，胡杨林由胡杨和灰杨组成，但灰杨在耐旱、耐盐方面不如胡杨，它分布也没有胡杨广，所以一般统称为胡杨林。胡杨是一种速生乔木，树高一般10 m多，最高的达28 m以上，树干粗的可数人合抱，树龄可超过百年，具有耐旱、耐盐的特点，它的侧根长可达10 m多，能从土壤中吸收大量的水分，并能在树体内贮存，甚至将一部分排出体外。由于它的各部富于碳酸钠盐，在林内常见树干伤口积聚大量苏打，被称为“胡桐泪”或“胡桐律”①，这就是现今所称的“胡杨碱”。

胡杨在改良小气候、阻挡风沙中所起的作用是非常巨大的，由于它的树干高大，绿荫浓密，在塔里木河炎热的夏季，其下凉爽宜人，成为沙漠地区的“清凉世界”[11]。又由于它的植株高大，又有庞大的根系，林带可以形成立体林墙，对于防风固沙起着很大的作用。除胡杨、灰杨外，还有柽柳（指红柳）、梭梭（指南疆和北疆准噶尔盆地戈壁、沙漠上生长的梭梭 *Haloxylon ammodendron*，库尔班通古特沙漠中有白梭梭 *Haloxylon persicum*）等。它们虽都是灌木，但抗旱、抗盐、抗风的能力很强，也是荒漠地区良好的固沙树种。

胡杨主要分布在塔里木盆地，也见于天山北路。

除上列文献记载历史时期新疆的一些胡杨林外，《植物名实图考》卷三五《木类 · 胡桐泪》载“今阿克苏之西，地名树窝子，行数日程，尚在林内，皆胡桐也”[12]。

（清）萧雄《西疆杂述诗》卷四，自注中指出，19世纪末，（新疆）多者莫如胡桐，南路如盐池东之胡桐窝，暨南八城之哈喇沙尔（今焉耆回族自治县）、玛拉巴什（巴楚县），北路如安集海、托多克一带，皆一色成林，“长百十里”。“南八城水多，或胡桐遍野而成深林，或芦苇丛生而隐人泽，动至数十里之广”。“哈喇沙尔之孔雀河，河口泛流数十里，胡桐杂树，古干成林，倒积于水，有阴沉数千年者，若取其深压者用之，其材必良”。

19世纪末20世纪初，一些中外人士到新疆旅行考察时，对塔里木盆地的胡杨林有较详细的记载，其中尤其是谢彬1918年在塔里木盆地四周旅行时，对沿途胡杨林的记载较详，并在他的《新疆游记》一书中逐日进行了描述。根据该书的部分资料和前人记载，当时塔里木盆地的胡杨林分布主要有下列地区：

1.2.1　巴楚等地河岸

胡杨林主要分布在叶尔羌河、喀什噶尔河之间的河岸等地区。

除前述徐松、吴其濬、萧雄等已提到这里的胡杨林外，再如1889年，俄国人别夫错夫（M. B. Певпов）描述叶尔羌河右岸麦盖提以下，是连续的林带，宽度约有20 km，在巴楚地区的叶尔羌河和喀什噶尔河之间是一片较广的胡杨林，“这片杨树林东西长约150公里，南北宽约70公里”[13]。

后来，瑞典人斯文 · 赫定（S. Hedin）所绘的塔里木盆地森林分布图（以下简称“赫图”），喀什噶尔河沿岸的森林从喀什噶尔（今新疆疏勒县）附近起，叶尔羌河沿岸的森林从莎车附近起，沿河分布一直到喀什噶尔、叶尔羌与阿克苏三河相汇处一带[14]。更较全面地标志了这一带森林分布的简貌。

① （唐）李勣，苏敬《新修本草》卷五《胡桐泪》。

自巴楚（今县）西南行，“沿途胡桐低树，夹道连绵”。“自巴楚以来，连日皆在河北岸行，或远或近，均在眼底……而红柳（指细穗柽柳、多枝柽柳）、胡桐，继续弥望，昔所称树窝子，是也”[5]。不仅描述了这一地区沿河有胡杨分布的特点是一般沿河连绵不断的，而且说明了这里的胡杨林有的是较为茂密的。

1.2.2　和田河沿岸

1886年，普尔热瓦尔斯基（H. M. Пржевалъский）沿和田河而行时，看到了“沿和田河有很茂盛的胡杨林，有马鹿、老虎，经常看到有5～7峰一群的野骆驼”[15]。

从“赫图”看，和田河沿岸的森林分布从和田以南起一直向北穿过塔克拉玛干沙漠，北到与阿克苏河相会处及其以东塔里木河沿岸阿拉尔的下游[14]，不过分布似较巴楚等地稀疏，其中必有胡杨林。

1.2.3　克里雅河沿岸

从“赫图”看，克里雅河沿岸的森林分布从于田附近起，一直向北分布到塔克拉玛干沙漠的中心偏北地带[14]，不过分布比较巴楚等地为稀疏，其中也有胡杨林。

1.2.4　民丰等地河岸

胡杨林分布以尼雅河附近为最多，西自洛浦起，东至雅克托和拉克。

1890年，别夫错夫记载了胡杨林在尼雅河一直分布到大麻扎以北20 km处，河床上都生长着茂密的胡杨林[13]。

“赫图”又表明，尼雅河从尼雅（今民丰县）附近以下，安迪尔河从安迪尔（今安迪尔栏干，属民丰县）附近以下都有森林分布，这里也不及巴楚等地茂密[14]，其中当然也有胡杨林。

谢彬1918年撰写的《新疆游记》载：

发洛浦，约东行，至白石驿，“回语曰伯什托和拉克，译言五株胡桐也”。阿不拉子，“拦外一家，胡桐数树”。

发尼雅，“入沙窝。十里，胡桐窝子。八里，沙窝尽，行碱地，多胡桐。三里，离树窝，行旷野，道旁仅见红柳（指细穗柽柳、多枝柽柳）、短芦（指生态变异的矮芦苇）。三十里，胡桐窝子，树大合抱，且极稠密，月下望之，疑为村庄。五里，树窝尽，过小沙地，复入树窝，皆胡桐……下流入尼雅河”。

发英达雅，“流沙多碱，旱芦丛生”。“道左右数里以外，皆有海子……右海之东，左海之西，皆有胡桐，茂密成林。五里，道南多胡桐树……道北远山多树木。询之导者云：自此至且末，道北数十里外，皆胡桐不断”。

发雅通古斯，“雅克托和拉克。回语雅克尽头，托和拉克胡桐，谓过此即无胡桐也”[5]。

据此可见，这一带胡桐分布的特点，是断断续续。

1.2.5　车尔臣河沿岸

1886年，普尔热瓦尔斯基曾到这里，他记述；

沿着车尔臣河分布着一条乔木和灌木带，它的宽度在车尔臣河中游渡口的地方，宽达8～10公里，但很快就缩小到2～3公里，然后到车尔臣（今且末县）附近，又重新达到原先的宽度，沿河谷生长的树林只有胡杨[15]。

1890年，别夫错夫记载了车尔臣河两岸胡杨林的分布情况：

车尔臣河谷地生长着胡杨林、灌木丛和芦苇丛。里面栖居着野猪和野鸡。在塔他浪下面的布古鲁克村附近密林中栖息着马鹿，在这个村东南面的沙漠中，可以见到野骆驼常常在冬季跑到车尔臣谷来。胡杨林从塔他浪往北分布的距离有一天的路程远，然后足一天路程远的灌木丛，接着又是森林，这片森林向北延伸有多远，塔他浪的居民谁也不知道，因为他们谁也没有走到那么远的地方[13]。

此后，“赫图”表明，车尔臣河从车尔臣（今且末县）附近以下，沿岸也有森林分布，较巴楚等地沿岸为稀疏[14]。

谢彬1918年撰写的《新疆游记》载：

“入且末境，住栏杆……栏杆四周多胡桐，大皆合抱。”

发安得悦，道旁“胡桐相望”。

卡玛瓦子，“胡桐三五，交枝道左”。又二十余里，“胡桐窝子。四十六里，树塘，译言树木条达参天也”。“树木葱郁，广十余里”。

发青格里克，东北行，“恒见枯死红柳、梧（胡）桐，堆弃道旁”。

发塔他浪，“庄田弥望，胡桐成林，芦苇丛生，地味肥沃”。“（塔哈提帕尔）译言胡桐成荫，夏可乘凉也”。

发阿哈塔子墩，“东偏北行二里，胡桐窝子”[5]。

据此可见，这一段的胡桐，分布也比较连绵，但有不少枯死的胡桐，堆弃在路边。

1.2.6　塔里木河下游沿岸

塔里木河下游，主要指若羌到尉犁及孔雀河到罗布泊一带。除前述萧雄已提到孔雀河下游一带的胡杨林外，稍后，“赫图”显示：孔雀河沿岸从库尔勒附近以下，塔里木河河岸从杨格库里（今尉犁县东南群克）以下，都有森林分布[14]。

《新疆游记》载：

（若羌县）东西九百零五里，南北八百五十里……其地沙卤少田，多胡桐（指胡杨，少量灰杨）、柽柳（指多枝柽柳，刚毛柽柳 *Tamarix hispida*）、葭苇（指芦苇、假苇拂子茅 *Calamagrostis pseudophragmites*）、野麻（指两种不同野麻：大花野麻 *Poacynum hendersonii* 和小花野麻 *Trachomitun lancillium*？）。

发破城子，北偏西行，“四十里，胡桐窝子，胡桐成林，广达数里”。到托罗托和的，“自北循塔里木河岸行，胡桐、红柳，丛生道左”。“是日（八月二十五闩）行一百二十五里，[从阿拉竿（今阿拉干）至密苏]，沿途草湖弥望，胡桐亦多”。

尉犁县，“东西一千二百里，南北三百六十里……其地置旷沈斥，饶赤柽（指柽柳，包括多枝柽柳、刚毛柽柳、短穗柽柳 *Tamarix laxa*）、胡桐（指胡杨）、沙枣（指尖果沙枣 *Elaeagnus oxycarpa* 和大果沙枣 *Elaeagnus moorcroftii*），草多席箕（指芨芨草）、葭菼（指芦苇、假苇拂子茅）”[5]。

描述了这一带的胡桐林状况，历史文献记载最早，分布也较广。

1.2.7　塔里木河中游河岸

指阿克苏、喀什噶尔、叶尔羌等河相汇处到群克之间的塔里木河干流及其支流渭干河等河岸。据“赫图”，这段塔里木河干流及其支流渭干河等沿岸都有森林分布，其中包括胡杨林[14]。

从上述可知，塔里木盆地的胡杨林主要散见于塔克拉玛干沙漠的边缘，即盆地边缘潜水溢出带，成为环状分布。并在一些穿过沙漠的较大河流两岸，如喀什噶尔、叶尔羌、阿克苏、和田、克里雅、车尔臣、孔雀及塔里木等河沿岸都有胡杨林等分布。之所以如此，是与水源分不开的。在荒漠地区，水源是极宝贵的。尽管胡杨林具有耐旱的特点，但总得有一定的水源供其生长需要。因此，凡是水源供给比较充足的地方，胡杨林生长就好，如果缺乏水源供应，胡杨林就会枯死。

在这些较茂密的胡杨林中，栖息着许多飞禽走兽，有老虎、野猪、鹿、狼、野骆驼等。《西疆杂述诗》卷四《鸟兽》自注：

> 南八城多胡桐（指胡杨）、芦苇，“其中多虎、狼、熊、豕（猪）等类，如黄犊，出没莫测”，故新疆一带人人出必持棒，“为防狼也。猪熊类猪而喜坐，毛泽粗黑，状闪恶，前脚有掌，能持木石。野猪大者二四百斤，嘴长力猛，最伤禾稼”。“林薮之中，并藏马鹿焉，安栖无损于人”。

2 历史时期森林的变迁

新疆历史时期森林的变迁亦可按森林分布的大势分为两部分来探讨。平原地区森林的变化以塔里木盆地的胡杨林为代表，中山带森林的变迁以奇台、乌苏间的天山北坡针叶林为代表。

2.1 塔里木盆地胡杨林的变迁

历史时期，塔里木盆地胡杨林的变迁与塔克拉玛干沙漠、塔里木河等的变迁以及人类活动的影响是紧密相连的。由于胡杨林分布的地区不同，变迁情况和原因又有差别。

2.1.1 塔里木河中游河岸

据考古工作者和沙漠工作者实地考察，在塔里木河中游现在的河道以南数十千米的大沙漠中，有一道道作东西方向的干河床[16,17]，这些干河沿岸都有胡杨、红柳的分布。由于河道自南向北迁徙，这些森林的生长情况，北部较好，越往南越差，而且大都已经枯死，说明水分条件的变化，形成南北自然景观的差异。

2.1.2 塔里木河下游河岸

塔里木河是一条游荡性河流，它的下游迁徙更多，这是自然因素的影响。除此以外，还有人为的原因。

《汉书·西域传上》记载：

> 楼兰国首城圩泥城，当时有“户千五百七十，口万四千一百，胜兵二千九百十二人”。

《水经·河水注》也称：

> 西汉“将酒泉，敦煌兵千人至楼兰屯田，起白屋，召鄯善、焉耆、龟兹三国兵各千，横断注滨河……大田三千，积粟百万”。

这些，说明楼兰一带虽然“地沙卤，少田”，但还有适合农业生产的地方。这与当时北河（中下游的一部分相当于今塔里木河）注入蒲昌海，水源较今充足是分不开的。后来因为北河距楼兰越来越远，胡杨林等逐渐枯死。到20世纪30年代，楼兰废墟周围已经全部变成荒漠[18]。

50年代末，中国科学院地理研究所王荷生等人在塔里木河下游沿岸实地考察，亲眼看到胡杨林尚沿着老河床稀疏分布①。

---

① 1985年10月，笔者向王荷生请教有关塔里木河下游胡杨林的变迁情况时，所得到的情况介绍。这些情况已概括在中国科学院植物研究所《新疆植被及其利用》一书中（科学出版社，1978年版）。

到70年代，据卫星照片判断，塔里木河下游河岸的胡杨林已经很少，其中铁干里克以下就看不到胡杨林了。

2.1.3　塔克拉玛干沙漠的南缘

由且末往西经民丰、于田、和田、皮山、叶城一带，这是历史时期有名的“丝绸之路”的南路。《汉书・西域传上》记载：

西汉时的精绝国（即尼雅遗址，遗址在今民丰县北150 km的塔克拉玛干沙漠中，干涸的尼雅河两岸[19]），“王治精绝城，户四百八十，口三千三百六十，胜兵五百人”。

唐代还有精绝国，玄奘《大唐西域记》卷一二载：

> 媲摩川（即今克里雅河）东入沙碛，行二百余里至尼壤城（即尼雅）。周三四里，在大泽中，泽地热湿，难以履涉。芦草荒茂，无复途径。唯趋城路，仅得通行，故往来者莫不由此城焉……

反映当时尼雅所在地的自然条件是沼泽地，沼泽植物生长繁茂。“唯趋城路”并未提及流沙，可见当时大道沿线的山前平原，还没有大面积的流沙分布，距沙漠的南缘还有一段距离。

《西疆杂述诗・古迹・阳关道》自注：

> 汉之“渠勒、精绝、戎卢、小宛诸国，皆湮没于无踪，竟沦入瀚海（即沙漠），沧桑之变，一至于此”。

1896年，斯文・赫定从和田沿和田河的东支流玉龙哈什河进入塔克拉玛干沙漠，发现废墟，有死杨树的甬道和枯干的杏树园[9]。

1918年，谢彬从叶城到若羌，沿途见到许多戈壁、流沙、沙窝，不少破城子、废墟，胡杨林和枯胡杨断续分布。在70年代，根据卫星照片判断，车尔臣河两岸的胡杨林，也几乎绝迹。造成上述现象的原因，主要是由于塔克拉玛干沙漠在常年盛行干热风的作用下，沙漠中的流动沙丘顺着主风方向向沙漠外缘移动，使历史时期没有沙丘的地方出现沙丘，不少地方的胡杨林因干旱而死亡。除此以外，还有人为的因素。例如，根据访问，在塔克拉玛干的南缘，原来不仅有红柳，还有胡杨林，那时流沙没进入绿洲。后来，由于破坏森林，才导致流沙侵入①。

2.1.4　巴楚等地河岸

乾隆二十三年（1758）大小卓和之乱时，清将兆惠率兵三千，因穷追小卓和，河桥断塌，被迫在巴楚南面的喀喇乌苏（意为黑水，今叶尔羌城附近）之南掘壕扎营固守，小卓和以数万之众围攻，从乾隆二十三年（1758）到乾隆二十四年（1759）达3个月之久，史称黑水营之役[2]。据严赓雪研究，当时这一带本是一个茂密而且具有相当面积的胡杨林区，从3个月战斗中烧柴一项看，破坏的胡杨林已极为可观②。以后，由于长期以来不合理利用，这里沿河的胡杨林的面积大为缩小，这主要与叶尔羌河和喀什噶尔河流域河岸的垦殖和灌溉用水增加有关[20]。

总之，上述各地区胡杨林的变迁，情况是很复杂的，限于篇幅，不能一一分析。但总的说来，既有自然因素，又有人为因素。一般是自然和人为因素错综而相互影响，其中以人为因素为主导。影响塔里木盆地胡杨林的自然因素以河流的改道及盛行干热风的影响为主；人为因素对胡杨林的影响，有垦荒、乱砍、滥伐、滥樵、滥牧、水利措施不当、战争等。从近300年来说，战争的影响曾经可能是某些地方的主要因素之一。

---

① 中国科学院兰州沙漠研究所朱震达1977年提供实地访问资料。

② 1982年新疆八一农学院严赓雪提供研究资料。

20世纪50年代以来，由于人口的增长，燃料的缺乏，水利措施不当，上游截流筑坝，以及其他不合理的经济活动，等等，塔里木盆地的胡杨林资源正在减少，据新疆林业勘察设计院的航视调查，1979年的调查资料与1958年中国科学院和新疆农垦勘测大队调查的资料相比，塔里木盆地胡杨林面积由52.86万 hm^2减至28.05万 hm^2，减少46.94%；总蓄积量由540万 m^3减至128.16万 m^3，减少76.27%[21]。

新疆深处大陆中心，干旱少雨，塔里木盆地年降水量仅50 mm左右；准噶尔盆地年降水量较多，在250 mm以下，东部也只有50 mm左右。天山由于地势较高，年降水量较多，在300 mm以上，最多处可超过6 000 mm，加以气温较低，蒸发量较少，多成固体降水。天山南北的工农林牧业用水，几乎全恃雪水融注灌溉。古籍称天山为“群玉之山”“雪山”“凌山”，等等，都说明历史时期长期以来，天山冰雪一直是一个巨大的“天然水库”的意思。天山的积雪与当地的森林有密切的关系，破坏天山的森林，必然给天山南北的工农林牧业生产带来极为不利的影响。

2.2 天山森林的变化

天山森林的变化，从汉代屯田时即已开始，但主要是在清代以后。如《西域水道记》卷四《巴勒喀什淖尔（即巴尔喀什湖）所受水》提到清代在“济尔喀朗河置船厂，每岁伐南山（天山）木，修造粮船”。《新疆识略·木移》记载伊犁南北山场森林的破坏情况。同书《财赋》还提到乾隆、嘉庆间，清代在伊犁设立铅厂、铁厂、铜厂，征收木税等。这些冶炼厂都采用土法，每年消耗的木炭必大为增加。

又如阿古柏父子盘踞新疆广大地区时期，力兴土木，在阿克苏、喀喇沙尔（今焉耆回族自治县）、托克逊、吐鲁番等地建筑行宫。其中阿克苏行宫，是根据费尔干纳的式样兴建的，以穷极奢华闻名；吐鲁番宫殿也是“壮阔逾常”[2]。阿古柏父子建筑宫殿所耗木料不少，这些木材是从天山一带森林中砍伐而来的，造成对森林的破坏。

再如光绪初，经过阿古柏、白彦虎之乱，“天山南北”到处是断墙颓壁，一片瓦砾，乌鲁木齐、喀喇沙尔及伊犁将军驻地的惠远城（今伊宁市西）等城市都相类似[2]。就连乌鲁木齐南部山隘达坂城，在乾隆三十五年（1770）纪昀所作《乌鲁木齐杂诗》第19首，吟咏当地曾为有林之地，也由于白彦虎等负隅顽抗8个月[光绪二年（1876）六月十一日至光绪三年（1877）三月一日]，森林似受较大破坏，荡然无存；又由于那里地处风口，百余年来恢复不起来。这样大规模的、广泛的破坏，一毁一建，天山等地森林遭受破坏之厉害，概可想见。严赓雪认为，“因战争使新疆森林破坏，可能是近300年来的一个主要原因，这是指山区的天然林”，阿古柏、白彦虎之乱延祸森林最烈的看法，是正确的①。

天山北坡中东段森林，其分布与农牧等业生产相互交织，20世纪50年代前多次遭到人为的严重破坏。新中国成立以来，天山北坡，特别是奇台县至乌苏县（今市）之间，经济发展很快，林区所在的前缘地带，人口密集，交通方便，工矿企业多，对木材消耗量大。70年代以前，天山北坡中东段林区，曾为新疆木材生产的重要基地，生产商品木材占全疆半数以上。这种就地采伐、就地供应的结果，势必加大了对天山北坡中段针叶林的破坏程度。采伐最为严重的，首先是前山地带的森林。因为这些地区地势较平缓，交通便捷，作业条件好，故滥伐程度更严重，有的甚至反复来回砍伐，出现了“推光头”现象，致使森林下限上升，林地面积日益缩小。如巴里坤县松树塘一带，原

① 1982年新疆八一农学院严赓雪提供研究资料。

先密布着落叶松林，后因滥伐过度，现已成为草原，只残存着一些零星散布的树木和没有腐朽完的伐根。乌鲁木齐的南山林区和石河子南部山区的森林，新中国成立后被采伐的程度也十分严重。在滥伐过度的同时，森林的更新十分缓慢。在砍伐的迹地里，往往是旧账未清，又欠新账。

天山北坡中东段森林人为的过度采伐，自70年代以后，随着伊犁林区和阿尔泰林区的开发，情况才略有改变。尽管如此，由于那里的森林处于较发达的经济区，因此，受害是最为严重的①。

3 结束语

综上所述，我们有如下几点看法：

(1)新疆古代森林分布是较今为广的。不仅一些中山带天然森林分布较今为广，而且就是在平原地区，特别是河流沿岸，天然森林的分布也较今为广。值得注意的是，历史上山地森林的下限一般是较今为低的，也曾经有灌丛分布，这些灌丛在新疆生态系统中占一定比重和相当重要的意义。因此，在今后新疆绿化工作中，特别是发展新疆的防护林工作中，不仅要注意栽植乔木，而且在一些自然条件较差的地方，要先注意灌木，甚至要先重视草被。

(2)历史时期，新疆森林的变迁是相当大的。原因很多，归纳起来，既有自然的，也有人为的，但一般是自然和人为两因素综合而相互影响、互相制约的；除清代曾明显地受战争影响较大外，一般以人类的经济活动为主导。20世纪50年代前，人们开发利用自然界过程中有许多带有盲目性的举动，后来，人们曾一度摆脱过这种盲目性，取得了很大成果。但是后来片面地执行“以粮为纲”，又使新疆森林遭到破坏。经过数次反复，人们的认识有所提高，现在是在恢复和发展植被的基础上，发展生产。在发展生产的同时，更要注意种草植树，加强绿化工作，改善并保护生态环境。

(3)在新疆营造防护林体系过程中，行之有效的办法是，建造防护林体系必须与封山育林、封沙育草相结合。只有这样，才能事半功倍。

关于新疆森林的变迁和生态环境变化的深入分析，限于篇幅，将另文论述。

参考文献

[1] 新疆维吾尔自治区博物馆，新疆社会科学院考古研究所．新中国成立以来新疆考古的主要收获 // 文物考古工作三十年．北京：文物出版社，1979

[2] 新疆社会科学院民族研究所．新疆简史．第1册．乌鲁木齐：新疆人民出版社，1980

[3] 中国科学院考古研究所实验室．放射性碳素测定年代报告(一)．考古，1972(1)

[4] (清)萧雄．听园西疆杂述诗．卷四，注．上海：商务印书馆，1935

[5] 谢彬．新疆游记．上海：中华书局，1929

[6] (清)和宁．三州辑略·山川门．台北：成文出版社，1968

[7] (清)松筠．新疆识略．卷四，伊犁舆图，伊犁山川．台北：文海出版社，1965

[8] (清)徐松．西域水道记．卷二．台北：文海出版社，1965

[9] 斯文·赫定著，孙仲宽译．我的探险生涯．上册．西北科学考察团，1933

[10] 秦仁昌．关于胡杨与灰杨林的一些问题 // 新疆维吾尔自治区的自然条件(论文集)．北京：科学出版社，1956

① 据中国科学院新疆地理研究所陈汝国1981年底提供研究资料。

[11] 中国科学院植物研究所 . 中国植被区划 . 北京：科学出版社，1960
[12]（清）吴其濬 . 植物名实图考 . 北京：商务印书馆，1957
[13] Певцов М В. Путешествие в кашгарию и кун-лунъ.Москва，1949
[14] Hedin S. Scientific results of a joureny in Central Asia：1899–1902. Stokholm：Lithographic lnstitute of the General Staff of the Swedish Army，1905
[15] Пржевалъский Н М. Четвертое путешествие в централъной азии，1888
[16] 黄文弼 . 塔里木盆地考古记 . 北京：科学出版社，1958
[17] 朱震达 . 塔里木盆地的自然特征 . 地理知识，1960（4）
[18] 陈宗器 . 罗布淖尔与罗布荒原 . 地理学报，1963（1）
[19] 新疆博物馆考古队 . 新疆大沙漠中的古代遗址 . 考古，1961（3）
[20] 郭敬辉，等 . 新疆水文地理 . 北京：科学出版社，1966
[21] 录叙德，等 . 塔里木盆地胡杨林航视调查报告 . 新疆林业，1980（6）：3 ~ 11，47 ~ 49

附 录

关于《试论七八千年来中国森林的分布及其变迁》的查证

文榕生

1 缘起

《中国大百科全书·地理学》(中国大百科全书出版社，1990)在"历史地理学"寥寥百余字的词条中"历史植物地理"专门提到："中国学者在这一领域也进行了不少研究，如文焕然的《试论七八千年来中国森林的分布及其变迁》。"(简称《试论》)(图1)反映《试论》是"历史植物地理学"分支学科的代表性著作。

历史植物地理。这是从苏联 E. B. 武尔夫的研究开始的，1932 年出版《历史植物地理学引论》，以后又出版《历史植物地理学》。他在 30 年代的著作中即明确指出，历史植物地理是研究"人类活动所造成的植物界的变迁"。中国学者在这一领域也进行了不少研究，如文焕然的《试论七、八千年来中国森林的分布及其变迁》。

图1 《中国大百科全书·地理学》扫描原件摘录

2 查考《试论》

然而，自父亲1986年过世后，我们一直寻找《试论》，却始终未见全文。包括1988年在申请"重庆出版社科学学术著作出版基金"时，我曾拜访《中国大百科全书·地理学》词条作者侯仁之院士，侯老虽然特别强调《试论》的重要性，但对全文的下落并不知晓。

其时，我因"文革"离京，仍然身在外地，查找《试论》只能通过信件联系。期间，承蒙中国林学会学术部朱轻坤先生邮寄来中国林学会1980年3月所编《(1979)三北防护林体系建设学术讨论会论文集》(铅印)的2篇文摘(图2、图3)，其中就有《试论七八千年来中国森林的分布及其变迁》，但仅有文摘。

试论近七、八千年来中国森林的分布及其变迁

文 焕 然

（中国科学院地理所）

本文在整理大量古籍的基础上，结合地理、植物、动物、孢粉、考古和调查访问等方面的资料，探讨近七、八千年来中国天然森林的分布及其变迁。目的在于论述我国古代是个多林的国家、古代森林的分布情况和效益，从而增强营林和护林的信心与

图2 《1979年三北防护林体系建设学术讨论会论文集》中文摘一

历史时期"三北"防护林区的森林——论"三北"风沙、水土流失等自然灾害严重的由来

文焕然 何业恒

（中国科学院地理所） （湖南师范学院）

本文从历史植被的角度出发，探讨"三北"防护林区森林的分布及其变迁情况。由于反动统治时期滥伐、滥垦、滥牧，引起生态环境的不断恶化，造成"三北"地区风沙危害、水土流失等自然灾害严重的局面。全文约二万八千多字，分为东北西部、

图3 《1979年三北防护林体系建设学术讨论会论文集》中文摘二

后张钧成教授（1930—2002，中国林学会林业史学会副理事长兼秘书长）、印嘉祐编审（《北京林业大学学报》副主编）向我提供他们编纂的《国内外林业史研究概况》（1988，刊于《中国林学会林业史研究专业委员会筹备会议会议纪要及参考资料》）（图4）及增补（1989，刊于《林业史学会通讯第3期》）（图5），可以看出《试论七八千年来中国森林的分布及其变迁》确实有，但仅为文摘。

1977年侯仁之著《水文·沙漠·火山考古》一书出版，其中有《从红柳河上的古城废墟看毛乌素沙漠的变迁》（文物出版社 1977年出版）；

1979年侯仁之发表《我国风沙区的历史地理管窥》（刊于《三北防护林体系建设学术讨论会论文集》）；

1979年文焕然发表《试论近七、八千年来中国森林的分布及其变迁》（刊于《三北防护林体系建设学术讨论会论文集》）；

1979年文焕然 何业恒发表《中国森林资源分布的历史概况》（刊于《自然资源》1979年第2期）；

1980年文焕然 何业恒发表《历史时期"三北"防护林区的森林》（刊于《河南师范大学学报》1980年 第1期）；

图4 《国内外林业史研究概况》（1988）摘录

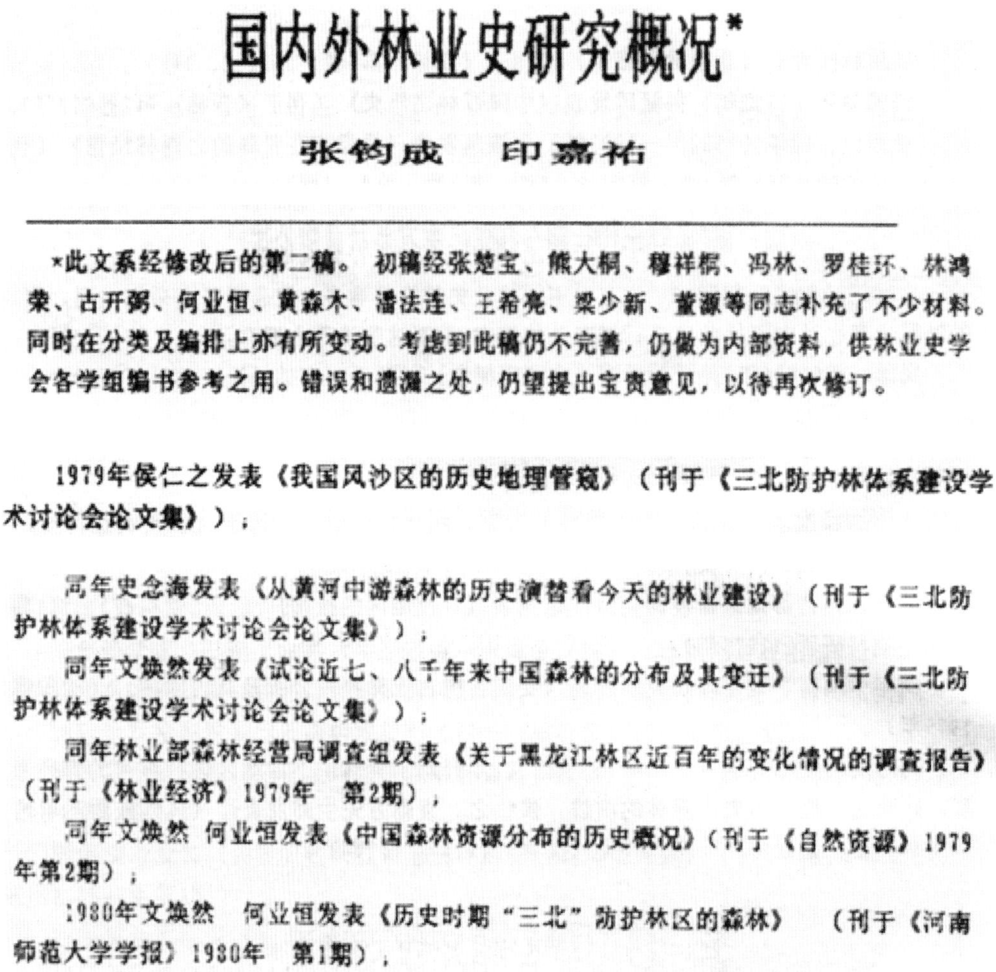

国内外林业史研究概况*

张钧成　印嘉祐

*此文系经修改后的第二稿。初稿经张楚宝、熊大桐、穆祥桐、冯林、罗桂环、林鸿荣、古开弼、何业恒、黄森木、潘法连、王希亮、梁少新、董源等同志补充了不少材料。同时在分类及编排上亦有所变动。考虑到此稿仍不完善，仍做为内部资料，供林业史学会各学组编书参考之用。错误和遗漏之处，仍望提出宝贵意见，以待再次修订。

1979年侯仁之发表《我国风沙区的历史地理管窥》（刊于《三北防护林体系建设学术讨论会论文集》）；

同年史念海发表《从黄河中游森林的历史演替看今天的林业建设》（刊于《三北防护林体系建设学术讨论会论文集》）；

同年文焕然发表《试论近七、八千年来中国森林的分布及其变迁》（刊于《三北防护林体系建设学术讨论会论文集》）；

同年林业部森林经营局调查组发表《关于黑龙江林区近百年的变化情况的调查报告》（刊于《林业经济》1979年　第2期）；

同年文焕然　何业恒发表《中国森林资源分布的历史概况》（刊于《自然资源》1979年第2期）；

1980年文焕然　何业恒发表《历史时期"三北"防护林区的森林》　（刊于《河南师范大学学报》1980年　第1期）；

图5　《国内外林业史研究概况》(1989)摘录拼接

关君蔚院士在一份推荐意见中特证明：

> 七十年代后期，"三北"防护林建设工程在国家正式立项前后，正是我国科教工作者处境万难之时，承林业部指定，我(与)第一作者文焕然老学长接触较多。在工作和生活条件极为困惑之时，作者仍能孜孜以求，不仅对"三北"防护林体系建设工程做出了贡献，实使我也突出地受到教育和感染。文老已仙逝，附记于次[1]。

又据何业恒教授(1918—2004，湖南师范大学地理系教授，在父亲晚年曾与之较长期合作)1997年提供信息(图6)：

> 1980年1月，中国林学会(实际上是林业部)召开"'三北'防护林学术会议"，到会代表200多人；国家农委、林业部的(副部长)[领导]，侯仁之、史念海、(你父亲和我)[文焕然、何业恒]都参加了。

文焕然在会上作题为"历史时期'三北'防护林区的森林"报告，该文是1979年8月起草，约9月完成，后被收入《三北防护林体系建设学术讨论会论文集》，最后在《河南师范大学学报》(1980年第1期)发表。

《试论七八千年来中国森林的分布及其变迁》的定稿则是1980年6月，与"三北"防护林学术会议没有直接关系。

据当年担任"三北"防护林体系建设学术讨论会会务工作的印嘉祐1988年6月追忆：1979年11月，在宣武门的招待所召开；会议特邀3位历史地理学家——侯仁之、史念海[带朱士光(现陕西师范大学教授，曾任

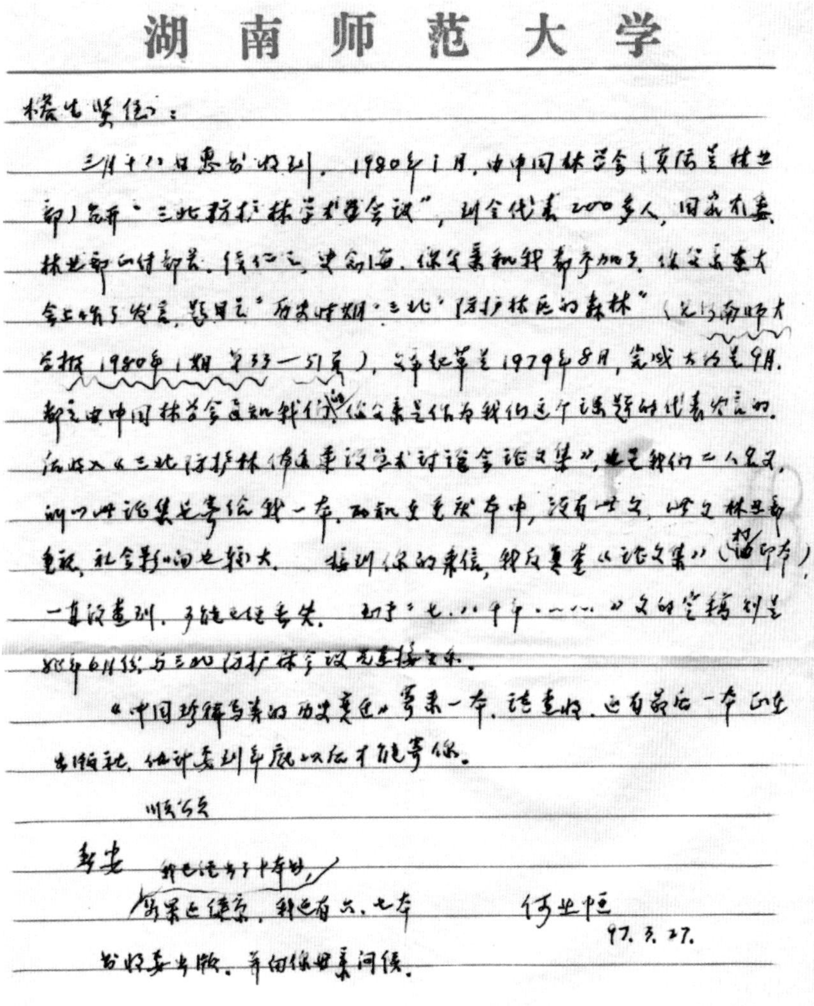

湖南师范大学

何业恒

97.3.27.

图6 何业恒1997年提供线索

中国地理学会历史地理专业委员会副主任、西安市社会科学界联合会副主席等职）为助手］、文焕然［何业恒（时为湖南师范学院地理系讲师）列席］做报告。当时，张平化（时任国家农委第一副主任兼党组副书记）、罗玉川（时任林业部部长）等林业部领导与专家、学者均在台下听讲①。

综上情况，我们可以肯定：①侯仁之与文焕然等同时应邀在"三北"防护林体系建设学术讨论会做学术报告；②侯仁之的论文（《我国风沙区的历史地理管窥》）与文焕然的2篇作品（其中一篇与何业恒合作）同时有文摘刊登在《（1979年）三北防护林体系建设学术讨论会论文集》上；③《试论》由文焕然独著。

3 《试论》的下落何在

1980年7月，《云南林业调查规划》（增刊）以整部刊物篇幅，全文发表文焕然专著②《历史时期中国森林的分布及其变迁（初稿）》（简称《初稿》）。

① 文焕然在林业部招待所还参加过一次林业史会议。据张钧成追忆："1983年4月1日至4月18日，在林业部招待所召开了一次全国林业史讨论会，由罗玉川同志主持，到会者为全国各省林业厅的老厅长、林业院校和林业部直属单位的专家和领导。北林有陈陆圻、朱江户、印嘉祐、古开弼等参加。记得还邀请了历史地理学者文焕然先生。"［张钧成.2003.承前启后忆前贤：关于北林林业史学科建设的回忆.北京林业大学学报（社会科学版），2（3）：75~80］

② 一般而言，超过5万字的，可以称为学术专著。（专著.http：//baike.baidu.com/link?url=AGUYd13qeUoqjq5x8MnpIiU9N_JH-ds9DEzf-PxGwbOIjh_Mt46DIT1LhjkuEcRwgA2PCvD4smeKgw6TBnDiS4RjElnqPDOPEQiOginVDse）

随后，我们看到吴征镒院士主编的《中国植被》(科学出版社，1980)① 在“第三章 中国新时代植被的发展和演变”(第61页)注明：“第二节第二部分根据文焕然资料，由吴征镒改写。”(图7)察看标题与具体内容，则是“(二)全新世植被及人类活动的影响”。尽管没有提及“资料”的名称，但这正是历史植物地理研究的范畴。

第一节 中国新生代自然地理概况

一、中国新生代的地理概貌

古地理研究证明，经过中生代末期过渡到老第三纪的时候，我国大地的轮廓与现今有很大的不同。现今为黄海和东海海水淹盖的海底，当时还突露在海平面之上，并与东亚外围环状岛弧相连。白令海峡尚未形成，它象一座狭窄的桥梁横架在东西伯利亚和阿

* 本章第一、二节由徐仁、李世英执笔。第二节第二部分根据文焕然资料，由吴征镒改写。

图7 《中国植被》注释

再后，《中国自然地理·历史自然地理》(科学出版，1982)② 的“第三章 历史时期的植被变迁”由文焕然与陈桥驿 ③ 撰。据陈桥驿教授披露：《历史自然地理》是1976年冬在西安举行编纂会议；“《历史时期的植被变迁》这一章，虽然最后也由我定稿，但稿内提供的资料，多数都是焕然先生的，所以在作者姓名的排列中，我当然把他的名氏置于我之上。”[2] 由此反映，专著《历史时期中国森林的分布及其变迁(初稿)》最晚在1970年代已经在撰写。

4 佐证

文焕然遗稿《中国近八千年来冬半年气候冷暖变迁》在申请专著出版基金时，专家曾建议：“建议书名改为《中国近五千年来冬半年气候冷暖变迁》。”(图8)

诚然，竺可桢院士的名篇《中国近五千年来气候变迁初步研究》(首发于《考古学报》1972年第1期)的时间跨度为“近五千年来”，但文焕然的遗稿内容在时间跨度上前延3 000年左右，怎能因为名家作品而不顾客观实际地限制后人的超越？我将此情况向谭其骧院士请教，他建议我向出版社说明。后得到责编陆巍、吴三保编审与科学出版社认可，终定名《中国历史时期冬半年气候冷暖变迁》④。

由此可见，在正式定名前，题名的更改不足为奇。

① 该书1988年获国家自然科学二等奖。

② 该书1986年获中国科学院科技成果一等奖。

③ 陈桥驿(1923—2015)其时为杭州大学地理系讲师，后为浙江大学地球科学系终身教授，中国地理学会历史地理专业委员会主任，国际地理学会历史地理专业委员会咨询委员。

④ 该书1996年出版，后获第二届“郭沫若中国历史学奖”二等奖。在出版过程中，需要我对内容校对、增补、制图、编排等较多工作，为了赋予相应的荣誉并示负责，科学出版社最后决定将我增加为作者。尤其是陆巍先生在前期的编审工作中花费不少心血，特附记。

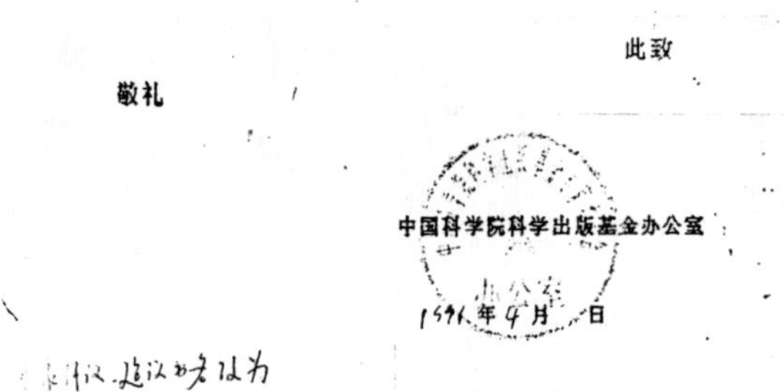

中国科学院科学出版基金专家委员会

(91)出版基金[illegible]字第027号

[illegible] 同志：

你申请的中国科学院科学出版基金项目《[illegible]》，经同行专家评议，专家组评审，专家委员会[illegible]年12月 日批准，正式列为本基金资助项目，特此函告。

请你按照申请书填报的情况，参考专家评审意见(见附件)，抓紧落实撰稿工作，确保书稿质量。全稿10万字，于[illegible]年 月交稿。

有关该书稿的编辑出版工作，已正式转交科学出版社，请你直接与该社第三编辑室责任编辑[illegible]同志联系，并签订出版合同。

如有问题，请与我们办公室联系。

此致

敬礼

中国科学院科学出版基金办公室

[illegible]年4月 日

图8 对题名更改的实例

5 历史地理与地理学各阶段的关系

诚然，谭其骧等大家划定以“人类文明”作为古地理与历史地理的分水岭，当代地理亦即“今地理”，并指明不同的基本研究方法[3]。窃以为，这种划分，只是规划出不同的研究侧重点，并不存在不可逾越的界限，而往往出现交错现象。在时间方面，我们的研究都有可能出现一定程度的前伸或后延，这是由于自然界的变化实际上是连续性的，而我们的研究只能截取其中某一片段；并且，我们的研究以往目的都是为了指导现实或将来的行为。至于研究的对象，一般来说，处于时序在后的，我们往往可以采取更多的方法，获取的资料也更加丰富、详细，准确度更高。因此，我们从事历史地理研究，并不能拘泥于前人的模式，而应有所发展，既可利用留传下来的文字记录，也可利用没有文字记录的其他科学手段。

如果说，研究历史人文地理更多的是依靠古文献记载，这种成果与人类文明之初尚有一段空白的话①，那么，研究历史自然地理，除了利用古籍外，已经大量采用现代科学研究新手段的成果（如遗存、遗迹、孢粉、泥炭、树轮、断代法等），使之与人类文明之前的状况可以实现对接，这些客观实证更具说服力。

就研究历史生物地理所利用文献，于希贤教授明晰地指出：

> 而近几千年来，特别是有文字记载以来近期的动植物的变化，外国学者囿于文献不足，常常可望而不可即。他们有的只是在小范围内、少数地区研究火山喷发前后植物种属与植物区系的变迁。
>
> 中国拥有世界上数量最多、内容最丰富、涉及范围最广的文献资料。如游记、笔记、正史典籍、文物考古资料、甲骨文、金文、地方史和地方志中，有着浩如烟海的丰富内容，为历史时期动植物变迁的

① 除了利用研究资料、手段外，还在于历史人文地理主要是研究人类形成聚落环境以来的活动，这较之历史自然地理是全新世以来存在较长的空白。

研究提供了广阔的前景。如何利用这些文献以发挥中国科学研究的特长，并补外国学者之不足，是中国历史地理工作者的历史使命。要取得科学研究成果，这首先需要有关学者有驾驭这些材料的能力与具备有关生物学的基础，并了解国内外本学术领域研究的前沿[4]。

世界上的文明古国有中国、古埃及、美索不达米亚、古印度、古希腊、古玛雅等，除了地域大小、跨纬度多少、地质结构、地形特征等差异外，唯有中国具有连绵不断的古文献（其中包含大量人文与自然科学方面的记载）传世，故在某些历史地理领域，实际上唯有中国可以进行长时期或连续不断的历史地理研究。

就地理学而论，现通常可将其研究划分为3个阶段——古地理（人类文明之前）、历史地理（人类文明以来—现代）、（现代）地理。在“古地理”阶段，基本上仅涉及自然地理方面；在“历史地理”阶段，由于人类文明而出现人类活动影响因素，进而产生人文地理；“（现代）地理”中不仅在自然地理方面与之前的研究内容不尽相同（如气候研究往往需要通过千年、百年，甚至万年以上的变化，才有可能探索其变化规律。故现代地理学中纯粹的现代气候研究仅限于数年、数十年的变化），就是人文地理中的研究内容也有变化（如“聚落地理”仅存在于历史时期）。

就是贯通与地理学全过程的“动物地理”研究，在不同阶段也是各有侧重。例如，对于现代动物地理学基本定型的动物区系划分并不适宜历史时期的动物分布变迁，这是由于动物区系是在历史因素和生态因素共同作用下形成的，涉及物种鉴定、组合，气候、地貌、动物、植物、植被及其变迁等多要素，从目前研究结果显示，历史时期与今截然不同，需要通过多方面大量的研究，才有可能发现其中的规律性，进而展开动物区系的划分。

当然，对于地理学各分支及其相互关系的划分并不意味着各自内容的壁垒森严，在实际研究中，研究者往往取长补短、相互交融，使其更接近真理。

6　柳暗花明

正当我们的考证似已结束之际，不料半路杀出个程咬金——网上古旧书店出现中国科学院地理研究所油印本《试论近八千年来中国森林的分布及其变迁》（图9、图10）（以下简称《变迁》）。

从披露的相关信息看，《变迁》是1979年4月完成的，共86页。尽管我们没有实物可比对，尽管《变迁》的页码更多，但是从铅印的《初稿》版面应更紧凑而页码少，且油印本《变迁》完成时间在前，故共有相关内容的3种文献之间应是：《变迁》是最初的全文，《试论》是其文摘（铅印），《初稿》则是《变迁》经修订过的铅印件。

时光荏苒，岁月如梭。我们看到《变迁》的拍卖价格一路飙升，作为文物乃司空见惯；作为学术专著的价值在《初稿》中完全可以体现。

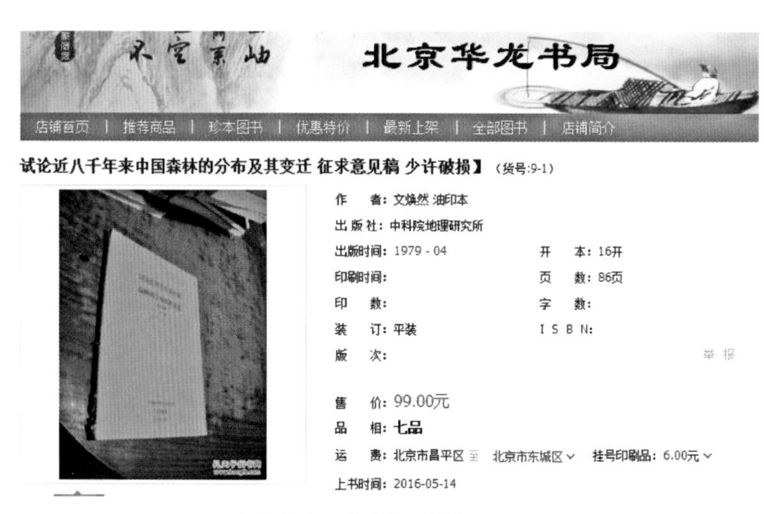

图9　北京龙华书局的《变迁》拍卖价超过100元

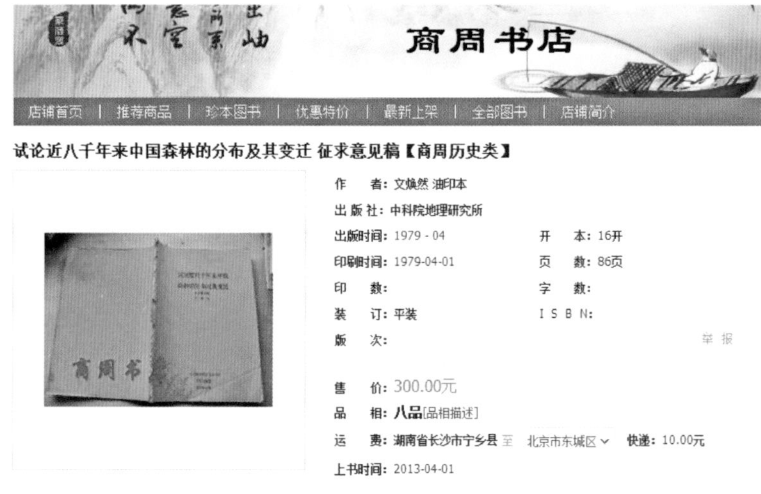

图10　商周书店的《变迁》拍卖价超过300元

7　结论

综合以上考证，窃以为：

①《试论》与侯仁之《我国风沙区的历史地理管窥》皆是在《（1979年）三北防护林体系建设学术讨论会论文集》刊登的文摘。《试论》已有全文的专著形式，故侯老撰写《中国大百科全书》词条时，胸有成竹地仅提“文焕然”与“《试论》”。

②《初稿》在早期有油印件（当时的惯例往往是：先经批准，出油印件用于交流；然后，经专家、学者认可，再投交正式铅印），在“文革”期间不得已仅保留少量复件，后在《云南林业调查规划》内部发表后没有存留。参考“佐证”情况，估计《初稿》是在铅印时更名。

③既然与先父在历史时期森林变迁方面有过合作的陈桥驿与何业恒皆表示该专著是文焕然所著，反映著作权明晰，仅是文焕然著。

④从内容比对看，《试论》摘录的内容没有超出《初稿》的论述。

⑤从相关著作出版时间先后上看，由于先有《变迁》，随后又有《初稿》，遂被《中国植被》与《历史自然地理》等采用，得到学术界高度评价，是一部较重要学术专著。据目前检索，关于历史时期全国范围的森林分布与变迁专著，在《初稿》出版之前未见，在其后也未见有人出版。

⑥至于《历史时期中国森林的分布及其变迁（初稿）》为何在《云南林业调查规划》以“增刊”发表，这主要是当时出版著作十分困难①的不得已而为之。依稀记得父亲在世时，我从外地回京，他谈过《历史时期中国森林的分布及其变迁（初稿）》一书得到吴中伦院士等众人好评，并被吴老主持的《中国森林丛书》编委会选定为该书的样本之一。

我们得出的结论是：《历史时期中国森林的分布及其变迁（初稿）》实际上就是《试论七八千年来中国森林的分布及其变迁》，前者是专著全文，后者是文摘。

参考文献

[1] 王守春．中国历史地理学的回顾与展望：建所70周年历史地理学研究成果与发展前景．地理科学进展，2011，30(4)

[2] 陈桥驿．序 // 文焕然等著，文榕生选编整理．中国历史时期植物与动物变迁研究．重庆：重庆出版社，1995

[3] 葛剑雄．创建考古地理学的有益尝试 // 高蒙河著．长江下游考古地理．上海：复旦大学出版社，2005

[4] 于希贤．前言 // 文焕然等著．中国历史时期植物与动物变迁研究．重庆：重庆出版社，1995

① 父亲生前的不少著作往往是先报送所里审查批准后，再油印提供交换，以致我们看到有些人采用他著作的资料后并未注明来源，这也是当时人们对著作权观念意识淡薄的反映。

悼念文焕然先生 *

中国科学院地理研究所古地理历史地理研究室

著名历史地理学家，中国科学院、国家计委地理研究所研究员，中国地理学会历史地理专业委员会委员，中国农工民主党党员文焕然先生于1986年12月12日在北京病逝，享年68岁。

文焕然先生是湖南省益阳县人[①]，出身于教师家庭[②]。1939年湖南蓝田长郡中学高中部毕业后，考入浙江大学文学院史地系；毕业后，考取浙江大学史地研究所谭其骧教授的研究生。

1947年至1949年，任福建晋江国立海疆学校地理学副教授。1949年至1950年，仍留任该校地理学副教授，任代理教务主任及校长等职。1950年8月至1962年在福建师范学院任副教授，先后担任该校地理系中国地理教学组组长和区域自然地理教研组主任等职务，为国家培养了许多急需的人才；同时，他还潜心于学术研究，撰写若干历史地理方面的论文和著作。1962年8月，文焕然先生调来中国科学院地理研究所历史地理组工作，曾担任该组组长职务。从此，文焕然先生把他的全部精力贡献到历史地理学研究事业上去，直到生命的最后一刻。

文焕然先生长期以来以历史时期中国自然环境变迁为主要研究方向，为历史地理学做出宝贵贡献。他不仅在历史时期气候变迁等研究领域做出成绩，而且在野生珍贵稀有动物的分布变迁、历史时期我国森林分布变迁等研究领域做出了开创性的工作，受到国内外学者的重视和较高评价。在数十年科学研究工作中，文焕然先生先后完成了3部著作、55篇论文、8篇专题学术报告，累计字数达百万之多。其中，《秦汉时代黄河中下游气候研究》（专著）以及《历史时期中国森林的分布及其变迁》[③]、《历史时期“三北”防护林地区森林的变迁》、《历史时期竹子分布北界的变迁》[④]、《历史时期中国野象的初步研究》、《历史时期马来鳄分布的变迁

---

* 原文发表于：地理研究，1987，6(1)。此次发表有所校对，并增加一些注释。

① 据《桃江县志·人物传记》中有文士员（文焕然之父）、文士桢（中国桃江. http：//www. taojiang. gov. cn/art/2013/7/15/art_52_56400. html）；“中华文氏宗亲网”称：“地理学家文士员 文士员，桃江沾溪贺家坪人，中国著名地理学家。他在湖南省立第一师范读书期间，与毛泽东是同学，后在国立武昌师范大学史地系深造，毕业后一直从事教育事业。”（中华文氏宗亲网—专家学者. www. wxzqw. cn/wsrw/zjxz/2013-02-23）。又据关于文焕然叔父文士桢（文士桢. http：//www. library. hn. cn/hxrw/xdrw/sbjld/wenshizhen. htm）的介绍，为今益阳市赫山区人。综此情况，我们认为是在益阳市赫山区与桃江县一带，皆属于“益阳市”。

② 文焕然之父文士员在新中国成立前曾在湖北、湖南两省多所大中学校担任地理教学工作40余年，是著名地理教师；同时还是我国早期出版地图的专家之一，他在亚新地学社兼任编辑30余年。新中国成立后，文士员最初还在育群中学等任教，后担任湖南省文物保管委员会委员、湖南省政协委员、湖南省志编纂委员会委员兼地理组组长、湖南省人民政府科学工作委员会地理组长、中国地理学会湖南省分会常务理事、湖南省文史馆研究员等职，成为著名地理学家。

③ 此为专著。

④ 似指中国科学院地理研究所1963年油印《战国以来华北西部经济栽培竹林北界分布初探》，当时即为较重要历史生物地理著作；我们见到其内容为不少人采用，但有未标明出处者。该文后经文榕生修改（因原文篇幅较长，难以正式发表）为《战国以来华北西部经济栽培竹林北界初探》，在1993年《历史地理》第十一辑正式发表。

及其原因的初步研究》[1]、《中国野生犀牛的灭绝》、《近五千年来鄂、豫、湘、川间的大熊猫》等论著，成了文焕然先生留给我国学术界的宝贵遗产。

文焕然先生在科研工作中能紧密地与国家的建设需要结合起来，积极承担与国民经济建设密切相关的重要科研课题。因此，他的研究成果不仅具有较高的学术价值，而且对于国民经济建设中的许多重要项目有着指导意义。他完成的多项科研成果受到国家有关领导机关和有关生产业务部门的重视与好评。如《历史时期"三北"防护林地区森林的变迁》受到林业部的好评，有关历史时期珍稀动物变迁的研究则受到国务院环境办公室的重视。

刻苦勤奋，坚韧不拔，勇于拼搏，是文焕然先生的极为可贵的精神。文焕然先生为科学事业付出了艰辛的劳动，对所从事的事业，充满信心。多年来，他在历史时期森林分布变迁及野生珍稀动物分布变迁的研究上，锲而不舍，狠抓不放。长期以来，他不顾多种疾病缠身和视力很差，以顽强的毅力，克服难以想象的困难，孜孜不倦地坚持工作，从浩瀚的历史文献中，收集了大量史料。就是在他生命的最后一段时间，仍壮心不已，还想要拼搏一番，准备撰写大型科学专著，要为科学事业做出更多贡献。文焕然先生在工作中一贯认真负责，对每一条资料都字斟句酌，工作踏实、严肃朴实，是历史地理科学领域中一位勤奋的耕耘者。

文焕然先生把自己毕生精力献给了祖国历史地理学和环境变迁科学事业的发展。他那种艰苦奋斗、努力工作以及高度为科学献身的精神永远值得我们学习。

---

① 原题名为：《历史时期中国马来鳄分布的变迁及其原因的初步研究》。

文焕然著作目录 ①*

文榕生

序号	题　名	作者	出　处	备　注
1	北方之竹	文焕然	东南日报·云涛周刊，1947（9）	
2	从地理学之观点论我国核心区域之转移	文焕然	海疆校刊，1947，1（4~5）	
3	南洋之地理特色与国际地位	文焕然	海疆学刊，1948（1）	
4	从盐碱土之分布论历史时期河域之雨量变迁	文焕然	海疆校刊，1948，1（6）	
5	从季风现象揣测古代河域之气候	文焕然	海疆校刊，1948，1（7~8）	
6	从柑橘、荔枝之地理分布蠡测秦汉时代之气候	文焕然	海疆学刊，1948	
7	从秦汉时代中国的柑橘、荔枝地理分布大势之史料来初步推断当时黄河中下游南部的常年气候	文焕然	福建师范学院学报（自然科学版），1956（2）：153~170	有称：《福建师大学报（自然科学版）》，不准确
8	秦汉时代黄河中下游气候研究	文焕然	北京：商务印书馆，1959	专著
9	怎样指导中学生进行野外物候的访问和观测	文焕然	地理知识，1960（2）	
10	周秦两汉时代华北平原与渭河平原盐碱土的分布及利用改良	文焕然，林景亮	土壤学报，1964，12（1）	
11	北魏以来河北省南部盐碱土的分布和改良利用初探	文焕然，汪安球	土壤学报，1964，12（3）	
12	从历史地理看黑龙江流域	文焕然	地理知识，1974（2）	
13	历史时期河南博爱竹林的分布和变化初探	文焕然	河南农学院科技通讯·竹子专辑，1974（2）	原署：史棣组
14	我国古籍有关南海诸岛动物的记载	文焕然	动物学报，1976，22（1）	原署：中国科学院地理研究所历史地理组
15	历史上北京竹林的史料	文焕然	竹类研究，1976（5）	
16	中国古代文献中有关食管癌记载初探	文焕然	食管癌防治研究，1978（1）	
17	华北最大的竹林：博爱竹林	文焕然，孟祥堂	植物杂志，1978（1）	有称：《生命世界》，不准确
18	黑龙江省的气候变化	龚高法，陈恩久，文焕然	地理学报，1979（2）	
19	历史时期中国野象的初步研究	文焕然，江应梁，何业恒，高耀亭	思想战线（云南大学社会科学版），1979（6）	

① * 此目录基本上可以反映文焕然毕生的科研轨迹与科研所涉及的分支学科、领域。

但就我所经历，清楚先父作品、资料曾遭受2次“大厄”。其一，主要因“文革”遭受迫害，多次抄家，驱赶到仅能容身的“蜗居”，全家人曾天各一方，我亦未成年即外出插队，先父作品、未定稿、手稿、资料（包括不少学术交流信件、珍贵照片等）有相当部分散失。此目录仅据我所见或检索到的文献著录。祈望知情者奉告目录中缺失者，不胜感谢！

（续表）

序号	题　名	作者	出　处	备　注
20	中国森林资源分布的历史概况	文焕然，何业恒	自然资源，1979（2）	（日）川濑金次郎译．中国森林资源分布的历史概况．森林文化研究，1983，4（1）
21	试论七八千年来中国森林的分布及其变迁	文焕然	中国林学会编．（1979年）“三北”防护林体系建设学术讨论会论文集，1979	《中国大百科全书·历史植物地理》唯一提及
22	历史时期中国森林的分布及其变迁（初稿）	文焕然	云南林业调查规划，1980（增刊）	专著
23	历史时期“三北”防护林区的森林：兼论“三北”风沙危害、水土流失等自然灾害严重的由来	文焕然，何业恒	河南师大学报（自然科学版），1980（1）	
24	历史时期中国马来鳄分布的变迁及其原因的初步研究	文焕然，何业恒，黄祝坚，徐俊传	华东师范大学学报（自然科学版），1980（3）	
25	中国历史时期的野象	文焕然	博物杂志，1980（3）	
26	Les animaux rares en China et leurevolution（中国珍稀动物的变迁）	文焕然	La China en construction（中国建设），1980（18）	
27	中国古代的孔雀	文焕然，何业恒	化石，1980（3）	
28	我国长臂猿地理分布的变迁	文焕然，何业恒	地理知识，1980（11）	
29	明清时期河南省封丘县旱涝的初步研究	文焕然	黄淮海论文集，1981	
30	中国历史时期孔雀的地理分布及其变迁	文焕然，何业恒	历史地理．第一辑，1981	丛刊
31	中国野生犀牛的灭绝	文焕然，何业恒，高耀亭	武汉师范学院学报，1981（1）	
32	中国野犀的地理分布及其演变	文焕然	野生动物，1981（1）	
33	封丘县旱涝史	文焕然，盛福尧	黄淮海平原封丘县旱涝盐碱综合治理文集，1981	
34	试论扬子鳄的地理变迁	文焕然，黄祝坚，何业恒，徐俊传	湘潭大学自然科学学报，1981（1）	
35	华北历史上的猕猴	文焕然，何业恒，徐俊传	河南师大学报（自然科学版），1981（1）	
36	宁夏历史时期的森林及其变迁	陈加良，文焕然	宁夏大学学报（自然科学版），1981（1）	
37	近五千年来豫鄂湘川间的大熊猫	文焕然，何业恒	西南师范学院学报，1981（1）	
38	历史时期中国长臂猿分布的变迁	高耀亭，文焕然，何业恒	动物学研究，1981，2（1）	
39	中国鹦鹉分布的变迁	何业恒，文焕然，谭耀匡	兰州大学学报，1981（1）	
40	试论珠江三角洲马来鳄的历史变迁及其和“人与生物圈”的关系	文焕然	活页文史（淮阴师专学报附刊），1981	
41	历史时期我国珍稀动物的地理变迁的初步研究	文焕然，何业恒	湖南师院学报（自然科学版），1981（2）	

（续表）

序号	题　名	作者	出　处	备　注
42	石塘长沙考	文焕然，钮仲勋	韩振华编．南海诸岛史地考证论集．北京：中华书局，1981	文集
43	历史时期华北的野象	文焕然，何业恒	地理知识，1981（7）	
44	历史时期中国有猩猩吗？	何业恒，文焕然	化石，1981（2）	
45	湘江下游森林的变迁	何业恒，文焕然	历史地理．第二辑，1982	丛刊
46	China forests：Past and present（中国森林的过去和现在）	文焕然	China reconstructs（中国建设），1982（2）	
47	历史时期的植被变迁	文焕然，陈桥驿	中国科学院《中国自然地理》编委会．中国自然地理·历史自然地理．北京：科学出版社，1982	专著（第3章）
48	邯郸地区近百年来旱涝情况初探	文焕然，盛福尧	中原地理研究，1982（1）	
49	历史上北京的竹林	文焕然	竹类研究，1982，1（1）	
50	北京栽培竹林的历史	文焕然	竹类研究，1984，3（1）	
51	历史时期新疆森林的分布及其特点	文焕然	历史地理．第六辑，1988	
52	距今约8 000~2 500年前长江、黄河中下游气候冷暖变迁初探	文焕然，徐俊传	地理集刊．第18号，古地理与历史地理专辑．北京：科学出版社，1987	文集
53	动物变迁与环境保护	文焕然，文仓生	晋中师专学报，1989（1）	
54	中国犀牛历史变迁图	文焕然	国家环境保护局主持；中国科学院长春地理研究所主编．中国自然保护地图集·中国几种珍稀濒危动物古今分布变迁图．北京：科学出版社，1989	图与图说
55	中国扬子鳄历史变迁图	文焕然	国家环境保护局主持；中国科学院长春地理研究所主编．中国自然保护地图集·中国几种珍稀濒危动物古今分布变迁图．北京：科学出版社，1989	图与图说
56	中国亚洲象历史变迁图	文焕然	国家环境保护局主持；中国科学院长春地理研究所主编．中国自然保护地图集·中国几种珍稀濒危动物古今分布变迁图．北京：科学出版社，1989	图与图说
57	森林的历史变迁	文焕然	《内蒙古森林》编辑委员会编著．内蒙古森林．北京：中国林业出版社，1989	专著（第2章）
58	森林的历史变迁	陈加良，文焕然	《宁夏森林》编辑委员会编著．宁夏森林．北京：中国林业出版社，1990	专著（第2章）。陈加良原注：本文已断续写作了6年之久，几易其稿。中国科学院地理研究所研究员文焕然先生曾主持了本文最初文稿的撰写，由于健康原因，未能继续指导后来按新提纲的重写工作。现文老不幸病逝，为了纪念文老对本章的贡献，根据《宁夏森林》编委会的决定，特副署文老

（续表）

序号	题 名	作者	出 处	备 注
59	再探历史时期的中国野象分布	文焕然	思想战线（云南大学社会科学版），1990（5）	文榕生整理
60	历史时期中国野骆驼分布变迁的初步研究	文焕然	湘潭大学自然科学学报，1990，12（1）	文榕生整理
61	再探历史时期中国野象的变迁	文焕然	西南师范大学学报（自然科学版），1990，15（2）	文榕生整理
62	北京栽培的竹林	文焕然，张济和，文榕生	西北林学院学报，1991，6（2）	
63	两广南部及海南的森林变迁	文焕然	河南大学学报（自然科学版），1992，22（1）	文榕生整理
64	内蒙古森林变迁与今后对策	文焕然	亚洲文明．第二集．合肥：安徽教育出版社，1992	丛刊，文榕生整理
65	历史时期中国野马、野驴的分布变迁	文焕然	历史地理．第十辑，1992	文榕生整理
66	海南省一些地方志考	文焕然	内蒙古大学学报（哲学社会科学版），1992（1）	文榕生整理
67	二千多年来华北西部经济栽培竹林之北界	文焕然	历史地理．第十一辑，1993	文榕生整理。原稿为《战国以来华北西部经济栽培竹林北界初探》，中国科学院地理研究所1963年油印
68	历史时期内蒙古的森林变迁	文焕然	文焕然等著；文榕生选编整理．中国历史时期植物与动物变迁研究．重庆：重庆出版社，1995	文榕生整理
69	历史时期青海的森林	文焕然	文焕然等著；文榕生选编整理．中国历史时期植物与动物变迁研究．重庆：重庆出版社，1995	文榕生整理
70	北京栽培竹林初探	文焕然，张济和	文焕然等著；文榕生选编整理．中国历史时期植物与动物变迁研究．重庆：重庆出版社，1995	张济和，文榕生整理
71	中国历史时期植物与动物变迁研究	文焕然等著；文榕生选编整理	重庆：重庆出版社，1995（2006重印）	专著（文集）
72	中国历史时期冬半年气候冷暖变迁	文焕然，文榕生著	北京：科学出版社，1996	专著
73	历史时期宁夏的森林变迁	文焕然	文焕然等著；文榕生选编整理．中国历史时期植物与动物变迁研究．重庆：重庆出版社，2006（重印）	文榕生整理

专家、学者对文焕然关于历史植物地理学研究的评论（摘录）

文榕生

按：文焕然（1919—1986）研究员是首位终身从事历史自然地理学研究的学者。尤其，历史植物地理学是他已取得更早且较多研究成果的研究方向之一，同时也是学术界公认他为此分支学科开拓者。为了便于大家对文焕然在这方面研究的了解，在他100周年诞辰之际，我们特摘录一些专家、学者对于他的评论（部分限于以往条件而未能发表）。限于历史久远与人们对事物的认识不断深化，从今天来看，所摘录的专家、学者中存在的某些提法虽见仁见智，也不无值得商榷之处，但我们还是力图保留历史真实性，有待大家自行判断。

一、对文焕然研究的评论

谭其骧（著名历史学家、历史地理学家，复旦大学教授、中国历史地理研究所所长，中国科学院院士）

……要探索和揭示气候变化的长期规律，就不得不借助于前人对气候变化直接或间接的记载，并且根据科学原理，结合实地考察，进行鉴别和分析。从甲骨文开始，中国拥有世界上数量最多、内容最丰富、涉及范围最广的文献记载，在这方面可谓得天独厚。

但是要把这一优势转化为科学研究的现实，却并不是轻而易举的。主要困难有两方面：一方面是，尽管中国也有像清代的黄河水情、皇城雨量等相当集中而系统的记载档案，但绝大多数资料是非常分散的，其中的大部分还不是气候变化的直接记录。要从卷帙浩繁的文献中发现、搜集、整理出这些资料，需要付出极其艰巨的劳动。另一方面，由于历史条件的限制，长期流传中不可避免的缺漏讹误和古今自然、人文地理环境的变迁，要鉴别这些资料的真伪，区分它们的正误，理解它们的真实含义，判断它们的科学价值就更加困难。这就要求研究者不仅能够熟练运用地理学的理论和手段，而且具有坚实的历史文献学基础；不仅能够对文献资料作精确的考证和深入的发掘，而且善于通过多学科的比较和实地考察来加以验证。

最近一二十年看到一些论著，往往免不了有这两方面的缺点。有的地理学家不重视资料工作，不是误用了第二手的或错误的资料，就是对资料作了不正确的理解，或者把最重要的时间、地点搞错了。尽管他们运用的理论和手段是先进的，所得出的结论和找到的“规律”却根本靠不住。还有一些研究人员在文献资料上尽了很大的努力，却不会运用科学的研究方法，只能做些简单的归纳和排比；或者不懂科学原理，使不少有可能取得的成果失之交臂。还应指出，由于这是一个新的研究领域，既缺乏现成的经验，又没有捷径可走，取得的成果也不一定在短期内得到学术界的承认和肯定，所以具备了这两方面条件的学者而又愿意选择这一研究方向的，更是屈指可数了。

文焕然先生就是一位既具备这两方面条件，又决心为这门学科献身的学者。他毕业于浙江大学史地系，又经过研究生阶段的深造，从40年代起就选择了历史时期的气候变迁这一研究方向，并且先后得到了竺可桢、卢鋈、胡厚宣、吕炯等先生的关怀和指导。他所搜集和运用的资料范围之广、数量之大，鉴别之精和发掘之深，是很少有人能够与他相比的。这是他40年如一日，勤勤恳恳，严肃谨慎，锲而不舍所取得的成果。正是有了这样牢固的基础，又结合和运用了文物、考古、气候、物候、孢粉分析、碳－14断代、古生物和现代动植物等方面的资料和成果，他才对中国近8 000年来冬半年气候冷暖变迁规律得出了自己的结论。说这本书凝聚了他毕生的心血，是一点也不过分的。

由于这方面的研究成果在国内外都还很少，也由于我自己的学识有限，我不敢说他的结论一定全部正确。但我可以肯定这是一项开创性的成果，具有重大的学术意义，并且提供了极有价值的丰富资料，为这门学科打下了一块坚实的基石。

从40年代在浙江大学与焕然先生相识，我与他有过40年的密切来往，深知他的学识和为人。尤其使我感动的是，在他生命的最后几年，他不顾严重的疾病和工作中的困难，仍然孜孜不倦地从事研究和著述，每次见面或来信所说的总还离不开这个题目。我记得最后一次在北京见到他时，他非常艰难地步行到我的住地。他告诉我，他正在锻炼步行以恢复体力，还随身带着一只小板凳，以便途中体力不济时可以小憩片刻。同时要求我放心，他所承担的《国家历史地图集》中的几幅地图一定如期完成。我相信他的毅力必定能战胜疾病，却没有料到他竟如此快就离开了我们。

可以告慰焕然先生的是，在他逝世4年后，经过哲嗣榕生的整理，又得到中国科学院科学出版基金和科学出版社的支持，这部遗著终于得以问世。榕生要我写序，我感到义不容辞，因此写上这些话，既作为对逝者的纪念，也希望他的贡献和著作受到应有的重视，这门学科能后继有人，不断进步[1]。

引自（谭其骧．1996. 谭其骧先生序 // 文焕然，文榕生著．中国历史时期冬半年气候冷暖变迁．北京：科学出版社）

蒋有绪（著名的森林群落学家、林型学家，中国林业科学院森林生态环境与保护研究所研究员，国家气候委员会委员、IGBP 中国委员会委员、SCOPE 中国委员会委员，中国科学院院士）

……我国森林调查的先驱，有陈封怀、周映昌、文焕然、刘慎谔、郑万钧、吴中伦等都历经艰险跋涉千里留下了珍贵的记录文献，但都是以树木学、森林地理学为主……

引自［蒋有绪．2002. 忆林业生态研究进展之一二憾事．中国林业（1A）：23～25］

葛剑雄［著名历史地理学家，复旦大学资深教授（历史地理专业）、中国历史地理研究所所长，上海市历史学会副会长、中国地理学会历史地理专业委员会主任、中国史学会理事、国际地圈生物圈中国委员会委员、全国政协常委，中央文史研究馆馆员］

谭其骧的第二位研究生是文焕然。他是湖南益阳人，1943年毕业于地理学本科，同年被录取为文科研究所史地学部史学研究生。文焕然为人笃实诚恳，学习异常刻苦，在谭其骧指导下，他选择了与气候变迁关系密切的动植物分布的变迁为研究方向。这是一项大海捞针式的工作，必须将浩如烟海的各类史料毫无目标地翻阅，才能发现为数有限的直接或间接的记载。但他的研究还是引起了竺可桢的关注，在竺可桢担任了中国科学院副院长后不久，就将文焕然从福建调至地理研究所，在他的指导和支持下从事历史动植物变迁的研究。四十多年间，文焕然发表了数十篇重要论文，成为这一学科公认的带头人。

---

① 这是谭其骧先生最后患病前交代葛剑雄先生的事，更加弥足珍贵。葛剑雄先生特说明："本文根据谭其骧先生生前在1991年11月的两次口授写成。因先生患病住院，后又去世未及审阅，如有与原意出入处，应由我负责。"

1982年《中华人民共和国国家历史地图集》开编，文焕然抱病请缨，担任动物图组组长。尽管他的病情日益严重，发展至行走困难，双目几近失明，但每次在北京开会或谭其骧去北京，他仍坚持参加。有一次他来看谭其骧时，在别人搀扶下还随带一只小凳，走一段歇一阵。告别时，谭其骧要我替他找车，但他婉言谢绝，还说："要是不锻炼，以后怎么继续工作？"闻者无不动容。1986年12月13日，谭其骧知得文焕然病逝，"为之感伤无限"（当日日记）。

引自［葛剑雄.1997.悠悠长水：谭其骧传.上海：华东师范大学出版社，124～125］

钮仲勋（著名历史地理学家，中国科学院地理与资源研究所研究员，中国地理学会历史地理专业委员会副主任委员）

气候是环境变迁的主导因素，历史气候是我国历史地理学科的传统研究领域之一，自著名科学家竺可桢先生的《中国近五千年来气候变迁的初步研究》一文问世后，20余年以来已取得较大的进展。近年来，又出现一些有质量的成果，由中国科学院科学出版基金资助、科学出版社出版的《中国历史时期冬半年气候冷暖变迁》即是其中之一。

该书系我国著名历史地理学家文焕然先生的遗稿。由其哲嗣文榕生同志整理，于1996年5月出版。全书分为10章45节，共25.5万字。第一章为引论，主要对涉及中国历史时期冬半年气候冷暖变迁研究的一般性问题作简要的说明；第二、三章为植物群反映的气候，主要论述中国历史时期森林植被变迁、多种典型热带亚热带植物的分布变迁及其所反映的气候……作者提出对中国历史时期冬半年气候冷暖变迁研究的一些认识。书后附有公元1至1900年我国东部地区冷暖气候资料。

研究中国历史时期冬半年气候冷暖变迁，所涉及的时空跨度既大，而气候冷暖变迁的本身又涉及问题甚多，面对这一客观情况，作者采用了重点突出、详略得当的办法。首先，在研究的地域范围与时期尺度上作了一定程度的限制，前者采取以中国东部地区为主、其他地区为辅的方式，而后者只探讨距今近8 000年以来的气候变迁。其次，在研究内容上采取以植物群、动物群反映的气候为主，其他自然现象反映的气候为辅……上述的情况在该书的篇幅比例安排上能够充分反映出来。由于该书重点突出，详略得当，加以层次分明，条理清晰，因而便于阅读，且附有地图、表格多幅，堪称图文并茂，相得益彰。该书资料极为丰富，作者查阅了大量的历史文献，如正史、方志、档案、文集、笔记、游记等，都广为引征，仅以该书附录"公元1至1900年我国东部地区冷暖气候资料"而言，采用者即达万种以上，除了从历史文献中查阅到大量史料外，作者还结合和运用了文物、考古、气候、物候、孢粉分析、^{14}C测年、古生物和现代动植物等方面的资料和成果。在此资料基础上，再进行深入分析，详加考证，可谓旁征博引，资料充实。作者不仅注意到文献资料的搜集整理及其系统研究，而且还对研究中的一些问题进行了实地调查。如对海南的森林、河南博爱的竹林、河南封丘的水涝的调查都是实例。作者对资料工作的重视和所付出的艰辛劳动，不仅有助于该书质量的提高，而且也反映了严谨的治学态度。

早在(20世纪)40年代，文焕然先生就选择了历史时期的气候变迁作为其研究方向。50年代，他出版了《秦汉时代黄河中下游气候研究》一书，采用了史料和自然观察相结合的研究方法。从气候的各个方面着眼来进行探试。同时，为了配合气候变迁的研究，还进行了历史时期柑橘、荔枝分布的研究。60年代，他开展了历史时期华北竹林分布研究和历史时期华北平原盐碱土分布研究。70年代，他承担《中国自然地理》系列丛书中的《历史自然地理》分册中的"历史时期植被的变迁"一章的撰写，从而对历史时期森林植被变迁进行了研究。此后，他除了继续进行森林植被变迁研究外，还开展了历史时期动物地理的研究，对10多种珍稀动物在历史时期地理分布的变化进行了探讨。

《中国历史时期冬半年气候冷暖变迁》一书的问世，可视为上述研究工作的系统总结，由于经过较长时期的研究实践和多个领域之间的相互渗透，故此项成果具有较高的学术价值。该书的出版，对历史气候来说，无疑是增添了新的研究内容和研究方法；对气候变化的研究，也提供了丰富的历史资料。从历史气候学科发展的角度来看，该书是有重要的现实意义。该书的主要目的虽是为了探索历史时期气候变迁的规律，但对历史时期动植物的分布变化作了较多的探讨，以此作为气候变化的证据。植物和动物是生态系统最重要的两个组成部分，它们在历史时期的分布变化是不容忽视的问题，因此，该书对于认识历史时期生态系统的变化也有重要的意义。

引自［钮仲勋 .1997. 评介《中国历史时期冬半年气候冷暖变迁》. 中国历史地理论丛，17(2)：149 ~ 150］

梅雪芹（历史学者，清华大学历史系教授，中国世界近代史研究会副会长、英国史研究会和中国史学理论研究会理事）

上述评论表明，在1949年之后很长一段时间内，与环境史相关的研究更多的是在自然科学的范畴内进行的，其研究旨趣主要在于认识和把握自然环境的变迁及其规律，相对淡化了有关问题的社会性。对于人文社会科学研究来说，“环境缺失”则是一个长期的突出的现象。这样，在中国学术界，虽然气象学、古生物学、考古学、地理学以及科技史等学科领域的学者，对中国历史上的气候演变、森林和草原等植被变迁、野生动物分布和变迁、江河湖泊变迁、沙漠成因和变迁、海岸线的推移、农林牧业开发之于环境的影响、水土保持等进行了广泛的考察和研究，同时，历史学和哲学等学科的学者还对地理环境与社会历史关系以及中国哲学中“天人合一”的思想等做过颇为系统的论述和阐释，但是，在自然科学和人文社会科学严重分野的情形下，一直没能发展出跨学科意义上的环境史概念和作为一种明确的交叉综合研究的环境史领域，这是不争的事实。

尽管如此，对于90年代之前中国学者在没有环境史概念的语境下，各自从本学科角度做出的关于自然环境与人类历史关系的种种研究，我们仍可以将它们置于环境史范畴内作进一步深入的分析，以弄清它们与今日中国的环境史研究尤其是环境史学科建构的关联。概言之，先前自然科学的环境变迁研究积累了丰富多彩的知识，准备了各有所长的方法，人文科学尤其是历史学对地理环境与社会历史关系的论述提供了富有启发的理论思考，这些方面是进一步开展环境史研究和学科建设工作的学术资源和思想源泉。在此，笔者拟以例证的方式，略加论述。

首先，丰富多彩的知识。美国环境史学家约翰·麦克尼尔曾指出，环境史“涉及的学科之多，达到了知识追求所能达到的地步”[①]。这表明，从事环境史研究需要具备丰富的自然与工程科学知识以及深厚的人文社科学（素）养。对今日中国的环境史研究来说，前人在相关领域的知识积累，是我们赖以拓展新的研究课题的基石。这里以文焕然的《中国历史时期植物与动物变迁研究》[②]一书，特别是其中关于历史时期中国野象分布与变迁的内容为例，来说明它对于中国环境史研究的奠基作用。

著名的历史地理学家文焕然（1919—1986），是“开辟我国历史植物地理和历史动物地理专题研究新领域的先驱之一”[③]。其专题论文中有20多篇探讨了我国历史时期植物与动物的变迁过程，在身后得到整理出版，即为《中国历史时期植物与动物变迁研究》，从一个方面展示了一幅探索中国近几千年来大自然变迁过程的轮廓与画卷。按照史念海的看法，“焕然先生对于历史时期动物分布的研究”更值得称道，因为在历史自然地理中，“地形、水文以及植被等和气候、土壤等，研究者甚多，成就亦殊不少，独于动物的变化问津者却甚稀少。这当然是较为困难的工作。焕然先生却奋力向这方面发展，而且也取得了相当的成就，可以说是补苴了这个

① 约翰·麦克尼尔 . 论环境史的自然与文化 . 历史与理论（John R.McNeill，“observations on the Natureand Culture of Environmental History”，History and Theory）2003(4)：9

② 文焕然等著，文榕生选编整理 . 中国历史时期植物与动物变迁研究 . 重庆：重庆出版社，2006

③ 侯仁之 . 期待着文焕然先生关于历史动植物地理研究的专题论文能够以论文集的专著早日出版(代序)// 文焕然等著 . 中国历史时期植物与动物变迁研究，第 I 页

学科中的缺门项目，如何不令人称道？”①

在这样的“补苴”中，文焕然揭示并首先公布了一个客观事实，即“在7 000多年前的历史时期，我国野象的分布曾北自河北阳原盆地（北纬40° 06′），南达雷州半岛南端（约北纬19°），南北跨纬度约20°；东起长江三角洲的上海马桥附近（约东经121°），西至云南高原盈江县西的中缅国境线（约东经97°），东西跨经度24°许。野象曾在华北、华东、华南、西南的广阔地区栖息繁衍……分布地区随着时光的流逝而逐渐缩小”②。他还总结了我国历史时期野象分布变迁的总趋势，即虽有反复，但分布北界在不断南移，其变迁经历了时空大致分明的8个阶段。这使我们不仅清晰地看到各阶段野象的分布概况，而且了解到野象在我国境内如何一步步从最北地区逐渐缩小到滇南五县以南的部分地方。此外，他也探究了野象分布北界南移的原因，认为这不外乎野象的自身习性的限制，生态环境的变化，人类活动的影响等，它们既相互联系，又相互制约，是综合作用的结果①。

由此，文焕然明确地指出：“野象的分布变迁是我国珍稀动物资源巨大变化的代表之一。野象这种盛衰变化的历史过程和规律，将是研究古今多种生态因子变化的重要资料，也将是研究社会科学诸多问题的重要侧面。”①正因为如此，我们可以更好地理解，为什么迄今一部完整的中国古代环境史著作——伊懋可的《中国环境史》，要从大象的退隐入手，并以此为主题贯穿全书。伊懋可所绘制的大象退隐图是以文焕然的研究为基础的。从他关于大象在时空上退却的方式反映了中国人定居的扩散和强化的说法中③，我们也可以看出上述文焕然之见解的影响。

引自[梅雪芹.2012.中国环境史研究的过去、现在和未来.史学月刊，6（7）]

注：引文依照原文，只是序号按摘录部分重排。

二、《中国历史时期植物与动物变迁研究》中序言、前言

侯仁之（著名历史地理学家，北京大学教授，中国地理学会副理事长，中国科学院院士） 期待着文焕然先生关于历史动植物地理研究的专题论文能够以论文集的专著早日出版

历史地理学作为现代地理学的组成部分，在我国还是一门十分年轻的学科，只是在新中国成立后，才开始得到从理论到实践上的全面发展。文焕然先生在部门历史自然地理学方面是开创我国历史植物地理和历史动物地理专题研究新领域的先驱之一。在西方，关于植物和动物历史地理学的研究——特别是历史植物地理学的研究，早在20世纪30年代已有著作问世。例如苏联著名植物地理学家吴鲁夫（Е.В.Вулъф）的《历史植物地理学引论》，即是一部重要著作，广为流传（有中文译本，1960年科学出版社）。该书第一章明确指出：“植物历史地理学与动物历史地理学，是历史地理学的直接的延续。”因此，这是研究历史时期自然环境演变的必不可少的部分。在我国，文焕然先生的专题论文，开始填补了这方面研究的空白。如能把他的30多篇专题论文，编辑为专书出版发行，必将有益于我国历史动植物地理学的发展，并有助于历史时期我国自然环境演变的研究。

1988年8月21日（转引自《中国历史时期植物与动物变迁研究》，重庆出版社，1995）

吴中伦（著名森林生态学家、森林地理学家，中国林业科学研究院研究员、副院长，中国林学会理事长，中国科学院院士） 吴序

---

① 史念海.史序//文焕然等著.中国历史时期植物与动物变迁研究，第Ⅳ页

② 文焕然等著，文榕生选编整理.中国历史时期植物与动物变迁研究.重庆：重庆出版社，2006

③ 伊懋可.象之退隐：中国环境史（Mark Elvin，TheRetreat of the Elephants：An Fnvironmental Historyof China）.纽黑文，伦敦：耶鲁大学出版社，2004，9～11

文焕然同志去世已经6年多了，在生前没有把他的全部论著汇总出版。最近文榕生同志接过其父亲的接力棒，在于希贤教授的指导和协助下，整理编选出《中国历史时期植物与动物变迁研究》专著，这不仅完成了文焕然同志的遗愿，更为历史动植物变迁和气象变迁科研文献库增加了重要内容。

文焕然同志长期在竺可桢先生的指导与支持下，从事我国历史植物、动物变迁的研究，并紧密联系气候和其他因素变迁的关系。文焕然同志学风严谨，调查考察几十年如一日，勤奋钻研，锲而不舍撰写了多篇论著。在研究方法上，采用了古生物、考古、文献查阅、实地考察、^{14}C断代和孢粉分析等技术，进行多学科的综合研究。文焕然同志从事科学研究认真而虚心。生前，他到各研究机构向有关专家教授请教和商讨，广泛征求意见，务求记述和结论翔实可靠。文焕然同志知识面广，有扎实的功底。他在植物方面的研究，尤其注意森林植被的变迁。在本专著中收集有关森林的论文就有5篇[①]。除《中国森林资源分布的历史概况》一文外，在地区上包括西北[②]地区的内蒙古、青海和新疆，华南地区的两广南部及海南岛。他特别重视竹子的自然分布和栽培区的历史变迁（这也是竺可桢先生的思想）。他在植物变迁研究中对其他种类如柑橘、荔枝也很重视……

……

总之，本专著内容丰富，学术性强，是一本出色的我国植物、动物历史变迁纪实专著。它包括的面广泛，可供植物学、动物学、林学及气象、环境、生态等方面的科学工作者参考，也是有关学科的有益教材。

1993年5月27日（转引自《中国历史时期植物与动物变迁研究》，重庆出版社，1995）

史念海（著名历史地理学家，陕西师范大学教授、历史地理研究所及唐史研究所所长、副校长） 史序

焕然先生平生博大好学，撰述不辍，积累篇章，为数非少。其哲嗣榕生世兄为之缀辑成书，俾其毕生精力所寄，留为世用。

焕然先生专治历史地理之学，数十年如一日，未稍懈怠。历史地理之学包括广泛，举凡历史自然地理和历史人文地理皆在其范畴之中。而历史自然地理和历史人文地理又各有分支。焕然先生于其中气候、土壤等自然现象的演变更多地致力，故其所撰述，亦以这些方面为最多。历史地理本为有用于世之学，气候、土壤又关系国计民生，故焕然先生于这些方面皆能殚精竭虑，费尽心力。这是焕然先生多年的抱负，思欲以其所得，有助于社会的发展。

事物都时时在变化之中。这应是尽人皆知的规律。可是说到具体，往往就不尽然。诸如对于自然现象就不乏这样的事例。一年之中，节令频易，寒燠互见，这是常理。若是往前回溯，远至千百年前，固仍各有其寒燠，仿佛无所差异。但在悠久时期间，前后的差异在所难免，而且有时还相当悬殊。因而对有关的事物，就不能没有影响。这些不容易避免的变化，却并非尽人都可以理解。现在黄河流域森林稀少，中游各处更是诸山皆童。有些人由此上推，因之而谓千百年前，亦和现在相似，那时山上山下皆无树木，更是说不上森林的。森林的繁育延续和气候的关系十分密切。现在黄河流域森林稀少，诚然是受到气候的影响，可是远在上古，黄河流域的气候在一些时期较现在为热，雨量也因之较多，而谓那时也和现在一样诸山皆童，那就不一定恰当了。

焕然先生研究历史时期的气候，对于事物演变的规律多有阐明，明确指出古今气候的不同，不能以今例古，这样就可以纠正一些人错误的认识。不能谓上古之时，黄河中游各地就少有森林，那时不仅气候和现在不同，影响到森林的发育扩展，而且由于各地气候的不同，也影响到当时植物的生长。焕然先生以汉时为例证，反复申论。那时橘枳栽培地区的变化就足以作为说明，其实橘过淮而为枳，气候差异的影响远在当时已

① 此乃指1995年首次选用的篇目。

② 宜为“三北”地区。

是人所悉知的常理，不意到现在反来还须多加申论。竺可桢先生为近代研究古今气候演变的名家，其所撰述殆已成定论。竺可桢先生早年已有古今气候演变不同的创见，其定稿则在其晚年。焕然先生的有关撰述，有的就在竺可桢先生定稿之前，这样深入探索，对整个问题的阐明，应该说是有助力的。

历史地理之学，虽为晚近新兴的学科，论其渊源所在，则当在2 000年以前。不过那时称为沿革地理学，历史地理学则为现代的称谓，这不仅是称谓不同，内容亦有差异。研究地理自以能亲至其处作实地考察为宜。这在沿革地理学的学者本已为常规，可是后来却多以文献记载为主。治此学者，往往足不出户，而指点江山，视为当然。历史地理学初始建立，实地考察尚未成为习惯，焕然先生即已率然先行，不以文献记载自缚，这在当时应该说是难得的。

焕然先生论述古今气候的变化，经常提到竹。远在西周春秋之时，黄河流域产竹是很多的。《诗・卫风・淇奥》所歌咏的“瞻彼淇奥，绿竹猗猗”，就常为论者所引证，而渭川千亩竹，成为普通人家与王侯比富的产业，就见于《史记・货殖列传》的记载。东汉初年，还曾伐淇园之竹，制箭克敌。像这样的记载，不少见于秦汉以后的文献之中。可是到了明清，就很少有人提到。为什么如此？这是耶人寻味的。

焕然先生为了探索黄河流域的产竹，曾经到处奔波。有一次来到西安，亲至户县、长安县（今为长安区）考察。户县以前为鄠县，以前的杜县就在今长安区的东北。鄠、杜竹林为汉时人士所经常称道，也是渭川竹林的一部分。渭川现在不是就不产竹，只是细干疏叶，不易编成器物。我的故乡为平陆小县，旧县城濒临黄河，城外河畔，到处竹林，郁郁葱葱，蔚为奇观。我举以告，焕然先生就即日命驾，前往审视。这样的精神令人钦佩。后来三门峡水库筑坝，水位抬高，平陆旧城亦在淹没计划之中，因而先期拆毁，竹林亦皆砍伐罄尽。当时若焕然先生稍一迟疑，便失之交臂。后来三门峡水库降低水位，旧县城可以不淹，可是竹林却未能复原。我每过其地，怀念焕然先生的治学精神，辄为之徘徊留恋，不能自已。

……

……前面曾经提到过，历史地理学分为历史自然地理和历史人文地理两大类。两大类中又各有分支。历史自然地理除了研究气候、土壤，还研究地形、水文、植被、动物等项……

焕然先生捐馆已经多年，缅怀故人，不禁泫然。今观其遗文得以辑印出版，私心颇为庆幸，因之略述以前交往旧事及其治学成就，牟诸篇首，谅为当世同行所乐闻的。焕然先生泉下有知，若能获悉其遗文得以行世，亦当释然于怀，并为之欣慰不置。

1993年6月（转引自《中国历史时期植物与动物变迁研究》，重庆出版社，1995）

陈桥驿（著名历史地理学家，浙江大学地球科学系终身教授，中国地理学会历史地理专业委员会主任，国际地理学会历史地理专业委员会咨询委员）　陈序

文焕然先生生前是我的老友，我们曾经合作共事，有过一段值得纪念的回忆……

焕然先生和我是1963年在杭州举行的中国地理学会第三次代表大会暨支援农业学术年会中认识的。当时，他是中国科学院地理研究所历史地理组的负责人，而我是杭州大学地理系经济地理教研室主任，我们在这次全国性的学术会议中都加入了历史地理学组。当时，历史地理学界的前辈如谭其骧、侯仁之、徐近之等学者，也都是这个组的成员，焕然先生和我在这个组中算是后进的中年学者。我们不仅在会上相处甚得，会后也继续保持通信联系……可惜接着到来的“文革”，中断了我们的联系。

“文革”结束以后，学术界又重新开始活动。由中国科学院已故竺可桢副院长担任主编的、规模巨大的《中国自然地理》各卷，分头进行编纂。《历史自然地理》卷于1976年冬在西安举行编纂会议，焕然先生和我又一次见面，并且共同负责卷中《历史时期的植被变迁》一章。根据会上许多学者提出的意见，会后，在我们经过反复地通信讨论后，他决定在1977年暑期从北京到杭州，与我共同完成这一章的撰写。这年7月初，他冒暑来到杭州，开始寓居杭大……（后因干扰太多）离开杭州，搬到绍兴，在卧龙山下的绍兴饭店进行我们的撰写工作，约有一个半月之久。在这一个半月之中，我们同室而居，朝夕切磋，并且到著名的会稽山作了野外考察。不仅基本上完成了初稿，而且也从此结下了深厚的学术友谊。

《中国自然地理·历史自然地理》最后于1982年由科学出版社出版，我是此书的三位主编之一，全书的章节次序以及作者的姓名安排等，都是由我处理的。《历史时期的植被变迁》这一章，虽然最后也是由我定稿，但稿内提供的资料，多数都是焕然先生的，所以在作者姓名的排列中，我当然把他的名氏置于我之上。却接到他一封充满谢意的信，表扬我在作者姓名排列上的谦逊，因为这实际上正是他的谦逊。

此后，我们仍多次在各种学术会议上见面，在北京、西安和其他一些地方。每次见面，他总要找一个机会与我彻夜长谈，不厌其详地告诉我他的研究计划，而且充满信心。我由于担任的社会工作较多，常常影响专业研究的时间，对他专心致志和孜孜矻矻的精神，感到既羡慕，又崇敬。的确，我们之间的每一次谈话，现在回忆起来，宛如在昨天一样。

他的身体素质本来很好，回忆在绍兴工作的一个多月时间中，他身体的各方面都比我强。到会稽山考察植物地理的一次，正值盛夏酷暑，烈日当头，野外考察是相当艰苦的。但他却表现得步履轻松，强健有力。我比他小好几岁，但在这一天爬山越岭的过程中，他常常走在我的前头。80年代中期，他得了一场大病，从此，体质就衰弱下来。1986年暑期《中华人民共和国国家历史地图集》在北京怀柔水库开会，他抱病参加。由于糖尿病的折磨，他不仅形容消瘦，而且步履维艰。我很为他的身体担心，但他却仍然对他的学术事业充满信心，与我侃侃而谈，让我知道，他在大病以后，又已经完成了好几项研究任务。对我来说，这实在是一种鼓励和鞭策。不幸的是，这次见面竟成了我们的永诀。以后就接到了他辞世的噩耗，我确实曾经为我失去这样一位益友而感到无比的哀痛和怅惘。

焕然先生的治学为人都是值得学习的。他治学的特点是坚强的意志力和无比执著的事业心。他以历史时期植物和动物的变迁研究为己任，也就是历史植物地理与历史动物地理的研究。在历史地理领域中，这两个分支的研究是具有很大难度的。重要的原因之一是资料分散，搜集这方面的资料，真如大海捞针，查索竟日而一无所获的情况往往有之。正因为如此，加上他工作过细，因而进度不免稍慢，但他本着人一为之己十之、人十为之己百之的精神，夙兴夜寐，加班工作，最后终于获得成功。至于他的为人，用忠厚诚恳四字，或许可以概括尽致。对于这方面，与他打过交道的朋友们，大概都有这样的感觉，这也是他在学术界能够获得不少合作者的原因。

……正如前面所指出的，所有这些资料的搜集、整理、分析、研究，具有很大的难度。而且，论文除了探讨几种植物、动物在历史时期消长和分布的变迁以外，同时还探讨了围绕这些植物、动物变迁的生态环境的变迁。所以这些论文所探讨的，不仅是事物的现象，而且涉及事物的本质和它们的规律性。这些论文在学术上的价值，当然是不言而喻的。

历史地理学中的历史植物地理和历史动物地理这两门分支学科，由于焕然先生生前的奔走倡导，近年以来已经获得了较大的发展和进步。溯昔日抚今，令人精神为之振奋。而回首与焕然先生合作共事的日子，更感遐想无穷。

1993年5月（转引自《中国历史时期植物与动物变迁研究》，重庆出版社，1995）

邹逸麟（著名历史地理学家，复旦大学历史系首席教授、历史地理研究所所长，中国地理学会历史地理专业委员会主任） 邹序

本书主要作者文焕然先生是著名的历史地理学家……1943年毕业于浙江大学史地系，同年以优异成绩考取了在浙江大学任教的我国现代历史地理学奠基人之一谭其骧教授的研究生。从此，他以毕生的精力投身于我国的科学事业，数十年来孜孜不倦，锲而不舍，直至生命的终止。他留下的数百万字的研究成果，对建设和发展历史地理学科有着重要的价值……

……

我国是一个幅员辽阔、自然条件纷繁复杂的国家。历史时期以来自然环境有过很多的变化，有的是自然要素本身的变化，但更多的是人类各种活动（政治或经济）施加于自然界而引起的变化。这两种变化又是相互交叉、互为因果的。因此，复原原始环境的面貌，探究其变化的原因、过程、后果及其规律，是历史自然地理学的基本任务。这种研究，对于今天的环境保护工作有着重要的参考意义。

自然环境诸要素中，气候是最重要的要素。气候的变化不仅直接影响到其他要素的变化，同时还将更深层次地影响到人们的生产、生活，甚至思想意识和文化形态。因此，无论研究历史自然地理还是历史人文地理，气候变化无疑都是首位重要的课题。

文焕然先生长期以历史时期我国自然环境变迁为主要研究方向。早在20世纪50年代，他就出版了《秦汉时代黄河中下游气候研究》一书，这是新中国成立以来第一本研究历史气候变迁的专著。以后，他又在野生珍稀动物的分布变迁、我国森林植被分布变迁领域做了开创性的工作。他发表的《历史时期中国森林的分布及其变迁》《历史时期“三北”防护林地区森林的变迁》……不仅在国内，在国际上也受到广泛的重视。他的论著对今天我国的环保工作有着十分重要的参考价值，曾获得过国务院环境办公室和林业部的好评。

文先生是一位真正的学者，他对事业的热爱超过了他的生命。记得80年代初，编绘《中华人民共和国国家历史地图集》工作刚刚开展，有一次在北京原华侨饭店召开工作会议，讨论分工问题。文先生闻讯后不顾自己已患上严重的糖尿病，某日清晨6时余就从郊区住处赶到饭店来向谭其骧教授请求安排任务。当时我也在场，被他这种对事业的执著追求、对工作的高度热情深深感动了。隔了几年，有一次在北京郊区怀柔县（今为怀柔区）开编委会，那时他双眼已几乎失明，还由人搀扶着参加了会议，并在会上作了积极的发言，在座者无不为之动容。现在回忆起来，当时的情景还萦回在心头。他的过早去世，恐怕与他的过分操劳不无关系。在今天知识贬值、学术凋零的社会环境下，像文先生这样的知识分子实在太令人怀念了。

文先生为人诚恳谦和、忠实厚道，为学严谨朴实、刻苦勤奋。他在历史地理领域辛勤耕耘数十年，为我们留下一笔宝贵的财富。人类文明就是靠一代代人加砖添瓦堆砌起来的大厦。文先生一生谨慎，搞科研十分认真负责，引用资料十分丰富，结论则字斟句酌，绝不草率，因此他的成果自成一家，有长期保留价值。我们感谢重庆出版社能将文先生散见在各种刊物上的论文结集出版，其中还有不少尚未发表过的更是弥足珍贵。在当前“文化快餐”盛行的社会风气下，能够出版这样专门性的学术专著，不能不反映出版社领导同志的卓越见识。

我和文先生不能算很熟，只是在几次集体科研项目中一起共事过。但对他的为人、为学一直是十分敬佩的。他和我虽然都是谭其骧教授的学生，然而无论从资历还是学问而言，他都是前辈。以我的浅陋本不宜为他的文集作序，承他的哲嗣榕生兄再三相约，不禁想写上几句，只能算对文先生的追思和怀念吧！

1993年5月23日（转引自《中国历史时期植物与动物变迁研究》，重庆出版社，1995）

于希贤（著名历史地理学家，北京大学教授，中国地理学会历史地理专业委员会副主任委员）　前言

……

历史地理学研究的对象是人类历史时期地理环境的变化。这种变化一方面是由于人类的活动引起的，特别是近几百年来，人类的活动对地理环境的改变起到了越来越重要的作用。另一方面自然界本身也处在不断变化发展之中，这种变化发展有时和缓平静，有时剧烈动荡，长期以来是地理环境大范围内变化发展不可忽视的突出因素。历史地理研究的主要工作，是查明各地区人类历史时期不同时段上地理环境的状况，复原以至再现不同历史时期各地区地理环境的面貌。只有查清事实、查清地理环境发展的近期历程中，各时段的剖面的真实状况，以图弄清地理环境变化的过程，才可能进一步研究地理环境变化发展的规律，并说明当前地理环境的形成和特点，为规划和布局今天以至预见将来的环境的发展动向服务。

人类的活动随着人口的剧增、生产能力的巨大提高，已越来越成为促进地理环境变化的活跃因素。历史时期气候的变迁，是历史自然环境变化发展的主导因素。以植物（乃至于植被类型）和动物为标志的生物界，是人类社会与自然环境相互接触的纽带。不同动物、植物种群的分布，不同植物种属的萌芽期、分蘖期、开花期、果实成熟期的变迁，不同习性的动物分布、繁衍、迁徙、灭绝，都是地理环境变迁的一面镜子。所以，要研究人类历史时期地理环境的变迁，要建立具有现代科学意义的历史地理学，那么研究历史时期动物和植物的变迁，研究人类历史时期气候的变迁，就是不可缺少的重要环节。

在动植物变迁这一重要学术领域里，苏联著名植物地理学家吴鲁夫（E.B.Вулъф）于1932年出版了其名著《历史植物地理学引论》（《Введение в историческую географию растений》）一书。此书一经出版，就一版再版，并于1943年被翻译成英文，1960年又被翻译成中文出版。他在书中提出："历史植物地理学的目的，是研究现存植物种的分布，根据它们现在与过去的分布来阐明各植物区系的起源及其发展史，从而给我们一把了解地球历史的钥匙。"这一学术领域"是历史地理学直接的延续"。其工作是"生物学家根据活的有机体现在的分布及其过去的生境的有关资料……在重建地球过去景观及其历史的工作上做出贡献"。吴鲁夫又说："历史植物地理学的目的，不仅要阐明植物种的起源及其分布的历史，也要同等地阐明植物区系的发展史。"其研究的方法主要是根据第三纪植物化石和今天当地的植物种属的比较来完成。其研究的基础知识和学科的训练是地质学、生物学、古生物地史学和古气候学。其研究的内容是"植物分布区的起源""植物分布区的结构""分布中心""分布边界""植物地理分布中的人为因素""植物地理分布中的自然因素"，等等。其研究的时间跨度，常常是从第三纪至现在的几百万年间。

而近几千年以来，特别是有文字记载以来近期的动植物的变化，外国学者囿于文献不足，常常可望而不可即。他们有的只是在小范围内、少数地区研究火山喷发前后植物种属与植物区系的变迁。

中国拥有世界上数量最多、内容最丰富、涉及范围最广的文献资料，如游记、笔记、正史典籍、文物考古资料、甲骨文、金文、地方史和地方志中，有着浩如烟海的丰富内容，为历史时期动植物变迁的研究提供了广阔的前景。如何利用这些文献以发挥最广科学研究的特长，并补外国学者之不足是中国历史地理工作者的历史使命。要利用这些科学文献，以取得科学研究成果，这首先需要有关学者有驾驭这些材料的能力与具备有关生物学的基础，并了解国内外本学术领域研究的前沿。

文焕然先生以其滴水穿石之毅力，积40余年从不间断的努力，手抄笔录，披沙拣金，从卷帙浩繁的文献中发现、搜集和整理出竹林、荔枝、森林、亚洲象、马来鳄、孔雀、长臂猿、犀牛、扬子鳄、大熊猫、鹦鹉、猕猴、猩猩、野马、野驴、野骆驼在中国各历史时期的分布和变迁的状况。这为国际生物界、地理界研究"人与生物圈"的重大课题，独辟蹊径开创了这方面新的学术领域。在这具有中国文化科学特色的学术领域中，文焕然先生无疑是一位勇闯难关、深入探险的勇士。他以其独特的朴实无华的学风，破译出了各种古动物、古植物在当时中国古籍上的名称，今天是国际上通用名称的何种动植物种属。要破译这些困难的密码，要找寻到这大量的科学资料，不仅要求能熟练地运用动物学、动物地理学、植物学、植物地理学以及地理学的理论、概念、方法和手段，还需要有坚实的历史学的基础，熟练查阅与运用历史文献。要洞悉这些文献在长期流传中的缺漏讹误，要鉴别这些资料的真伪，区分其正误，鉴定其真实含义，判断其科学价值，这就必须有熟练的历史文献学的基础。文焕然先生还善于通过野外的实地考察和运用多学科的比较研究来得出科学的结论。文焕然先生正是通过如此艰苦的努力以图弄清历史时期动物分布、植物变迁的状况，以图弄清近8 000年来气候的变迁。他研究的范围北起黑龙江，南至海南岛及南海诸岛；西起新疆，东达东海之滨，可以说遍及整个中国地区。这些都体现在本书的特色之中，这也是文焕然先生在学术上独特的贡献。

通过这本《中国历史时期植物与动物变迁研究》，可以在我们面前展示一幅探索中国近几千年来大自然变迁过程的轮廓与画卷。从中可以看到森林植被变迁的大致过程，看到当今世界上许多珍稀动物，如孔雀、野象、犀牛、野马、野驴、长臂猿、扬子鳄、马来鳄、野生鹦鹉、大熊猫、金丝猴等在历史上并不珍稀，有的曾广为分布、数量很多，只是近几百年，甚至是近百年、近几十年才大为减少，甚至已经在中国灭绝了的。

……

令人尊敬的文焕然先生与世长辞至今已6年有余。当年他从事这一重要研究课题时，正是极“左”思潮泛滥的时期，其工作受冷遇。文先生坚信“献身科学事业的人是不怕受挫折的，只有不懈的努力奋斗，才能成功”，他在极其简陋的生活条件和工作条件下坚持工作，敢于攀登，锲而不舍，不畏险阻。时间是一把锋利的剑，它能拨开迷雾，使之显露出科学的真伪。时至今日，读者可以从本书中看到文先生的学术精神与科学成就了！

……

贤，因敬佩文先生的学识与人品，又受文先生临终之托，特撰此“前言”并作纪念。

1993年4月27日（转引自《中国历史时期植物与动物变迁研究》，重庆出版社，1995）

三、《中国历史时期植物与动物变迁研究》推荐书

中国科学院、国家计划委员会地理研究所业务处　推荐书

文焕然同志是我所已故历史地理学家、研究员，毕生从事历史自然地理研究工作，在历史时期动植物变迁、区域气候变迁、盐碱土分布的历史变动等方面都做出了较突出的贡献，完成论文近40篇、专著3本。

其中贡献比较突出的是历史时期动植物变迁研究。利用动植物变迁研究区域环境演变，从六七十年代起，在欧洲及中美洲取得了较突出的进展，特别是以“生态平衡”危机出现以来，科学界对近代动植物种属加速灭绝事实引起了极大的关注。但是，我国在此领域基本尚属处于空白状态。

文焕然同志用了将近20年的时间，通过对中国大量古典文献的分析、整理，对大象、犀牛、马来鳄、长臂猿、孔雀、鹦鹉、大熊猫等10多种珍稀濒危动物，以及森林植被的演变等做出了较深入的收集、整理、分析、研究工作，撰写出了一批较高水平的论文，为中国历史地理学界公认的有关此研究领域的权威学者。他的研究工作不仅填补了我国在这一研究领域的空白，而且由于独特的研究方法和特殊的资料来源，在世界这一研究领域中也占有一定地位。

1988年8月20日（首次披露）

施雅风（著名地理学家、冰川学家，中国科学院寒区旱区环境与工程研究所研究员、所长，南京地理与湖泊研究所研究员，中国科学院院士）　信件

到京后悉焕然兄逝世，深为哀悼！

焕然兄毕生致力历史自然地理研究，特别（对）历代文献资料搜罗、发掘，著述宏富，贡献很大，非常钦佩。

18日追悼会本拟参加，但该日正参加科学出版社评议会，未曾与地理所取得联系，了解具体时间，以致缺席，深为抱歉。专以函迟，敬请节哀。

（1986年）12月20日（首次披露）

5月19日函悉。令尊著述宏富，已发表和因故未发表的各达50多篇，对我国历史自然地理贡献很大。惜

自1947（年）至1987（年）长时间分散发表，参考困难。如能选优汇编一册，重新出版，既有利于研究，也使令尊声誉长留人间。唯今出版社出书都要补贴，如印二十万字，至少万元以上（补贴），如何筹措？

……

1988年5月26日（首次披露）

胡厚宣（著名甲骨学家、史学家，中国社会科学院历史研究所研究员，中国殷商文化学会会长）　推荐书

中国科学院、国家计委地理研究所文焕然研究员是我国著名的历史地理学家。他一生勤学博览、态度严谨，以实地考察与采用多学科、多方法综合研究的独特方式，为我国的历史地理科学孜孜不倦，奋斗不息，论著宏富。

文教授的研究成果起自8 000年以来，从我国的气候、土壤、河道、生物、交通、人口、疆域诸方面的变迁，涉及自然科学与社会科学的许多学科领域，其研究的深度与广度多超出一般学者，对历史、地理、气候、生物、生态、环境等学科有较大的参考价值，是宝贵的科学遗产。

为保存祖国这一珍贵的精神财富，为满足广大后学者系统学习研究我国历史地理之需要，为继续文教授开拓的历史生物地理的科研，若能将文教授散见各处的论著、手稿系统汇集、整理，由贵出版社出版，将是对祖国科学事业的一大贡献！

1988年7月18日（首次披露）

冯绳武（著名地理学和历史地理学家，我国自然地理区划理论和方法研究领域的代表性人物之一，兰州大学地理系教授，中国地理学会甘肃分会理事长）　推荐书

中国科学院地理研究所文焕然研究员（1919—1986）是我国当代稀有的历史自然地理学家。他以勤学博览与实地考察的综合研究，自1947～1987年间，除著有《秦汉时代黄河中下游气候研究》专书（商务印书馆，1959）外，先后在国内外各期刊及有关大学学报上发表过以历史时期气候变化影响我国主要植物和动物分布的专题论文50多篇。研究范围，南起我国南海诸岛，北迄黑龙江；东起福建、山东，西至新疆、西藏、云南，研究深度与广度多超出同时期一般刊物的论述。

为祖国保存晚近区域历史自然地理研究的宝贵财富，为满足广大后学系统阅读我国历史地理需要，应将上述已发表的论著，编为《文焕然历史自然地理论文集》，及早出版。至于尚未发表过的50多篇论著，须请专人整理后，作为续集出版。

1988年6月7日（首次披露）

刘宗弼［著名历史地图专家，中国社会科学院历史研究所编审（研究员）］

文焕然先生毕生从事历史生物地理的研究，治学谨严。发表与未发表的论著有100多篇。其中，历史动物地理方面，约占三分之一；历史植物地理方面的约占四分之一；此外，尚有古今气候、古今地理、土壤以及历史疾病等。

我国目前从事历史生物地理研究的人尚少，历史生物地理方面的著作也少。文先生的论著，如能加以选编，出版成文集，将是对历史生物、气候等方面的有益贡献。

1988年7月12日（首次披露）

朱江户（著名林业经济学家，北京林业大学教授，中国林业经济学会副理事长，中国林学会林业史学会顾问）　推荐书

文焕然先生是我国著名的历史地理学家。他的逝世是我国学术界一大损失。

文先生长期进行有关历史时期植物、动物、气候、土壤等方面的研究。其中发表于各种刊物的多篇有关森林变迁史的文章，在林学界也颇负盛名。

他在1979年中国林学会召开的“三北”防护林体系建设学术讨论会上发表的《试论七八千年来中国森林的分布及其变迁》和与何业恒共同发表的《历史时期“三北”防护林区的森林——兼论“三北”风沙危害、水土流失等自然灾害严重的由来》等文章，亦为林学界所称道。他在这些文章中征引了大量的古籍，具有相当的深度和广度。特别是他尚有多篇尚未发表的专著，其中也有关于森林史的论著。如贵社能予以出版，诚为学术盛事，（也）可以填补林业史研究方面的某些空白。

1988年8月20日（首次披露）

朱士光（著名历史地理学家，陕西师范大学西北历史环境变迁与经济社会发展研究中心教授、主任，中国古都学会会长、中国地理学会历史地理专业委员会副主任委员）　信件

上月中，我去广州参加农史学术会议，上周末返校，始读到大札。所读拟为令尊文焕然先生选编出版文集事，私心极为赞同。文先生乃我所景仰的前辈学者，在历史地理学领域颇多建树，尤以历史动物地理方面有开创之功。出版他的文集，不仅有纪念这位著名学者的作用，更重要的是对发展历史地理学也很有意义。关于写推荐材料事，我十分乐意承担。但为保证文集更顺利地出版，建议您再请托几位知名度更高的专家一并写出，送交出版社，这样力量会更大些。推荐材料在您将文集篇目确定后，我当抓紧动手写出。

令尊著述甚丰，已发表的论著中虽拜读了不少，仍有若干篇未曾谋面。未发表的论著中，更是无缘奉读。尽管如此，仍不揣谫陋，对令尊文集选编事斗胆建言。

令尊在历史地理学的好几个分支学科领域均做出了重大贡献，尤其在历史动物地理与历史时期森林变迁方面成绩最为卓著。因此建议令尊文集可从四个方面集中编辑……

……

1988年6月6日（首次披露）

黄盛璋（著名历史地理学家、古文字研究专家，中国科学院地理科学与资源研究所研究员，英国剑桥大学客座院士）　推荐书

文焕然同志生前从事历史气候、植物、动物变迁的研究数十年，先后在各种杂志发表论文50多篇，还有50多篇未经发表，做出显著成就，符合“泰山基金”（2）（3）两项要求。特别是历史动植物变迁的研究，过去中外很少有系统的研究，具有较高学术水平的研究更属不多。文焕然同志不仅进行大量工作，同时也有自己的理论体系，首先是挖掘、积累和发展祖国科学文化遗产，填补我国在这方面的空白，可以说，当之无愧。已发表的论文证明，有些确具有学术价值，水平较高。其次，也属于边缘科学，具有开拓性。现文焕然同志已经逝世，可以选择一些具有代表性的最佳论文，结集出版，这是符合“泰山基金”的要求。故特为证明并推荐如上。

1988年8月15日（首次披露）

黄祝坚（著名动物学家，中国科学院动物研究所研究员，国际自然和自然资源保护同盟濒危物种委员会名誉顾问、中国两栖爬行动物学会常务理事）

……

得知文焕然老先生准备出论文集，本人非常支持，希望能早日问世。文老教授研究历史生物地理学这一边缘学科，是一创举，并突出祖国珍稀动植物实无先例。如能编辑成册，就更有系统的方便读者，也便于国内外有关图书馆、学者收藏。

1988年8月22日（首次披露）

盛福尧（历史地理学家，河南省科学院地理研究所研究员）　推荐书

我与文焕然先生的认识是在1964年前后开始的，不久即与之共同研究冀南豫北的旱涝变迁。其后，又不断拜读其大作并经常向其请教，获益匪浅。感其治学为人，颇足为后世法。其在历史地理方面之成就，尤能承前启后，在科研上放一异彩。对其宏文佳作，若不专刊面世，对该业难以继承和发展。兹就浅交拙见所及，对其在科研上的主要成就，提出梗概，供出版时之参考。

一、研究方向明确。　一个科研工作者，对其如何选择研究对象是很重要的。有人云，选好题目等于做好该工作的一半。文先生在选题时，首先在考虑自己的职位学术专长，次再争取国家任务，所内的重大工作，或解决地方科研难题，由其参加《"三北"防护林区森林分布历史变迁的研究》《邯郸地区近百年来旱涝情况初探》及《黑龙江省的气候变化》等，概可知。

二、重视资料的积累。　资料是研究的基础，不广深积坚实，难以达到认识完美的顶峰。他在搜集资料时，不重面全而重大不遗，要最原始而准确的所谓第一手材料，并持之以恒，对各条资料都认真核对，一丝不苟。

三、注意野外调查。　研究历史地理，一般偏向室内阅读，每多忽略野外工作。文先生则不然，在我与其合作时，深知其调查的认真。他在调查前，要求写好询问项目，所去部门，至后找人详谈，随做笔记，并请他们提供材料。或至某地观察，返后再分析研究。这样所写论文，自当符合实际。

四、为科研而刻苦奋斗一生。　文先生为科研而拼搏的精神，为一般人所不及。他不仅夜以继日地工作，而且节假日不休息，甚至旅途、候车、会前的零碎时间，也都加以利用。即在病中，也不忘为科研而攻读。在临终时，犹念念不忘其未完成的工作。

文先生以研究方向明确，方法对头，加以个人奋斗努力，故其在科研上有突出的成就。其在研究野生珍稀动物的分布变迁、历史时期我国森林分布变迁，是有开创性的，早已蜚声国内外。《历史时期中国森林的分布及其变迁（初稿）》受到林业部的好评；他所完成的《秦汉时代黄河中下游气候研究》，更为历史气候界所传颂；其他佳作尚多，不必一一列举。总其著作中心，我感是用大量的动植物分布变迁来说明我国或某地气候之活动（变迁）。故称他为历史地理学家，不如赞他为历史气候学家。对此大儒所留下宝贵丰富遗产，自应整理刊出，以便今后继承发扬光大，使该学科得以日趋繁荣昌盛。否则，就将使该学难以为继，而且亦非表彰先进，鼓励后学之道。

1988年8月31日（首次披露）

江应梁（著名人类学和民族史专家，云南大学历史系教授、西南边疆少数民族历史研究所所长，中国民族研究学会理事、中国百越研究学会名誉理事、中国民族学研究会顾问、中国人类学会理事主席团成员、云南省史学会理事）　信件

来信收到，我方知你父亲已不在人世，很是哀痛。我久住云南，未能及时得知他去世的消息，甚为不安！

你为你父亲整理文稿，出版文集，考虑甚为周到，我自然非常支持。至于其中涉及我与你父亲合作的文章的署名、整理及其他的有关事情的处理办法，我均同意你的意见。你可酌情具体处理。

作为你父亲的老朋友，我很希望你们出版工作顺利，并盼能早日见到文先生的文集。

1988年8月31日（首次披露）

高耀亭（著名动物学家，中国科学院动物研究所研究员）　信件

……

您计划出版文焕然先生论文集是很有意义的工作。以此来纪念文先生，纪念文焕然先生终生从事的历史地理学，或说生物历史地理学开拓之功。

……

1988年8月19日（首次披露）

何业恒（著名历史地理学家，湖南师范大学地理系教授）　推荐书

我的老友文焕然研究员一生勤勤恳恳从事历史地理的研究，在历史地理各个分支如历史气候、土壤等方面有不少成就，特别是对历史森林变迁和野生动物的变迁，建树尤多。他的许多论文对今天的建设仍有很重要的参考作用。出版文先生的论文集，不仅为纪念文先生一生忠于科学，为后人树立典范；也是今天保护森林，保护野生动物的需要。建议您社尽速出版文焕然文集。

1988年9月8日（首次披露）

张济和（园林绿化专家，北京市园林绿化局副总工程师）　信件

……信中谈及与文（焕然）先生接触的往事，更令人感慨万端。回想当年，文先生不顾体弱多病，给了我极大帮助和鼓励，这是我终生难忘的。然而遗憾的是，我因去南京出差，见到先生逝世的讣告时，追悼会已开过数天。当时亦不便去家中打扰。唯一寄托哀思的方式就在于学习先生孜孜以求、务实而严谨的治学精神和坦诚待人、提携后学的优良师德。这里首先就此次通信的机会，转致迟到太久的悼念之意！

关于《北京竹林》这篇文章，本是文先生研究并有文在先，而又发现我的一篇拙作后而提议合作的。当时我就觉得不敢当。后来，见文先生十分坦诚热心，就将当时收集的一些资料卡片和实地调查结果一并送交先生。以后，经几次反复，写成文稿，由先生找人抄写，付寄给《竹类研究》。但是文章刊出后，我发现删改太多，而又不尽合理，甚至文字也不通顺了，而且错别字很多，确难令人满意。因此来信所说署名方面的技术性问题并不重要，我完全同意您的意见。只盼如果文集出版并收录此文，务必找到原稿，以原稿为准才好。

……

1988年9月3日（首次披露）

四、《中国历史时期植物与动物变迁研究》评价

专家盛赞一部填补学术空白的重要著作《中国历史时期植物与动物变迁研究》. 四川新书报，1997-04-17(2)

《中国历史时期植物与动物变迁研究》一书由重庆出版社科学学术著作基金资助出版后，在中外史地学界、林学界反响强烈。不少专家欣然提笔，盛赞该书的重要学术价值。该书1996年荣获第六届西南西北地区优秀科技图书一等奖，并由美国国会图书馆收藏。

张钧成（著名林业历史学家，北京林业大学教授，中国林学会林业史分会副理事长兼秘书长）

由重庆出版社出版的文焕然等人著作的《中国历史时期植物与动物变迁研究》不仅是一部历史地理学有创意、有深度的好书，而且从森林史研究角度看，也是一部有较高学术价值的专著，对填补林业史的研究有重要意义。森林资源变迁历史研究于我国已有半个多世纪以上的历史，不少林学界和历史地理学界的学者都发表过不少论述，但涉及地区之广，森林资源品种之多，当推文先生等人这部专著。此书的治学方法是严谨的，一方面扒剔钩沉于浩瀚的古籍；另一方面应用并引用了当代多学科的研究成果，并进行了大量实地野外考察，增加了此书的学术价值。与文先生生前交往中，了解他一些学术观点，其论述也散见于多种刊物，但了解得不够系统和全面。此次较全面地将其著述整理出版，不使其遗著埋没，对于历史地理学和林业历史学科的发展，是做了一件很有意义的工作。因此，我认为无论从学术水平的角度，还是从出版工作的角度，可以说是一部优秀科技图书。

陈传康（著名旅游地理学家，北京大学城市与环境学系教授，中国地理学会副理事长）

这是一部关于中国历史时期植物与动物变迁的优秀研究著作。这方面研究相当困难，作者付出很大精力搜集地区历史文献，并结合地理环境发展与变迁的规律研究，加以系统整理；对中国森林、竹林，以及柑桔（橘）、荔枝的历史地理分布，还有动物，特别是珍稀动物，以及热带动物南移，做出了实证分析，对历史时期，或断代的分布和发展变化进行了研究，结论系统准确，是一部高质量的科学著作。

张荣祖（著名生物地理与山地地理学家，中国科学院地理研究所研究员，中国动物地理教学研究会名誉理事长）

中国古籍中大量关于动植物物产与珍奇物种的记载，是我国古人留下的、十分珍贵的有关动植物类别、分布、生态经济（包括医药）价值的信息。但是十分困难的是这些信息大都散布在卷帙浩繁的各类古籍之中，而且由于古人的生物学知识受时代的限制，常有误认讹传。著者以数十年不懈的披沙淘金的努力，去伪存真谨慎地选择了可靠的记载，整理出许多论文，其质量是相当高的，为许多同行所引用。据我所知，其中一篇《中国森林资源分布的历史概况》曾被日本同行译为日文发表。

冯祚建（著名动物学家，中国科学院动物研究所研究员，中国兽类学会理事、中国自然资源学会理事）

黄祝坚

文焕然先生在历史自然地理学方面是开辟我国历史动植物地理专题研究的先驱者之一，他通过自己长期的艰苦奋斗，研究清楚了我国历史时期动植物的分布变迁，以及与动植物密切相关的气候变迁。他研究的种类之多，几乎包括了主要珍稀濒危动物；地域之广，几乎涉及整个中国；而且研究方法新颖，合作方式善取众多学者之所长。所以，这本专著不仅为中国学术界做出了重大贡献，而且也为世界珍稀动植物研究提供了很有价值的科学资料。另外，本书的编辑出版、印刷工作完成得也很出色。

石泉（著名历史地理学家，武汉大学历史系历史地理研究所资深教授、所长，湖北省楚国历史文化研究会理事长、湖北省炎黄文化历史研究会副会长、湖北省考古学会副理事长）

已故中国科学院地理研究所文焕然研究员一直是我非常敬佩的知名学者。他所从事的历史生物地理学研究工作，在全国是“冷门”，但又是作为新兴边缘学科的历史地理学领域中必不可少的一门学科。正因为从事这方面研究的专家和科学成果极少，所以这本学术著作极其珍贵，特别是当前全球环境问题日益严重之际，就更显出其重要性和现实意义。这本由文先生及与他合作的学者们写出、并由文榕生同志选编整理成书的近40万字的专著，在当前我国历史地理学界，尤其是历史自然地理方面，做出了开创性的贡献，起到了填补学术空白的重要作用，也体现了中国特色和我国当前历史生物地理研究成果已达到的水平。全书论证扎实充分，记述准确生动，分析缜密透辟，结论常有新意，的确是一部学风谨严、有代表性的优秀科技专著，因而必将受到全世界同行和相关方面的重视。

五、《中国历史时期植物与动物变迁研究》评审、推荐中国科学院自然科学奖（1996年11月）

贾兰坡（著名旧石器考古学家、古人类学家、第四纪地质学家，中国科学院古脊椎动物与古人类研究所研究员，中国考古学会副理事长，中国科学院院士、美国国家科学院外籍院士、第三世界科学院院士）

由文榕生先生整理的文焕然教授遗作《中国历史时期植物与动物变迁研究》是开拓中国历史植物地理和历史动物地理这两分支学科研究的重大成果。

动植物变迁是查清、复原当时的生态环境。文焕然教授对一些珍稀濒危脊椎动物的系统变迁研究，续接了这些物种从化石到现代间不可缺少的环节，完整了它们的演化史。这对研究包括气候在内的地理环境变迁有较高参考价值，有重要的学术意义，其应用也是多方面的。然而，迄今这方面的成果寥寥。

文焕然教授的研究博采众长，新颖独特，尤其从浩如烟海的历史文献资料中沙里淘金，认真考证、分析、鉴别，没有渊博的学识，高深的造诣，锲而不舍的精神是难以取得成果的。这也是对此研究，国内外问津者稀少的原因。

文榕生先生继续其父未竟研究，刻苦钻研，增补证据，考订事实，完善遗稿，整理出版，千辛万苦完成专著，功不可没。

历史植物地理和历史动物地理研究实属新开拓的研究领域，交叉学科，研究难度大，随着其研究成果的出现，应用扩大，在国内外的影响也日益增大。此专著反映了该学科领域当前的研究水平，调补了空白，应获得自然科学一等奖。

陈述彭（著名地理学家、地图学家、遥感地学专家，中国科学院地理研究所研究员，中国科学院院士） 评审意见

我国为历史文明古国，史籍丰硕，其中涉及环境变迁与资源利用的宝贵文献，更加难数。文焕然学长与文榕生父子，历时数十年，孜孜不倦，去粗取精，去伪存真，致力于动植物（物）种在我国的地理分布与迁移、驯化的历史轨迹。并为此进行大量考证与测年等鉴定、科学测试，总结规律，应用于指导农业布局、（森林）建设，卓有成效；而应用于全球变化、气候异常的研究方面，更独树一帜，多有创见。为重建古气候、古环境（做出）重大贡献。以现代科学观点与技术，整理文化遗产，弘扬民族文化，古为今用，推陈出新，应当受到尊重与鼓励。为此，对文榕生继承乃翁遗志，完成《中国历史时期植物与动物变迁研究》等两部专著[①]所做出的开拓性贡献，发扬历史（地理学）世家前仆后继的学风，本人乐于推荐申报中国科学院自然科学奖。以彰先驱，以励后辈。

1996年，中国地理学会历史地理专业委员会与北京大学联合召开的国际学术研讨会，国内外同行对此项（部）专著交口称赞，给予高度评价。

关君蔚（著名水土保持学家，北京林业大学教授，中国林学会理事，中国工程院院士）

此项研究成果的立题“中国历史时期植物与动物变迁研究”就已界定突出了具有我国的特色。研究内容面向难度极大，要从遥远的地史和古老的历史进程探索我国历史时期植物和动物的发生、荣枯和兴亡的动态变化过程，恰是晚近国际上的热点，也是难点的课题。本项研究得以适时超前提出成果，值得珍视。

在研究方法上，突出将我国特有较为长期和丰富的历史文献和现代科学成就及其方法和手段紧密结合在一起，其结果就为这门新科学取得了新发展，并奠定了坚实的基础。父子两代献身于创建新科学领域，实属难能和可贵。

七十年代后期，“三北”防护林建设工程在国家正式立项前后，正是我国科教工作者处境万难之时，承林业部指定，我（与）第一作者文焕然老学长接触较多。在工作和生活条件极为困惑之时，作者仍能孜孜以求，不仅对“三北”防护林体系建设工程做出了贡献，实使我也突出地受到教育和感染。文老已仙逝，附记于此。

如上，此项研究成果，应是国内领先水平，在国际上，就中国和亚洲部分也是奠基和创新。

希望文榕生等能在已有的基础上，从广度，尤其是深度上进一步充实和提高。

郑度（著名自然地理学家，中国科学院地理研究所研究员、所长，国家重点基础研究项目“青藏高原形成演化及其环境资源效应”首席科学家，中国科学院院士[②]）

《中国历史时期植物与动物变迁研究》是著名历史地理学家文焕然先生个人论著及与他人合著作品的汇

---

① 此处是指该书与另一即将出版的《中国历史时期冬半年气候冷暖变迁》（北京：科学出版社，1996）。

② 在此次评审时，郑度先生尚未当选院士。

编，包括历史植物地理和历史动物地理上下两篇，是系统地反映我国在历史生物地理领域的研究成果。这一成果有如下特点：

1. 该成果比较系统地研究竹林、荔枝、森林、亚洲象、马来鳄、孔雀、长臂猿、犀牛、扬子鳄、大熊猫、鹦鹉、猕猴、猩猩、野马、野驴、野骆驼在中国各历史时期的分布和变迁状况，北至我国北方、西北的新疆、内蒙古，南至云南、广西、海南，奠定了中国历史生物地理学，特别是中国历史动物地理学的基础。

2. 该成果公布和揭示了一些动物分布的历史变迁的客观事实，如距今7 000年前，亚洲象分布北界达（北纬）40° 左右，且持续至距今3 000年前后；距今2 500年至1 000年间，野象还活动于长江流域一带，而今则南移至北纬16° 以南；期间有数次北返，说明与气候转暖有关。

3. 该成果以开发这个丰富的历史文献资源为主，采用古生物、考古、文献记载、现代动植物研究、实地考察、^{14}C 测年断代及孢粉分析等多学科的研究成果与多种研究方法，来探讨我国历史时期植物与动物的变迁过程。说明作者有坚实的历史学基础，能熟练运用动物学、植物学、动物地理学等的理论、方法和手段，鉴别真伪，区分正误，进行长期探索，艰苦工作的成果。该成果从植物、动物分布的变迁说明历史时期我国自然环境的变迁，在学术上有重要意义，对生物多样性及自然界等也有重要意义和价值。这类研究显示出中国的特色，是对中国历史自然地理学方面的卓越贡献。

综上所述，我认为该成果研究难度大，水平高，应申报中国科学院自然科学奖，给予高等级的奖励。

陈传康

这是一部中国历史时期植物与动物变迁的优秀研究著作。这方面研究相当困难，作者付出很大精力搜集地区历史文献，并结合地理环境发展与变迁的规律研究，加以系统整理；对中国森林、竹林，以及柑桔（橘）、荔枝的历史地理分布，还有动物，特别是珍稀动物，热带动物南移，做出实证分析，并得出历史时期，或断代的分布和发展变化研究，结论系统准确，是一部高质量的科学著作。推荐获自然科学一等奖。

另外，此书由文焕然先生的公子文榕生对其父亲的遗著作了系统整理、选编、校稿，使论文集具有系统专著性质。文榕生负责整理的有9篇文章（占全书篇幅41%），其中3篇历史植物地理方面的遗著是经系统整理后首次发表的。

因此，此书是文焕然先生与其子文榕生的合力成果。

冯祚建

经文榕生先生对其父亲文焕然教授的遗稿进行整理、选编和校订，于1995年出版了《中国历史时期植物与动物变迁研究》专著。该部论著的面世，不仅为（历史）生物地理学的研究奠定了基础，而且也填补了这一科学领域的空白，尤其是有关野生动物地理分布之历史变迁的研究，更有着重要的学术意义和参考价值。

文焕然先生在历史自然地理学方面是开辟我国历史动植物地理专题研究的先驱者之一，对我国历史动植物地理学的发展做出了独特贡献。他通过自己长期的艰苦奋斗，研究清楚历史时期动植物的分布变迁，以及与动植物密切相关的气候变迁。其中有关动物方面，几乎包括了主要的濒危珍稀物种，研究地域几涉及全国，因此，他所研究的种类之多，地域之广，迄今尚不多见。另外，研究方法新颖，并善汲取众多学者之所长，所以该专著的出版不仅在国内学术界做出重大贡献，而且也对世界珍贵动植物的研究提供了很有价值的科学资料。

于希贤

《中国历史时期植物与动物变迁研究》学术专著是文焕然教授毕生心血的遗著，经哲嗣文榕生整理、补充出版。此书对中国近几千年来的自然环境演化，有重大意义。它开拓了中国历史植物地理和历史动物地理的研究领域。

该书比较系统地研究了竹林、荔枝、亚洲象、马来鳄、孔雀、长臂猿、犀牛、扬子鳄、大熊猫、鹦鹉、猕猴、猩猩、野马、野驴、野骆驼在中国各历史时期的分布和变迁。

研究的地域范围北至新疆、内蒙古，南至云南、广西、海南，十分广泛。

该成果揭示了一些动植物分布变迁的客观事实。它对当今世界上研究全球环境变迁有着重大意义。中国有浩如烟海的历史文献，外国学者对此项研究，可望而不可即。因此，这是一项世界领先的优秀成果。

文焕然先生是国内外这一独特领域科学研究的开拓者和奠基者。这一研究涉及自然科学和社会科学的交叉领域。应用文献涉及古文献的考订和历史学的基础理论与方法。书中应用甲骨文、金文、考古发掘资料和世传的大量文献，又必需古动物学、植物学、历史气候学的基础知识。文焕然先生在国际上独辟蹊径的研究，闯出了一条认识自然环境演化过程的新路，在科学发展的道路上，其功不可没。

文榕生继起，承仙人遗志，孜孜不倦，进行后续整理，增补、考订事实，将部分遗稿完成，并将此科学遗著完成出版。

经陈述彭院士，贾兰坡院士，郑度所长、研究员，冯祚建研究员，陈传康教授、博士生导师、地理学会副理事长，关君蔚院士和于希贤教授、博士生导师七人共同评审推荐，建议此著作获中国科学院自然科学壹等奖。

六、《中国历史时期植物与动物变迁研究》书评

张家诚（著名气象学家、气候学家，中国气象科学研究院研究员、第一副院长，中国气象学会气候委员会主任委员、世界气象组织气候委员会委员）

由文焕然等著、文榕生选编整理的《中国历史时期植物与动物变迁研究》是一部有着巨大研究意义的学术专著，2006年6月重排、增补的平装本更体现出重要价值。

众所周知，由于环境与资源危机日益严重，研究自然界的变化已经成为刻不容缓的重大问题。生物作为地球的重要圈层之一，不但是人类极其重要的资源与环境的组成部分，而且是其他各大圈层和谐互动的综合结果，因而在人与自然的关系中更加具有关键性与指示性的意义。然而弄清生物的演变，除了需了解现代的植物与动物的地理分布外，还需研究更长时段，特别是几千年历史周期中生物演变的来龙去脉，这无疑是问题的重点所在。

应当说，对历史植物学与历史动物学的研究，中国有着得天独厚的条件。中国在地理上横跨热带、副热带与温带，这三个地带不但生物多样性十分突出，而且也有生物迁徙的广阔空间与环境条件变化的巨大跨度。更重要的是，中国有着几千年连续不断的浩如烟海的历史古籍，有可能找到生物变迁的蛛丝马迹。因此，世界各国学者对中国自然环境与生物变迁成果寄有厚望。特别是20世纪以来，人类影响日益加剧，全球增温的气候变化趋势更影响到生物灭绝等许多自然现象，促使人们关注历史时期的情况。

虽然天时地利俱备，但这项研究工作仍然困难重重，特别是，自然状况的历史信息零星地散落在古籍里。要发现它们，不但要博览群书，还要沙里淘金，何况可信的史料必须累积到一定时空密度，才会构成并显示出分布规律和变化序列，那就更是难上加难了。万事人为先，自然史料的研究是一项长期默默无闻的辛勤劳动，它需要献身精神。所以在这一学科领域里敢于问津者很少。从竺可桢、谭其骧等学术大师倡导历史气候学与历史地理学交融开始，能够致力于这一领域的不过寥寥儿人，文焕然先生就是其中的佼佼者。

文焕然先生不计个人得失，以其惊人的毅力与精益求精的精神，在史籍的海洋里，长期精心耕耘，不但跟随竺可桢先生在历史气候学的研究中做出突出贡献，而且系统地搜集了中国植物与动物的演变史料，还另辟历史植物学与历史动物学的新蹊（径）。毫不夸张地说，他的研究使历史植物地理和历史动物地理学科达到了

全面、严格的新的水平，为开创我国历史生物地理学科做出了重大贡献，同时也提高了我国自然环境与生物资源学术研究的总体结构水平，使之趋于成熟。

40余年来，文焕然先生系统研究获得成果的，就已涉及森林、竹林，以及亚洲象、马来鳄、孔雀、长臂猿、犀牛、扬子鳄、大熊猫、鹦鹉、猕猴、猩猩、野马、野驴、野骆驼等许多物种，已经令人信服地描绘了它们几千年来生存地理范围的变迁，为人们弄清历史时期的生物与环境变化提供了有力的佐证。本书精选了其中一部分成果。

文焕然先生对每个物种的变化都是倾注全部心血的。他除了广泛引用现代有关的研究成果、古代的地方志与正史外，还参阅大量私人笔记和许多写实的文学著作，并且亲赴现场进行认真考察。可谓尽其所能，达到最大的可信度。

有意义的是，文焕然先生在搜集、整理大量材料后，对每项研究的成果都要结合社会的实际情况进行总结评述，十分客观地分析造成这些变化的自然因子与社会因子，然后提出自己的建议，这就显著提高了他的研究的学术意义与应用价值。

文焕然先生的历史植物学研究，除了全国外，还对内蒙古、新疆、宁夏与青海等森林生长边缘地带的干旱半干旱地区进行专题研究，这就更加突出了重点，起到画龙点睛的作用。在气候湿润的东南地区，他则注重作为我国森林特色的竹林、柑橘与荔枝，形成了一个能够代表我国特色的合理的历史植物学的内部结构，为这一学科提供了发展的框架。

文焕然先生根据分析的结果，做出几千年来这些植物生长的北界没有太大变化的结论，提供了许多有科学意义的历史范例。这对认识我国合理的林木种类结构和我国林木的规划与建设有着很大的科学意义。

根据文焕然先生的研究，动物分布地区的变迁比植物的变迁要大得多，很显然，人类的影响有着巨大的作用。如亚洲象、犀牛、野马、野驴等大型动物，由于巨大的经济价值，其受到的影响更是首当其冲。由于任何物种只有在条件允许群落生存的条件下才能绵延，大型动物群体活动的地理尺度远大于森林的最低生存面积尺度，因而在出现人与其他生物犬牙交错的生存状况时，大型动物最早灭绝，这也是动物变化远大于植物的一个原因。特别有意义的是，在我国黄河中下游一带，原本是热带湿润地区代表性动物亚洲象、犀牛等与干旱地区代表性动物野马、野骆驼等的重叠分布之地，但是随着气候变化与人口密度的增大，这些野生动物的生存范围分别向人口密度最低的西南与西北方向退缩，两者的生存区不再毗邻，而是距离越来越远了。

文焕然先生的研究首次勾画出我国野生动物活动区域变化的地理轨迹与历史沿革，使我们深感这在世界上它们的分布变迁也是很有特点的。尽管中国野生动物活动范围的纬度变化很大，受到的人口压力也很突出，但我国仍然是生物多样性很丰富的地区。文焕然先生的工作为我们保护和合理开发、利用生物多样性资源，发展历史生物地理学的研究，无疑奠定了良好的科学基础，这是值得永远记忆的。

尽管文焕然先生离开我们已经20年了，这对我国自然地理研究来说是无可挽回的巨大损失；然而我们也高兴地看到文榕生先生能够挺身而出，继续其父未竟的研究。尤其是在此平装本中，新增选文榕生先生的一些颇有价值的独立著作，使得这方面研究在广度与深度方面都有所进步，父子两代献身于创建新科学领域，实属难能和可贵。

引自［张家诚 .2006.《中国历史时期植物与动物变迁研究》的学术价值 . 重庆书讯（总第117期第2版）］

王守春（著名历史地理学家，中国科学院地理科学与资源研究所研究员，中国地理学会历史地理专业委员会副主任委员）

在中国历史地理研究的众多成果中，最近又增添了一项极为重要的成果。这就是由重庆出版社科学学术著作出版基金资助出版的《中国历史时期植物与动物变迁研究》。该书是我国已故著名历史地理学家、中国科学院地理研究所研究员文焕然先生在他长期研究的基础上，又有多位学者参加的研究成果。

文焕然先生是我国最早开展历史生物地理研究的学者。早在50年代，他为了配合竺可桢先生的气候变迁研究，便进行了历史时期柑桔（橘）分布变化的研究。此后，又开展历史时期竹子分布变化研究。70年代以后，文焕然先生承担《中国自然地理》系列丛书中的《中国历史自然地理》分册中的历史时期植被变迁的研究和撰写，为他进一步开展历史生物地理研究创造了契机。从此，他更是全力以赴地投身到这一领域的研究。他和我国其他历史地理学家一起合作，进一步开展历史时期全国森林植被的变迁研究，同时，还对某些特殊地区，主要是北方农牧交错带地区、西北干旱荒漠地区及两广南部和海南岛的热带森林的历史变迁进行了研究。他还卓有远见地开展了历史时期动物地理的研究，对10多种野生动物在历史时期地理分布的变化进行了探讨。特别是对野生亚洲象、野生犀牛、扬子鳄、大熊猫等野生动物在历史时期地理分布的变化的研究，对气候变化和人与生物圈等诸多方面的研究都有着极为重要的意义。由于文焕然先生在动物地理方面的开拓性研究，为我国历史地理界所认同和赞颂，中国历史动物地理研究也成为一个颇受学术界重视的研究领域。

这部由文先生的哲嗣文榕生同志整理出版的著作，不仅包括了文焕然先生独自发表的著作，还包括与他人合作的已发表的文章，以及文先生尚未发表的文章。

该书分上下篇两部分，内容极为丰富。上篇为历史植物地理，共有9篇文章，阐述历史时期全国森林资源分布的变化，以及分别阐述历史时期内蒙古、青海、新疆、两广南部和海南岛的森林变迁，还阐述历史时期华北西部经济栽培竹林、北京栽培竹林和河南博爱竹林的变迁，秦汉以来柑桔（橘）地理分布与气候变迁……

该书的研究成果具有重要的学术意义。该书是第一次较全面地阐述了我国历史时期森林植被的变迁。作者的研究表明，我国古代曾经有过面积广大的森林，不仅东部湿润地区有广大森林分布，就是在内蒙古和青海等干旱半干旱地区也有面积广大的森林分布。历史时期森林分布面积的缩小，主要是由于人类的砍伐破坏的结果。作者的研究还表明，我国历史上对森林植被的破坏，最严重的是自清代后期以来。植被，特别是森林植被，是自然环境的重要组成要素。我国历史时期森林植被变迁的阐明，对于认识我国历史时期自然环境变迁具有重要意义。作者对柑桔（橘）和竹子以及对野象、犀牛等动物在历史时期地理分布变化的研究，对气候变化的研究具有重要意义……对于认识我国历史时期生态系统的变化，对于我国自然保护区的建设等都有重要意义。

历史生物地理的研究对于当前我国经济建设也有着直接的现实意义。文焕然先生的研究成果，对我国的林业建设做出了一定贡献，受到我国有关政府部门，特别是林业部门的重视。

该书史料极为丰富。作者查阅了大量历史文献，其中不仅有正史，还有大量的方志和各种杂记。作为论述依据的史料，不仅有直接与动物和植物的地理分布有关的史料，还有大量与气候变化有关的极为宝贵的史料。除了从历史文献中查阅到大量史料外，作者还收集了大量考古资料，进行综合分析。

……对历史文献中记载的野生动物进行科学分类的鉴定是非常重要的，是使研究成果具有科学性的保证。从这一意义上说，该书具有较严格的科学性。

文焕然先生在历史生物地理研究方面的开拓性贡献，以及他顽强的毅力和坚韧不拔的精神，堪为后学者的楷模，我国历史地理界前辈和著名学者在该书序言中，也对此给予高度的评价。这一领域的研究，涉及的领域极广，要了解历史学、考古学、植物学、动物学、气候学等学科的知识和研究成果。为此，文焕然先生曾经向各有关领域专家虚心请教，吸取他人之长以补己之短。为了查阅大量历史文献，文焕然先生不辞辛劳，奔波于各大图书馆。在他生命的晚年，体弱多病，视力很弱，但他每天仍长时间伏案工作，为历史生物地理的研究，拼搏到生命的最后。文焕然先生以他辛勤的努力，为我国历史地理研究增添了丰硕的成果。

植物和动物是生态系统中最重要的两个组成部分。当前，自然生态系统正受到人类越来越严重的破坏，残存的面积越来越小，人类面临着空前的生态危机。自然界中植物和动物的种属越来越少，成为人类普遍关注的问题。文焕然先生早在20多年前，便颇有预见性地开展了历史时期动物和植物的变迁研究。他所开拓的这一研究方向的重要意义，随着时间的推移，越来越明显了。

见物思故人，《中国历史时期植物与动物变迁研究》一书的出版，令我们怀念文焕然先生在历史生物地理研究方面的开拓，怀念他对我国历史地理学的卓越的贡献。

引自［王守春.1996.历史生物地理的开拓性研究：《中国历史时期植物与动物变迁研究》评介.地理研究，15(4)］

文焕然研究中国历史生物地理 历史生物地理领域，是由中国历史地理学家文焕然(1919—1986)开辟的。20世纪40年代，他开始了这一方面的研究。当时把气候变迁作为主要研究方向，着眼于对气候变化有指示意义的竹子和柑桔(橘)变迁的研究。70年代初，他承担了《中国自然地理·历史自然地理》一书中历史时期中国植被变迁的撰写任务(该部分后来由他和陈桥驿合作完成)，同时还承担了国家的有关历史时期森林变迁和濒危、灭绝的动物变迁的研究任务。他与合作者进行了“三北”防护林地区、湘江下游地区、内蒙古、宁夏以及新疆等地区历史时期森林变迁的研究，以及历史时期中国野象、犀牛、大熊猫、猕猴、孔雀、马来鳄、扬子鳄、长臂猿、鹦鹉等近10种在中国濒危、灭绝的野生动物的变迁研究。他单独或与人合作发表近30篇文章。

引自(陈国达等.中国地学大事典.济南：山东科学技术出版社，1992)

历史地理学·历史自然地理学研究 ……历史生物地理，是研究某些特殊植物种类和动物在历史时期地理分布的变迁。这是中国历史自然地理研究中很有特色的研究专题。所研究的植物主要是对气温有较严格的要求，其地理分布的变迁可反映气候的变化。竺可桢早就从研究气候变化的角度注意到研究历史时期某些植物的变化，并作为气候变化的证据。50年代，文焕然注意到对历史时期柑橘和竹子地理分布变迁的研究。70年代以后，文焕然与他人合作，对历史时期植被和某些特殊植物地理分布的变化进行了较系统研究，发表了包括野象、犀牛、鳄鱼、熊猫、孔雀等珍稀动物在历史时期地理分布变化的一系列研究成果(《中国历史时期植物与动物变迁研究》，重庆出版社，1995)……这些研究成果对全球气候变化研究有重要意义。

引自(吴传钧主编.20世纪中国学术大典：地理学.福州：福建教育出版社，2002)

乔盛西(著名气候学家，湖北省气候应用研究所正研级高级工程师)

已获中国科学院自然科学奖二等奖和西南西北地区优秀科技图书奖一等奖的《中国历史时期植物与动物变迁研究》，再以平装本形式重新出版，是我所见我国第一部历史生物地理代表作，不仅具有很高的学术价值，而且对于研究中国自然环境，乃至于人与自然关系等方面，也是十分难得的参考书。特别是在国家提倡科学发展观和人与自然和谐共处的今天，更加具有特别重要的现实意义。研究大自然的现状，必须了解自然的过去，才能使人按照自然规律办事，与自然和谐相处，收到事半功倍的效果。

该书体现了文焕然先生系统研究历史植物地理的成果，涉及森林、竹林、柑橘、荔枝等植物，关系到(生态条件)比较薄弱的“三北”地区(如新疆、内蒙古、宁夏、青海等地)，以及既是我国最大的生物工程——“三北”防护林建设的重要组成部分，又是当前经济发展重点的中部与西部地区。文焕然先生对我国这些生态环境脆弱地区的历史时期森林分布特点、变迁及其成因进行研究、分析，因此本书对造林布局、生态环境的恢复和保护都有重要的参考价值。

……在人类文明出现之前，气候是地理环境中变化最频繁与最显著的部分，因而也明显地影响到动植物变迁。但是人类文明出现几千年来，人类活动逐渐成为影响动植物变迁的另一重大因子。这本书所展现的成果，实际上是一本自然科学与社会科学融合的产物。

历史生物地理研究的最大难题是史料的收集、整理和鉴别，不仅如大海捞针，而且涉及多学科知识。文焕然先生能从浩如烟海的历史文献中找到大量有用的历史资料，并进行大量实地野外考察，学风严谨，写出数十篇翔实可信的论文，为这门新学科的创立与发展奠定了坚实的基础。

文焕然先生是我非常敬佩的老一辈著名学者之一。常言道，文如其人。我们从此书中可以看出，他既具有深厚的学术素养、严谨的治学态度与无私的奉献精神，终身为科学事业锲而不舍，奋力拼搏；又真诚待人，善于与多学科、多层次研究者合作研究，取长补短，我认为这也是他成功的秘诀。

尽管该书起到了填补学术空白的重要作用，但毕竟还是“冷门”。文榕生先生能够对其父辈留下的科研成果进行整理，选编成书，出版发行，为传播科学知识、促进科学发展做出很大的贡献。尤其是此平装本中，我们看到选用文榕生先生的一些独立著作作为附录，使得这方面研究在广度与深度方面又有所进步，反映父子两代献身创建新科学领域的可贵精神。我相信，该书的出版发行，将会进一步推动我国历史生物地理研究的深入发展，也为研究我国气候变化提供新的历史资料。

本书的重新排版与重制插图等，更多地考虑到方便读者。我认为无论从学术水平的角度，还是从出版工作的角度，都可以说该书是一部优秀科技图书，值得很好地宣传，让更多人知道、看到、利用这本书，达到推动科学进步的目的。

引自［我国首部史地生代表作出版：《中国历史时期植物与动物变迁研究》出版的意义与价值．全国新书目，2006(21)：24］

吴绍洪（著名自然地理学家，中国科学院地理科学与资源研究所研究员，中国科学院陆地表层格局与模拟重点实验室主任）

重庆出版社2006年6月重排出版的《中国历史时期植物与动物变迁研究》（平装本）是一部高水平的历史生物地理研究著作。……

书中，在大量野外实地考察的基础上，将我国特有的丰富的历史文献与现代科学成就及其方法、手段紧密结合在一起，论证扎实充分，记述准确生动，分析缜密透辟，许多结论具有创新性。

植物与动物的物种是长期在自然环境中适应与演变的产物。物种的变迁，特别是对环境敏感物种的分布变迁，反映了地理环境的变迁。在人类文明出现之前，气候是地理环境中最活跃的因子，明显地影响到动植物变迁。随着人类活动的日益激烈，人类活动逐渐成为影响动植物变迁的另一重大因子。该书体现出自然科学与社会科学融合研究，更全面地反映了这一历史发展的事实。

历史生物地理作为地理学的分支学科，其成果丰富了地理学的研究领域，也促进了地理学的发展。目前气候变化作为地理学的重要研究前沿领域，其中有两个重要研究内容与该书的研究密切相关。一是历史上气候变化如何影响生态系统，有什么样的证据？书中提供了大量的研究成果；二是气候变化与人类活动共同影响着自然生态系统，其中科学家希望能够分辨自然和人文因子所起的作用，该书在这一点上也提供了丰富例证。重排时新补充的一些内容，将气候变化领域的研究提供丰富的代用数据。

此外，该书在我国的历史地理学界，尤其是历史自然地理方面，起到了填补学术空白的重要作用，也体现了我国当前历史动物地理研究的水平。

……尤其是我们看到该书在本次重排出版时选用了文榕生的一些独立研究成果（涉及扬子鳄、麝、獐、金丝猴等），使得这方面研究在广度与深度方面都有所创新与进展，相信在推动这一领域的研究中将起到重要作用。希望有更多的人阅读它，并从中有所收获。

引自［一部高水平的历史动物地理研究著作：评《中国历史时期植物与动物变迁研究》．文汇读书周报，2006-10-20(10)］

牟重行（历史气候学家，浙江省台州市椒江气象局高级工程师）

文焕然先生等一代历史生物地理研究大家所著的《中国历史时期植物与动物变迁研究》是一部我所喜欢

的书，10年前曾由重庆出版社资助出版，今重新排印，值得庆贺。新版辑补文焕然先生文章2篇，增加的附录为其哲嗣文榕生研究野生珍稀动物变迁的5篇论文，这样使得读者能够进一步了解该领域的研究成果，包括作者提供的详细参考文献信息，整部著作因此显得更加系统充实，同时新版书的装帧设计也给人一种美的享受。对于这部著作的特点或学术价值，我以为可以概括为三个方面。

首先这是一部具有代表意义的作品。在我国历史生物地理研究领域，代表著作当首推文焕然先生及其合作者的《中国历史时期植物与动物变迁研究》，这应该无可非议。历史生物地理学是历史地理学的一个分支学科，在我国的发端大致始于20世纪50年代，本书的领衔作者文焕然先生就是主要开拓者。如书中辑录的24篇论文，包括文先生1956年发表的论著，至1986年辞世之遗稿，这些具有开创意义的学术成果即为奠定该学科的标志性作品。研究内容宏博，包括历史时期森林分布和珍稀动物变迁，涉及的物种地理变迁诸如竹类、柑橘、荔枝、扬子鳄、孔雀、鹦鹉、亚洲象、犀牛、大熊猫、野马、野驴、野骆驼、长臂猿等系列专题探讨。可以说，我国历史生物地理学因文焕然先生的毕生努力而取得理论到实践的不断成熟，文焕然先生的学术生命亦因该学科的发展而延续。

这部著作的第二个特点是严谨性。从事中国历史时期的动植物地理变迁研究是项艰辛而又十分枯燥的工作，就研究者来说，须兼具丰富的自然科学和社会科学素养，古文献方面的诸多专门知识等，更要有甘受寂寞的独立研究耐力。文焕然先生正具有这种真正学者的品格，他做学问之认真向为学界同仁所称道。检阅全书，作者采用的研究方法之多样、征引文献之广博、立论分析之精到，本文无须赘述，读者自可从中得到更多体会。能够说明问题的是，对于这部著作的严谨性，时间给出了最好检验。在科技发展日新月异、学术研究成果大量涌现的今天，数十年前文先生所做的中国近几千年来的森林植被分布变迁研究工作，展示的10余种珍稀动物变迁过程的基本史实，在该学科领域至今仍无以取代或质疑，有关成果近年并进一步得到自然、社科二界的共同赞誉和奖励。这毕竟十分难得，亦足以告慰先生在天之灵。因为在科技史上，由于当时认识差距或复杂人际关系而遭“埋没”的科学创见及成果的例子并非鲜见。

这部著作的第三个特点是它的应用价值。当前全球面临环境问题严峻挑战，包括生物环境的异变，如生物多样性削减甚至消失、植被萎退、生态恶化等诸多问题，出版文焕然先生的著作具有重要的现实意义。植物和动物是自然环境中最重要的有机部分，既是人类社会繁衍的基质，又是人与自然和谐的界面，研究历史时期动植物地理变化及其具体到物种的分布演变史，实际上也是对人类自身生境变迁的一种评估。文焕然先生的学术研究填补了这方面的空白，他勾画的中国历史时期森林植被和珍稀物种地理分布变迁轮廓，与使用地质学和古生物学方法复原的第四纪生物演变史相衔接，为我们描述了中国近数千年来几乎从原生态状况至今的生物地理发生的重大变化过程。这种令人不安的剧烈变化事实，为当代制订可持续发展战略和进行环境保护研究提供了重要的历史参照系，对于当前环境教育更是一份绝好的生动教材。

我与文焕然先生素昧平生，但他是位值得尊重敬仰的学者。我对先生的认识来自两个方面：一是从他的著作得到深刻印象，二是由先生挚友介绍，对先生的学问情操乃有进一步了解。

1995年重庆出版社印出该书初版，我阅后获益匪浅，尤其内中3篇论述华北竹类分布变化的文章，使我复多感慨。记得80年代初，我因考证历史气候变迁有关史实问题，其中一个重要论据需要近二千年华北竹类地理分布史料佐证，但从汗牛充栋的中国历史文献中去查找这些资料，竟有若大海捞针一般，为此搜索数年始得。我想如果当年有机缘请教文焕然先生，绝不会走这许多弯路。此后对先生的更多认知，是在90年代初。天津市历史博物馆资深馆员翟乾祥与文先生交游深笃，我因参与某项课题研究，在京有幸结识翟老先生。每谈及他俩多次徒步考察、共同探讨学问的往事，翟老总是十分动情，并感叹故人萧然西去，许多珍贵文稿无人整理。偶及两件琐事，使我感受尤其深刻。一次翟老赴京，俩人沿街长谈，文先生体力不支，竟就地铺张报纸，卧躺路边，这样来继续他们的讨论；先生晚年因患病，身体日渐虚弱，犹冀奋力一搏，有时出行访学要带一条小板凳，以便气喘时随时歇息继力。

2006年恰逢文焕然先生逝世20周年，重庆出版社重排发行《中国历史时期植物与动物变迁研究》，正是对这位前辈学者的最好纪念。文先生晚年在近于挣扎之中仍孜孜学问，在市场经济大潮中的今天或许有许多人对此不会理解，而我们却不难从他的著作中找到部分答案。书中有9篇文章属于文焕然先生“遗稿”，另外还有一部重要的著述稿，题为《中国历史时期冬半年气候冷暖变迁》（1996年由科学出版社正式出版），这些就是先生当时苦苦探求的学术成果，留给我们的原创性精神财富。我以为，文焕然先生虽然生前从未“显赫”过，但他体现的中国传统知识分子探求真理的至诚，可以用“高山仰止，景行行止”这句孔子名言来概括，做学问人有若斯之锲而不舍的思维境界者，方可谓精神不朽。这是我从文先生著作及其治学事迹得到的人生感悟。

引自［中国历史生物地理研究的代表著作——评文焕然等著《中国历史时期植物与动物变迁研究》. 读万卷书，行万里路（中国档案出版社）.http：//zgda.com.cn/show_34_598.html］

宁静致远*：缅怀首位历史自然地理学家文焕然教授

文榕生

《动物学报》1976年第1期曾以集体名义刊发《中国古籍有关南海诸岛动物的记载》，实际作者是文焕然研究员（即先父）。一篇看似普通的学术论文，已被学术界作为历史动物地理学之发轫，虽然筹划并开展这方面研究的时间则要早得多。2016年恰是其发表40周年，换言之，新兴的历史动物地理学已到不惑之年。

作为历史生物地理学（主要包括植物与动物）的出现更早，父亲在1947年就正式发表了《北方之竹》。在此分支学科已获得累累硕果的今天，我们更加思念淡泊名利、开拓并终身守望新学科的学者，并试图从中获取些许教益。

尽管我尚未成年就不得不离开父亲，后来又是聚少离多，加上父亲过早辞世，我们只能从与父亲不多的相聚经历与继续其未竟事业的感悟，以及不少父亲故交的回忆中逐步加深对他的了解。

前程似锦

父亲的职业生涯曾前程似锦。

由于父亲学习刻苦，成绩优异，研究生一毕业，就受聘到国立海疆学校（抗战后期，国民政府为光复台湾后储备人才专设的大学专科院校，也是今福建师范大学前身之一），破格直接担任副教授，曾代理教务主任及校长等职。这一高起点，实令不少人羡慕。

他没有接受张其昀[①]在新中国成立前夕允诺给予优厚待遇的迁台邀请，毅然留在大陆，为新中国继续培养高级人才。在首次全国院系调整后，他到福建师范学院（福建师范大学前身之一），先后担任该校地理系“中国地理”教学组组长和“区域自然地理”教研部主任，是地理系3个进课堂的副教授之一（当时无正教授）。

1959年，他出版的《秦汉时代黄河中下游气候研究》（商务印书馆出版）是我国最早正式出版的气候变迁专著之一[②]（据今调查，美国国会图书馆与一些高校图书馆仍有收藏）。

1962年，时任中国科学院竺可桢副院长特将远在福建任教、在历史自然地理方面已获得一些研究成果的

---

*此文原为约稿，后因篇幅所限只摘录改写部分发表。

① 在学术方面，张其昀为中国地理学家、历史学家、教育家，曾受聘为浙江大学史地系教授兼主任、史地研究所所长，后又兼任文学院长。1941年当选为首批教育部部聘教授。曾任中国地理学会总干事（张其昀 . http://baike.baidu.com/link?url=f5uP00Q50Lm9f8QZN6CB5yA5advI1LaaBBNoLis9FGmDy4lzz6YY8SSI50i56tam5wgV5aojl6VHhDYJRZx92VmTfaAHAtgNAiYilExDoPkyoChyG5XSggXdAfFPJMOu）。

② 据迄今调查，该书似为当今世界上首部历史气候变迁专著。

文焕然征调进京，并任命为独立学科组长①，标志着历史地理组建制形成，同时意味着历史自然地理被作为重要研究方向，也有别于历史研究所（现属中国社会科学院）的类似机构。

可以说，到“文革”前，父亲从他并不太擅长的教学岗位华丽转身而从事科研工作，由边远城市上调到全国科研中心，又首任负责人，颇有如鱼得水之感。

一生坎坷

父亲虽一生潜心于教学、科研，淡泊名利，但直至“文革”，却难逃历次政治运动对知识分子的触及。尤其是“文革”一开始，他就被诬为“反动学术权威”，不仅多次被当作批斗重点，而且被强迫进行“劳改”，关进“牛棚”，有人据理为父亲鸣不平，竟被迫害致死。

由于多次抄家，被迫迁到勉强可栖身的“蜗居”，长期搜集的资料被毁（仅初步统计，书稿与论文稿丢失20余篇、部，不少学术交往信件、珍贵照片被抄走，最后也没有返还）。无休止的“交代”“检查”与挤占大量时间的政治学习，正常的工作时间与空间几乎没有，身体与精神受到极大摧残，使他从事科研的黄金时光中断。当时，父亲的科研工作只能自己见缝插针，时断时续地艰难进行。

超然世外，也兼有利弊。父亲远离权、利，对他的科研也不无影响，例如，他不得不为打着“集体”旗号的项目打工；在当时，也已经出现受到经费及其来源对科研的制约；偏见、无知，甚至专横的压制（我现在就感受到，有的审稿人或编辑片面追求参考文献的最新程度与比例，却不顾历史地理研究主要依据古籍的特点，令人啼笑皆非。甚至有的编辑要在文稿中强行塞入私货），我们现在仍可见到父亲的不少作品最初并不是在一流刊物上发表的（从让世人知晓的角度看，亦无不可）……然而，压力越大，越使得父亲的科研成果含金量更高。

矢志不渝

谭其骧院士是父亲的授业恩师，是现代历史地理学奠基人之一，他长于历史人文地理学研究，一生以编制历史地图集享誉中外。父亲的研究虽选择了当时几乎无人问津的历史自然地理学方向，却得到谭其骧支持。至结交以来，师生交往虽平淡如水，但在学术上来往日益密切。

我们寻找父亲的科研轨迹，可以看到是从历史时期植物（由对气候敏感植物，如竹、柑、橘、荔枝、桄榔等，扩展到竹林、森林）、气候（冷暖、旱涝）、土壤、疫病、动物等逐渐展开，涉及历史自然地理学范畴，尤其是历史植物地理学与历史动物地理学分支学科，父亲则是开拓者。故“如果说竺可桢先生是中国历史气候与历史自然地理的开创者，那么，文焕然则是第一位长期坚持历史自然地理研究方向的学者”[1]的评价毫不过分。

对历史生物地理研究，我国有着得天独厚的条件：在地域上纵跨热带、亚热带与温带，这3个气候带不但生物多样性十分突出，而且也有生物迁徙的纵横广阔空间与环境条件变化的巨大跨度。更重要的是，我国有着几千年连续不断的浩如烟海的历史文献，有可能找到生物变迁的蛛丝马迹。因此，世界各国学者对中国自然环境与变迁成果寄有厚望。例如，（日）川濑金次郎特将《中国森林资源分布的历史概况》全译，在该国《森林文化研究》发表。当代著名的历史学家Mark Elvin（伊懋可）教授的专著*The Retreat of the Elephants*：*An Environmental History of China*（Yae University Press，2004。现有中译本《大象的退却：一部中国环境史》）被誉为西方学者撰写中国环境史的奠基之作，其中引用父亲亚洲象研究3篇论文就超过30处，还有改绘的地图1幅。据国家科学图书馆查询，该书于2005年获得法国法兰西学院颁发的“法国儒莲汉学奖”（即“Le prix

① 据最近收到的《中国科学院地理研究所所志：1940—1999》（科学出版社，2016）证实，文焕然是该独立学科组（相当于研究室）唯一的组长。

Stanislas Julien”），是法国汉学的最高荣誉奖，被称为“西方汉学之诺贝尔奖”。

对此，中国学者更有责任与义务承担起研究、复原本国历史环境重任，这也是对世界环境变迁的贡献。

张家诚研究员指出：

> 虽然天时地利俱备，但这项前无古人的研究工作仍然困难重重，特别是，自然状况的历史信息零星地散落在古籍里。要发现它们，不但要博览群书，还要沙里淘金；何况可信的史料必须累积到一定时空密度，才会构成并显示出分布规律和变化序列，那就更是难上加难了。万事人为先，自然史料的研究是一项长期默默无闻的辛勤劳动，它需要献身精神。所以在这一学科领域里敢于问津者很少。从竺可桢、谭其骧等学术大师倡导历史气候学与历史地理学交融开始，能够致力于这一领域的不过寥寥几人，文焕然先生就是其中的佼佼者[2]。

谭其骧（两次口授由葛剑雄教授①记录）最后患病前留下的评语：

> 最近一二十年看到一些论著，往往免不了有这两方面的缺点。有的地理学家不重视资料工作，不是误用了第二手的或错误的资料，就是对资料作了不正确的理解，或者把最重要的时间、地点搞错了。尽管他们运用的理论和手段是先进的，所得出的结论和找到的“规律”却根本靠不住。还有一些研究人员在文献资料上尽了很大的努力，却不会运用科学的研究方法，只能做些简单的归纳和排比；或者不懂科学原理，使不少有可能取得的成果失之交臂。还应该指出，由于这是一个新的研究领域，既缺乏现成的经验，又没有捷径可走，取得的成果也不一定能在短期内得到学术界的承认和肯定，所以具备了这两方面条件的学者而又愿意选择这一研究方向的，更是屈指可数了。
>
> 文焕然先生就是一位既具备这两方面条件，又决心为这门学科献身的学者……他所搜集和运用的资料范围之广、数量之大、鉴别之精和发掘之深，是很少有人能够与他相比的。这是他40年如一日，勤勤恳恳，严肃谨慎，锲而不舍所取得的成果[3]。

结合实用

历史自然地理学的研究介于地质时代与现代二者之间的中间环节——历史时期，对地球表层存在的物质与生物的空间分布状况、格局与分布区的盈缩变化规律等及其原因进行探索，在学术上和实践上均有重要意义。

父亲在长期的科研工作中并非泛泛论古，而是能够自觉地将自己的科研工作与国家的建设需要结合起来，注重科研与生产的结合，重视资料积累。

60年代初调到地理研究所后，父亲即主要结合国家的建设需求与灾害防治等展开科研工作，初步涉及环境变迁等方面，并形成一些研究成果。不仅得到当地政府与群众的欢迎，而且受到国务院农林口领导表扬，还使研究上升到理性水平。例如展开历史气候（旱涝、冷暖）与植物（对气候变化敏感的典型物种）等方面研究，不少观点颇有创见；又以己为主，并与其他学者合作，进一步扩大盐碱土地理分布变化与利用改良研究。

早在1963年，父亲就撰写出3万余字的《战国以来华北西部经济栽培竹林北界分布初探》，由地理研究所油印散发，颇有影响，我们见到多位著名学者采用（有的没有注明出处）。后来由我整理，改写成《二千多年来华北西部经济栽培竹林之北界》（首载《历史地理》第11辑），编辑对文稿基本上没有改动，仍有2万余字。若按今天时兴的工作量程度，不难推算。

父亲对盐碱土的研究深得《土壤学报》主编熊毅院士的赞赏，不仅特邀做学术报告，还在1964年特发表了2篇论文（皆署名第一），这在现今也很罕见。

① 即我国首批文科博士，现任全国政协常委、中央文史馆馆员、复旦大学资深教授。

“文革”中后期，父亲在被“控制使用”期间，参加了边界问题、南海问题、“黄淮海平原旱涝碱综合治理”项目、南竹北移、地方病、气候冷暖变迁等研究。

由于闭关锁国，不少人对“环境保护”尚不知何意（甚至有将其等同于“环境卫生”）之时，父亲就已经有意识地涉足与珍稀动物和森林等问题有关的研究。他完成的多项科研成果受到林业部（现为国家林业局）、国务院环境保护领导小组办公室（环境保护部前身）等多个国家有关领导机关的重视与好评。

我国迄今最大的生态建设工程——“三北”防护林工程启动之初，林业部就专门邀请历史地理学家侯仁之院士、史念海教授与父亲等专家给领导、专家做学术报告。父亲还对研究力量比较薄弱地区的森林变迁进行深入研究，应林业部与一些省、自治区林业局邀请前往讲学、指导、考察，撰写出内蒙古、宁夏、青海、新疆及湘江下游、两广南部与海南等地森林变迁专论。

《中国大百科全书·历史植物地理》专门提到：“中国学者在这一领域也进行了不少研究，如文焕然的《试论七八千年来中国森林的分布及其变迁》。”

《历史时期中国森林的分布及其变迁》实际上是一部学术专著，由《云南林业调查规划》增设专刊出版（该期仅有此文）。该书得到吴中伦院士等好评，并被他主持的《中国森林》编委会选定为编写样本之一。

《历史时期中国森林变迁》油印稿被吴征镒院士大量采用、改写，作为他主编的《中国植被》一部分，该书荣获国家自然科学二等奖。

父亲是《中国自然地理·历史自然地理》主要撰稿人之一，该书获得“中国科学院科技进步奖”一等奖。

《中国历史时期植物与动物变迁研究》初版送达时，恰逢历史地理学国际会议召开，我贸然携带一些去感谢那些支持出版而从未谋面的专家、学者，不料深得大家赞誉。这一意外出现的热潮，恰被应邀参会的时任中国地理学会理事长陈述彭院士等目睹。事后，热心的陈老为此留下了笔述为证。该书虽为论文集，不仅被重庆出版社破例给予出版基金资助，而且获得1996年第六届“西南西北地区优秀科技图书奖”一等奖，1997年获“中国科学院自然科学奖”二等奖，2006年获得（中国出版工作者协会城市出版社工作委员会）“全国城市出版社优秀图书奖”一等奖，2007年入选新闻出版总署首届“三个一百”原创图书出版工程。

固然，竺可桢是历史气候变迁研究的前驱，但随着父亲研究的深入，在某些方面，师生之间则有所切磋。史念海教授客观地指出：

> 焕然先生研究历史时期的气候，对于事物演变的规律多有阐明，明确指出古今气候的不同，不能以今例古，这样就可以纠正一些人错误的认识。不能谓上古之时，黄河中游各地就少有森林，那时不仅气候和现在不同，影响到森林的发育扩展，而且由于各地气候的不同，也影响到当时植物的生长。焕然先生以汉时为例证，反复申论。那时橘枳栽培地区的变化就足以作为说明，其实橘过淮而为枳，气候差异的影响远在当时已是人所习知的常理，不意到现在反来还须多加申论。竺可桢先生为近代研治古今气候演变的名家，其所撰述殆已成定论。竺可桢先生早年已有古今气候演变不同的创见，其定稿则在其晚年。焕然先生的有关撰述，有的就在竺可桢先生定稿之前，这样深入探索，对整个问题的阐明，应该说是有助力的[4]。

尤其是《中国历史时期冬半年气候冷暖变迁》，成为父亲对历史气候变迁研究的绝唱。张家诚研究员认为：

> 所得的大量材料令人信服地对8 000年来我国气候变化总趋势做出了很好的概括。这本书是对我国气候变化研究的奠基人竺可桢先生的权威性著作的很好的补充与发展，可说是一本高质量的中国历史时期生态变化史著作。竺先生在他的著作中广泛引用了我国历史时期各种物候现象的例证，但是尚未完成对这些物候史料的系统整理。文先生的工作正好在这方面有了很大的深入与发展[5]。

还有专家指出该书被认为：

是一项成熟的、严谨的科研成果。该书研究的是具有重大现实意义的全球变化的组成部分，并且较以往的同类研究有较重大突破（深度、广度、精确度等）；不仅是一部具体论述中国近8 000年来的温度冷暖变迁史，也可以说是一部综合阐述我国生态环境（包括温度、降水、植物、动物、人类活动等）变迁史。综上情况，可以说明该书是一项具有鲜明中国文化科学研究特色的、创新的、有重大学术价值和现实意义的重要科研成果。

正是由于本（该）书的出版，标志着中国历史气候学的研究，事实上已处于国际学术界的前沿，在当前国际史学界、地理和气候学界日渐重视历史气候研究和历史环境研究的学术背景下，本（该）书的价值显得突出。同时对于当前的环境治理和经济建设，也有直接的参考价值，这也是本（该）书不同于一般历史学著述的独特价值①。

此外，徐近之教授提到："他（指该专著稿）和前举竺氏（即竺可桢）的五千年专文似乎一脉相承，只是附表部分远较丰富，如此广博的文章，不是容易概括出来的。"[6] 徐钦琦研究员有"强调冬半年而不是夏半年，这一点在古气候学略论上具有非常重要的意义"等评价[7]。该书获得首届中国科学院科学出版基金资助，并获得中国社会科学院"郭沫若中国历史学奖"二等奖。

可见父亲的工作得到社会科学界与自然科学界的肯定。

锲而不舍

父亲对名家、权威始终怀着敬意，认为是由于他们的勤奋努力，有独特的创新，高瞻远瞩，自然形成的；对于他们给予过的帮助、教诲、支持，铭记在心。但是，他认为：在科学问题上丝毫不能含糊；在追求真理的过程中，人的认识不会永远滞留于某一水平上，权威所做的定论并非永恒真理；对遇到的问题要经过自己分析、研究、做出判断，切不可迷信，不可赶时髦，更不可随风倒。

在研究气候变迁问题上，曾有两种权威性看法：一是蒙文通、胡厚宣教授为代表的"干寒说"，另一是竺可桢、吕炯教授为代表的"脉动说"。父亲既没有根据哪一方的影响大小站队，也没有简单地附和哪一方，而是经过自己的不懈研究，别开生面。李长傅等指出："文焕然根据大量古代文献资料，研究秦汉时代黄河中下游气候情况，证明黄河中下游的降水，古今虽有差别，但差异不大，既与日趋干寒说不同，也与脉动说有别。"[8] 父亲虽与竺老、胡老等在气候变迁上的观点大相径庭，并各执己见（父亲还曾为此遭致不公正对待），然而他们的交往却很密切，相互切磋，共同探讨，只为真理，不含杂念，成为忘年之交，真是难能可贵。

父亲常说：搞历史地理研究的人要读万卷书，行万里路。而他自己读过的书岂止万卷？行过的路岂止万里？

北京的各大图书馆，上海、南京、杭州、武汉、长沙、兰州、广州、福州等地藏书丰富的图书馆都遍布他的足迹。中午闭馆时，父亲常常是馒头或面包、开水当午餐，台阶、屋檐、树荫是他的休息场所。他查找有关图书资料，甚至比一般图书馆员还要熟练，可惜他未来得及将此总结成文便过早地离开了我们。

如今奥运场馆一带车水马龙，交通十分便利。当年则是大片庄稼地，地理研究所等单位所在的917大楼东西两侧4 ~ 6 km外才有班次稀疏的公交车；雨季，水漫路面出现多处"孤岛"，进城看书十分费时、费事。父亲每次在图书馆除了查阅不能外借的书籍外，来去皆携带大包、小包允许外借的图书，往往成为路上的一道风景，也是我们用自行车接站的特殊标志。就连到医院看病、取药后，他常常也要拐到图书馆看书到闭馆。

图书馆有上下班，父亲却夜以继日工作，没有节假日之分。笔、纸条、卡片、剪刀，他不离身。自订的报

① 分别为中国科学院自然科学史研究所宋正海研究员、北京大学辛德勇教授评价。见：王守春. 2011. 中国历史地理学的回顾与展望. 建所70周年历史地理学研究成果与发展前景. 地理科学进展，30（4）

刊时有他动过刀剪的痕迹；借阅的书刊，他连折页都舍不得，总是用纸条标记后，再一一抄写。就连我们这些子女上学的节假日，也时常要帮父亲抄写资料。

史念海十分动情地指出：

研究地理自以能亲至其处作实地考察为宜。这在沿革地理学的学者本已成为常规，可是后来却多以文献记载为主。治此学者，往往足不出户而指点江山，视为当然。历史地理初始建立，实地考察尚未成为习惯，焕然先生即已率然先行，不以文献记载自缚，这在当时应该说是难得的。

……

焕然先生为了探索黄河流域的产竹，曾经到处奔波。又一次来到西安，亲至户县、长安县（今为区）考察……我的故乡为平陆小县。旧日县城濒临黄河，城外河畔，到处竹林，郁郁葱葱，蔚为奇观。我举以告，焕然先生就即命驾，前往审视。这样的精神令人钦佩。后来三门峡水库筑坝，水位抬高，平陆旧城亦在淹没计划之中，因而先期拆毁，竹林亦皆砍伐罄尽。当时若焕然先生稍一迟疑，便失之交臂。后来三门峡水库降低水位，旧县城可以不淹，可是竹林却未能复原。我每过其地，怀念焕然先生的治学精神，辄为之徘徊留恋，不能自已[4]。

明代万州（今海南省万宁市）举人王世亨诗歌有：“撒盐飞絮随风度，纷纷着树应无数。严威寒透黑貂裘，霎时白遍东山路。”这一纪实文学作品中“东山”的地貌、高度究竟如何？父亲经实地考察，才清楚它并非山地丘陵，而只是该市治东南海滨的一级阶地，海拔略超过200 m，可视为平地。故此，他胸有成竹地指出，地处中热带的万州出现飞雪，是我国近8 000年来平地积雪的纬度最低之地，证明当时气候极端寒冷。

在研究中国野生亚洲象分布变迁时，对史料中提到的“福建武平象洞”颇存疑惑。父亲此时虽已行动不便，但他并未对“象洞”望文生义地以横向的洞穴敷衍，而是烦请早年的学生胡善美编审（当时在相邻的上杭县任教）代去考察，证实是马蹄形山窝窝（纵向的盆地状）。

但历史自然地理又并非完全可以从现实中得到验证，这既因为并非所有自然现象都能够得到保存，又因为古文献中一些泛指或东鳞西爪，甚至离奇的、讹误记载并存。父亲认为更需要坚持历史唯物主义，辩证地看待自然现象，通过多学科相互印证，多点互证，合理推断等，以求恢复大自然的原貌。

爬行动物学家黄祝坚研究员十分感慨地告诉我：30多年前，为赶排《中国古籍有关南海诸岛动物的记载》而交通不便，父亲只好乘晚班车从北郊地理研究所赶到中关村动物研究所，就在办公室里连夜修改文稿。直到半夜完成后，他用几把椅子拼起，和衣而卧。待天明，他又振作精神，回北郊上班。动物研究所的同志对父亲的敬业行为深为感动。

关君蔚院士向我谈及当年父亲到今北京林业大学，与他商谈“三北”防护林工程时发生的一件小事。他们长谈了一下午，由于当时交通不便，天色将黑，又下着雨，关老便亲自将父亲送到公共汽车站，边走边继续谈。不料言未尽意，只好眼看那班车开走，又开始父亲送关老回校。如此多次往返，甚至忘了饥渴，直到八九点钟。为此，关老特在一评议中记述：

七十年代后期，“三北”防护林建设工程在国家正式立项前后，正是我国科教工作者处境万难之时，承林业部指定，我（与）第一作者文焕然老学长接触较多。在工作和生活条件极为困惑之时，作者仍能孜孜以求，不仅对“三北”防护林体系建设工程做出了贡献，实使我也突出地受到教育和感染。文老已仙逝，附记于次。

葛剑雄追记父亲晚年：

1982年，《中华人民共和国国家历史地图集》开编，文焕然抱病请缨，担任动物图组组长。尽管他的病情日益严重，发展至行走困难，双目几近失明，但每次在北京开工作会议，他仍然坚持参加。有一次他来看谭其骧时，在别人搀扶下还随带一只小凳，走一段歇一阵。告别时，谭其骧要我替他找车，但他婉言谢绝，还说：“要是不锻炼，以后怎么继续工作？”闻者无不动容。1986年12月13日，谭其骧得知文焕然病逝，“为之感伤无限”（当日日记）[9]。

气象高级工程师牟重行回忆：

天津市历史博物馆资深馆员翟乾祥与文先生（指父亲）交游深笃，我因参与某项课题研究，在京有幸结识翟老先生。每谈及他俩多次徒步考察、共同探讨学问的往事，翟老总十分动情，并感叹故人萧然西去，许多珍贵文稿无人整理。偶及二件琐事，使我感受尤其深刻。一次翟老赴京，两人沿街长谈，文先生体力不支，竟就地铺张报纸，卧躺路边，这样来继续他们的讨论；先生晚年因患病，身体日渐虚弱，犹冀奋力一搏，有时出行访学要带一条小板凳，以便气喘时随时歇息继力[10]。

父亲多次病重住院，我多请假回京陪护。记得一次，他昏迷了三昼夜，呓语中吐露的心声虽然断断续续，但还是可以听出是关于工作问题。

父亲早就是深度近视，后又增加青光眼，不时出现眼底充血。晚年，我曾最后陪他诊视青光眼，医生十分遗憾地告知已经束手无策。此时正是编制《国家历史地图集》的关键阶段，幸亏他脑海里熟悉不少地方位置，就如同下盲棋般指导我们代作标记。

从20世纪50年代末，父亲学生形容他尚“肥胖”；70年代初，他在“干校”劳动中还肩抗麻袋；70年代末，陈桥驿教授称父亲：“他的身体素质本来很好，回忆在绍兴工作的一个多月时间中，他身体的各方面都比我强。到会稽山考察植物地理的一次，正是盛夏酷暑，烈日当头，野外考察是相当艰苦的，但他却表现得步履轻松，强健有力。我比他小好几岁，但在这一天爬山越岭的过程中，他常常走在我的前头”[11]；到80年代中，他出门已不得不携带小板凳以继力……他为科研拼搏之状跃然而出。

父亲曾感慨地说：“手中有资料，心里不着慌。”“文革”中，在一些人忙于文争武斗、绞尽脑汁整人之时，父亲则利用各种机会搜集可能有用的资料，整理思绪，使自己的研究出现新的飞跃。当科学的春天重新来到时，父亲的各类型著作如井喷般涌现，如烂漫的报春花。

父亲的文章要反复推敲才投稿。为了节省时间，他给我们在外地的子女回信，内容相同部分往往是复写而成。以致我们看信时，曾被别人误以为是看什么材料。

父亲对待由他参与评审的科研成果、基金等，无论对象是著名学者，还是从未谋面的陌生人，或是初出茅庐的年轻人，皆一视同仁。他总是抱着对国家、对科学事业、对申请人负责的态度认真考虑，精心测算，签注自己的详细意见，尽快送出，生怕因自己而造成贻误。

父亲的工作态度确实是无可指责的，他把自己的全部心血灌注在教学与科研事业上。即使是“文革”期间的外调材料上将父亲写得一无是处，却不得不写上他“能完成交给的工作”。就是在他有行政职务时，也从未假公济私地要求他人为自己科研打工。

他后来的工作信件，认为有一定价值的，有时也采用复写留底。这样的信曾引起个别收信人的误解。在父亲去世后我们清理他的资料时才理解到，他完全是为了后继者工作方便而准备的，可谓用心良苦。

父亲晚年在双目已完全无法辨认文字的情况下，仍坚持《中华人民共和国国家历史地图集》的编图工作，甚至在去世前的上午仍与《图集》设计室刘宗弼主任磋商动物图的编绘。可以说，他是在科研工作岗位上倒下的。

春蚕吐丝

在高校，父亲是孜孜不倦，循循善诱的园丁。

记得在孩时，夜晚，每当我们一觉醒来，总见灯还亮着，父亲仍在伏案工作，认真备课，编写讲义。他像春蚕吃进桑叶化作蚕丝那样，自己不断地吸收新知识，然后将经过理解、消化的见解以及各种不同观点一起介绍给学生，让他们了解最新的学术动态。他既不愿将自己的观点强加于人，也不是貌似公允地将各种观点罗列出来却不敢谈己见，更不是照本宣科。他的讲义虽年年讲，却年年要修改增加新内容、新动态，删除繁琐的、过时的部分。对于学习、研究的方法，自己领悟的原理，他向来重视，并贯穿于讲课之中，点到而止。

福建省历来以方言繁杂、壁垒森严著称，当然早期推广普通话也很尽力。记得儿时在福州上学，每年皆有普通话竞赛，取得效果颇佳。我后来随父亲调京转学，并没有听到大家因口音笑话我。

父亲虽带湘音普通话，在福建也只是占诸多之一而已，他还是考虑到以文字的规范来弥补语音的差异；况且，有讲义的优势，授课点到即可。

我们看到父亲的学生半个多世纪前在校报刊登的短文，其中提到：

> 每年一度的野外实习，他（指父亲）不辞劳苦地带领我们同学翻山越岭。他那肥胖而笨重的身子不止一次地征服过龙腰山（福建长乐最高峰之一）和踩上鼓山（在福州市）的顶峰。举起了望远镜，顺着他指向远方的手，我们认识了福州盆地的全貌，了解了闽江的习性。在那火热无情的太阳之下，使他变成了“非洲的黑人”。跌倒了，被同学们扶起来；爬不动了，休息一下再爬。当我们看到他那双手被太阳晒得起泡的时候（他穿短袖的衣服），每一个同学都感动得眼眶里充满着热泪。只有和他生活在一起的我们才懂得，每时每刻，一举一动都可能给他带来很大的困难。但是，他就是这样和我们在野外，一道咽下了不生不熟、不冷不热的饭菜，度过了漫长而不平凡的日子。

我们又见父亲的学生对他半个多世纪的回忆：

> 我读大一时，他（指父亲）还没有上过我的课程。可是在系资料室一个不显眼的座位上，经常可以看到他，一个深度近视的学者，总把书本或杂志贴近面孔专心致志地阅读，似乎旁若无人，也从不跟别人交谈。一位知情者告诉我：他叫文焕然，副教授，是研究历史地理的。这是我上大学后，关于“教授”形象中深刻的一个。
>
> 大约是我上大二时，他上我们的“中国自然地理”课。每次上课，他总是急匆匆地走上讲台，把一个装满资料与书籍的布兜放在讲台边，发下讲义后，开始讲课。他讲课似乎有点凌乱，词不达意，甚至令人有颠三倒四之感；加上操一口湖南口音的普通话，真让人费解又费力。于是，我只得边听课，边看讲义了。可是，他的讲义编写得很好，条理清楚，辨析有力，让人肃然起敬。此刻，同学们先后都把注意力移向讲义，耳边的他的话语就变得无关紧要了。有时，他见同学们如此木然，心里也急，于是豆大的汗珠直往下淌，拿出手绢边擦边说课。似乎他并不觉察同学们因为读他的讲义，以其优势而弥补了语言缺陷的状况。讲台下的同学竟然也没有一个人因为他讲话凌乱而抱怨或非议。双方和谐共处，妙不可言。
>
> 应该是1962年下半年，他被调到中国科学院地理研究所，这个消息是后来从一位老师口中知道的。那时，我就想到他如鱼得水了，将来他一定在科研上卓有成效。我和好友都有共同的感觉：他不适合当教师，专事科学研究倒是他的专长……几十年过去了，时常从大学老师和媒体得知文教授的著作频频问世，成了历史地理学界著名的专家、学者。
>
> 现在回想起来，他给我们上课时随身所带的资料就是他每天的阅读与史料，是他的精神财富。把它带进教室搁置，只是他研究旅途的“中转站”。也许正因如此，也“干扰”了他沉浸深处的思维[①]。

① 我的大学老师：文焕然教授 .http：//blog.sina.com.cn/s/blog_4b2b3a260102vayr.html

以诚待人

父亲待人一贯忠实厚道，谦虚谨慎，与他有过交往的人深有感受，并有口皆碑。中国地理学会副理事长陈传康教授生前曾对我说，你父亲只做学问，却不与人争名利，是个难得的厚道人。谭德睿研究员[①]（谭其骧之子）曾向我披露："先父（谭其骧）曾多次谈起令尊的治学严谨和为人厚道等"，类似评价曾有多位先生向我口头转达过。

父亲早年的学生不少是科技、教育、文化等方面高级人才，成为国家栋梁。我们不必一一列举姓名，用他们的成功来增加父亲的光彩。父亲对自己的辛劳有所收获感到欣慰，他们对父亲的感激之情亦为淡忘。请看其中一些由衷之言："文教授是我们最热爱的教师。与他相聚三年，留给我们深刻而鲜明的印象：他是积极的、耐心的、负责的、和蔼的。""文老师治学严谨，工作勤勤恳恳。在我做学生时，他就是学生们尊敬的一位老师，是我们学习的榜样。""文老师，我尊敬的文老师。我有今天的日子，时刻都感谢您过去对我的教育。只要一想到当年在福州的黄金时代，您对我们学生是多么爱护啊！"我们曾多次看到，他的学生特抽出到京的大段宝贵时间，乘公交车后还要步行几十分钟；有的还要携家人一道，专程来到当时十分偏僻的豹房（时为大屯公社豹房村，是中国科学院917宿舍）看望父亲。若是一般交情，何值得有如此感人举动？

一位业余时间也不虚度而初步探索人口问题研究的年轻人，经人介绍，带着自己处女作登门求访。父亲热情地接待他，逐字看过他的文稿后，肯定了年轻人的一些创见（当时还只是一些苗头），坦率地谈了自己的意见，并对文稿认真点评，还对该文论点的阐述、论据的选取、段落的设置等加以指导。最后，对他进一步研究的选题也提出建议。这使年轻人深受鼓舞，表示要继续深入研究。

一位60年代曾报考过父亲研究生的有为青年，仅因家庭历史问题株连而落榜。父亲当时虽多方奔走终无力回天，深感惋惜。但他对这个青年抱有很大希望，鼓励他坚定自己的信念，不要动摇；献身科学事业的人是不怕挫折的，只有不懈的奋斗，才有可能成功。这个青年对此刻骨铭心，继续奋发努力。粉碎"四人帮"后，他再次考取研究生，现已成为著名学者。

一位园林技术员在与父亲合作中感受颇深，他回忆道："这篇文章（父亲与他合作）本是文先生研究亦有文在先，而又发现我的一篇拙作后提议合作的，当时我就觉得不敢当。后来见文先生十分坦诚、热心，就将当时收集的一些资料卡片和实地调查结果一并送交文先生。以后，经几次反复写成文稿。"他还谈到，自己在与父亲的合作中学到了许多知识，更学习到严谨的治学态度，确实得益匪浅。

当一位博士生的毕业论文送请父亲审评时，他已沉疴在身，仍强支撑着戴上极高度数近视镜，并借助高倍放大镜认真阅读。最后实在力不从心，才请人代读看完全文。由于父亲对该课题深有研究，又曾亲自调查过，情况熟悉。经过认真思考，父亲谈了自己的体会，并认为再加修改、充实，将是一本很有价值的专著。我们笔录下他口授的详细意见后，他用颤抖不已的手签下了"文焕然"三字以示负责。不料，这竟是父亲留下的最后字迹。后来，该论文果然评优，作者也已是著名学者。

在父亲负责历史地理组工作时，所领导曾准备将一位成绩不显著的同志调离地理研究所。是父亲看到他的才华与潜力，理解他当时的实际困难，多次耐心向领导解释，才使得他得以留下。后来，这位同志也成为著名学者，这段往事可能他本人至今还不知晓。

父亲逝世不久，就有多人向我谈及："因为合作，你父亲培养出好几个教授。"确实，有多位讲师在合作后晋升为正教授，我曾见有位老教授致信表示："饮水思源，我的点滴成绩与兄的长期帮助是分不开的。"父亲

① 上海博物馆研究员，现任中国科技考古学会常任理事、中国传统工艺研究会副理事长、复旦大学文博学院兼职教授。

却不以为然，父亲重视科研成果，认为这是大家劳动的结晶，社会的精神财富，它将促进人类的文明与进步，而对名誉并不去斤斤计较。

但对做了工作的合作者，甚至提供过资料的人，他从不埋没人家的劳动。有时为了照顾合作者的实际困难，有些文章让他人首署，自己则屈居第二或第三。一位教授曾谦虚地说："……可是我并未参加劳动，却把贱名列入，非常惭愧。可否在正式发表时删去贱名，以名实际。"然而，父亲认为他还是出了一份力，坚持在文章上署上他的名。父亲无偿为别人代查资料，将自己掌握的资料无私地提供给他人，更是习以为常。

不时有人提到世态炎凉，而对父亲来说正相反。一方面是因为他一生荣辱不惊，宁静致远，以诚待人；另一方面则是与之深交者多为学者，君子之交淡如水。父亲过世后，我为他的遗作出版，找过一些专家、学者，头一批就有20多人积极推荐；出版社也做过一些调查，不料更得到好评如潮，他们也深感罕见。诸多院士、著名学者，如贾兰坡、李文华、刘东生、胡厚宣、马世骏、施雅风、孙儒泳、吴新智、阳含熙、张广学、张申、安志敏、贺庆棠、江应梁、石泉、姚岁寒、于希贤、曾昭璇、邹逸麟……几十位，可以列出长长的名单，无不有求必应，伸出援手。

例如出版社原打算将院士"推荐书"（代序）影印出版（在1980年代还不多见），我从北郊骑车到中国林业科学院找到吴中伦，年逾八旬的吴老二话不说，当即推开其他事务，亲笔再次抄录。江应梁（1909—1988，云南大学教授、博士生导师，民族学家）博士生告诉我，江老临终嘱托之一就是要帮助我将整理好的父亲遗作发表。事后我才发现，陈传康为我撰写的评语，竟是在他去世前不久。

1960年代初，祖父逝世后，父亲力主将祖父遗留的藏书（包括祖父著作）捐赠给湖南省图书馆①。

不能不提及的是母亲对父亲的竭尽全力的默默支持。自他们结合以后，便相濡以沫，母亲更多地为了父亲做出牺牲，承担起全部家务，父亲则以其成果回报家人的支持；为解父亲的后顾之忧，母亲毅然辞掉曾有过的工作，专心做"全职太太"；特别是"文革"中，尽管夫妻反目、互相检举揭发、离异、逼迫自尽……人世间各种反常怪现状屡见不鲜，但我们家则是安定团结的，使父亲免遭内外夹击，得有暂避风雨之处、温暖的港湾。

舐犊情深

父母不仅给了我们健康的体魄，更以他们的言行潜移默化地给我们做出如何成为正直的、节俭的、积极向上的人的楷模。

经济困难时期，父亲不得不抽出一些课余时间与全家人一道种菜、挖野菜、养鸡、养兔……重体力劳动都是父母承担，父亲的一些植物学知识为度过饥荒发挥了作用，母亲的精心筹划、四处奔波与舍己为人……使我们一家得以安然度过。

我们幼年时，父母送给我们最多的礼物不是玩具，而是书刊和学习用品。闲暇空隙，父亲利用散步的机会教我们辨认植物，察看天气，讲述物候学、气候变化等科学知识，培养我们善于观察、思考、认识事物的能力；茶余饭后，他往往讲述一些历史掌故、地理知识、诗文辞赋等，使我们在娱乐中获得知识；在帮助父亲抄写资料中，他更是悉心加以指导。

父亲被关"牛棚"期间，正是我们子女们各自离家到边疆、到农村之际，父亲被关"牛棚"不知晓，更无法见面。我插队时，尚未成年，只有哥哥帮我把行李送到学校。记得，我们虽然破例从北京站上火车，母亲与兄妹却因交通等困难无法来相送。当时，站台上并没有欢声笑语；列车开动时，车厢内外则是哭声一片。

---

① 记得一位湖南省图书馆《图书馆》主编曾赠我一本该馆庆典纪念册，其中有明确记载。现在湖南图书馆官网(http: //www.baike.com/wiki/湖南图书馆)上还可见："考馆藏善本书来源有五：……三、接受郑家觉、叶运阁、陈崧涛、尤伯坚、萧骧、文士员、何汉文等人捐赠的古籍珍本书200余部"，"中文期刊：……六、接受文士员、萧骧、何汉文等个人捐赠的报刊数百册"。

离家后，我们信中的错别字、不当用词、病句等，父亲复信时都要一一指出，还给我配备字、词典作为随身顾问，这使得我们的文字功夫得到提高。

补发下“文革”中被批斗、关“牛棚”时的工资后，父母为在山沟里劳作的我配置了“红灯”半导体，听广播成了我在山村获取知识的主要途径之一。

记得父亲出“牛棚”后，我们能够请假的子女便回京团聚，却不料又给父亲添加了破坏抓革命促生产的“罪证”，而且非要当作我们子女的面，组织批斗父亲。当时姐姐回西北的火车是傍晚开，父亲冒着增添“罪证”的危险，破例和我们一道去北京站送姐姐。火车离京，却没有回北郊的公交车了。我们几人只好在站前广场露宿，其时虽是夏天，可免除寒冷，但被蚊虫叮咬得满身疙瘩，几天后才逐渐消退。父亲虽无过多言语，但我们清楚，此次唯一的送行（此后，我们对他再要送行，坚决推辞），既是他对子女的牵挂，又是对我们首次离家时他被关“牛棚”而身不由己的补偿。

恢复高考后，父亲以内疚之心（“文革”子女受株连，一家人曾各在一省，我们被剥夺了上学深造的权利……这哪是父亲的责任？），挤出时间为我们抄录、编写辅导材料，使我们得以一边工作，一边恶补知识。我在既无课本，时间又紧，学历还低（仅初二）的困难条件下，凭借以往的基础、报纸与广播获得的知识、父亲的指导，才取得较好成绩，迈进大学校门。父亲的良苦用心，我们怎么报答得了？

记得80年代，一次父亲重病卧床，母亲也已年迈，多病，又要为父亲的专门饮食采买、制作。由于陪护人手缺乏，又不甚得力，父亲得了褥疮。不得已，又让我请假回京陪护。我亲眼见医生为他动手术：打完麻药，排除脓血、清创处理后，从父亲身上取多块健康皮肤移植到略小于手掌的褥疮处。术后，麻药超过时效，还能不疼？事后，医生告诉我，他们考虑到父亲有严重的糖尿病，事前向父亲建议植儿皮（即从我身上取皮）；但父亲没有同意，坚持要自己承受痛苦。看似文弱的父亲却具有坚强的意志，不是口头关爱子女，而是付诸行动。

壮志未酬

“文革”结束后落实知识分子政策，住房条件大有改善。父亲重新搜集科研资料，书房四壁皆是，绝大部分是抄录、油印件，还有少量复印件与出版物，虽外人看来有些杂乱并不美观，但确是他苦心经营得来，准备撰写大型学术专著（有的已拟好文摘、目录）的宝贵资料。

父亲晚年虽多居家不到办公室，但那就是他最后的“工作室”，而不是养尊处优地，仍在奋力拼搏。就在双目已完全无法辨认文字的情况下，他仍坚持《中华人民共和国国家历史地图集》的编图工作；甚至在去世前的上午，他仍与《图集》设计室刘宗弼主任磋商动物图的编绘。可以说，他是在科研工作岗位上倒下的。

父亲过世多年，我仍然身在外地，他的大量资料我们家人原本想交给所里有人继续这方面工作[①]，但得到的答复是：需要自己找车拉到所里。其时，母亲就连略重些体力劳动都有赖邻居们帮助，哪有能力照办？况且，后来我们申请到出版父亲遗作的基金，初时，挂名者不少且要求名列在前，但实际工作则要我们家属承担，致使该书拖延多年。最后，我们向出版社说明情况，并在一些专家、学者（尤其是于希贤教授出力最多）的支持、帮助下，自己动手，边学边干，才得以问世。

我在1992年才因落实知青政策调回北京，但又因全家人只能住在8 ~ 10 m^2“蜗居”，不仅搬回北京的图书资料无法容身（得到同事们理解与协助，大部分只能经伪装存放办公室），就是日用家具也只能存放同学、朋友家。缝纫机是我家当时唯一的“办公桌”，还要先尽着孩子完成作业。

母亲过世，我们没有分得金钱与遗产，就是父亲遗留的大量资料，也因我们“蜗居”仅有插针之地，无法

① 由于某种原因，父亲晚年一直找不到合适的助手，曾想把资料转给外单位年轻有为者，被一些人以各种堂皇的“理由”阻拦。

收留，不得不任其失散①，实令人扼腕。

我后来整理先父遗作，重新开展历史自然地理研究，又不得不重新搜集、查找相关资料，四处求教，摸索进行。尽管取得些许成果，但遭遇则是一言难尽。所幸的是终于得到正式公开认可②。

告慰父亲

父亲临终，我没有在他老身边。这是因为，之前我已请假陪护了不短时间；爱人上班，孩子尚年幼，冬季取暖、储存菜等许多琐事也需要我操持；更主要的是医生（主治医生还是某名人之女）已让父亲出院，我们以为父亲的病情有所好转；此外，又有家人从外地回京，可以顶替陪护。父亲理解我的苦衷，没有强留我。记得，我是上午的火车，待我出门走到转弯处回望，正看到父亲站立在后窗户用目光相送。虽然此时他已经不能辨识文字，但人影还是依稀可见的。这是我们父子在阳间的最后相望，此情此景，今天我依然历历在目。

回家后，第二天一早，虽然天下小雪，我还赶忙到学校销假。不料，当邮递员送来电报，竟是父亲逝世的噩耗。我连忙再去请假，然后不顾一切地往20多里外的家中赶。此时，已是风雪交加，路上积雪数寸，自行车数次滑到，所幸车子无大碍。悲痛已经使我大脑略有麻木，没有感觉到伤痛。

待我们先期向父亲告别时，我就暗暗下定决心：继续父亲未竟事业是对人类的奉献，也是子女不容推辞的义务，更是纪念他的最好方式。

今天，我们可以告慰父亲的是：他所从事的历史自然地理学研究后继有人，他所开创的历史生物地理学已硕果累累，甚至有的被认为是当今世界绝无仅有的成果；由我整理的父亲遗作不仅都已出版，而且获得极高评价，甚至一版再版；初步调查，父亲的著作在美国国会图书馆、英国不列颠图书馆、日本国会图书馆及国外与台、港一些著名高校图书馆有所收藏；经过近30年的不懈努力，我独自完成或成稿的历史动物地理著作将近千万字，不仅获得多个高等级的出版基金资助，而且基本上都已获奖。

参考文献

[1] 王守春．中国历史地理学的回顾与展望：建所70周年历史地理学研究成果与发展前景．地理科学进展，2011，30(4)

[2] 张家诚．《中国历史时期植物与动物变迁研究》的学术价值．重庆书讯，2006，10(2)

[3] 谭其骧．谭其骧序 // 文焕然，文榕生．中国历史时期冬半年气候冷暖变迁．北京：科学出版社，1996

[4] 史念海．史念海序 // 文焕然等著，文榕生选编整理．中国历史时期植物与动物变迁研究．重庆：重庆出版社，1995(2006重印)

[5] 张家诚．张家诚序 // 文焕然，文榕生著．中国历史时期冬半年气候冷暖变迁．北京：科学出版社，1996

[6] 徐近之．我国历史气候学概述．中国历史地理论丛，1981(1)

[7] 徐钦琦．评新书《中国历史时期冬半年气候冷暖变迁》．应用气象学报，1998，9(4)

[8] 李长傅，彭芳草．略论历史时期气候研究的观点与方法问题．河南师范大学学报，1983(3)

[9] 葛剑雄著．悠悠长水：谭其骧前传．上海：华东师范大学出版社，1997

[10] 牟重行．中国历史生物地理研究的代表著作：评文焕然等著《中国历史时期植物与动物变迁研究》．重庆书讯，2006(11)：3

[11] 陈桥驿．陈桥驿序 // 文焕然等著，文榕生选编整理．中国历史时期植物与动物变迁研究．重庆：重庆出版社，1995

---

① 看到现今网上叫卖的与先父有关的书、信、资料等，就有那时散落的。

② 详见："由于《动物分典》涉及大量文献学、历史学以及历史地理等方面的古籍资料，项目启动之初，编撰委员会中缺少此方面人才。鉴于中心文榕生研究馆员在完成本职工作之余，长期坚持历史地理学研究，且有强烈意愿参与《动物分典》的编撰工作，院中心同意其在职参与分典工作。在编纂中，文榕生先生与其他老专家取长补短，同心协力，'以老骥伏枥之志'为《动物分典》的编撰工作做出努力与贡献，获得中国科学院动物研究所表彰。"（穿越时空 浓缩经典：中国科学院文献情报中心为《中华大典·生物学典·动物分典》做贡献.http：//www.las.cas.cn/xwzx/zhxw/201612/t20161216_4722871.html）

后　记

先父文焕然研究员百年诞辰将至，我认为最有意义且能够流传久远的，莫过于总结出先父有益于后人的言行、精神与研究成果等。虽然早有专家建议出版“全集”，但我认为时机尚不成熟，故筹划将他老较突出的历史自然地理学的历史气候变迁、历史植物地理学、历史动物地理学三方面的研究成果分别出版或再版相关著作，这既是对先行者的缅怀，也便于后学参考、利用，更是展示“中国名片”[①]之一的良好机遇。这一想法当即得到重庆出版社与山东科学技术出版社在第一时间的积极回应与热情支持，遂以“文焕然历史自然地理学研究系列”为题出版，由《中国历史时期植物与动物变迁研究》（再版）与《历史时期中国气候变化》《历史时期中国森林地理分布与变迁》三部著作组成，后二者仅精选我目前搜集到的先父独自完成的著作。

“森林”的定义有多种，现一般认为是：森林指的是由乔木、直径1.5 cm以上的竹子组成且郁闭度0.20以上，以及符合森林经营目的的灌木组成且覆盖度30%以上的植物群落；亦即包括郁闭度0.20以上的乔木林、竹林和红树林，国家特别规定的灌木林、农田林网以及村旁、路旁、水旁、宅旁林木等多类型植物群落。依森林分布图对乔木的分类，一般按针叶林、阔叶林、针阔混交林划分。

“中国历史上曾是一个多林的国家”，这是毫无疑义的提法，然而人们对其量化的数字则颇有争议。我国森林覆盖率，最高时期处于远古，为49% ~ 64%[②]；最低时期在1981年，降至12%。在先

---

① 邱占祥院士在推荐拙作《中国珍稀野生动物分布变迁（续）》时提到：“由于我国得天独厚地具有近五千年的文字记录的历史，这一部分的资料的整理和正确诠释在全世界来说都是绝无仅有的。”何林（研究员，中国科学院文献情报中心党委书记）指出：“我们隆重推出的专家与他们的专题报告是属于古老而年轻的历史地理学范畴，是对千百年来传承下来的中华文明的继承与发掘，也是各国学者可望而不可即的研究成果。从这方面看，我本人认为，中国历史地理学具有历史悠久、积淀深厚、证据可靠且无间断、不可企及等特点，完全可以作为中国科学研究的一张名片。”（历史动物地理与环境变迁 .http：//idea.cas.cn/viewconf.action?docid=52406）他们的评价虽然不低，但实事求是地说，对于历史自然地理学来说也是恰如其分的。

② 经多位专家（诸如：林大燮，1983；赵冈，1996；马忠良等，1997；樊宝敏等，2001）的多次修订，最终的结论是按今天的国土面积计算“远古时代，森林覆盖率高达60%以上”。

窃以为，这些专家的推断从多角度取证，皆有相当可信的依据，但从时间、林木生长要素等方面仍有值得商榷之处。仅从比较重要的两点看：1）远古时代，亚热带与热带交界线曾推移到今黄河以北（据历史时期，亚洲象与犀牛的分布北界）。2）从历史时期多种林栖动物的地理分布与变迁状况看，大致可以推断森林的分布与面积（尚需选择恰当的换算公式）。

原始森林主要分布于我国的“东南半壁”，森林覆盖率为80% ~ 90%；“西北半壁”的森林主要分布于高山和河流附近，森林覆盖率30%左右；其他地区为草原、寒漠和雪山（沈国舫，1999）。这是著名林学家对现代中国森林分布的观点，也可以印证远古时期，现中国大部分国土在当时处于热带、亚热带环境下对森林的存在、修复非常有利。

历史地理学大家侯仁之（1979）与史念海（1990）皆指出：今天的毛乌素沙地在1 600多年前不会没有树木和森林。史念海（1990）更胸有成竹地指出：“上古之时，不仅黄土高原多森林，就是黄河流域也是森林遍地。”

父生前，这方面研究的一些相关条件还不成熟。至于森林的地理分布与变迁具体状况则是难度颇高的研究课题，尽管对于这方面曾出现一段研究热潮，但有突破性的研究成果依然罕见。毕竟关于森林的直接数据（考古发现的遗存、孢粉等）迄今依然不多，树轮分析一般多仅数百年，有限的文献记载也仅能前延数千年。窃以为，森林的地理分布与变迁是与纬度、海拔、地形、土壤、海陆位置、动物、人类活动等密切相关的，既然直接数据难取，转而获取代用数据，未尝不是“山重水复疑无路，柳暗花明又一村”。历史动物地理学（尤其是对林栖动物，或更依赖于某些植物的动物物种）的突破性研究，很有可能为与之密切相关的历史时期森林地理分布与变迁提供有力的旁证，这是我整理先父作品的体会之一。毕竟“长江后浪推前浪”，关于历史时期的森林状况仍有太多的未解之谜等待后来的学者解密，能够为他们探路，也是本书再版的价值之一。

承蒙李文华院士（著名生态学家）与樊宝敏研究员（我国首位林业史博士，现为中国林学会林业史专业委员会副主任）鼎力推荐本书并作序。

感谢山东科学技术出版社的支持！张波编审再次具体操作，将本书按精品书制作，重新绘制地图[1]，彩版印刷，不仅进一步增强了参考、利用价值，而且更增添了收藏价值。

父亲过世后，在我进行历史自然地理研究的长期过程中，陈桥驿、陈述彭、关君蔚、葛剑雄、侯仁之、贾兰坡、康乐、刘东生、马世骏、邱占祥、施雅风、孙儒泳、谭其骧、童庆禧、魏辅文、吴新智、吴征镒、吴中伦、阳含熙、张广学、章申、郑度、周成虎等院士、资深教授，安志敏、曹江雄、陈昌笃、陈传康、陈文芳、邸香平、范正一、方慧、冯绳武、高德、葛全胜、桂文庄、何凡能、何林、何业恒、贺庆棠、胡秉华、胡长康、胡厚宣、胡善美、胡振宇、华林甫、黄盛璋、黄向阳、黄祝坚、江应梁、孔昭宸、李明、李润田、李泉、李拴科、李欣海、廖克、林日杖、刘浩龙、刘某承、刘宗弼、陆巍、吕春朝、马逸清、牟重行、钮仲勋、祁国琴、乔盛西、卿建华、全国强、盛福尧、石泉、史念海、司锡明、宋正海、孙成权、孙惠南、孙坦、汪松、王贵海、王守春、王子今、吴宏岐、吴绍洪、先义杰、解焱、辛德勇、项月琴、徐启平、徐钦琦、徐兆奎、许平、杨奇森、杨思谅、杨毅芬、姚岁寒、叶麟伟、印嘉佑、于希贤、翟乾祥、曾昭璇、曾伟生、张家诚、张建勇、张钧成、张荣祖、张雨霁、张忠、赵千钧、郑景云、郑平、周宁丽、周序鸿、朱江户、朱士光、邹逸麟等专家学者给予我颇多支持、帮助，值得我永远感谢！尽管岁月无情，一些先生已然驾鹤西行，但滴水之恩，没齿难忘。

还应提到的是邢丽华等，她们在排版上的精心设计与反复调试，为本书增色不少。

总之，《历史时期中国森林地理分布与变迁》的最后圆满完成得益于多方的帮助。

尽管我已为此书的问世尽了力，但终因自己非科班出身，加上学识与能力所限，书中定有不尽如人意之处，甚至存在差错，恳请专家、学者不吝赐教。

文榕生

---

① 根据现代计算机制图与彩版地图的优势，由我重新设计，并与制图专家多次切磋，反复修改，较好地体现出用图形语言突出反映主题与诸多相关关系。尽管在本书中增加了一些图幅，但是还有一些有价值的相关参考图因故未能采用，颇令人感到遗憾。